普通高等教育系列教材

Altium Designer 21 原理图与PCB设计教程

高敬鹏　武超群　冯　收　等编著

机械工业出版社

本书全面系统地介绍了 Altium Designer 21 的功能和操作技巧，兼顾理论与实用、基础与提高、教学与培训。全书共 14 章，包括 Altium Designer 概述、电路原理图的编辑环境、电路原理图元件的设计、电路原理图设计、原理图元件库的管理、层次式原理图设计、电路原理图设计进阶、工程编译与报表生成、印制电路板设计基础、印制电路板布线工具的使用、印制电路板的布线设计、印制电路板的后续制作、信号完整性分析和综合实例：U 盘电路的设计。

本书理论与实践相结合，以图解的方式讲解了利用 Altium Designer 21 软件进行原理图与印制电路板设计的流程和方法。在讲解基本知识的同时，以案例进行说明，融入具体设计中，实现了从零基础到熟练制作电路原理图与印制电路板的教学理念。最后，本书每章均配有习题，帮助读者深入地进行学习。

本书可以作为高等院校电子线路自动化设计相关课程的教材，也可作为使用 Altium Designer 21 进行电子系统设计的工程技术人员，以及相关技术培训的参考用书。

本书配有授课电子课件，需要的教师可登录 www.cmpedu.com 免费注册，审核通过后下载，或联系编辑索取（微信：15910938545，电话：010-88379739）。

图书在版编目（CIP）数据

Altium Designer 21 原理图与 PCB 设计教程 / 高敬鹏等编著．—北京：机械工业出版社，2022.6（2024.7 重印）

普通高等教育系列教材

ISBN 978-7-111-70771-4

Ⅰ. ①A… Ⅱ. ①高… Ⅲ. ①印刷电路-计算机辅助设计-应用软件-高等学校-教材 Ⅳ. ①TN410.2

中国版本图书馆 CIP 数据核字（2022）第 082059 号

机械工业出版社（北京市百万庄大街 22 号 邮政编码 100037）

策划编辑：胡 静 责任编辑：胡 静 郝建伟

责任校对：张艳霞 责任印制：邓 博

北京盛通印刷股份有限公司印刷

2024 年 7 月第 1 版 • 第 4 次印刷

184mm×260mm • 17.25 印张 • 426 千字

标准书号：ISBN 978-7-111-70771-4

定价：69.90 元

电话服务

客服电话：010-88361066

010-88379833

010-68326294

网络服务

机 工 官 网：www.cmpbook.com

机 工 官 博：weibo.com/cmp1952

金 书 网：www.golden-book.com

机工教育服务网：www.cmpedu.com

前　言

党的二十大报告着重总结了过去五年的历史成就，勾画了未来中国经济和社会发展前进的方向：“建设现代化产业体系。坚持把发展经济的着力点放在实体经济上，推进新型工业化，加快建设制造强国、质量强国、航天强国、交通强国、网络强国、数字中国。”实现制造强国，智能制造是必经之路。

随着科学技术的飞速发展，计算机辅助设计和仿真分析在许多领域都扮演着越来越重要的角色。作为大多数学科技术发展前提的电子电气工程技术，更应充分利用计算机技术对电路进行设计和仿真分析。Altium Designer 是目前流行的完全一体化的电子产品开发软件，一直以易学易用而深受广大电子设计者的喜爱。Altium Designer 是由 Protel 发展而来的，与以前的 Protel 版本相比，它的功能得到了进一步增强。Altium Designer 21 作为从 Protel 系列发展起来的新一代的板卡级设计软件，完全利用了 Windows 平台的优势，真正实现了在单个应用程序中的集成。Altium Designer 21 独一无二的集成平台为设计系统提供了所有工具和编辑器的兼容环境，设计者可以选择最适当的设计途径并以最优的方式工作。Altium Designer 21 被广泛应用于航空、航天、汽车、船舶、通用机械和工业电子等领域。

本书以 Altium Designer 21 开发环境为背景，介绍了完整的电子产品开发解决方案。本书共 14 章，分别从电路原理图设计、印制电路板设计、信号完整性分析和综合实例 4 个方面进行阐述，包括 Altium Designer 概述、电路原理图的编辑环境、电路原理图元件的设计、电路原理图设计、原理图元件库的管理、层次式原理图设计、电路原理图设计进阶、工程编译与报表生成、印制电路板设计基础、印制电路板布线工具的使用、印制电路板的布线设计、印制电路板的后续制作、信号完整性分析和综合实例：U 盘电路的设计。从原理图的设计到印制电路板的制作过程，读者均可以按照书中所讲述内容进行实际操作。

为了使初学者迅速入门，提高对电子电路系统设计的兴趣与爱好，并能在短时间内掌握利用 Altium Designer 21 进行原理图与印制电路板设计的要点，本书在编写过程中注重实际应用，具有以下特点：

由浅入深，循序渐进：本书在内容编排上遵循由浅入深、由易到难的原则，基础知识与大量实例相结合，力求使读者能够快速入门。

实例丰富，涉及面广：本书提供了丰富的 Altium Designer 21 设计实例，内容涉及电子电路系统设计的各个领域。

重点突出，可操作性强：本书侧重于实际应用，书中所举实例均经过充分验证，按所述步骤即可实现预期结果。

本书第 1～4 章由哈尔滨工程大学的高敬鹏编写，第 5～12 章由黑龙江工程学院的武超群编写，第 13～14 章由哈尔滨工程大学的冯收编写，参加本书原理图绘制和印制电路板设计工作的人员还有管殿柱、管玥、李文秋，在此表示衷心的感谢。另外，在本书所使用的软件环境中，部分图片中的固有元器件符号、名称与国家标准不一致，读者可自行查阅相关国家标准及资料。

感谢您选择了本书，希望我们的努力能对您的工作和学习有所帮助，也希望您把对本书的意见和建议告诉我们。

编　者

目　录

前言
第 1 章　Altium Designer 概述……1
1.1　Altium Designer 软件安装与启动……1
1.1.1　Altium Designer 的安装……1
1.1.2　Altium Designer 的启动……3
1.2　熟悉 Altium Designer 21 的操作环境……3
1.2.1　Altium Designer 21 的系统基本参数设置……3
1.2.2　设置个性化用户界面……4
1.2.3　Altium Designer 21 的设计工作区……6
1.3　Altium Designer 21 的工程及文件管理……7
1.3.1　工程及工程文件的创建……7
1.3.2　常用文件及其导入……9
1.3.3　文件的管理……11
1.4　思考与练习……13
第 2 章　电路原理图的编辑环境……14
2.1　创建原理图文件……14
2.2　原理图编辑界面……15
2.3　原理图编辑画面管理……16
2.4　原理图纸的设置……17
2.5　原理图工作区参数设置……22
2.5.1　常规参数设置……23
2.5.2　图形编辑参数设置……24
2.5.3　编译器参数设置……27
2.5.4　自动聚焦设置……27
2.5.5　打破线设置……28
2.5.6　图元默认值设置……29
2.6　元件库的操作……31
2.6.1　“Components”面板……31
2.6.2　直接加载元件库……32
2.6.3　查找元件并加载元件库……33
2.7　思考与练习……36
第 3 章　电路原理图元件的设计……37
3.1　元件的放置……37
3.2　编辑元件的属性……38
3.2.1　元件属性的编辑……38
3.2.2　元件自动标号……39
3.2.3　快速自动标号与恢复……43
3.3　调整元件……43
3.3.1　元件位置的调整……43
3.3.2　元件的简单复制与粘贴……44
3.3.3　元件的智能粘贴……45
3.3.4　元件的阵列粘贴……47
3.4　思考与练习……49
第 4 章　电路原理图设计……50
4.1　绘制电路原理图……50
4.1.1　原理图连接方法……50
4.1.2　绘制导线……51
4.1.3　放置电源和地端口……52
4.1.4　绘制总线……54
4.1.5　放置总线入口……55
4.1.6　放置网络标签……55
4.1.7　放置输入/输出端口……56
4.1.8　放置线束……58
4.1.9　放置电气节点……61
4.1.10　放置通用 No ERC 标号……62
4.2　放置非电气对象……63
4.2.1　放置文本……63
4.2.2　放置绘图线……64
4.3　原理图综合实例：超声波测距系统设计……65
4.4　思考与练习……72
第 5 章　原理图元件库的管理……73

5.1 原理图库文件编辑器……73
5.1.1 原理图库文件编辑器的启动……73
5.1.2 原理图库文件编辑环境……74
5.1.3 原理图库应用工具栏……74
5.1.4 SCH Library 面板……76
5.2 原理图库元件的创建……76
5.2.1 设置工作区参数……76
5.2.2 库元件的创建……77
5.3 原理图库元件的编辑……80
5.3.1 原理图库元件菜单命令……80
5.3.2 原理图库文件添加模型……80
5.3.3 创建含有子部件的库元件……84
5.3.4 复制库元件……85
5.4 制作工程原理图库……87
5.5 器件报表输出及原理图库报告生成……88
5.5.1 输出器件报表……88
5.5.2 生成库报告……90
5.6 思考与练习……91
第 6 章 层次式原理图设计……92
6.1 层次式原理图的基本结构……92
6.2 层次式原理图的具体实现……94
6.2.1 自下而上的层次设计……94
6.2.2 自上而下的层次设计……99
6.3 层次式原理图的层次切换……103
6.4 层次式原理图中的连通性……104
6.5 多通道设计……107
6.6 思考与练习……112
第 7 章 电路原理图设计进阶……113
7.1 特色工作面板……113
7.2 “SCH Filter”面板……113
7.2.1 “SCH Filter”面板简介……113
7.2.2 “Query Helper”对话框……115
7.2.3 “SCH Filter”面板的使用……117
7.3 “SCH List”面板……118
7.4 “选择内存”面板……121
7.4.1 “选择内存”面板介绍……121
7.4.2 “选择内存”面板的使用……122
7.5 联合与片段……124
7.6 思考与练习……128
第 8 章 工程编译与报表生成……129
8.1 工程编译……129
8.1.1 工程编译设置……129
8.1.2 编译工程……133
8.1.3 “Navigator”面板……134
8.2 报表生成……137
8.2.1 网络表生成……138
8.2.2 元器件报表生成……139
8.2.3 层次设计报表生成……142
8.3 工作文件输出……145
8.4 工程管理……148
8.5 智能 PDF 文件生成……151
8.6 思考与练习……153
第 9 章 印制电路板设计基础……154
9.1 印制电路板的结构和种类……154
9.2 印制电路板设计流程……155
9.3 新建 PCB 文件……156
9.4 PCB 设计环境……156
9.5 将原理图信息同步到 PCB……159
9.6 网络表的编辑……163
9.7 布局规则设置……166
9.7.1 打开规则设置……166
9.7.2 Room Definition 规则设置……167
9.7.3 Component Clearance 规则设置……169
9.7.4 Component Orientations 规则设置……169
9.7.5 Permitted Layers 规则设置……170
9.7.6 Nets To Ignore 规则设置……170
9.7.7 Height 规则设置……171
9.8 电路板元件布局……172
9.9 思考与练习……174
第 10 章 印制电路板布线工具的使用……175
10.1 放置焊盘……175
10.2 放置导线……177
10.3 放置圆及圆弧导线……179
10.4 放置过孔……180
10.5 放置矩形填充……180
10.6 放置铺铜……181
10.7 放置直线……184

10.8 放置字符串 184
10.9 放置尺寸标注 185
10.10 思考与练习 186
第 11 章 印制电路板的布线设计 187
11.1 自动布线规则设置 187
11.1.1 电气规则设置 188
11.1.2 布线规则设置 191
11.1.3 导线宽度规则及优先级的设置 192
11.1.4 布线拓扑子规则设置 195
11.1.5 布线优先级子规则设置 196
11.1.6 布线层子规则设置 197
11.1.7 布线拐角子规则设置 197
11.1.8 过孔子规则设置 199
11.1.9 扇出布线子规则设置 200
11.1.10 差分对布线子规则设置 201
11.1.11 设计规则向导设置 202
11.2 自动布线策略设置 206
11.3 PCB 自动布线 207
11.4 手工调整布线 211
11.5 补泪滴和包地 212
11.6 思考与练习 214
第 12 章 印制电路板的后续制作 215
12.1 原理图与 PCB 之间交互验证 215
12.1.1 PCB 设计变化在原理图上反映 215
12.1.2 原理图设计变化在 PCB 上反映 216
12.2 PCB 验证和错误检查 218
12.2.1 PCB 设计规则检查 218
12.2.2 生成检查报告 219
12.3 生成 PCB 报表 221
12.3.1 生成网络状态报表 221
12.3.2 生成元器件报表 221
12.3.3 测量距离 224
12.3.4 生成 Gerber 光绘报表 224
12.3.5 生成 NC 钻孔报表 226
12.4 打印输出 PCB 227
12.5 思考与练习 230
第 13 章 信号完整性分析 231
13.1 信号完整性简介 231
13.2 信号完整性模型 232
13.3 信号完整性分析的环境设定 234
13.4 信号完整性的设计规则 236
13.5 进行信号完整性分析 241
13.5.1 信号完整性分析器 241
13.5.2 “Signal Integrity”对话框 242
13.5.3 串扰分析 244
13.5.4 反射分析 248
13.6 思考与练习 252
第 14 章 综合实例：U 盘电路的设计 253
14.1 电路工作原理说明 253
14.2 创建项目文件 253
14.3 制作元件 254
14.3.1 制作 K9F080U0B 元件 254
14.3.2 制作 IC1114 元件 258
14.3.3 制作 AT1201 元件 260
14.4 绘制原理图 261
14.4.1 U 盘接口电路模块设计 261
14.4.2 滤波电容电路模块设计 261
14.4.3 Flash 电路模块设计 263
14.4.4 供电模块设计 263
14.4.5 连接器及开关设计 264
14.5 设计 PCB 264
14.5.1 创建 PCB 文件 264
14.5.2 编辑元件封装 265
14.5.3 绘制 PCB 267
14.6 思考与练习 269

第 1 章　Altium Designer 概述

Altium Designer 是 Altium 公司于 2006 年年初推出的一种电子设计自动化（Electronic Design Automation，EDA）软件。2021 年，Altium 公司推出了 Altium Designer 21，该软件综合电子产品一体化开发所需的所有必备技术和功能，使电子工程师的工作更加便捷、高效和轻松，解决了电子工程师在项目开发中遇到的许多挑战，同时推动了 Altium Designer 向更高端 EDA 工具迈进，使得 Altium Designer 成为电子产品开发的完整解决方案。

本书以 Altium Designer 21 为例，向读者介绍 Altium Designer 软件的组成、功能和操作方法。

1.1　Altium Designer 软件安装与启动

Altium Designer 21 的文件大小大约为 2.53GB，用户可以与当地的 Altium 销售和支持中心或增值代理商联系，获得软件及许可证。拥有 Altium Designer 许可证的用户，可以获得 15 天免费的无限制电话和 E-mail 支持，以快速掌握 Altium Designer 系统的使用方法和有关信息；用户还可以免费访问 Altium 公司网站定期发布的补丁包，这些补丁包会给 Altium Designer 带来更多新技术，以及更多的器件支持和增强功能，以确保用户始终保持最新的设计技术。

Altium 公司英文网站：http：//www.altium.com/

中文网站：http：//www.altium.com.cn/

联系邮件地址：support@Altium.com.cn

1.1.1　Altium Designer 的安装

Altium Designer 21 的安装过程非常简单、轻松。只需双击 AltiumDesigner21Setup.exe 文件，即可启动安装程序，按照提示一步一步执行下去即可安装成功。

【例 1-1】 安装 Altium Designer 21 软件

1）双击安装目录里的 AltiumDesigner21Setup.exe 文件，软件开始安装，系统弹出图 1-1 所示的 Altium Designer 21 安装界面。

2）单击“Next”按钮，进入图 1-2 所示的“License Agreement”（软件许可）对话框。

3）在“Select language”下拉列表框中选择语言为“Chinese”。

4）选中“I accept the agreement”（接受授权协议）选项，单击“Next”按钮，进入图 1-3 所示的“Select Design Functionality”（选择设计功能）对话框。

在“Select Design Functionality”对话框中，最好采用默认选择。

5）按照默认选择单击“Next”按钮，进入图 1-4 所示的“Destination Folders”（选择安装路径向导）对话框。系统默认安装路径是 C:\Program Files\Altium\AD21，默认共享文档路径是 C:\Users\Public\Documents\Altium\AD21。如果需要更改安装路径和共享文档路径，可单击按钮，在打开的目录对话框中加以指定，安装路径和共享文档路径需要分别指定到一个空文件夹才允许执行下一步。

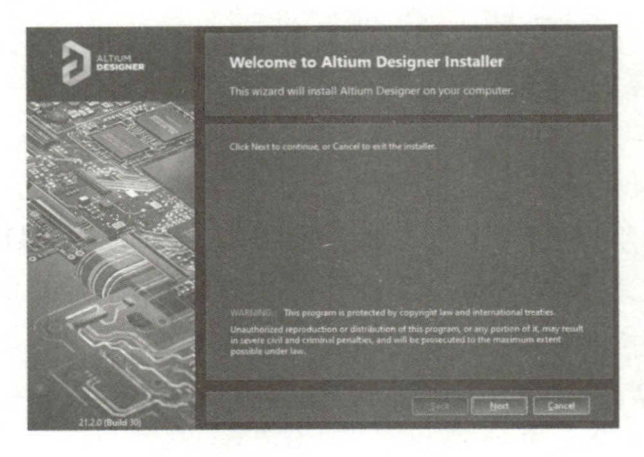

图 1-1　安装界面

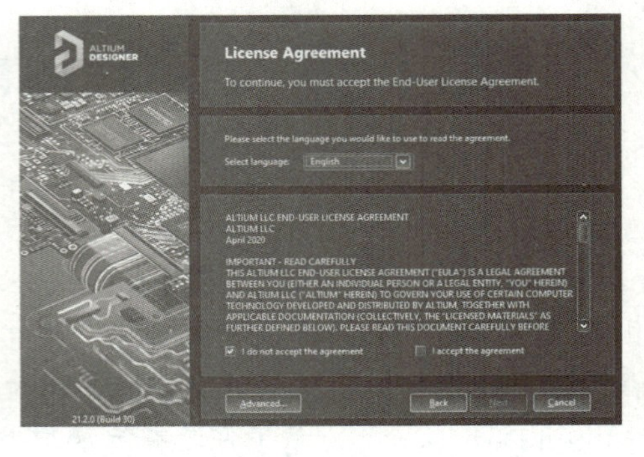

图 1-2　“License Agreement”对话框

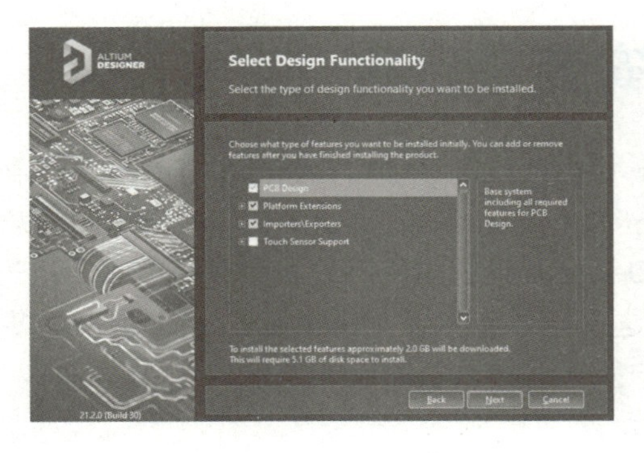

图 1-3　“Select Design Functionality”对话框

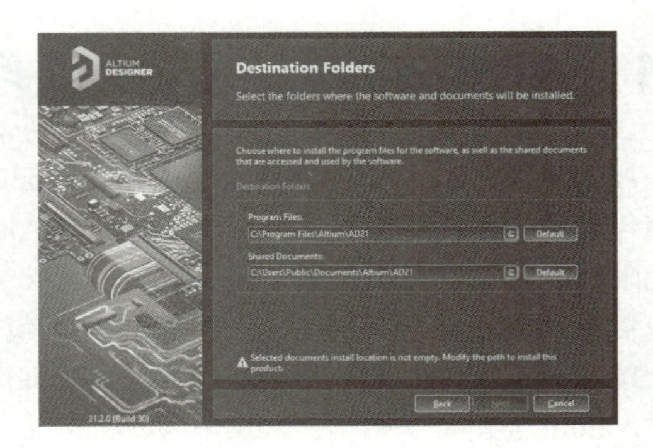

图 1-4　“Destination Folders”对话框

6）单击“Next”按钮，系统弹出图 1-5 所示的“Customer Experience Improvement Program”（客户体验改善计划）对话框，选择“Don’t participate”（不参与）选项。

7）单击“Next”按钮，系统弹出图 1-6 所示的“Ready To Install”对话框，这是 Altium Designer 21 收集完安装信息后的安装向导对话框，提示用户可以开始安装了。

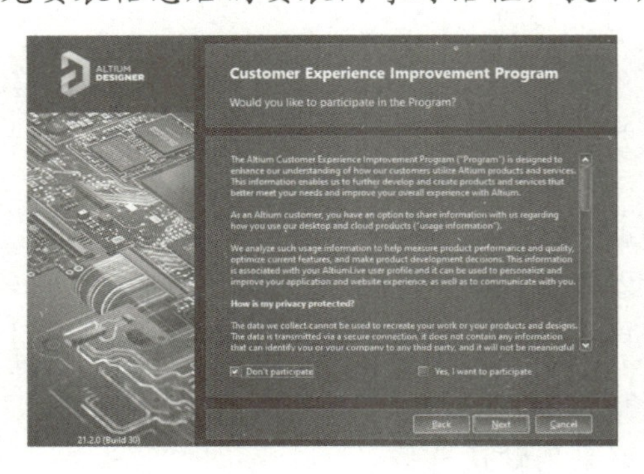

图 1-5　是否加入体验计划界面

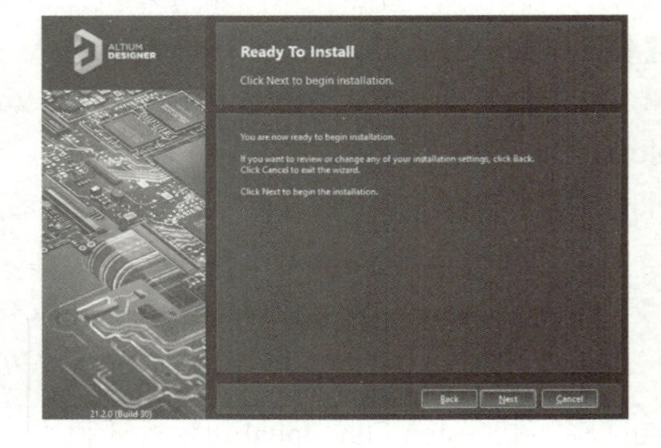

图 1-6　安装 Altium Designer 21

8）单击“Next”按钮，系统开始安装，如图 1-7 所示，进度条表示了安装过程大体需要的时间。安装完毕后，系统弹出图 1-8 所示的“Intallation Complete”（软件安装结束）对话框。

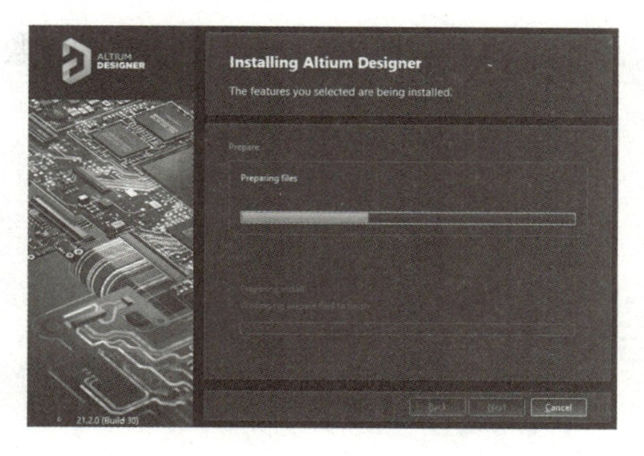

图 1-7　开始安装 Altium Designer 21

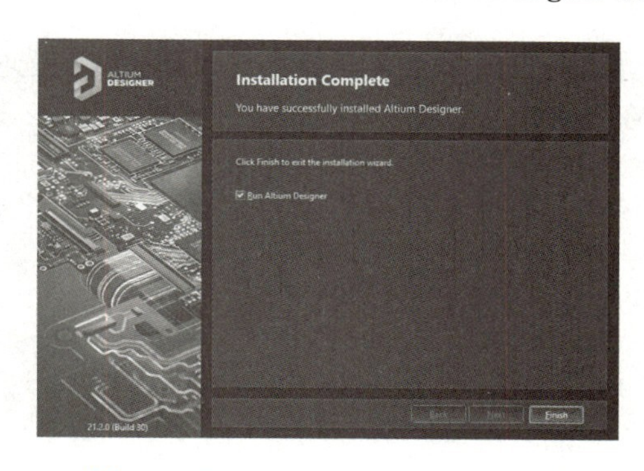

图 1-8　“Intallation Complete”对话框

9）单击“Finish”按钮，即完成了 Altium Designer 21 软件的安装，并自动运行 Altium Designer 21 软件。

1.1.2 Altium Designer 的启动

顺利安装 Altium Designer 21 后，系统会在 Windows“开始”菜单栏中加入菜单项，也可以在桌面上建立 Altium Designer 21 的快捷方式。

【例 1-2】 启动 Altium Designer 21

在“开始”菜单栏中找到 Altium Designer 菜单项，单击该图标，或者在桌面上双击快捷方式图标，即可初次启动 Altium Designer 21，启动画面如图 1-9 所示。

图 1-9　Altium Designer 21 启动画面

1.2　熟悉 Altium Designer 21 的操作环境

Altium Designer 21 为用户提供了共同设计软硬件的统一环境，以帮助用户更轻松地去创建下一代电子设计。Altium Designer 充分利用了 Windows 10 平台的优势，具有超强的图形加速功能和灵活美观的操作环境。

1.2.1 Altium Designer 21 的系统基本参数设置

在安装并启动了 Altium Designer 21 之后，对于一个专业的电路设计者来说，首先应根据具体的条件和自己的习惯，对软件系统进行参数的优先设置，以便在进行电子产品开发时，能更好地发挥系统的功能，提高设计效率。

启动 Altium Designer 21 软件系统，进入集成开发环境。界面的右上方（按钮后）是专门用来显示用户是否已经登录 Altium 账户。如果已经登录 Altium Account，并使用了有效 license，此时将显示登录状态。用户没有登录的界面如图 1-10 所示。在界面顶端还有一个系统主菜单，如图 1-11 所示，系统的主要设置都可以通过该主菜单完成。

单击 Altium Designer 21 界面右上角的按钮，弹出“优选项”（英文版环境下对话框为 Preferences）对话框。在该对话框中列出了可以进行参数优先设置的 11 个模块，如图 1-12 所示。

在每一模块中，都包含有若干项设置参数的选项卡，可以分别进行设置。与系统有关的参数设置主要在 System 模块中完成。

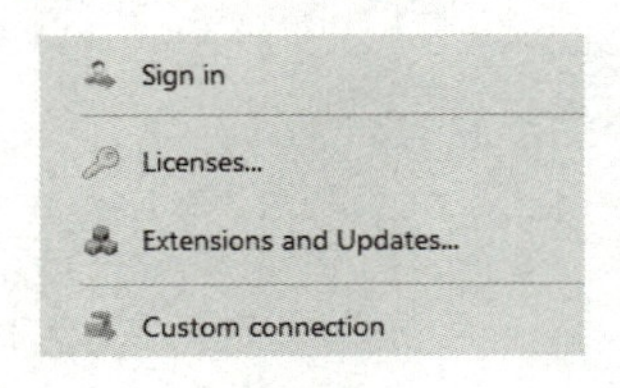

图 1-10　未登录账户

文件 (F)　视图 (V)　项目 (C)　Window (W)　帮助 (H)

图 1-11　系统主菜单

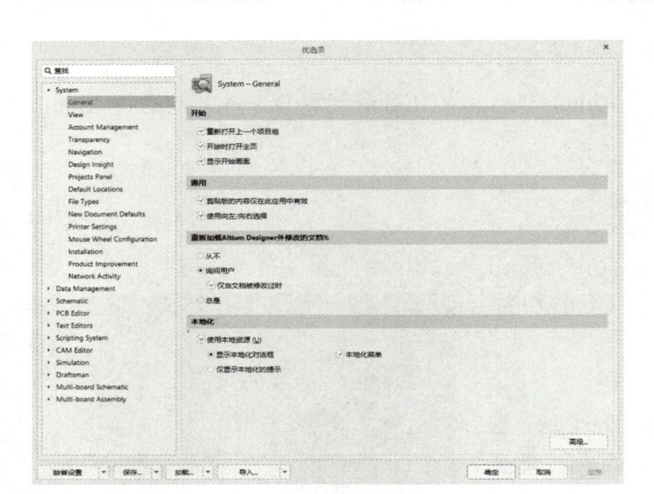

System（系统）
Data Management（数据管理）
Schematic（原理图）
PCB Editor（PCB 编辑器）
Text Editors（文本编辑器）
Scripting System（脚本系统）
CAM Editor（CAM 编辑器）
Simulation（仿真）
Draftsman（绘图者）
Multi-board Schematic（多板示意图）
Multi-board Assembly（多板组件）

图 1-12　“优选项”对话框

1.2.2　设置个性化用户界面

即便是在同一个工作环境下，每个人的工作方式也可能会有所不同。Altium Designer 21 为用户提供了可定制的个性化设计环境，以适应不同的工作方式，进一步提高设计效率。用户完全可以根据自己的操作习惯定制个人菜单、工具栏、快捷键等，甚至整个界面都可按照自己的喜好重新配置。

在主菜单中，执行“视图”→“工具栏”→“自定义”命令，可打开图 1-13 所示的“Customizing DefaultEditor Editor”对话框。通过该对话框，即可进行用户界面的自定义。

对话框中包含了“命令”和“工具栏”两个选项卡，其中“命令”选项卡用于对菜单内的命令进行各种调整，如编辑、添加等；“工具栏”选项卡则用于在界面中添加完整的菜单或者工具栏，下面以一个具体的实例来说明。

【例 1-3】　在“文件”菜单内添加一个新的命令

例 1-3

1）执行“视图”→“工具栏”→“自定义”命令，打开“Customizing DefaultEditor Editor”对话框。

2）单击“命令”选项卡中“新的”按钮，打开图 1-14 所示的“Edit Command”对话框。

3）在“Edit Command”对话框中，单击“动作”选项组中的“浏览”按钮，弹出图 1-15 所示的“过程浏览器”对话框，该对话框中列出了一系列的可用命令。

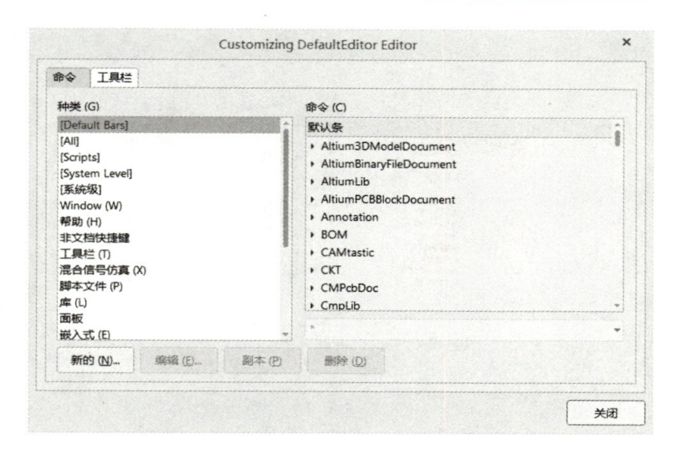

图 1-13 “Customizing DefaultEditor Editor”对话框

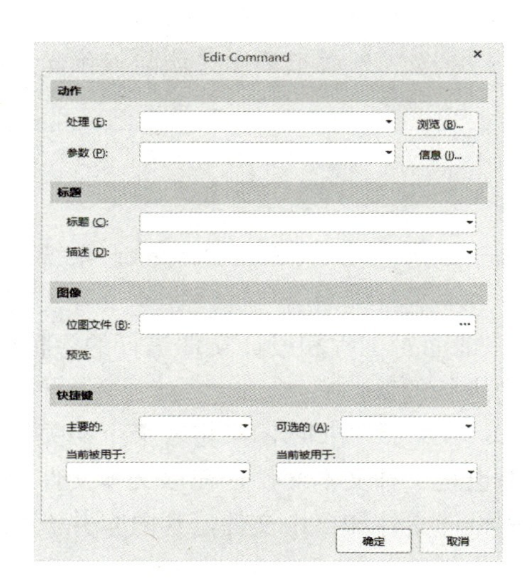

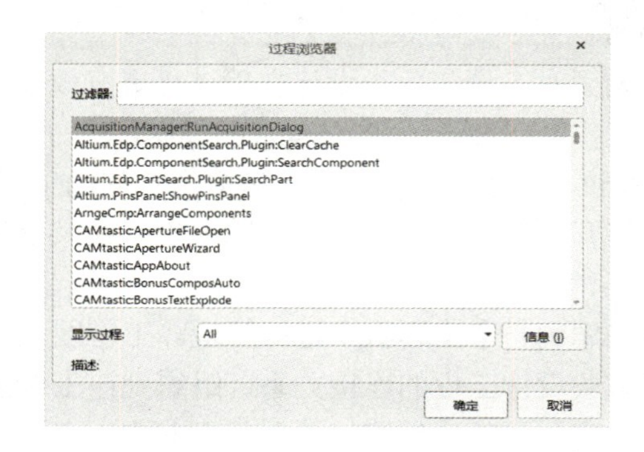

图 1-14 “Edit Command”对话框

图 1-15 “过程浏览器”对话框

4）在列表框中选择“Client:SelectNextDocumentOfTheSameKind”选项，单击“确定”按钮，返回“Edit Command”对话框，该命令已经添加在“动作”选项组的“处理”文本框中。

5）在“Edit Command”对话框的“标题”文本框中输入新建的命令名称“选择下一个”，在“描述”文本框中输入对该命令的描述“Activates next document of the same kind”。在“快捷键”选项组“主要的”下拉列表框中选择〈Ctrl+S〉键作为新建命令的快捷键，完成对新建命令的设置，如图 1-16 所示。

6）单击“确定”按钮，返回“Customizing DefaultEditor Editor”对话框。在“种类”列表框中，增加了一项“Custom”，而新建的命令则出现在右侧相应的“命令”列表框中，如图 1-17 所示。

7）将鼠标指针放在新建命令“选择下一个”上并单击，将其拖到主菜单的“文件”菜单中，选择合适位置放下，如图 1-18 所示。

至此，在“文件”菜单内就添加了一个新的命令“选择下一个〈Ctrl+S〉”，当执行该命令时，系统将选择打开下一个同类型的文件。

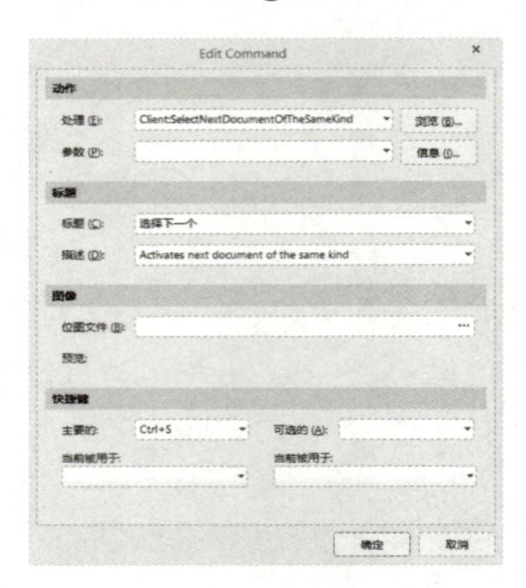

图 1-16 对新建命令的设置

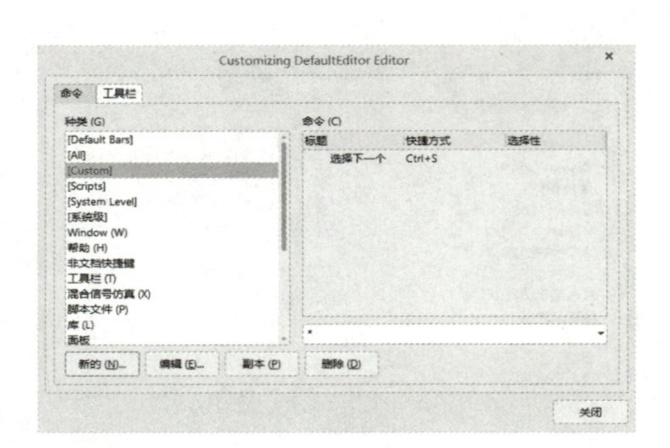

图 1-17 新建命令完成

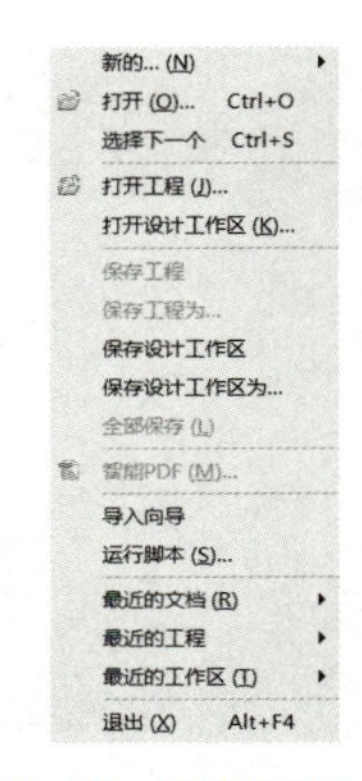

图 1-18 添加新命令到“文件”菜单

📖 删除添加的命令时，同样需要通过“Customizing DefaultEditor Editor”对话框完成。在“种类”列表中，选择“Custom”选项，之后在右侧相应的“命令”列表中选中要删除的命令，单击“删除”按钮即可。

1.2.3 Altium Designer 21 的设计工作区

为了对工程和各类设计文档进行更有效、更协调的一体化管理，Altium Designer 系统采用了设计工作区（Design Workspace）的概念。所谓工作区，就是系统为用户提供的一个开发运行平台，在该平台上，可以同时管理多个不同的工程或文件。前面对工程和设计文件进行的各种操作，包括打开、创建、导入等，实际上都是在某一工作区内进行的。

工作区的管理文件是设计工作区文件，扩展名为.DsnWrk 或.PrjGrp，可将若干个相关的设计工程组织到一个工程组中进行管理。工作区文件实际上也是一种文本文件，在该文本文件中，建立了有关设计工程的连接关系，组织到该工作区的各种设计文件和自由文件，其内容并没有真正包含进来，只是通过连接关系组织起来。

工作区文件可以说是 Altium Designer 文档管理的最高形式。在实际设计中，用户可以随时将在某些方面有着密切联系的多个工程作为一个整体，通过相应的命令，保存为一个设计工作区文件，可同时打开、编辑和管理。当打开该文件时，所涉及的多个工程将同时被打开，用户可直接进入先前的工作环境中，极大地提高了设计效率。

例 1-4

【例 1-4】 创建自己的工作区

在研发复杂的电子产品时，用户可以将整体系统划分为若干个工程分别进行设计，并创建自己的工作区来对这些工程统一管理。

1）执行“文件”→“新的”→“设计工作区”命令，即可新建一个设计工作区，默认名为 Project Group 1.DsnWrk，显示在 Projects 面板上，如图 1-19 所示。

2）右击 Project Group 1.DsnWrk，在弹出的快捷菜单中选择“保存设计工作区”选项，此时系统弹出“工作区保存”对话框，如图 1-20 所示。

3）在工作区保存位置找到工作区，对文件重命名，此时即建立了自己的工作区 MyWorkspace.DsnWrk，如图 1-21 所示。用户就可以将现有的或者新建的一些工程添加到该工作区内了。

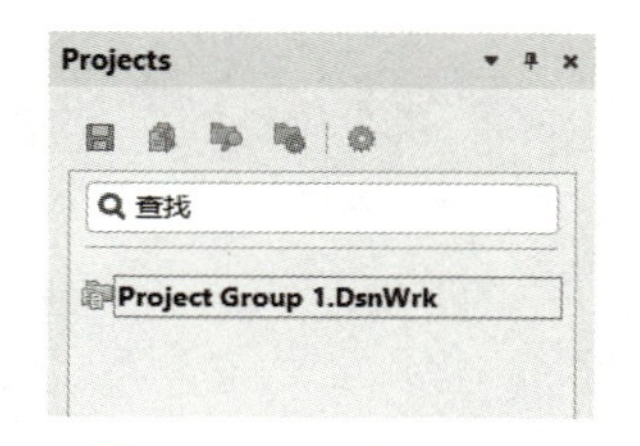

图 1-19　新建工作区

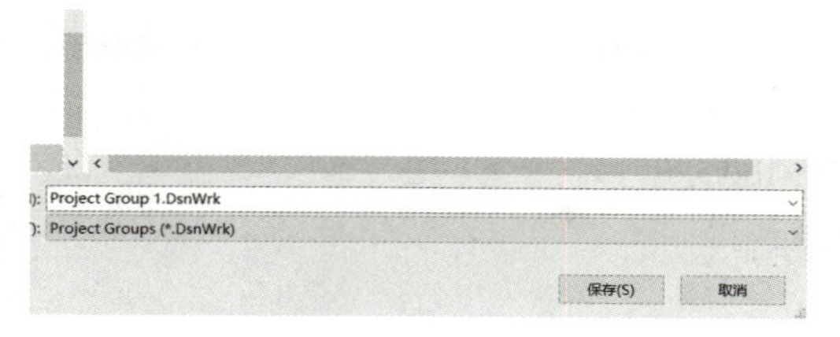

图 1-20　“工作区保存”对话框

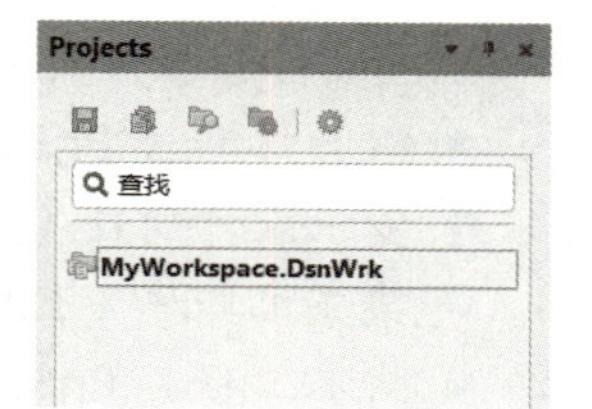

图 1-21　新建工作区 MyWorkspace.DsnWrk

在创建一个新的工程或一个新的设计文件时，系统会自动将该工程或文件放在当前正在使用的工作区内。若当前所有的设计工作区都处于关闭状态，则系统会创建一个默认名为 Project Group 1.DsnWrk 的设计工作区供用户使用，作为新项目或新设计文件的运行平台，如图 1-19 所示。对于该工作区，用户可以保存为自己的工作区，也可以不保存。

1.3　Altium Designer 21 的工程及文件管理

Altium Designer 21 支持多种文件类型，对每种类型的文件都提供了相应的编辑环境，例如，原理图文件有原理图编辑器、PCB 库文件有 PCB 库编辑器，而对于 VHDL、脚本描述、嵌入式软件的源代码等文本文件则有文本编辑器。当用户新建一个文件或者打开一个现有文件时，将自动进入相应的编辑器中。

在 Altium Designer 中，这些设计文件通常会被封装成工程，一方面是便于管理，另一方面是为了易于实现某些功能需求，如设计验证、比较以及同步等。工程内部对于文件的内容以及存放位置等没有任何限制，文件可以放置在不同的目录下，必要时使用 Windows Explorer 来查找，直接添加在工程中即可。这样，同一个设计文件可以被不同的工程所共用，而当一个工程被打开时，所有与其相关的设计信息也将同时被加载。

1.3.1　工程及工程文件的创建

Altium Designer 中，任何一项开发设计都可以被看作是一项工程。在该工程中，建立了与该设计有关的各种文档的连接关系，并保存了与该设计有关的设置，而各个文档的实际内容并没有真正包含到工程中。

在电子产品开发的整体流程中，Altium Designer 提供了创建和管理所有不同工程类型的一体化环境，包括 PCB 工程、集成元件库、脚本工程等。不同的工程类型可以独立运作，但最终会被系统逻辑地链接在一起，从而构成完整的电子产品。

1. 工程文件类型

工程文件是工程的管理者，是一个 ASCII 文本文件，含有该工程中所有设计文件的链接信息，用于列出在该工程中有哪些设计文档以及有关输出的配置等。

Altium Designer 允许用户把文件放在自己喜欢的文件夹中，甚至同一个工程的设计文件可分别放在不同的文件夹中，仅仅通过一个链接关联到工程中即可。但是为了设计工作的可延续性和管理的系统性，便于日后能够更清晰地阅读、更改，建议用户在设计一个工程时，新建一个设计文件夹，尽量将它们放在一起。

工程文件有多种类型，在 Altium Designer 中主要有以下几种工程。

- PCB 工程（.PrjPCB）。
- 多板设计项目（.PrjMbd）。
- 集成元件库（.LibPkg）。
- 脚本工程（.PrjScr）。

2. 创建新工程

创建新工程有以下 3 种方法。

1）在主页的任务链接区域，单击相应链接，即可进入创建一个新的工程。

2）菜单创建。执行“文件”→“新的”→“项目”命令，在弹出的“Create Project”对话框中列出了可以创建的各种工程类型，如图 1-22 所示，修改创建目录，单击“Create”按钮创建一个 PCB 工程。

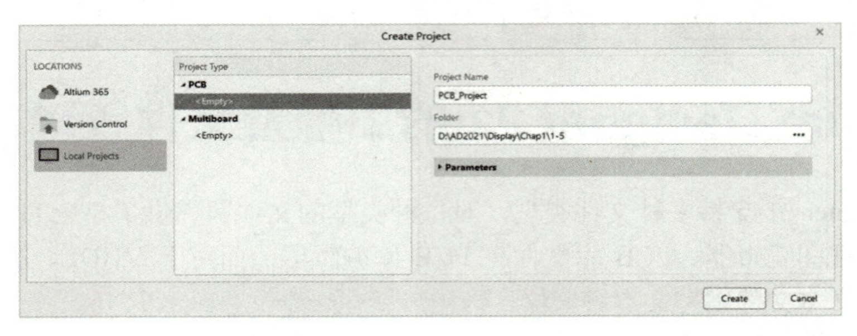

图 1-22　选择创建工程

3）“文件”面板创建。打开“文件”面板，在“新的”→“项目”菜单中列出了多种项目，如图 1-23 所示，选择相应选项即可。

对于各种类型的工程来说，创建一个新工程的步骤都是基本相同的，这里以创建一个新的 PCB 工程为例来说明。

【例 1-5】 创建 PCB 工程

1）执行“文件”→“新的”→“项目”命令，此时弹出图 1-22 所示的“Create Project”对话框，工程类型选择 PCB，修改合适的工程存放路径，单击“Create”按钮，系统自动在当前的工作区下添加了一个新的 PCB 工程，默认名为 PCB_Project.PrjPcb，并在该项目下列出 No Documents Added 文件夹，如图 1-24 所示。

例 1-5

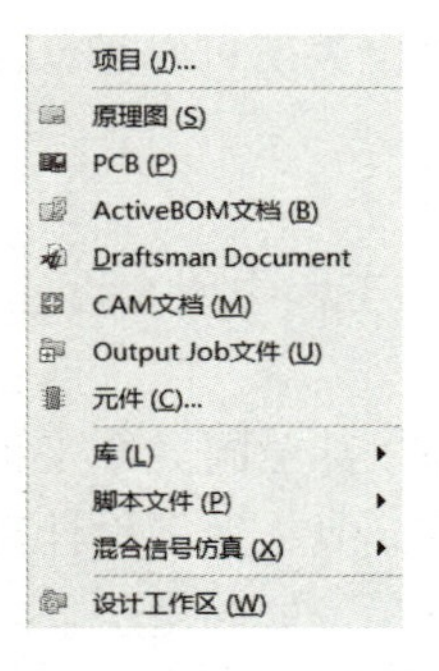

图 1-23　项目列表

图 1-24　新建一个 PCB 工程

2）在工程文件 PCB_Project.PrjPcb 上右击，在弹出的快捷菜单中选择“重命名”命令，打开图 1-25 所示的“Rename”对话框。

3）选择保存路径并输入工程名，如 MyProject。单击“保存”按钮，即建立了自己的 PCB 工程 MyProject.PrjPcb，如图 1-26 所示。

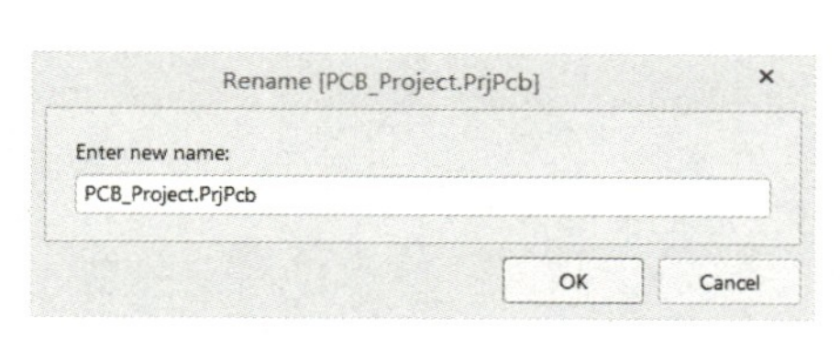

图 1-25　重命名工程文件

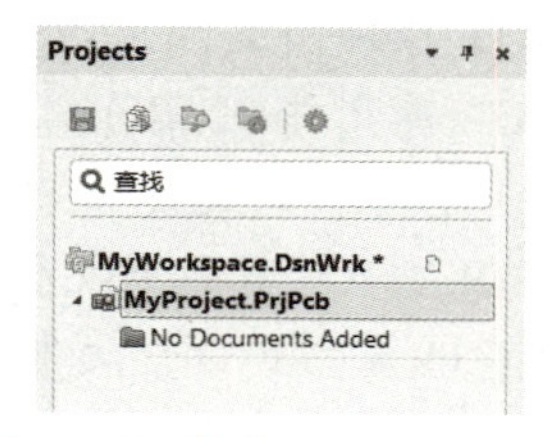

图 1-26　新建 MyProject.PrjPcb

1.3.2 常用文件及其导入

1. 常用文件

在 Altium Designer 的每个工程中，都可以包含多种类型的设计文件，具体的文件类型及相应的扩展名在“File Types”标签页中被一一列举，用户可以查看并进行设置。在使用 Altium Designer 21 进行电子产品开发的过程中，用户经常用到的几种常用文件如表 1-1 所示。

表 1-1　常用文件

文件扩展名	设计文件	文件扩展名	设计文件
.schdoc	原理图文件	.cpp	C++源文件
.Schlib	原理图库文件	.h	C 语言头文件
.Pcbdoc	PCB 文件	.asm	ASM 源文件
.Pcblib	PCB 库文件	.Txt	Text 文件
.Vhd	VHDL 文件	.Cam	CAM 文件
.V	Verilog 文件	.OutJob	输出工作文件
.c	C 语言源文件	.DBLink	数据库链接文件

C++源文件（.cpp）是新增的一个文件类型，与先前的 Altium Designer 版本相比，已经开始支持用 C++来实现软件的开发。

此外，由于 Altium Designer 21 具有超强的兼容功能，因而还支持许多种第三方软件的文件格式。

2. 可导入的文件类型

除了 Altium Designer 先前版本中的各类文件以外，Altium Designer 中还可导入如下一些格式的设计文件。

- Protel 99 SE 数据库文件（.DDB）。
- P-CAD V16 或 V17 ASCII 原理图文件（.sch）。
- P-CAD V16 或 V17 ASCII 原理图库文件（.lia、.lib）。
- P-CAD V15、V16 or V17 ASCII PCB 文件（.pcb）。
- P-CAD PDIF 格式文件（.pdf）。

- CircuitMaker 2000 设计文件（.ckt）。
- CircuitMaker 2000 二进制用户库文件（.lib）。
- OrCAD PCB 版图 ASCII 格式文件（.max）。
- OrCAD 封装库文件（.llb）。
- OrCAD 原理图文件（.dsn）。
- OrCAD 库文件（.olb）。
- OrCAD CIS 格式文件（.dbc）。
- PADS PCB ASCII 格式文件（.asc）。
- SPECCTRA 格式设计文件（.dsn）。
- Cadence Allegro 设计文件（.alg）。
- AutoCAD DWG/DXF 格式文件（.DWG、.DXF）。

3. 文件的导入

可以采用两种方式来实现文件的导入：一种是在主菜单中，执行“文件”→“打开”命令，在弹出的“Choose Document to Open”对话框中，通过“文件类型”过滤器找到需要导入的文件，打开即导入文件；另一种则是通过执行“文件”→“导入向导”命令，直接使用系统提供的导入向导功能来实现文件的导入。

对于上面所列出的各种外部文件，大多数都可采用两种命令进行导入，但也有一些文件，如 AutoCAD DWG/DXF 格式文件、Cadence Allegro 设计文件等，只能直接通过导入向导转换到 Altium Designer 环境中。

Altium Designer 提供了一些管理命令，以帮助用户对打开的设计文件进行有效管理，并可根据自己的工作习惯，随时调整文件的显示方式。

例如，在文件标签上右击，选择右键快捷菜单或者选择“Windows”窗口中的“垂直分离”或者“水平分离”命令，主设计窗口将被分离成两个相互独立的区域，两个打开的设计文件可以同时进行显示，如图 1-27 和图 1-28 所示。

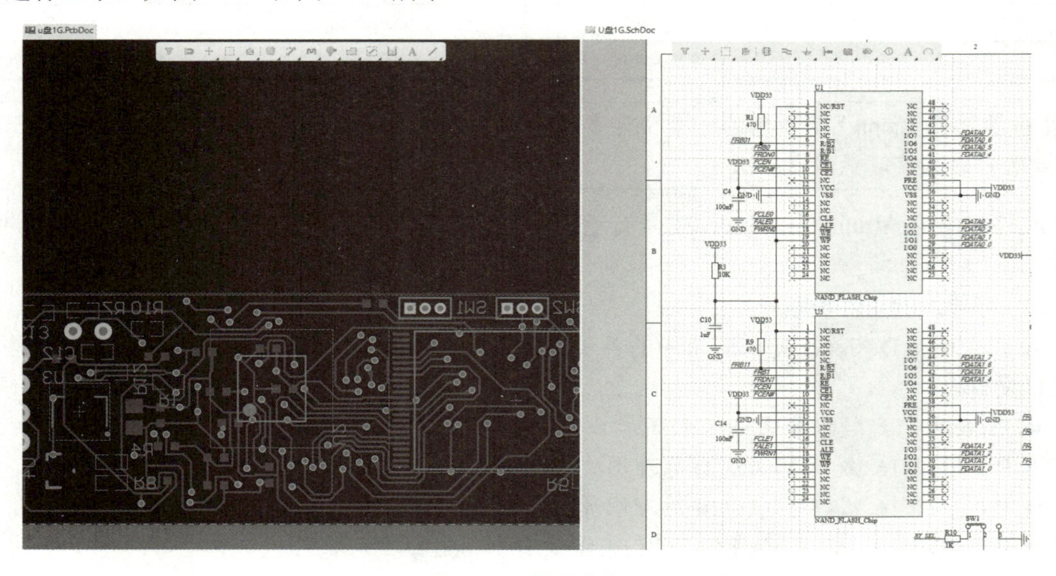

图 1-27　垂直分离

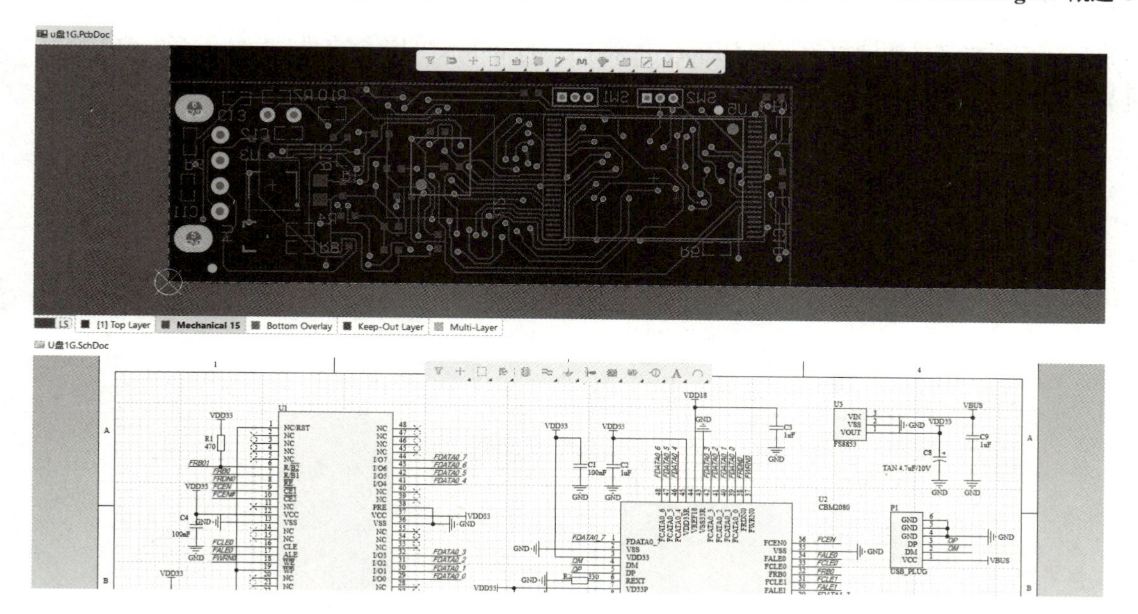

图 1-28　水平分离

📖 在对原理图和 PCB 文件进行交叉探测时，这种显示方式可为设计者提供极大的方便。

此外，每一个打开的设计文件还可以拥有自己独立的设计环境和窗口。在文件标签上右击，在弹出的快捷菜单中选择“在新窗口打开”命令；或者单击文件标签，将其拖到主应用窗口以外的桌面区域上，都可以打开一个新的设计窗口。为了使多个设计窗口排列有序，可通过系统主菜单中的 Window 命令，让所有打开的窗口在桌面上水平或者垂直排列。

需要关闭某一窗口时，只需单击窗口右上角的 × 按钮，系统会弹出图 1-29 所示的提示框。选择“Close this window only”（仅关闭该窗口）选项，则当前窗口被关闭。

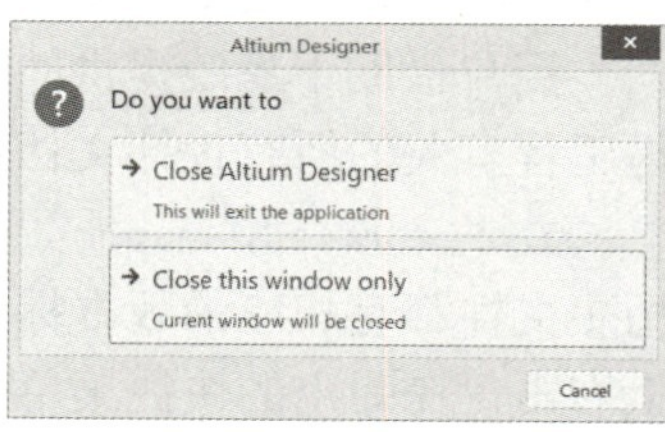

图 1-29　“窗口关闭”提示框

1.3.3　文件的管理

随着电子产品开发整体流程的运行，特别是当设计复杂性增加时，大量的设计文档也将随之产生。对于这些设计文档，需要系统能够及时地跟踪、存储和维护，以实现对文档的完善管理。

Altium Designer 系统为用户提供了以下几种文件存储及管理功能。

（1）自动保存备份

在“优选项”对话框中，使能“Data Management”→“Backup”选项卡中的自动保存功能，系统会按照设定的时间间隔，为当前打开的所有文件进行多个版本的自动保存。自动保存的文件会在文件名后面加上某一数字来加以标识，如文件 MyPcb.PcbDoc 会被自动保存为 MyPcb.~(1).PcbDoc、MyPcb.~(2).PcbDoc 等。

（2）本地历史（Local History）管理

本地历史管理是在用户每次保存文件时，系统自动对保存之前的文件进行一次复制，所有的备份将放在与工程文件相同目录下的 History 目录中，为 Zip 格式的压缩文件。具体保存天数可以在“优选项”对话框的“Data Management”→“Local History”选项卡中进行设置，如图 1-30 所示。

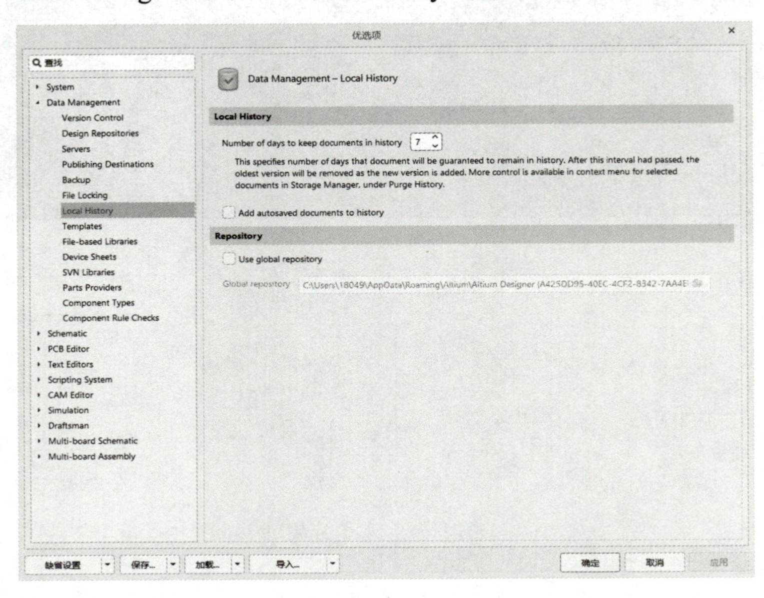

图 1-30　本地历史设置

一个文件的历史在指定的天数内会得到持续的维护，之后旧的版本被删除，新的版本被保存。

用户借助于系统提供的“Storage Manager”（存储管理器）面板，就可以查看并管理工程以及与工程有关的所有设计文档的信息，包括尺寸、种类、修改日期、状态等，如图 1-31 所示。

在“Storage Manager”面板“Local History”列表中列出了当前被选中文件的本地历史，每个历史文件都有相应的版本标记，如 Version1、Version2 等，每次保存时标记随之递增。在该文件上右击，在弹出的快捷菜单中选择“本地历史”→“存储管理器”命令，如图 1-32 所示。在打开的存储管理器中执行“申请标签”命令，可以将该版本指定为参考；执行“恢复到”命令，可追溯到该版本，或者，按住〈Ctrl〉键，选中一个文件的两个版本，执行“比较”命令，则可以对这两个版本的差异进行比较。

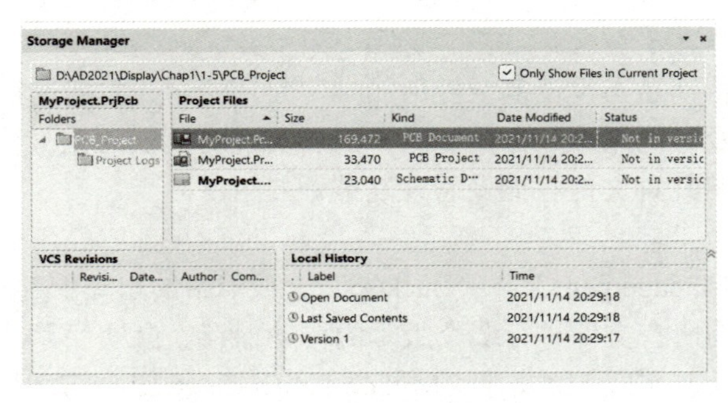

图 1-31　“Storage Manager”面板

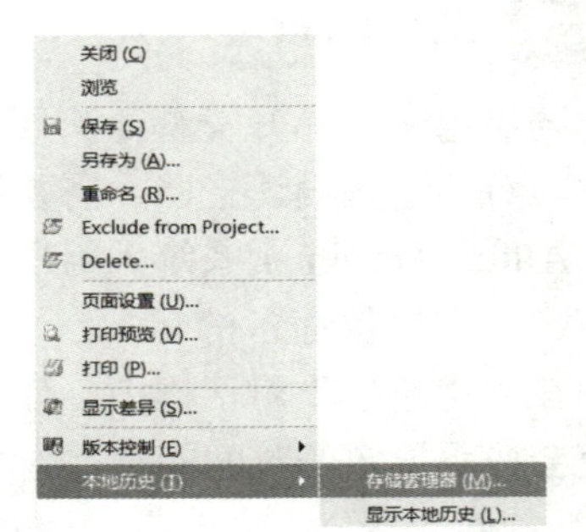

图 1-32　右键菜单

（3）外部版本控制

Altium Designer 还提供了采用外部版本控制来管理各类电子设计文档的功能，既可以选择一个 SCCI（源代码控制接口）兼容的 VCS（并发版本系统），也可以直接选择 SVN 这样的版本控制系统接口，有关设置可在“优选项”对话框的“Data Management”→“Version Control”选项卡中完成，如图 1-33 所示。

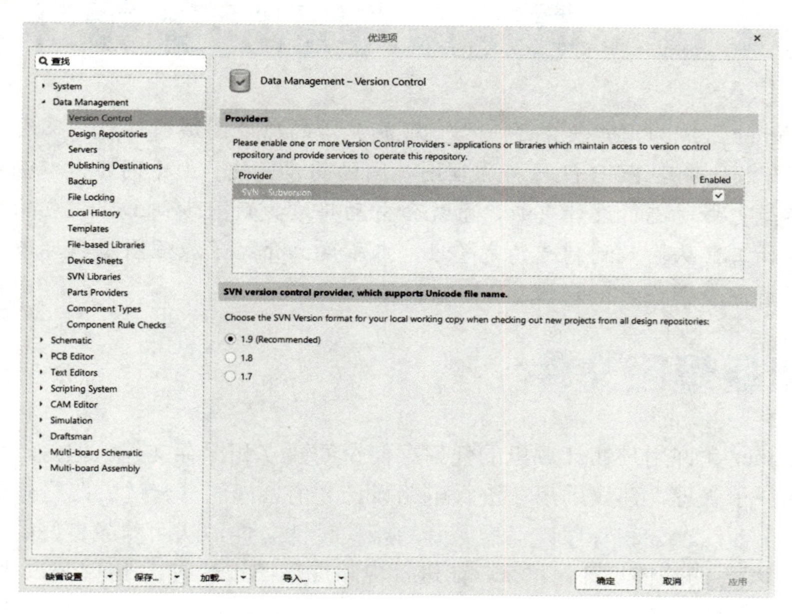

图 1-33　外部版本控制设置

对于单个设计者来说，无须外部的版本控制系统，使用备份和本地历史（Local History）就可以对设计文档进行完善的维护和跟踪管理。

1.4　思考与练习

1. 概念题

1）简述 Altium Designer 的安装过程。

2）Altium Designer 中主要有几种工程类型？

3）简述 Altium Designer 的常用文件。

2. 操作题

1）动手安装 Altium Designer 软件，熟悉其安装过程。

2）启动 Altium Designer，了解其 License 管理系统。

3）了解系统主菜单中的各项命令，尝试进行参数优先设置、界面自定义、文件显示等操作。

第 2 章　电路原理图的编辑环境

Altium Designer 系统为用户提供了一个直观而灵活的原理图编辑环境，采用了以工程为中心的设计模式，可有效地管理 PCB 设计与原理图之间的同步变化。由于同步是双向的，设计者在开发的任何阶段都能自由地进行设计更新，系统会自动将该更新同步到工程相应的设计文档中，充分保证了整个设计工程从输入到制造的完整性。本章详细介绍了原理图编辑环境。通过本章的学习，读者可以了解原理图设计的环境。

2.1　创建原理图文件

Altium Designer 允许用户在计算机的任何存储空间建立和保存文件。但是，为了保证设计工作的顺利进行和便于管理，建议用户在进行电路设计之前，先选择合适的路径建立一个属于该工程的文件夹，用于专门存放和管理该工程所有的相关设计文件，从而养成良好的设计习惯。如果要进行一个包括 PCB 的整体设计，那么，在进行电路原理图设计时，还应该在一个 PCB 工程下进行。

例 2-1

【例 2-1】 新建 PCB 工程及原理图文件

创建一个新的 PCB 工程，然后创建一个新的原理图文件添加到该项目中。

1）执行“文件”→“新的”→“项目”命令，弹出图 2-1 所示的“Create Project”对话框。在“Project Type”列表框中选择“PCB”选项，单击“Create”按钮，在“Projects”面板上，系统自动创建了一个默认名为 PCB_Project.PrjPcb 的工程，如图 2-2 所示。

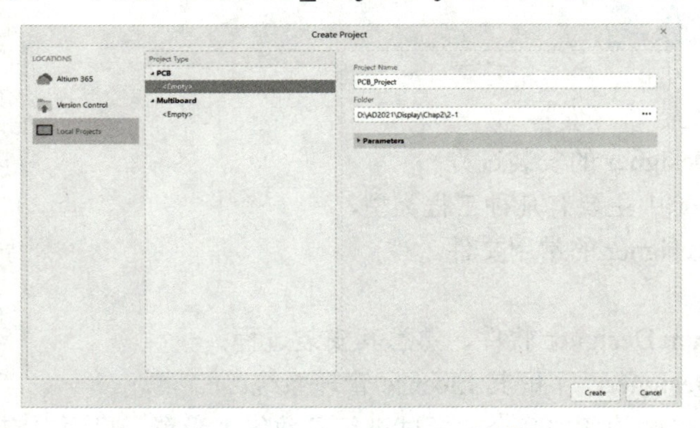

图 2-1　“Create Project”对话框

2）在“PCB_Project.PrjPcb“上右击，在弹出的快捷菜单中选择“重命名”命令，将其改为自己喜欢或者与设计有关的名字，如 NewPCB。

3）右击“NewPCB.PrjPcb”文件，在弹出的快捷菜单中选择“添加新的...到工程”→“Schematic”命令，系统在该 PCB 工程中添加了一个新的空白原理图文件，默认名为 Sheet1.SchDoc。系统还同时打开了原理图的编辑环境。

4）在“Sheet1.SchDoc”上右击，在弹出的快捷菜单中选择“保存”命令，将其另存为自己喜欢或者与设计相关的名字，如 NewSheet.SchDoc。

以上操作完成后，结果如图 2-3 所示。对于该工程所在的设计工作区，用户可以保存为自己的工作区，也可以不必保存。

图 2-2　新建 PCB 工程

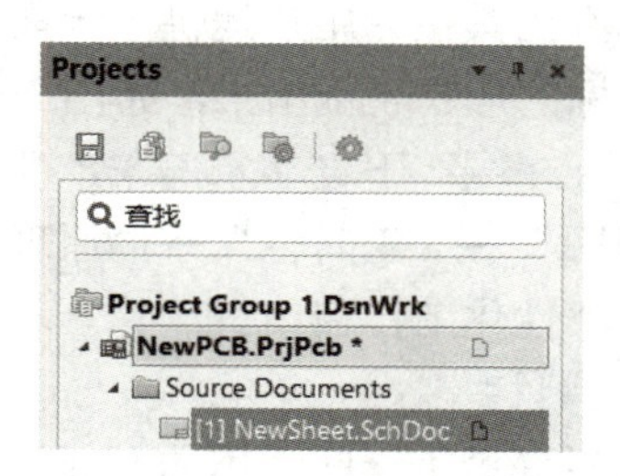

图 2-3　添加了原理图文件

2.2　原理图编辑界面

在打开或者新建了一个原理图文件的同时，Altium Designer 的原理图编辑器 Schematic Editor 将被启动，系统自动进入电路原理图的编辑界面中，如图 2-4 所示。

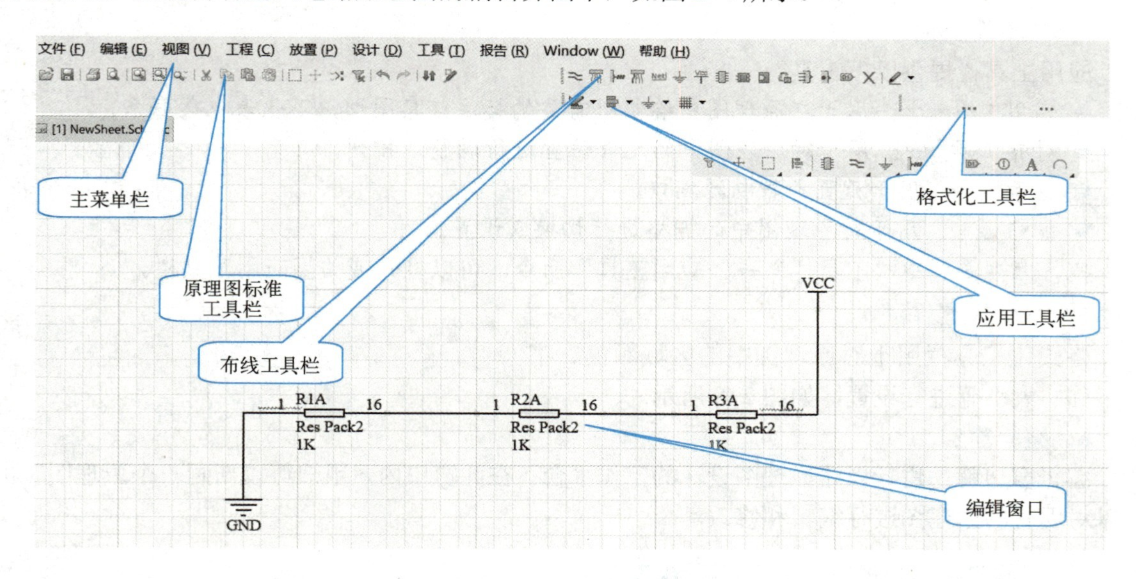

图 2-4　原理图编辑界面

下面简单介绍原理图编辑界面中的主要组成部分。

1. 主菜单栏

Altium Designer 为不同类型的文件提供了不同的编辑环境，与之相对应，系统主菜单的内容也有所不同。在原理图编辑环境中的主菜单栏如图 2-5 所示，在设计过程中，对原理图的各种编辑操作都可以通过菜单中相应的命令来完成。

文件 (F) 编辑 (E) 视图 (V) 工程 (C) 放置 (P) 设计 (D) 工具 (T) 报告 (R) Window (W) 帮助 (H)

图 2-5 主菜单栏

2. 原理图标准工具栏

原理图标准工具栏为用户提供了一些常用的文件操作快捷方式，如打印、缩放、复制、粘贴等，以按钮图标的形式表示出来，如图 2-6 所示。如果将鼠标放置并停留在某个按钮图标上，则相应的功能就会在图标下方显示出来，便于用户操作使用。

执行“视图”→“工具栏”→“原理图标准”命令，可以对该工具栏进行打开或关闭操作，便于用户创建个性化工作窗口。

3. 布线工具栏

布线工具栏提供了一些常用的布线工具，用于放置原理图中的总线、线束、电源、地、端口、图纸符号、未用引脚标志等，同时完成连线操作，如图 2-7 所示。

图 2-6 原理图标准工具栏

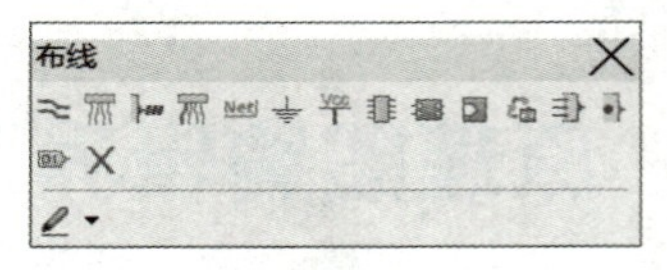

图 2-7 布线工具栏

执行“视图”→“工具栏”→“布线”命令，同样可以打开或关闭该工具栏。

4. 应用工具栏

应用工具栏提供以下工具。

- 实用工具：用于在原理图中绘制所需要的标注信息图形，不代表电气联系。
- 对齐工具：用于对原理图中的元件位置进行调整、排列。
- 电源：用于放置各种电源端口。
- 栅格：用于对原理图中的栅格进行切换或设置。

执行“视图”→“工具栏”→“应用工具”命令，可以打开或关闭应用工具栏。

5. 格式化工具栏

格式化工具栏用于对原理图中的区域颜色、字体名称、大小等进行设置，如图 2-8 所示。

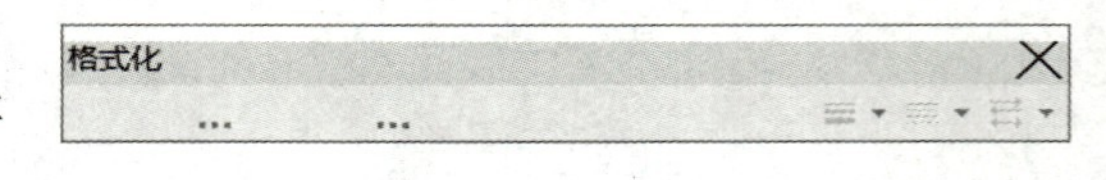

图 2-8 格式化工具栏

6. 编辑窗口

编辑窗口就是进行电路原理图设计的工作平台。在此窗口内，用户可以新画一个原理图，也可以对现有的原理图进行编辑和修改。

2.3 原理图编辑画面管理

在电路原理图的绘制过程中，有时需要缩小整个画面以便查看整张原理图的全貌，有时则需要放大以便清晰地观察某一个局部模块，有时还需要移动图纸进行多角度的观察等。此外，由于很多操作的不断重复进行，有可能残留一些图案或斑点，使画面变得模糊不清。因此，Altium Designer 提供了使用户可以按照自己的设计需要，随时对原理图进行放大、缩小或移动的功能。

1. 使用菜单或快捷键

在原理图编辑环境的“视图”菜单中，列出了对原理图画面进行缩放、移动的多个选项及相应的快捷键，如图 2-9 所示。

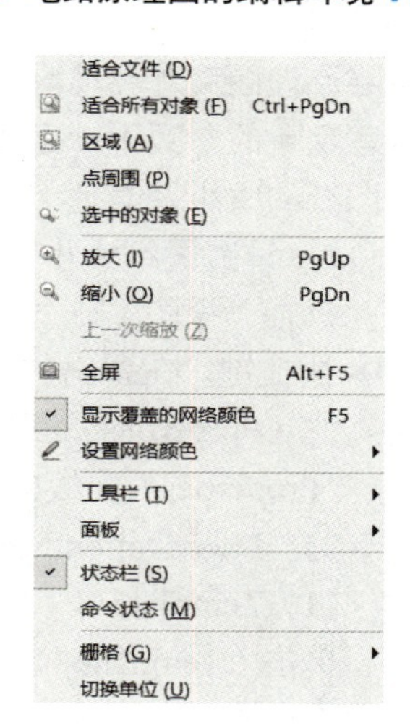

图 2-9 “视图”菜单选项

- 适合文件：用来观察并调整整张原理图的布局。执行该命令后，编辑窗口内将显示整张原理图的内容，包括图纸边框、标题框等。
- 适合所有对象：执行该命令后，编辑窗口内以最大比例显示出原理图上的所有对象，便于用户清晰地查看。
- 区域：用来放大选中的区域。执行该命令后，光标变成十字形，单击鼠标确定一个顶点，拉开一个矩形区域后再次单击确定对角顶点，该区域将在整个编辑窗口内放大显示。
- 点周围：用来放大选中的区域。执行该命令后，在要放大的区域单击鼠标，以该点为中心拉开一个矩形区域，再次单击确定范围后，该区域将被放大显示。
- 选中的对象：用来放大显示选中的对象。
- 放大：用来以光标为中心放大画面。
- 缩小：用来以光标为中心缩小画面。

执行这两项命令时，最好将光标放在要观察的区域中，使要观察的区域位于视图中心。

- 上一次缩放：返回显示上一次缩小或放大的效果。
- 全屏：软件进入全屏模式。
- 显示覆盖的网络颜色：是否显示设置的网络颜色。
- 设置网络颜色：修改网络颜色。
- 工具栏：是否启用快捷工具栏，即选中对应选项后在顶部出现快捷栏。
- 面板：是否打开各种面板，如 Components（元器件选择）。
- 状态栏：是否显示底部状态栏，用于显示坐标和栅格。
- 命令状态：是否在底部显示命令状态。
- 栅格：调整原理图显示网格。
- 切换单位：切换 mm（毫米）和 mil（密耳）。

2. 使用标准工具栏按钮

在原理图标准工具栏中提供了 3 个按钮，专门用于原理图的快速缩放。

- 适合所有对象：该按钮与菜单中“适合所有对象”命令的功能相同。
- 缩放区域：该按钮与菜单中“区域”命令的功能相同。
- 缩放选中对象：该按钮与菜单中“选中的对象”命令的功能相同。

3. 使用鼠标滚轮

按住〈Ctrl〉键的同时，滚动鼠标滚轮，即可放大或缩小原理图，或者在窗口中按住鼠标滚轮并拖动，也可以进行放大或缩小。此外，按住鼠标右键并拖动，在编辑窗口内可以随意移动原理图。

2.4 原理图纸的设置

在进行原理图绘制之前，根据所设计工程的复杂程度，首先应对图纸进行设置。虽然在进入电路原理图编辑环境时，Altium Designer 会自动给出默认的图纸相关参数，但是在大多数情况下，这些默认的参数不一定适合用户的要求，尤其是图纸尺寸的大小。设计者应根据自己的实际需求对图纸的大小及其他相关参数重新定义。

1. 设置图纸大小

执行“视图”→“面板”→“properties”命令，单击原理图空白部分，或在编辑窗口内按下〈O〉快捷键，在弹出的菜单中执行“文档选项”或“文件参数”命令，打开“Document Options”的属性（Properties）面板，如图 2-10 所示。

“Properties”面板中有两个选项卡：“General”和“Parameters”，图纸的大小在“General”选项卡的“Page Option”选项组中进行设置，有以下 3 种类型。

（1）Template

单击“Template”下拉按钮▾，在下拉列表框中可以选择原理图模板，如图 2-11 所示，原理图模板扩展名为.SchDot，位于安装目录“Templates”文件夹下；单击“Template”右侧的“更新”按钮，弹出“更新模板”对话框，如图 2-12 所示，然后按需要进行设置。

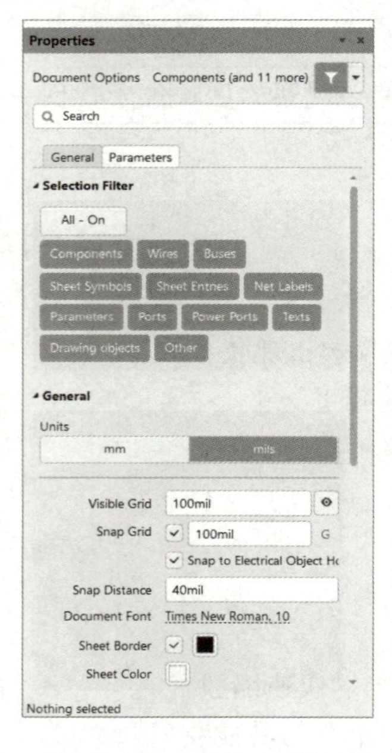

图 2-10 “Document Options”的属性面板

ANSI B Landscape
ANSI C Landscape
ANSI D Landscape
ISO A2 Landscape
ISO A3 Landscape

图 2-11 “Template”下拉列表

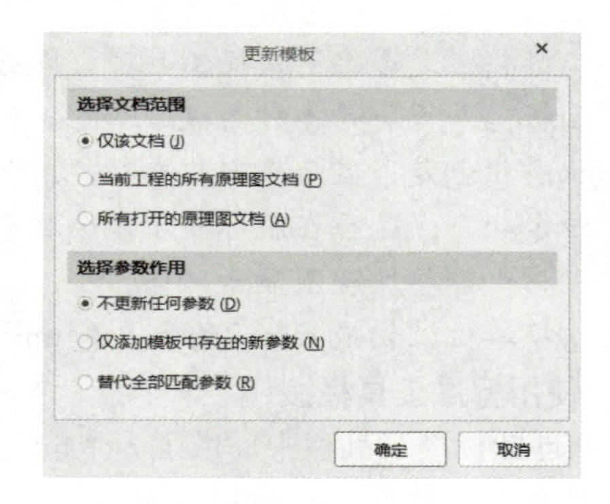

图 2-12 “更新模板”对话框

（2）Standard

单击“Standard”下拉按钮▾，在下拉列表框中可以选择已定义好的标准尺寸图纸，共有 18 种，具体尺寸如表 2-1 所示。

表 2-1 标准类型的图纸尺寸

标准类型	宽度/mm×高度/mm	宽度/mm×高度/mm
A4	292.10×193.04	11.5×7.6
A3	393.70×281.94	15.5×11.1
A2	556.42×398.78	22.3×15.7
A1	800.10×566.42	31.5×22.3

（续）

标准类型	宽度/mm×高度/mm	宽度/mm×高度/mm
A0	1132.84×800.10	44.6×31.5
A	241.3×190.5	9.5×7.5
B	381.0×241.3	15.0×9.5
C	508.0×381.0	20.0×15.0
D	812.8×508.0	32.0×20.0
E	1066.8×812.8	42.0×32.0
Letter	279.4×215.9	11.0×8.5
Legal	355.6×215.9	14.0×8.5
Tabloid	431.8×279.4	17.0×11.0
OrCAD A	251.15×200.66	9.90×7.90
OrCAD B	391.16×251.15	15.40×9.90
OrCAD C	523.24×396.24	20.60×15.60
OrCAD D	828.04×523.24	32.60×20.60
OrCAD E	1087.12×833.12	42.80×32.80

（3）Custom

在 4 个文本框中可以分别输入自定义的图纸尺寸，包括宽度、高度、方位以及边框宽度。

2. 设置图纸标题栏、颜色和方向

在“General”选项卡中，还可以设置图纸的其他参数，如方向、标题栏、颜色等，如图 2-13 所示。

（1）设置图纸标题框

图纸的标题框是对设计图纸的附加说明，可以在此文本框中对图纸做简单的描述，包括名称、尺寸、日期、版本等，也可以作为日后图纸标准化时的信息。

Altium Designer 中提供了两种预先定义好的标题框格式：标准格式（Standard）和美国国家标准格式（ANSI）。使能“Page Option”选项组的“Title Block”后，即可进行格式选择。

（2）设置图纸颜色

图纸颜色的设置包括边框颜色和方块电路颜色两项设置。单击“Sheet Border”和“Sheet Color”右侧设置颜色的颜色框，会弹出图 2-14 所示的“选择颜色”对话框。

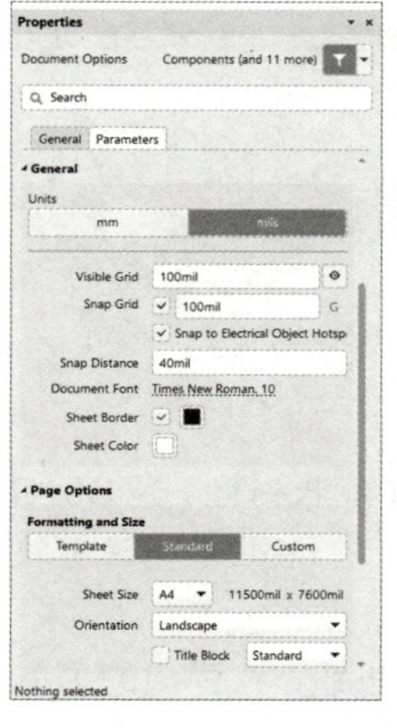

图 2-13 “General”选项卡

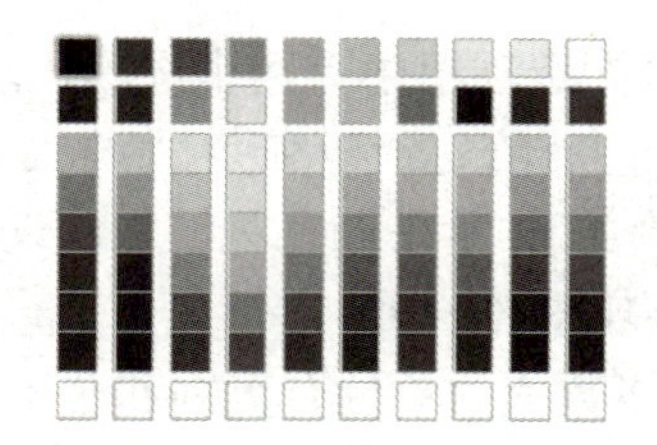

图 2-14 “选择颜色”对话框

在“选择颜色”对话框中，可以选择两种设置颜色的方法：基本和自定义。设置时，单击选定的颜色，就完成了设置。

（3）设置图纸方向

图纸方向通过“Orientation”（方向）下拉按钮 ▾ 来设置：可以设置为水平方向（Landscape）即横向，也可以设置为垂直方向（Portrait）即纵向。一般在绘制及显示时设为横向，在打印输出时可根据需要设为横向或纵向。

3. 栅格设置

在进入原理图编辑环境后，可以看到编辑窗口的背景是网格形的，这种网格被称为栅格。在原理图的绘制过程中，栅格为元件的放置、排列以及线路的连接带来了极大的方便，使用户可以轻松地排列元件和整齐地走线，极大地提高了设计速度和编辑效率。

设计过程中，执行“视图”→“栅格”命令，可以在弹出的“栅格”菜单中，随时设置栅格是否可见（切换可视栅格）、是否启用电气栅格功能（切换电气栅格）以及设置捕捉栅格等，如图 2-15 所示。

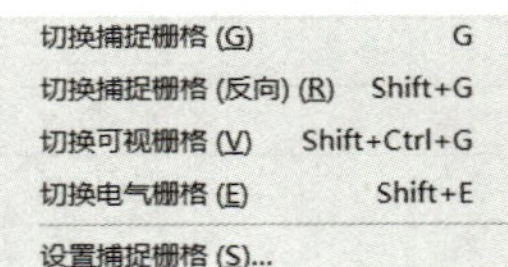

图 2-15 “栅格”菜单

📖 栅格设置非常有用，在进行画线操作或对元件进行电气连接时，此功能可以让用户非常轻松地捕捉到起始点或元器件的引脚。栅格的形状和颜色可在“优选项”对话框的“Schematic”模块下的“Schematic-Grids”选项卡中进行设置，如图 2-16 所示。

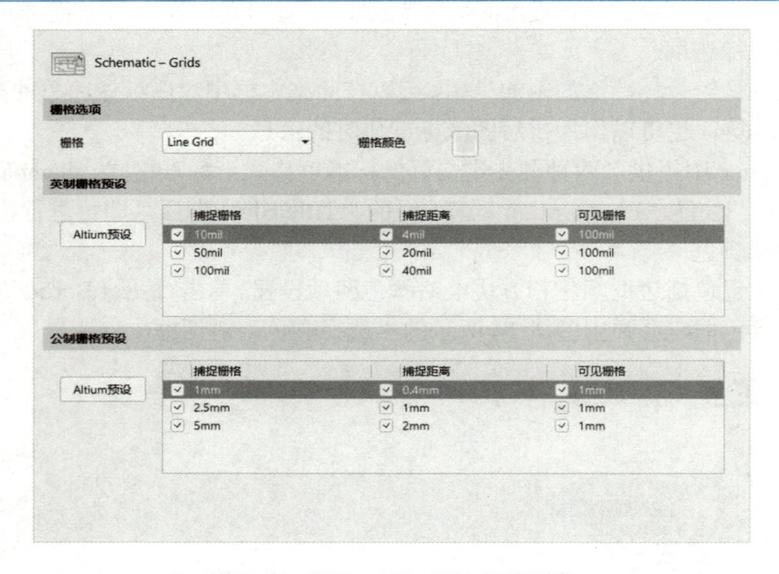

图 2-16 “Schematic-Grids”选项卡

“栅格选项”选项组中有两个选项，功能如下。

- “栅格”：用于设置栅格形状，有两种选择：Line Grid（线状栅格）和 Dot Grid（点状栅格）。
- “栅格颜色”：单击颜色框，可以设置栅格的显示颜色。一般应尽量设置较浅的颜色，以免影响原理图的绘制。

此外，栅格数值的单位有英制和公制之分。单击相应的按钮，在弹出的菜单中可以选择不同的预设值，如图 2-17 所示。

4. 文档参数设置

Altium Designer 为原理图文档提供了多个默认的文档参数，以便记录电路原理图的有关设计信息，使用户更系统、更有效地对设计图纸进行管理。

在“Document Options”属性（在“Properties”面板中）面板中打开“Parameters”选项卡，即可看到所有文档参数的名称、值以及类型，如图 2-18 所示。

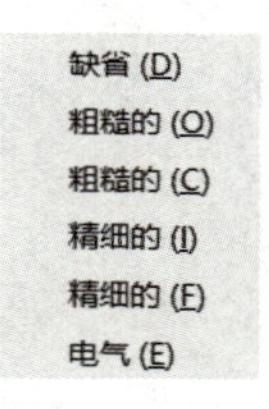

图 2-17 “栅格预设值”菜单

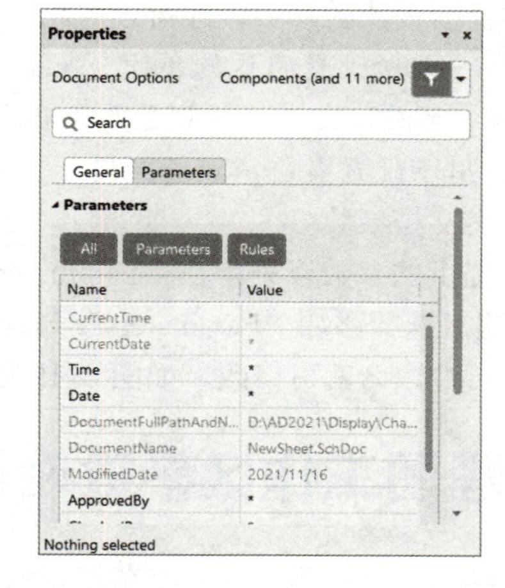

图 2-18 图纸设计信息

系统提供的默认文档参数有 20 多项，具体含义如下。

- Address1、Address2、Address3、Address4：公司或单位地址。
- Application_BuildNumber：应用版本号。
- ApprovedBy：设计负责人。
- Author：图纸设计者。
- CheckedBy：图纸校对者。
- CompanyName：公司名称。
- CurrentDate：当前日期。
- CurrentTime：当前时间。
- Date：设置日期。
- DocumentFullPathAndName：文档完整保存路径及名称。
- DocumentName：文档名称。
- DocumentNumber：文档编号。
- DrawnBy：图纸绘制者。
- Engineer：设计工程师。
- ImagePath：影像路径。
- ModifiedDate：修改日期。
- Orgnization：设计机构名称。
- ProjectName：工程名称。
- Revision：设计图纸版本号。
- Rule：规则信息。

- SheetNumber：原理图图纸编号。
- SheetTotal：工程中的原理图总数。
- Time：设置时间。
- Title：原理图标题。

（1）文档参数设置

双击某项需要设置的参数，即可设置相应参数的值。

- Name：当前所设置的参数名称，当参数是系统提供的默认文档参数时，文本编辑框呈灰色状态，不可更改。
- Value：用于设置当前参数的数值。

（2）自定义文档参数

除了默认提供的参数以外，在“Parameters”选项卡中，单击“Add”按钮，选择添加“Parameters”，即可以添加自定义的文档参数，双击参数名就可修改，如图 2-19 所示。

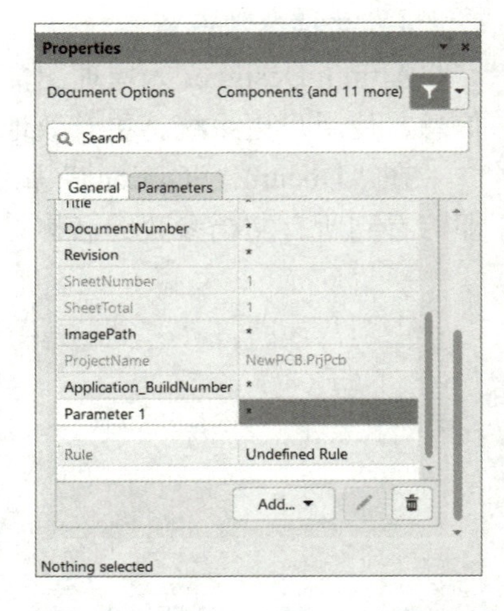

图 2-19 设置自定义参数

2.5 原理图工作区参数设置

在原理图的设计过程中，其效率和正确性往往与环境参数的设置有着密切的关系。参数设置的合理与否，将直接影响设计过程中软件的功能是否能充分发挥。

对于初次接触 Altium Designer 的用户来说，一般采用系统的默认设置即可。随着对 Altium Designer 逐渐熟悉，就可以根据设计需要，更改一些系统设置，以获得更好的设计效果。

在 Altium Designer 中，可应用于所有原理图文件的工作区参数是通过“优选项”对话框中的“Schematic”模块来进行设置的。

单击 Altium Designer 21 软件界面右上角的 ⚙ 按钮，在弹出的“优选项”对话框中选择“Schematic”模块，如图 2-20 所示。

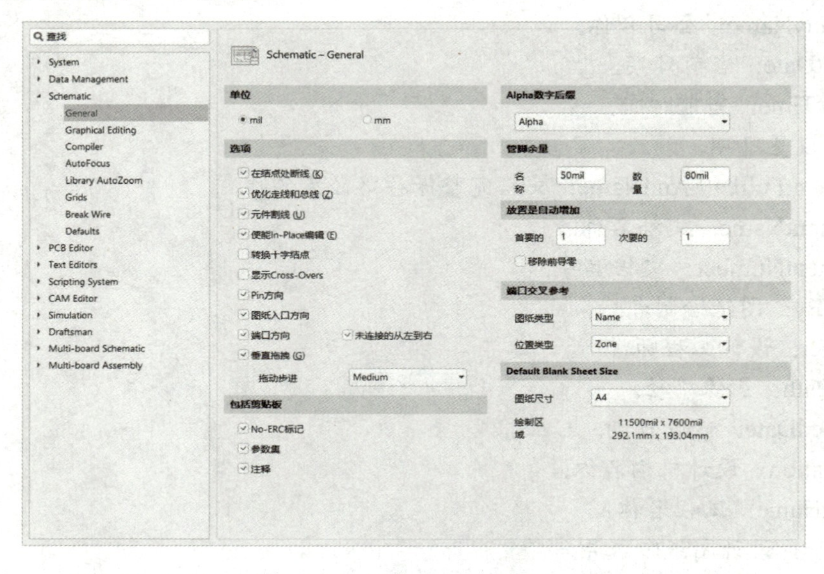

图 2-20 “优选项”对话框“Schematic”模块的“General”选项卡

“Schematic”模块中共有 8 个选项卡，分别是 Grids（栅格）、General（常规设置）、Graphical Editing（图形编辑）、Compiler（编译器）、AutoFocus（自动聚焦）、Library AutoZoom（库自动缩放）、Break Wire（切割连线）和 Default（默认设置）。由于大多数是采用中文显示，因此比较容易理解，下面简单介绍常用的一些功能设置。

2.5.1 常规参数设置

常规参数设置是由“Schematic-General”选项卡来完成的，如图 2-20 所示，共有 8 个选项组。

（1）“单位”选项组

可以选择 mil 和 mm 两种单位。

（2）“选项”选项组

- “在结点处断线”：使能该功能后（选中该选项），在一条走线上有结点的情况下，这条走线会被断开，相当于是两条线；如果选中这条线，图中结点处会有绿色的选择点。在未使能功能时，在一条走线上有结点的情况下，这条走线不会被断开，相当于是一条线；如果选中这条线，图中结点不会有绿色的选择点。
- “优化走线和总线”：使能该功能后，在进行导线和总线的连接时，系统将自动选择最优路径，并且可以避免各种电气连线和非电气连线的相互重叠。此时，“元件割线”复选框也呈现可选状态。若取消，用户可以自己进行连线路径的选择。
- “元件割线”：使能该功能后，当放置一个元器件时，若元器件的两个引脚同时落在一根导线上，则该导线将被切割成两段，两个端点分别与元器件的两个引脚自动相连。
- “使能 In-Place 编辑”：使能该功能后，选中原理图中已放置的文本对象，如元器件的标识、参数等，单击或使用快捷键〈F2〉，即可以直接在原理图编辑窗口内进行编辑、修改，而不必打开相应的参数属性对话框。
- “转换十字结点”：使能该功能后，在两条导线的 T 形节点处再连接一条导线形成十字交叉时，系统将自动生成两个相邻的节点，以保证电气上的连通。若取消，则形成两条不相交的导线，如图 2-21～图 2-23 所示。

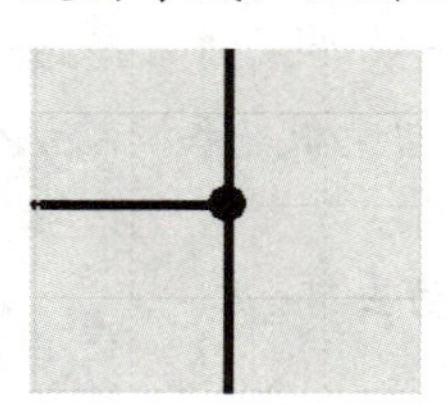

图 2-21　T 形节点

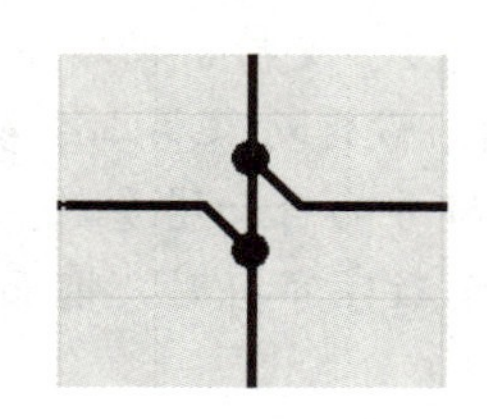

图 2-22　选中“转换交叉点”选项

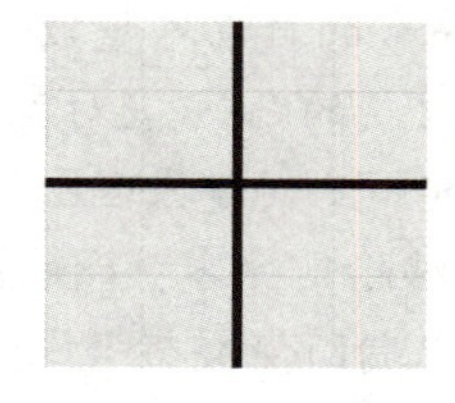

图 2-23　取消选中“转换交叉点”选项

- “显示 Cross-Overs”：使能该功能后，则非电气连线的交叉处会以半圆弧显示出横跨状态。
- “Pin 方向”：使能该功能后，系统会在元器件的引脚处，用三角箭头明确指示引脚的输入/输出方向；若不选中该选项则不显示，如图 2-24、图 2-25 所示。
- “图纸入口方向”：在层次化电路图设计时，使能该功能后，原理图中的图纸连接端口将以箭头的方式显示该端口的信号流向，避免了原理图中电路模块间信号流向矛盾的错误出现。
- “端口方向”：使能该功能后，端口的样式会根据用户设置的端口属性显示是输出端口、输入端口或其他性质的端口。

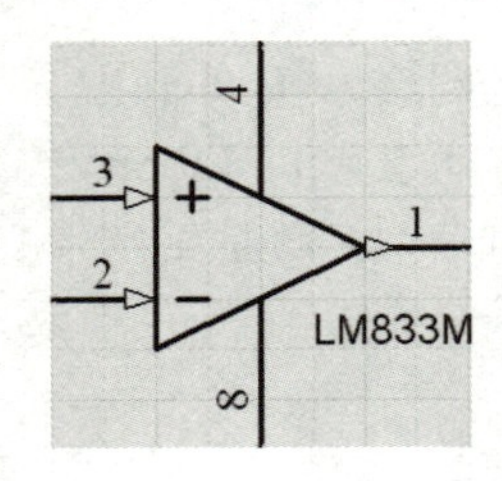

图 2-24　选中“Pin 方向”选项

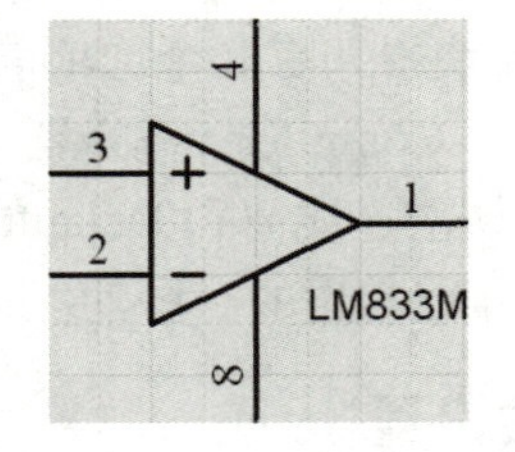

图 2-25　取消选中“Pin 方向”选项

- “未连接的从左到右”：使能该功能后，对于未连接的端口，一律显示为从左到右的方向（即 Right 显示风格）。
- “垂直拖拽”：使能该功能后，在原理图上拖动元器件时，与元器件相连接的导线只能保持 90° 的直角；若取消，则与元器件相连接的导线可以呈现任意的角度。

（3）“包括剪贴板”选项组

- “No-ERC 标记”：使能该功能后，则在复制、剪切到剪贴板或打印时，均包含图纸的忽略 ERC 检查符号。
- “参数集”：使能该功能后，则使用剪贴板进行复制操作或打印时，包含元器件的参数信息。
- “注释”：使能该功能后，则使用剪贴板进行复制操作或打印时，包含选中部分的注释信息。

（4）“Alpha 数字后缀”选项组

用来设置某些元件中包含多个相同子部件的标识后缀。每个子部件都具有独立的物理功能。在放置这种复合元件时，其内部的多个子部件通常采用“元件标识：后缀”的形式来加以区别。

（5）“管脚余量”选项组

- “名称”：用来设置元器件的引脚名称与元器件符号的边缘之间的距离，系统默认值为 5mil。
- “数量”：用来设置元器件的引脚编号与元器件符号的边缘之间的距离，系统默认值为 8mil。

（6）“放置是自动增加”选项组

用来设置元件标识序号及引脚号的自动增量数。

- “首要的”：在原理图上连续放置同一种支持自动增量的对象时，该选项用来设置对象标识序号的自动增量数，系统默认值为 1。支持自动增量的对象有元器件、网络、端口等。
- “次要的”：放置对象时，该选项用来设定对象第二个参数的自动增量数，系统默认值为 1。例如：创建原理图符号时，引脚标号的自动增量数。
- “移除前导零”：使能后，放置一个数字字符时，前面的 0 会自动去掉。

（7）“端口交叉参考”选项组

用来设置过滤器和执行选择功能时默认的文件范围，有两个选项：

- “图纸类型”：用来设置默认的空白原理图的类型，可以单击▾按钮选择设置。
- “位置类型”：在所有打开的文档中都可以使用。

（8）“Default Blank Sheet Size”（默认空白图纸尺寸）选项组

用来设置默认的空白原理图的尺寸大小，可以单击▾按钮选择设置，并在旁边给出了相应尺寸的具体绘图区域范围来帮助用户选择。

2.5.2 图形编辑参数设置

图形编辑的参数设置通过“Schematic Graphical Editing”选项卡来完成，如图 2-26 所示。

(1)“选项”选项组

- “剪贴板参考”：使能该功能后，在复制或剪切选中的对象时，系统将提示用户确定一个参考点。建议用户选中。
- “添加模板到剪切板”：使能该功能后，用户在执行复制或剪切操作时，系统会把当前文档所使用的模板一起添加到剪贴板中，所复制的原理图将包含整个图纸。因此，当用户需要复制原理图作为 Word 文档的插图时，建议先取消选中该功能。
- “显示没有定义值的特殊字符串的名称”：使能该功能后，用户可以在原理图上使用一些特殊字符串，显示时，系统会自动转换成实际内容。例如，CurrentTime 会显示为系统当前的时间，否则将保持原样。
- “对象中心”：使能该功能后，移动元件时，光标将自动跳到元件的基准点处。
- “对象电气热点”：使能该功能后，当用户移动或拖动某一对象时，光标自动滑动到离对象最近的电气节点（如元件的引脚末端）处。

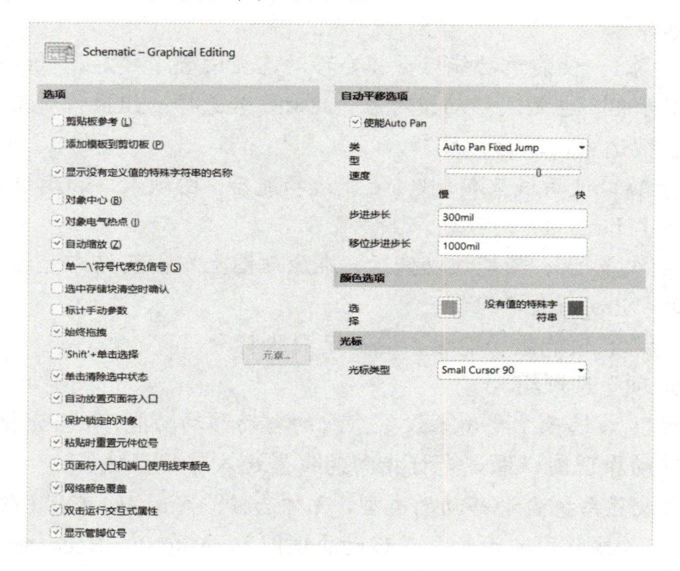

图 2-26 “Schematic-Graphical Editing”选项卡

> “对象中心”功能优先权低于“对象电气热点”功能，因此，如果用户想使用“对象中心”功能，应取消“对象电气热点”功能，否则，移动元件时，光标仍然会自动滑到元件的电气节点处。若两项功能均取消，则光标落在对象的任何位置处都可以进行移动或拖动。

- “自动缩放”：使能该功能后，当对原理图中的某一对象进行操作时，电路原理图可以自动地实现缩放，调整出最佳的视图比例来显示所操作的对象。建议用户选中。
- “单一'\'符号代表负信号”：单字符'\'表示否定。使能后，字符\后的名称显示时带有“非”符号。例如，在某一引脚名称前加一个符号\，则名称上方就显示短横线，表示该引脚为低电平有效。
- “选中存储块清空时确认”：使能该功能后，在清除选择存储器的内容时，将出现一个确认对话框。否则不会出现确认对话框，直接清除。这项功能可以防止由于疏忽而清除选择存储器的内容，建议用户选中。

- “标记手动参数”：用来设置是否显示参数自动定位被取消的标记点。使能该功能后，如果对象的某个参数已取消了自动定位属性，那么在该参数的旁边会出现一个点状标记，提示用户该参数不能自动定位，须手动定位，即应该与该参数所属的对象一起移动或旋转。
- “始终拖拽”：使能该功能后，移动某一选中的图元时，与其相连的导线随之被拖动，保持连接关系；若取消，则移动图元时，与其相连的导线不会被拖动。
- “'Shift'+单击选择”：使能该功能后，只有在按下〈Shift〉键时，单击鼠标才能选中图元。

📖 使用这项功能会使原理图的编辑很不方便，建议用户不必选中，直接单击选取图元即可。

- “单击清除选中状态”：使能该功能后，通过单击原理图编辑窗口内的任意位置就可以解除对某一对象的选中状态，不需要再使用菜单命令或单击工具栏上（原理图标准）的“取消所有选择”按钮，或单击按钮来取消。建议用户选中。
- “自动放置页面符入口”：使能该功能后，当导线放置在图纸符号边缘时，图纸符号上将自动放置图纸入口。
- “保护锁定的对象”：使能该功能后，若要移动已经设置了锁定属性的对象，则系统不会弹出移动确认提示框，也无法移动该对象。此时，若选择一组操作对象进行图形编辑，锁定的对象也不会被选中、不会被编辑。
- “页面符入口和端口使用线束颜色”：使能该功能后，图纸入口和端口将使用系统默认的信号线束（Signal Harness）的颜色。
- “双击运行交互式属性”：使能该功能后，在原理图上双击已经布置的元器件或线路可以打开双击目标的“Properties”面板。
- “显示管脚位号”：使能该功能后，会显示引脚标号。

（2）“自动平移选项”选项组

- “使能 Auto Pan”：该选项主要用来设置系统的自动移动功能，即当光标在原理图上移动时，系统会自动移动原理图以保证光标指向的位置进入可视区域。
- “类型”：用来设置系统自动移动的类型，3 种选择：Auto Pan Off（关闭自动移动）、Auto Pan Fixed Jump（按照固定步长自动移动原理图）、Auto Pan Recenter（移动原理图时，以光标位置作为显示中心）。系统默认为：Auto Pan Fixed Jump。
- “速度”：通过拖动滑块设定原理图移动的速度。滑块越向右，速度越快。
- “步进步长”：设置原理图每次移动时的步长。系统默认值为 30，即每次移动 30 个像素点。数值越大，图纸移动越快。
- “移位步进步长”：用来设置在按住〈Shift〉键的情况下，原理图自动移动时的步长。一般该值要大于“步进步长”的值，这样在按住〈Shift〉键时可以加快图纸的移动速度，系统默认值为 100。

（3）“颜色选项”选项组

“选择”：用来设置所选中的对象的颜色。单击相应的颜色框，会弹出图 2-14 所示的“选择颜色”对话框，用户可以自行设置。

（4）“光标”选项组

“指针类型”：用来设置光标的显示类型，光标的显示类型有 4 种：Large Cursor 90（长十字形光标）、Small Cursor 90（短十字形光标）、Small Cursor 45（短 45° 交错光标）、Tiny Cursor 45

（小 45° 交错光标）。系统默认为 Small Cursor 90。

2.5.3 编译器参数设置

编译器参数设置通过“Schematic-Compiler”选项卡来完成，如图 2-27 所示。

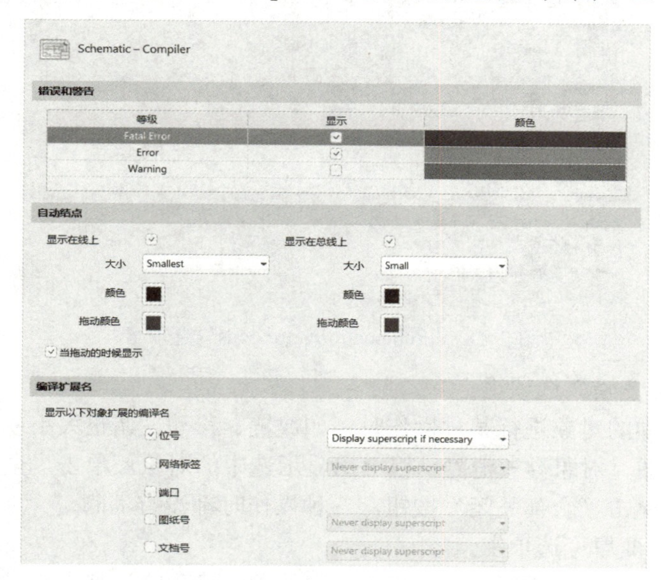

图 2-27 “Schematic-Compiler”选项卡

（1）“错误和警告”选项组

用来设置对编译过程中可能发现的错误，是否在原理图中用不同的颜色加以标示。错误有 3 种级别，由高到低为 Fatal Error（致命错误）、Error（错误）、Warning（警告），用户可以在相应的复选框中选择是否显示以及显示时的颜色。错误的级别越高，相应的颜色应越深，一般采用系统默认的颜色即可。

（2）“自动结点”选项组

- “显示在线上”：使能该功能后，将显示导线上的 T 字形连接处自动生成的电气节点。电气节点的大小用“大小”设置，有 4 种选择：Smallest（最小）、Small（小）、Medium（中等）、Large（大）；电气节点的颜色，则通过单击“颜色”右侧的颜色框来设置。
- “显示在总线上”：使能该功能后，将显示总线上的 T 字形连接处自动生成的电气节点。电气节点的大小和颜色设置同上。

（3）“编译扩展名”选项组

用来设置显示编译扩展名的对象以及显示方式。显示方式有 3 种：Never display superscript（从不显示扩展名）、Always display superscript（一直显示扩展名）、Display superscript if necessary（仅在与源数据不同时显示）。系统默认为 Display superscript if necessary。

2.5.4 自动聚焦设置

自动聚焦为原理图中不同状态对象（连接或未连接）的显示提供了不同的方式，例如，加浓、淡化等，便于用户直观快捷地查询或修改，有关设置通过“Schematic-AutoFocus”选项卡来完成，如图 2-28 所示。

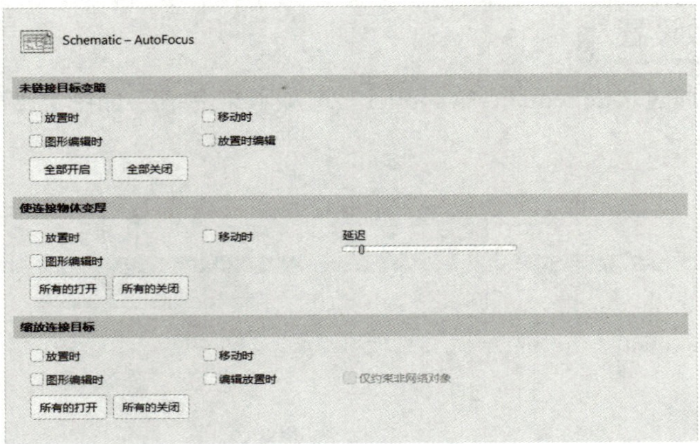

图 2-28 “Schematic-AutoFocus”选项卡

（1）“未链接目标变暗”选项组

用于设置当对选中的对象进行某种操作时，如放置、移动、调整大小或编辑，原理图中与其没有连接关系的其他图元对象会被消隐，以突出显示选中的对象。单击“全部开启”按钮，各种操作时均使能消隐；单击“全部关闭”按钮，各种操作时都没有消隐。

（2）“使连接物体变厚”选项组

用于设置当对选中的对象进行某种操作时，如放置、移动或调整大小，原理图中与其有连接关系的其他图元对象会被加浓，以突出显示与选中对象的连接关系。单击“全部开启”按钮，各种操作时均使能加浓显示；单击“全部关闭”按钮，各种操作时都没有加浓。加浓状态持续的时间可以用右侧的“延迟”滑块进行调节，滑块越向右，持续时间越大。

（3）“缩放连接目标”选项组

用于设置当对选中的对象进行某种操作时，如放置、移动、调整大小或编辑，原理图中与其有连接关系的其他图元对象会被系统自动缩放，以突显与选中对象的连接关系。

选中“编辑放置时”复选框，则旁边的“仅约束非网络对象”复选框会被激活，表示该项操作仅限于没有网络属性的对象。

单击“所有的打开”按钮，各种操作时均使能自动缩放功能；单击“所有的关闭”按钮，各种操作时都没有自动缩放。

2.5.5 打破线设置

在绘制原理图时，有时需要去掉某些多余的线段。特别是在连线较长或连接在该线段上的元器件数目较多时，不希望删除整条连线，此时可使用系统提供的“打破线”命令，对各种连线进行灵活的切割或修改。与该命令有关的设置在“Schematic-Break Wire”选项卡中完成，如图 2-29 所示。

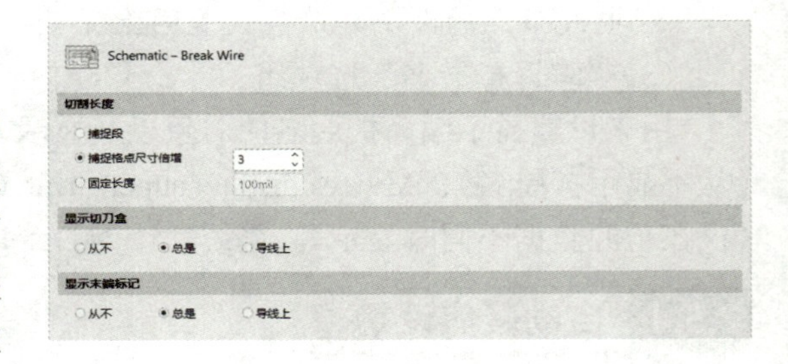

图 2-29 “Schematic-Break Wire”选项卡

（1）“切割长度”选项组

用来设置每次执行“打破线”命令时，在导线上切割的线段长度。有以下 3 种选择。

- “捕捉段”：选择该选项后，执行“打破线”命令时，光标所在的导线被整段切除。
- “捕捉格点尺寸倍增”：选择该选项后，执行“打破线”命令时，导线上每次被切除的线段长度是栅格大小的整数倍。倍数的多少，可以在右侧的数字框中选择，最大为 10 倍，最小为 2 倍。
- “固定长度”：选择该选项后，每次执行“打破线”命令时，导线上被切除的线段长度是固定的，用户可以在右侧的数字框中自行设置固定长度值，系统默认为 10 个像素点。

（2）“显示切刀盒”选项组

用来设置执行“打破线”命令时，是否显示虚线切除框。切除框是一个小方框，可以把要切除的线段包围在内，明确标示出要切除的导线范围，以便提醒用户，防止误切。该选项组有 3 种选择：“从不”“总是”“导线上”，系统默认为“总是”。

（3）“显示末端标记”选项组

用来设置执行“打破线”命令时，是否显示虚线切除框的末端标记，如图 2-30 和图 2-31 所示。该选项组有 3 种选择：“从不”“总是”“导线上”，系统默认为“总是”。

图 2-30　显示末端标记

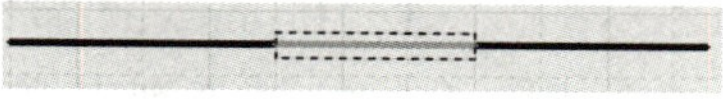

图 2-31　不显示末端标记

2.5.6 图元默认值设置

“Schematic-Default”选项卡用来设定原理图编辑时常用图元的原始默认值，如图 2-32 所示。在执行各种操作时，如图形绘制、元器件放置等，就会以本选项卡设置的原始默认值为基准进行操作，简化编辑过程。

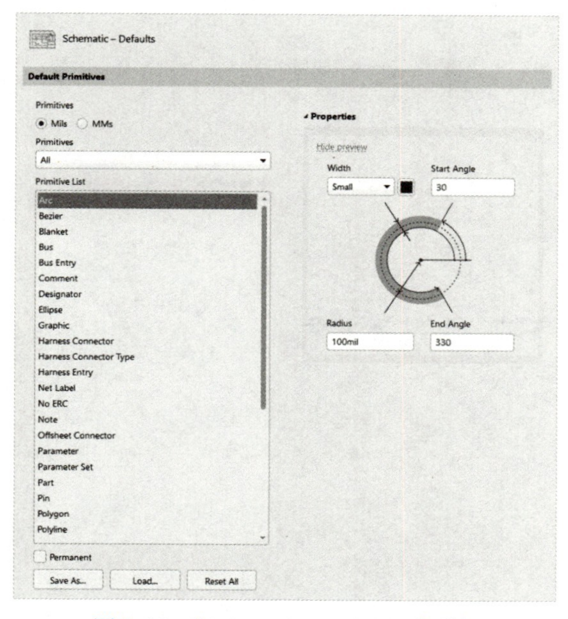

图 2-32　“Schematic-Default”选项卡

（1）“Primitives”选项

用来选择进行原始默认值设置的图元类别。

- All：所有类别。选择该选项后，在下面“Primitive List”列表中将列出所有的图元。
- Wiring Objects（布线图元）：使用原理图编辑器中的布线工具栏所放置的各种图元，包括总线、导线、节点、网络标签、线束、图纸符号等。选择该选项后，在“Primitive List”列表中将列出这些图元名称。
- Drawing Objects（实用图元）：使用原理图编辑器中的实用工具所绘制的各种非电气对象，包括圆弧、贝塞尔曲线、椭圆、矩形、文本框等。选择该选项后，在“Primitive List”列表中将列出这些图元名称。
- Sheet Symbol Objects（图纸符号图元）：在层次电路图中与子图有关的图元，包括图纸符号、图纸符号标识、图纸符号文件名等。选择该选项后，在“Primitive List”列表中将列出这些图元名称。
- Harness Objects（线束图元）：与线束有关的图元，包括线束连接器、线束连接器类型、线束入口、信号线束等。选择该选项后，在“Primitive List”列表中将列出这些图元名称。
- Library Objects（库图元）：与库元件有关的图元，包括 IEEE 符号、标识符、元件引脚等。选择该选项后，在“Primitive List”列表中将列出这些图元名称。
- Other（其他图元）：上述类别中所未能包含的图元的一些参数等。

（2）“Primitive List”列表

在“Primitives”选项中选择了图元类别后，在该列表框中将对应列出该类别中的所有具体图元，供用户选择。对其中的任一图元都可以进行属性参数设置或复位到安装时的原始状态。

在选项卡的上方，有两个长度单位可供选择：Mils 和 MMs。

选中并直接双击某图元，会弹出相应的图元属性设置界面。不同的图元，其属性设置界面会有较大的差别。图 2-33 所示为“Sheet Symbol Objects”类别中的图元“Sheet Symbol Filename”的属性设置界面。

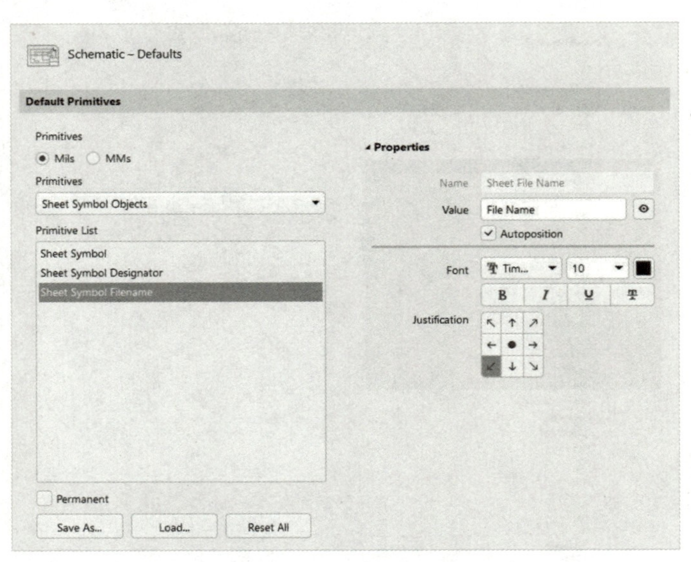

图 2-33 “Sheet Symbol Filename”属性设置界面

在该对话框内，可以修改或设定有关参数，如文件名、字体颜色等。

（3）“Save As”按钮

单击该按钮，会打开“文件目录浏览”对话框，可以将用户当前设定的图元属性参数以文件的形式保存到合适的位置，文件保存的格式为.dft，以后可以重新进行加载。

（4）“Load”按钮

单击该按钮，同样会打开“文件目录浏览”对话框，用户可以选择一个以前保存过的默认设置文件（.dft）进行加载，把图元的当前属性参数恢复为保存该文件时的状态。

（5）“Reset All”按钮

单击该按钮，将复位所有图元的属性参数。

（6）“Permanent”复选框

选中该复选框后，将永久锁定图元的属性参数。这样，原理图编辑环境下，放置一个图元时，按〈Tab〉键打开图元属性对话框，可在该对话框中改变的属性参数将仅影响当前的放置，当再次放置该图元时，其属性仍是锁定的参数值，与前次放置时的改变无关。若不选中该复选框，改变的属性参数则会影响到以后的所有放置。

使用 Altium Designer 时，每个人可能会根据自己使用习惯的不同来设置不同的图元属性参数。在完成设置后，可另存为一个.dft 的文件，再次使用时直接加载即可。

2.6 元件库的操作

电路原理图就是各种元件的连接图，绘制一张电路原理图首先要完成的工作就是把所需要的各种元件放置在设置好的图纸上。Altium Designer 中，元件数量庞大、种类繁多，一般是按照生产商及其类别功能的不同，将其分别存放在不同的文件内，这些专用于存放元件的文件就称为库文件。

为了使用方便，一般应将包含所需元件的库文件载入内存中，这个过程就是元件库的加载。但是，内存中若载入过多的元件库，又会占用较多的系统资源，降低应用程序的执行效率。所以，如果暂时用不到某一元件库中的元件，应及时将该元件库从内存中移走，这个过程就是元件库的卸载。

2.6.1 “Components”面板

对于元件和库文件的各种操作，Altium Designer 中专门提供了一个直观灵活的“Components”面板，如图 2-34 所示，可以通过执行“视图”→“面板”→“Components”命令或在界面右下角的“Panels”按钮中选择“Components”选项打开。

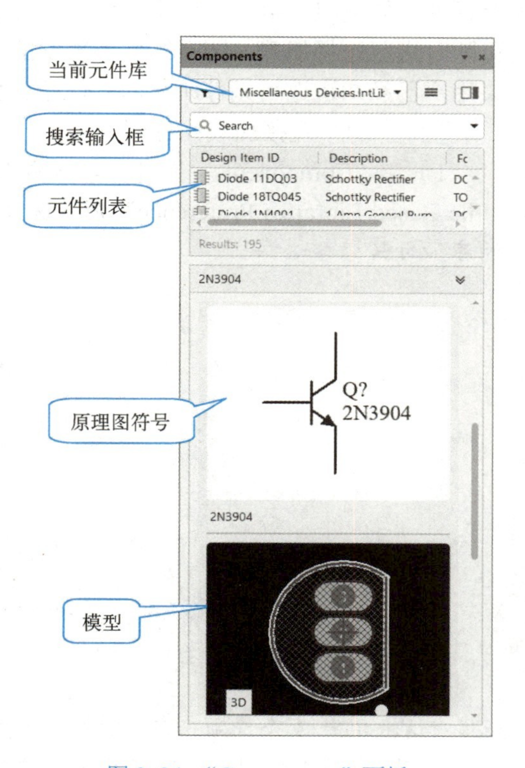

图 2-34 “Components”面板

“Components”面板是 Altium Designer 系统中最重要的工作面板之一，不仅为原理图编辑器服务，在 PCB 编辑器中也同样离不开它，用户应熟练掌握，并加以灵活运用。

“Components”面板主要由以下几部分组成。

- 当前元件库：该文本框中列出了当前已加载的所有库文件。单击右侧的下拉按钮▾，可打开下拉列表进行选择。
- 搜索输入框：用于搜索当前库中的元件，并在下面的元件列表中显示出来。其中，*表示显示库中的所有元件。
- 元件列表：用于列出满足搜索条件的所有元件。
- 原理图符号：用来显示当前选择的元件在原理图中的外形符号。
- 模型：用来显示当前元件的各种模型，如 3D 模型、PCB 封装及仿真模型等。显示封装形式时，单击左下角的“3D”图标，可选择显示 2D 模型、显示 3D 实体模型。

“Components”面板提供了所选元件的各种信息，包括原理图符号、PCB 封装、3D 模型及供应商等，使用户对所选用的元件有一个大致的了解。另外，利用该面板还可以完成元件的快速查找、元件库的加载、元件的放置等多种便捷而又全面的功能，在后面的原理图绘制过程中，可以逐步领略。

2.6.2 直接加载元件库

Altium Designer 中，有两个系统已默认加载的集成元件库：Miscellaneous Devices.IntLib（常用分立元件库）和 Miscellaneous Connectors.IntLib（常用接插件库），包含了常用的各种元器件和接插件，如电阻、电容、单排接头、双排接头等。设计过程中，如果还需要其他的元件库，用户可随时进行选择加载，同时卸载不需要的元件库，以减少 PC 的内存开销。如果用户已经知道选用元件所在的元件库名称，就可以直接对元件库进行加载。

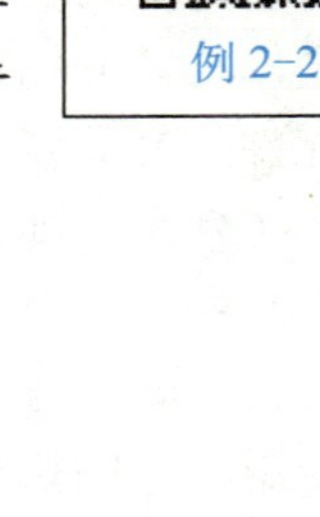

例 2-2

【例 2-2】 直接加载元件库

1）在“Components”面板上单击右上角的≡按钮，在弹出的菜单中选择“File-Based Libraries Preference”则系统弹出图 2-35 所示的“可用的基于文件的库”对话框。

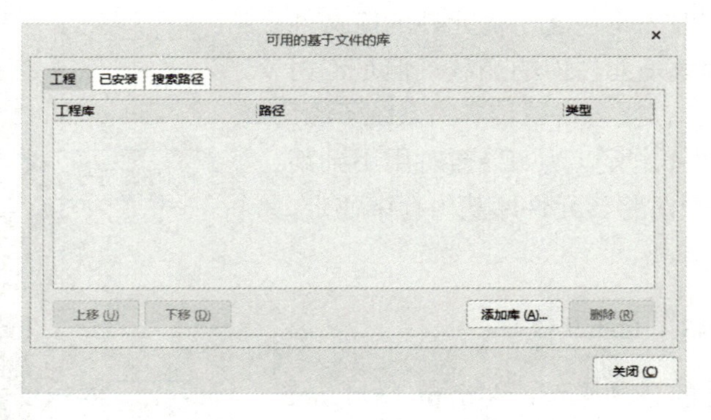

图 2-35 “可用的基于文件的库”对话框

📖 对话框中有 3 个选项卡，“工程”选项卡中列出的是用户为当前工程自行创建的元件库，“已安装”选项卡中列出的则是系统当前可用的元件库。

2）在“工程”选项卡中单击“添加库”按钮，或者在“已安装”选项卡中单击“安装”按钮，系统弹出图 2-36 所示的“元件库浏览”对话框。

3）在对话框中选择确定的库文件夹，打开后选择相应的元件库。例如，选择 Altera 库文件夹中的元件库 Altera Cyclone III.IntLib，单击“打开”按钮后，该元件库就出现在了“已安装”对话框中，完成了加载，如图 2-37 所示。

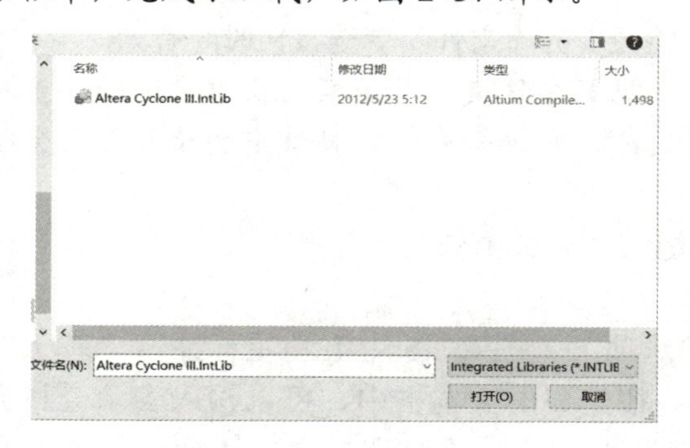

图 2-36 “元件库浏览”对话框

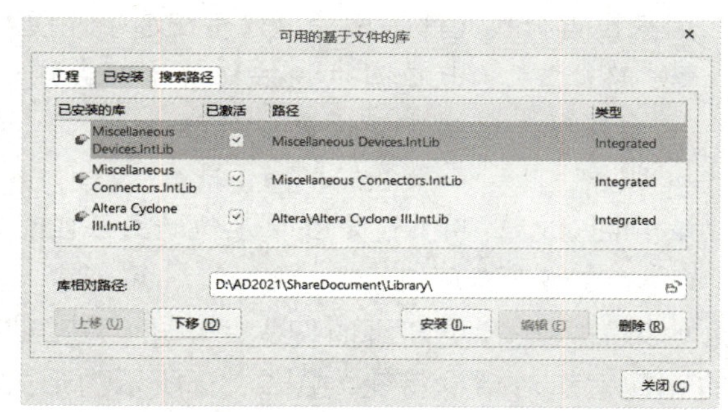

图 2-37 元件库已加载

4）重复以上操作可以把所需要的元件库一一进行加载，使之成为系统中当前可用的元件库。加载完毕后，单击“关闭”按钮关闭对话框。这时所有加载的元件库都将出现在“Components”面板中，用户可以选择使用。

5）在“可用的基于文件的库”对话框中选中某一不需要的元件库，单击“删除”按钮，即可将该元件库卸载。

2.6.3 查找元件并加载元件库

如果用户只知道所需元件的名称，并不知道该元件在哪个元件库中，此时可以利用系统所提供的快速查询功能来查找元件并加载相应的元件库。

在“Components”面板上，单击右上角的 ≡ 按钮，在弹出的菜单中选择“File-Based Libraries Search”，系统将弹出图 2-38 所示的“基于文件的库搜索”对话框。

在“基于文件的库搜索”对话框中，通过设置查找的条件、范围及路径，可以快速找到所需的元件。该对话框主要包括如下几部分的内容。

（1）“过滤器”选项组

“过滤器”选项组用于设置需要查找的元件应满足的条件，最多可以设置 10 个，单击“添加行”选项，可以增加条件行；单击“移除行”选项，可以删除条件行。

- “字段”：该下拉列表框中列出了查找的范围。
- “运算符”：该下拉列表框中列出了 equals、contains、starts with 和 ends with 四种运算符，可选择设置。
- “值”：该下拉列表框用于输入需要查找元件的型号名称。

（2）“范围”选项组

“范围”选项组用于设置查找的范围。

- “搜索范围”：单击“搜索范围”下拉按钮▾，有 4 种类型：Components（元件）、Footprints（PCB 封装）、3D Models（3D 模型）、Database Components（数据库元件）供选择。

- “可用库”：选中该单选按钮，系统会在已经加载的元件库中查找。
- “搜索路径中的库文件”：选中该单选按钮，系统将在指定的路径中进行查找。
- “Refine last search”（精确搜索）：该单选按钮仅在有查找结果时才被激活。选中该单选按钮后，只在查找结果中进一步搜索，相当于网页搜索时的在结果中查找。

（3）“路径”选项组

用来设置查找元件的路径，只有在选中“搜索路径中的库文件”单选按钮时才有效。

- “路径”：单击右侧的按钮，系统会弹出“浏览文件夹”对话框，供用户选择设置搜索路径。若选中下面的“包括子目录”复选框，则包含在指定目录中的子目录也会被搜索。
- File Mask：用来设定查找元件的文件匹配域，*表示匹配任何字符串。

（4）“高级”选项组

如果需要进行更高级的搜索，单击“高级”选项（见图 2-38 中五角星标注），“基于文件的库搜索”对话框将变为图 2-39 所示的形式。在空白的文本框中，可以输入表示查找条件的过滤语句表达式，有助于系统更快捷、更准确地查找。该对话框中，还增加了如下几个功能按钮。

图 2-38 “基于文件的库搜索”对话框

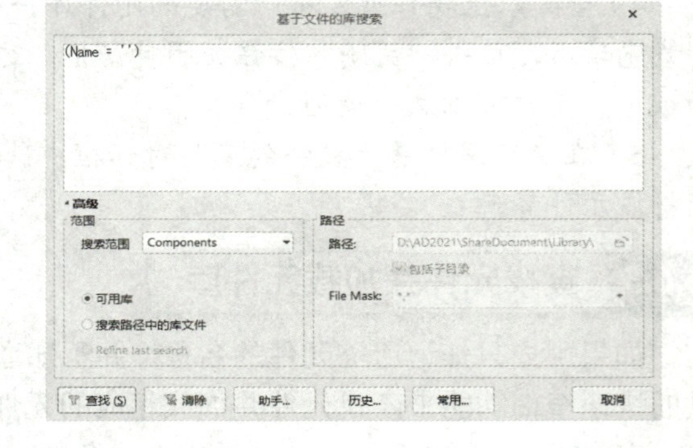

图 2-39 “基于文件的库搜索”对话框变化形式

- “助手”：单击该按钮，即进入系统提供的“Query Helper”（帮助器）对话框，该对话框可以帮助用户建立起相关的过滤语句表达式。关于“Query Helper”对话框的使用，后面再详细介绍。
- “历史”：单击该按钮，即打开“Expression Manager”对话框的“History”选项卡，如图 2-40 所示。“History”选项卡中存放了所有的搜索记录，供用户查询、参考。
- “常用”：单击该按钮，即打开“Expression Manager”对话框的“Favorites”选项卡，用户可以将常用的过滤语句表达式保存在这里，便于下次查找时直接使用。

例 2-3

【例 2-3】 查找元件并加载相应的元件库

1）打开“Components”面板，再打开“基于文件的库搜索”对话框。

2）在“字段”列表框的第一行选择 Name，在“运算符”列表框中选择 contains，在“值”文本框中输入元件的全部名称或部分名称，如 EP3C120F780C7。设置“搜索”类型为 Components，选中“搜索路径中的库文件”单选按钮，此时，“路径”文本框内显示系统所提供的默认路径：D:\AD2021\ShareDocument\Library\，如图 2-41 所示。

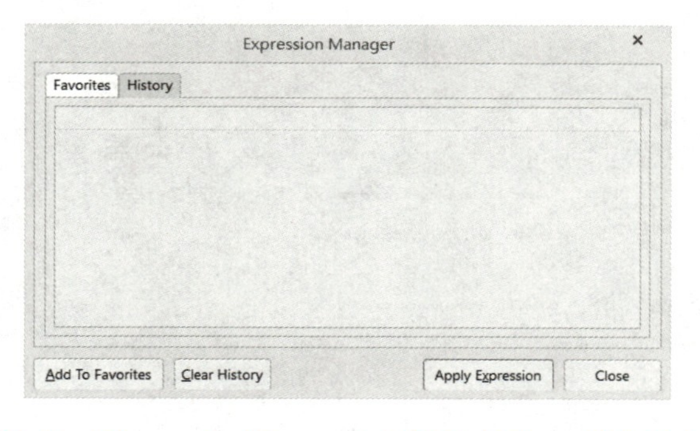

图 2-40 “Expression Manager”对话框“History”选项卡

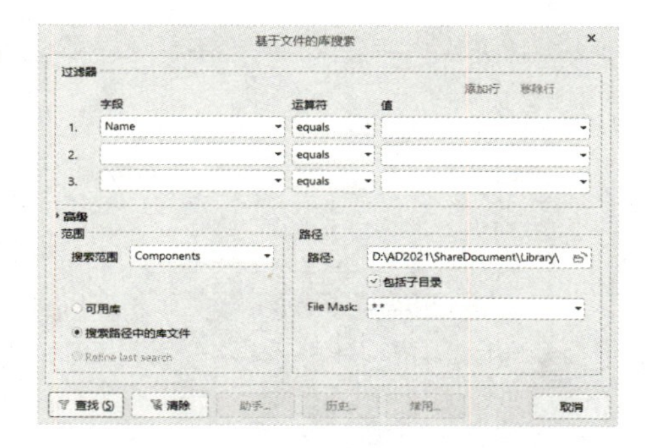

图 2-41 元件查找设置

3）单击“查找”按钮后，系统开始查找。

4）查找结束后的“Components”面板如图 2-42 所示。可以看到，符合搜索条件的元件只有 1 个，其原理图符号、封装形式等显示在面板上，用户可以详细查看。

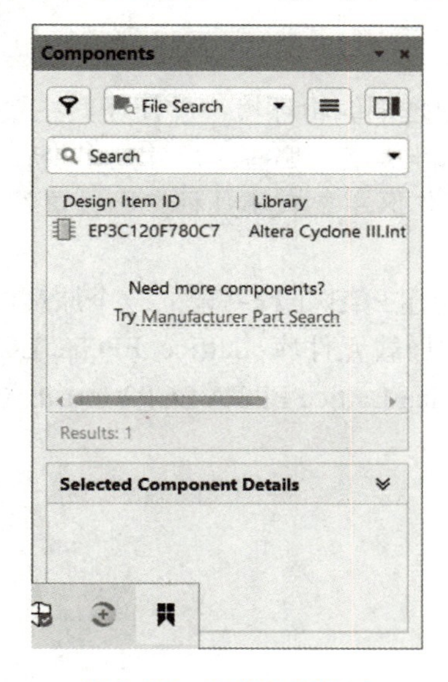

图 2-42 查找结果显示

5）右击“Components”面板的 EP3C120F780C7 元件，在弹出的快捷菜单中选中“Place EP3C120F780C7”选项将其拖向原理图界面中，则系统会弹出图 2-43 所示的提示框，以提示用户：要放置的元件所在的元件库为 Altera Cyclone III.IntLib，并不在系统当前可用的元件库中，询问是否将该元件库进行加载。

📖 在图 2-43 所示的提示框中，单击“Yes”按钮，则元件库被加载；单击“No”按钮，则只使用该元件而不加载其所在的元件库。

6）单击“Yes”按钮，则元件库 Altera Cyclone III.IntLib 被加载。此时，打开“Components”面板，单击右上角的 ≡ 按钮，在弹出的菜单中选择“File-Based libraries Preference”，可以看到在“可用的基于文件的库”对话框中，Altera Cyclone III.IntLib 已成为可用元件库，如图 2-44 所示。

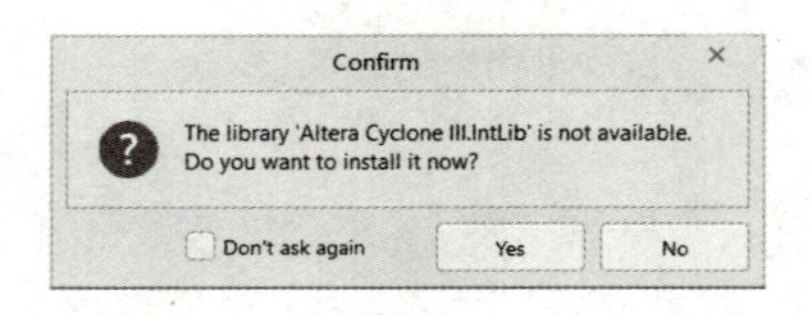

图 2-43　加载元件库提示框

图 2-44　元件库已加载

2.7　思考与练习

1. 概念题

1）了解 Altium Designer 的原理图编辑环境，并简述其主要组成。

2）Altium Designer 图纸的标准类型有哪些，尺寸是多少？

3）Altium Designer 原理图工作区主要有哪几种参数设置？

2. 操作题

1）在 Altium Designer 中，新建 PCB 工程并建立一个原理图文件。

2）在 Altium Designer 中，加载元件库 Lattice FPGA ECP2.IntLib，例如，元件库位置为 D:\Altium Designer 21\Library\Lattice\Lattice FPGA ECP2.IntLib（请以计算机中实际路径为准）。

第 3 章　电路原理图元件的设计

电路图是人们为了研究及工程的需要，用约定的符号绘制的一种表示电路结构的图形。在电路原理图的设计过程中，需要在原理图图纸上添加电路所需的元件。要使原理图能够生成正确的、用于制作印制电路板的网络表文件，则需要对元件的电气特征进行相应设置；要使电路原理图规范、美观、便于布线、减少错误，则需要对原理图中各个元件的位置进行合理的布局。本章详细介绍电路原理图元件的设计方法，通过本章的学习，掌握元件设计的过程和技巧。

3.1　元件的放置

原理图的绘制中，需要完成的关键操作是如何将各种元件的原理图符号进行合理放置。在 Altium Designer 系统中提供了放置元件的方法，就是使用“Components”面板。

“Components”面板的功能非常全面、灵活，它可以完成对元件库的加载、卸载以及对元件的查找、浏览等。除此之外，使用“Components”面板还可以快捷地进行元件的放置。

例 3-1

【例 3-1】 使用“Components”面板进行元件放置

1）打开“Components”面板，先在元件库下拉列表中选中需要的元件所在的元件库，之后在下面的元件列表中选择需要的元件。例如，先选择元件库 Miscellaneous Devices.IntLib，在该库中再选择元件 Res2，此时“Components”面板右上方的放置按钮被激活，如图 3-1 所示。

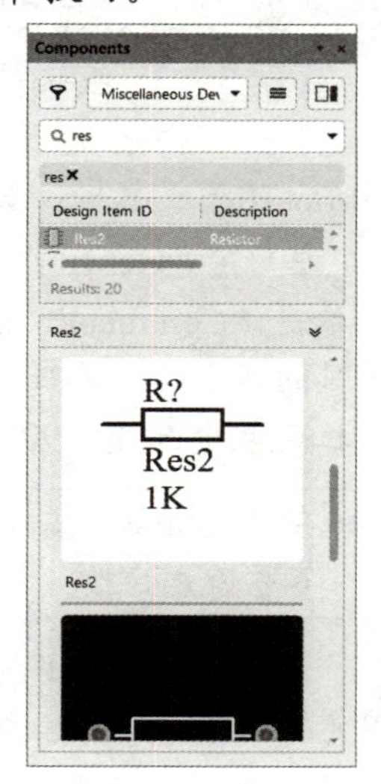

图 3-1　选中需要的元件

📖 巧妙利用“Components”面板上的搜索输入框，输入所需元件的部分标识名称，可以缩小查询范围，在元件列表中将只显示一些含有部分标识名称的元件，便于用户的快速查找与选择。

2）双击选中的元件 Res2，就可以在编辑窗口内进行该元件的放置，如图 3-2 所示。

📖 除了一些需要特别标识的元件以外，一般的元件在放置时，标识可不必设置，直接使用系统的默认值即可，如图 3-2 中的 R? 。在完成全图绘制后，使用系统提供的自动标识功能即可轻松进行全局标识，省时省力且不易出错。

3）在指定位置处单击鼠标左键即可完成该元件的一次放置，同时自动保持下一个相同元件的放置状态。连续操作，可以放置多个相同的元件，右击后可退出放置状态。

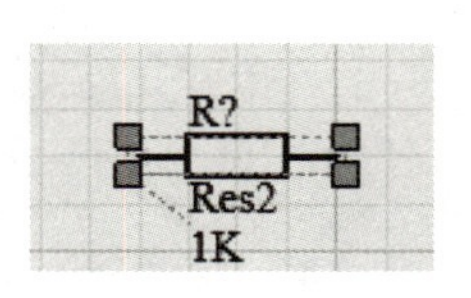

图 3-2　放置元件

此外，在布线工具栏和应用工具栏中，系统还提供了一些常用规格的电阻、电容、电源端口、数字器件等，用户只需单击相应的图标，即可进行快捷放置。

在单击鼠标左键完成放置操作之前，按〈Space〉键，可对元件进行旋转；按住鼠标左键不放，按下〈X〉键，可将元件左右对调，按下〈Y〉键，可将元件上下对调，便于用户选择合适的角度进行放置，按〈Tab〉键，则会打开元件的属性对话框，可进行相应的属性设置。

3.2 编辑元件的属性

在原理图上放置的所有元件都具有自身的特定属性。在放置好每一个元件后，应该对其属性进行正确的编辑和设置，以免给后续的设计带来错误的影响。

3.2.1 元件属性的编辑

例 3-2

【例 3-2】 编辑已放置元件的属性

1）双击已放置的元件如电阻 Res2，系统会弹出 Component 属性（Properties）面板，如图 3-3 所示。

2）在“General”选项卡的“Designator”文本框中输入 R1，并单击（是否可视）按钮，再单击“Comment”右侧的按钮。“Source”文本框用于设置元件在元件库中的物理名称以及所属的库名称。单击 ··· 按钮，会弹出“Library”对话框，可更改设置，例如，在“Rotation”的下拉列表中选择“90 Degrees”。

在“Source”文本框进行更改设置，有可能会引起整个电路图上元件属性的混乱，建议用户不要随意修改。

3）在“General”选项卡的“Parameters”选项组中，列出了与元件特性相关的一些常用参数，用户可以设置、移除或者添加，若选中某一参数的按钮，则该参数会在图纸上显示，本例只选中了“Value”参数，如图 3-4 所示。

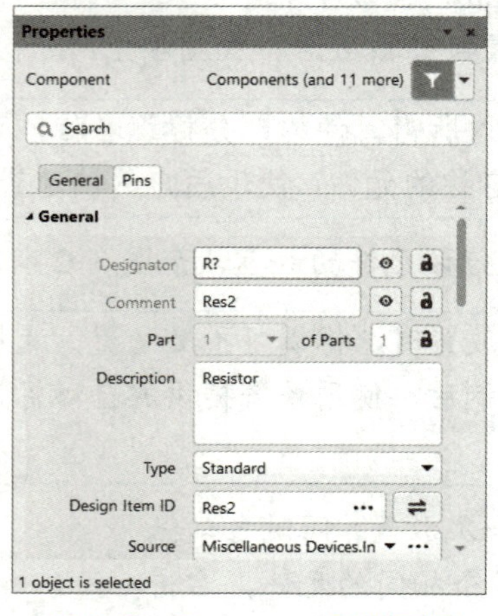

图 3-3 Component 属性面板

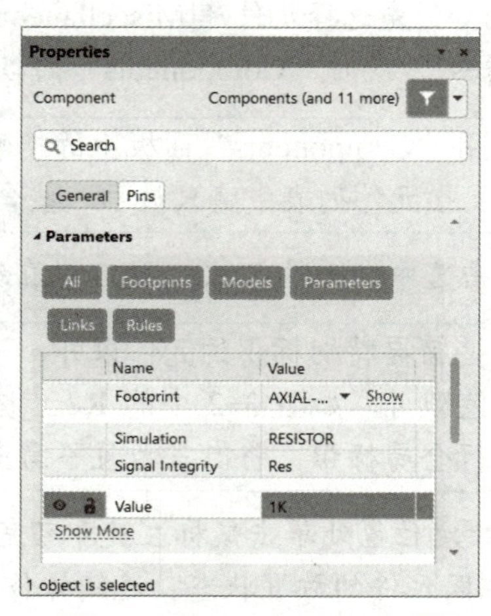

图 3-4 “Parameters”选项组

4）在“Pins”选项卡的“Pins”选项组中可对元件引脚进行编辑设置，如图 3-5 所示。

5）完成属性设置后，设置后的元件如图 3-6 所示。

📖 在编辑窗口中，双击元件的标识符或其他参数，在弹出的 Parameter 属性（Properties）面板中也可以进行属性编辑，对于需要修改的参数直接进行编辑即可，如图 3-7 所示。

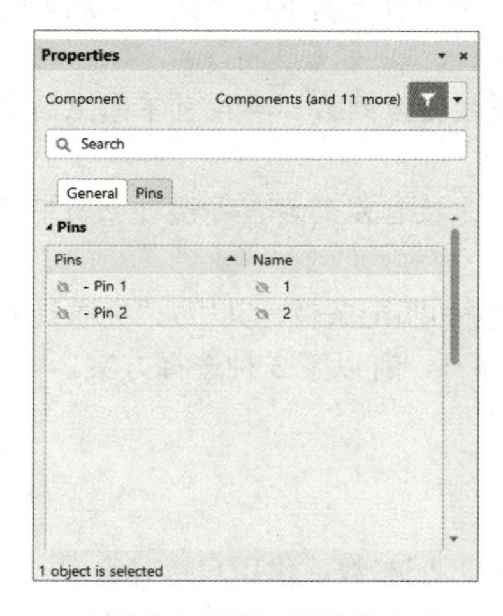

图 3-5 “Pins” 选项卡

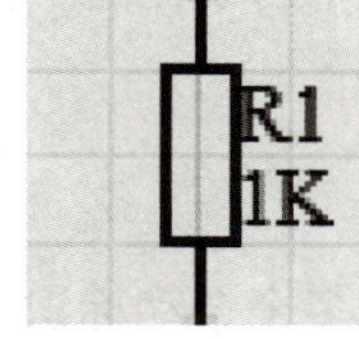
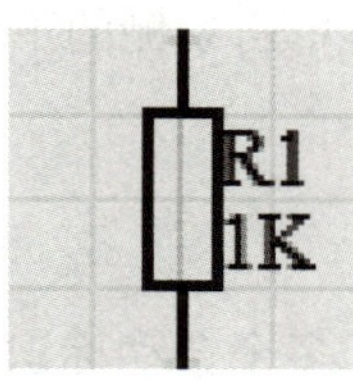

图 3-6 设置后的元件

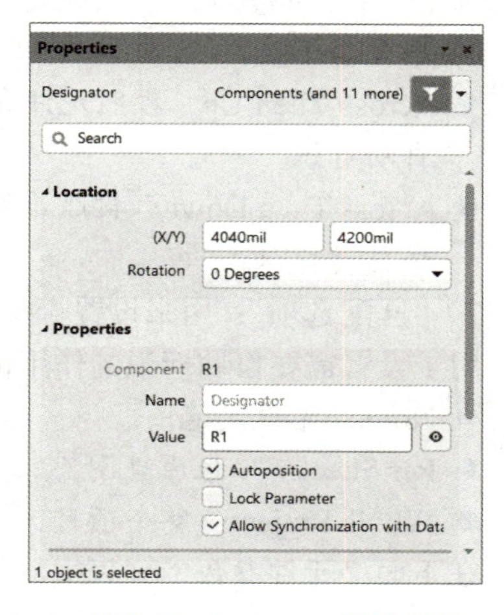

图 3-7 Parameter 属性面板

3.2.2 元件自动标号

在电路原理图比较复杂、有很多元件的情况下，如果用手工方式逐个编辑元件的标识，不仅效率低，而且容易出现标识遗漏、跳号等现象。此时，可以使用系统提供的自动标识功能来轻松完成对元件的标识编辑。

执行“工具”→“标注”→“原理图标注”命令，系统弹出图 3-8 所示的“标注”对话框。

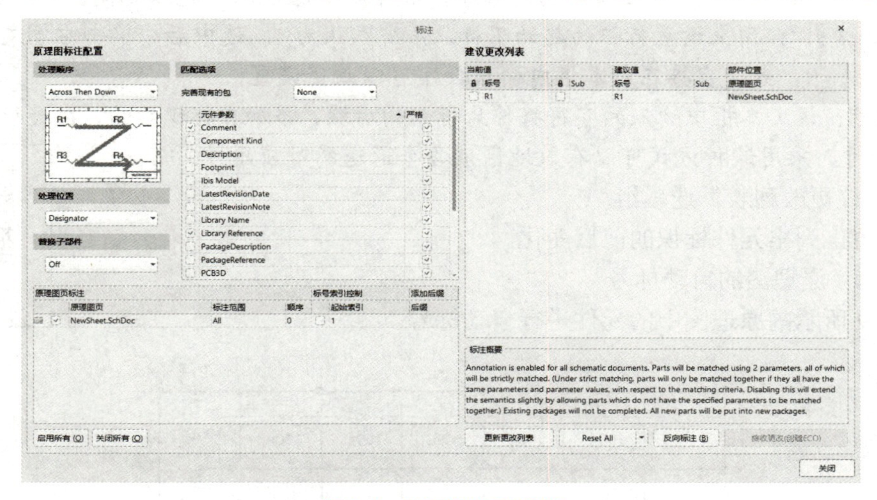

图 3-8 “标注”对话框

“标注”对话框主要由如下两部分组成。

（1）“原理图标注配置”选项组

1）“处理顺序”：用来设置元件标识的处理顺序。单击列表框右侧的下拉按钮 ▾，有以下 4 种选择方案。

- Up Then Across：按照元件在原理图上的排列位置，先按自下而上、再按自左到右的顺序自动标识。
- Down Then Across：按照元件在原理图上的排列位置，先按自上而下、再按自左到右的顺序自动标识。
- Across Then Up：按照元件在原理图上的排列位置，先按自左到右、再按自下而上的顺序自动标识。
- Across Then Down：按照元件在原理图上的排列位置，先按自左到右、再按自上而下的顺序自动标识。

2）“匹配选项”：用来设置查找需要自动标识的元件的范围和匹配条件，其中，“完善现有的包”用于设置需要自动标识的作用范围，单击右侧的下拉按钮 ▾，有以下 3 种选择方案。

- None：无设定范围。
- Per Sheet：单张原理图。
- Whole Project：整个项目。

在下面“元件参数”列表中，列出了多个自动标识元件的匹配参数，供用户选择。

3）“原理图页标注”“标号索引控制”和“添加后缀”：用来选择要标识的原理图并确定注释范围、起始索引值及后缀字符等。

- “原理图页”：用来选择要标识的原理图文件。单击“启用所有”按钮，可以选中所列出的所有文件，也可以选中所需文件前的复选框；单击“关闭所有”按钮，则不选择所有的文件。
- “标注范围”：用来设置选中的原理图中参与自动标识的元件范围，有 3 种选择：All（全部元件）、Ignore Selected Parts（不标识选中的元件）、Only Selected Parts（只标识选中的元件）。
- “顺序”：按照优先级标注原理图的顺序，数字越小原理图优先级越高。
- “起始索引”：用来设置标识的起始下标，系统默认为 1。选中后，单击右侧文本框出现增减按钮 ⌃⌄，或者直接在文本框内输入数字可以改变设置。
- “后缀”：该文本框中输入的字符将作为标识的后缀，添加在标识后面。在进行多通道电路设计时，采用这种方式可以有效地区别各个通道的对应元件。

（2）“建议更改列表”选项组

根据设置，列出元件标识的前后变化。

【例 3-3】 原理图的自动标号

例 3-3

对图 3-9 所示的原理图中的元件进行自动标号。

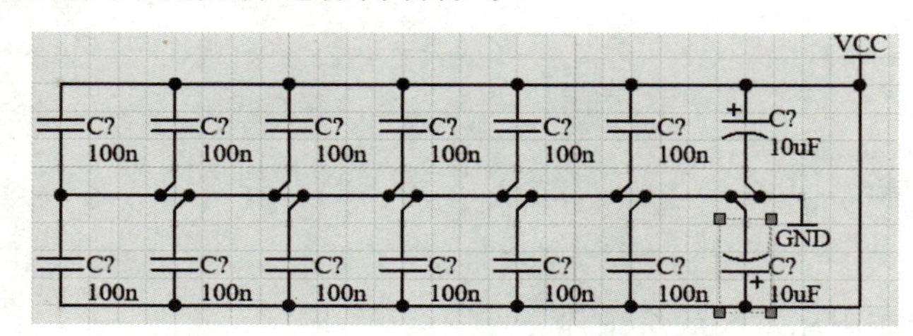

图 3-9 自动标号前的原理图

1）执行“工具”→“标注”命令，打开“标注”对话框。

2）设置“处理顺序”为 Down Then Across，“匹配选项”采用系统的默认设置，“标注范围”

为 All，如图 3-10 所示。

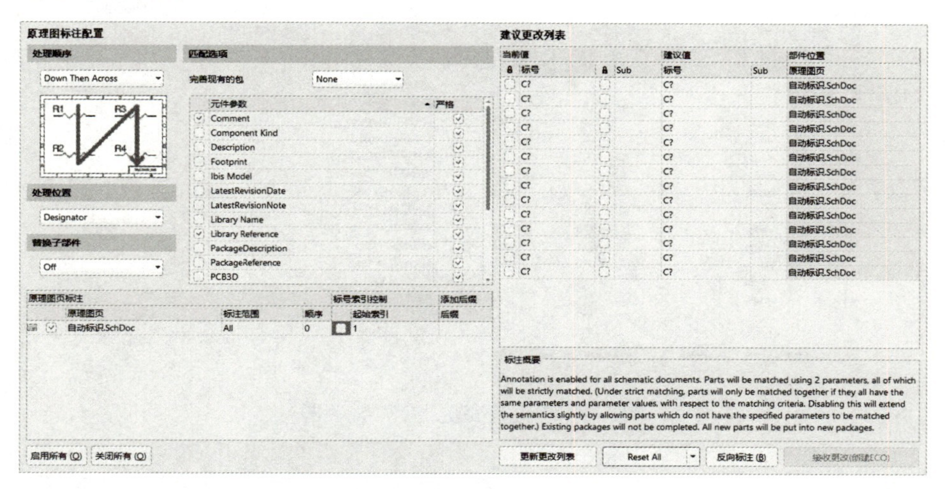

图 3-10　自动标号设置

3）设置完毕，单击“更新更改列表”按钮，则系统弹出如图 3-11 所示的提示框，提醒用户要发生的元件标识变化。

4）单击“OK”按钮，系统将会按设置的方式更新标识，并且显示在“建议更改列表”选项组中，同时“标注”对话框的右下角出现“接收更改（创建 ECO）”按钮，如图 3-12 所示。

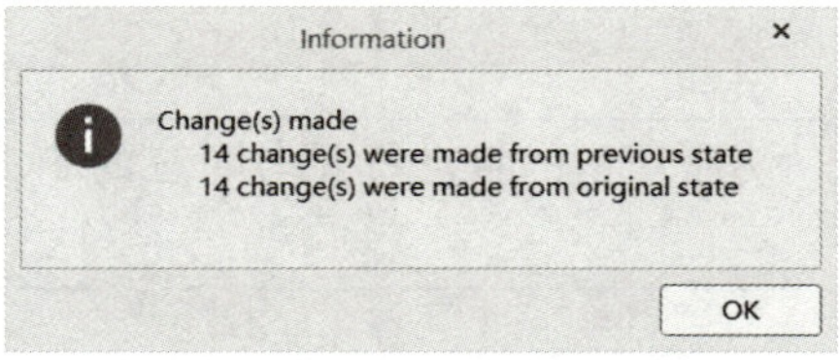

Information
Change(s) made
14 change(s) were made from previous state
14 change(s) were made from original state
OK

图 3-11　变化提示框

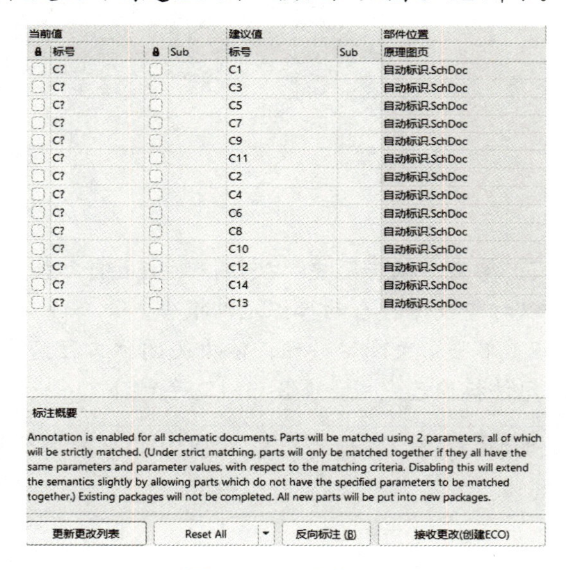

图 3-12　更新标识显示

5）单击“接收更改（创建 ECO）”按钮，系统弹出“工程变更指令”对话框，显示出标识的变化情况，如图 3-13 所示。在该对话框中，可以使标识的变化有效。

6）单击“验证变更”按钮，检测修改是否正确，“检测”列中显示✓标记，表示正确。单击“执行变更”按钮后，此时的“工程变更指令”对话框如图 3-14 所示，“检测”列和“完成”列中均显示✓标记。

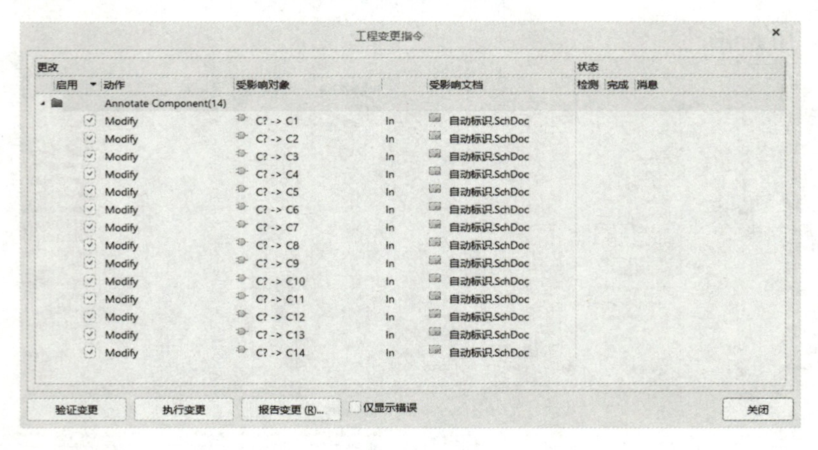

图 3-13 “工程变更指令”对话框

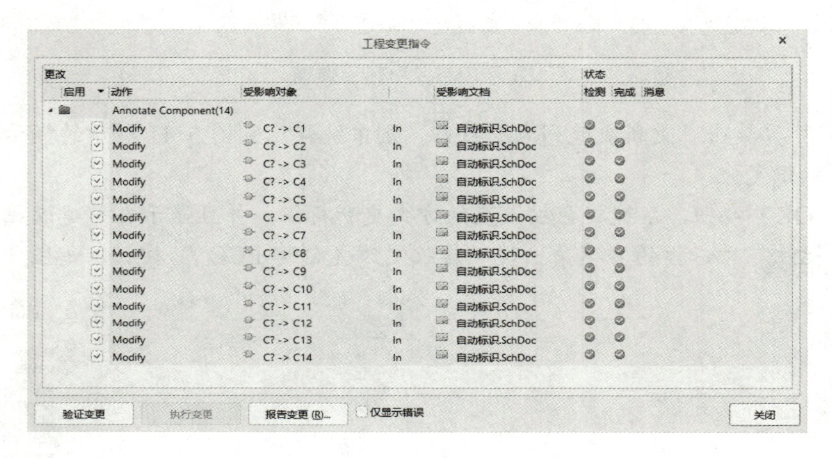

图 3-14 执行更改后的“工程变更指令”对话框

7）单击“报告变更”按钮，则生成自动标识元件报告，同时弹出“报告预览”对话框，用户可以打印或保存自动标识元件报告。

8）单击“关闭”按钮，依次关闭“工程变更指令”对话框和“标注”对话框，此时原理图中的元件标识已完成，如图 3-15 所示。

📖 “反向标注”按钮用于导入 PCB 中已有的编号文件，使原理图的自动标识与对应的 PCB 图同步。

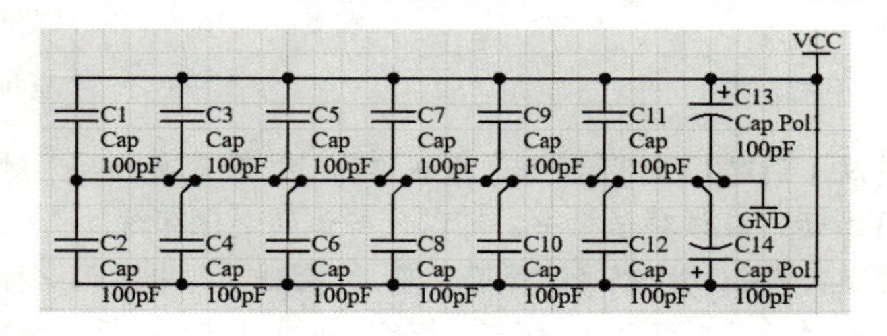

图 3-15 自动标识后的原理图

3.2.3 快速自动标号与恢复

执行"工具"→"标注"→"静态标注原理图"命令，系统会按照"标注"对话框中的最近一次设置，对当前的原理图进行快速的自动标号。例 3-3 中的中间过程将被省略，仅提示用户有多少个元件被标识，如图 3-16 所示。

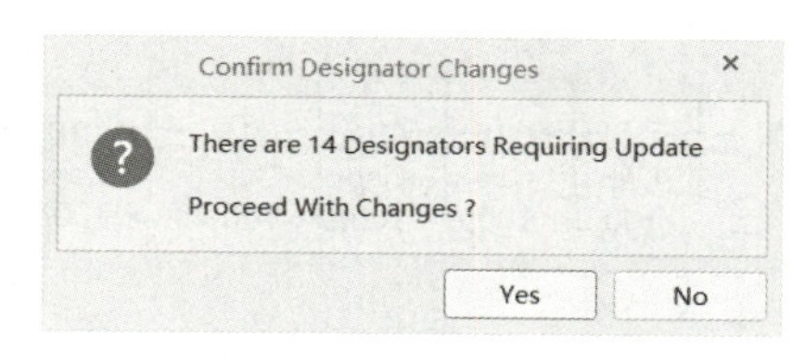

图 3-16 "Confirm Designator Changes"（快速自动标号确认）对话框

单击"Yes"按钮后，即完成自动标号。执行"工具"→"标注"→"重置原理图位号"命令，则将当前原理图中所有元件的标识复位到标识前的初始状态。

3.3 调整元件

为了使绘制电路图时布线方便简洁、清晰明了，需要对图纸上的元器件位置进行适当的调整。元件位置的调整就是利用各种命令将元件移动到工作平面上所需要的位置，并将其旋转成所需要的方向。

3.3.1 元件位置的调整

元件在开始放置时，其位置一般是大体估计的，并不太准确。在进行连线之前，需要根据原理图的整体布局，对元件的位置进行一定的调整，这样便于连线，同时也会使所绘制的电路原理图更为清晰、美观。

例 3-4

元件位置的调整主要包括对元件的移动、元件方向的设定、元件的排列等操作。

【例 3-4】 排列元件

对图 3-17 所示的多个元件进行位置排列，使其在水平方向均匀分布。

1）单击"原理图标准"工具栏中的按钮，光标变成十字形，在原理图的适当位置按住鼠标不放，光标变成十字形，拖动鼠标拖出一个矩形框，矩形框内的对象会被全部选中，如图 3-18 所示。

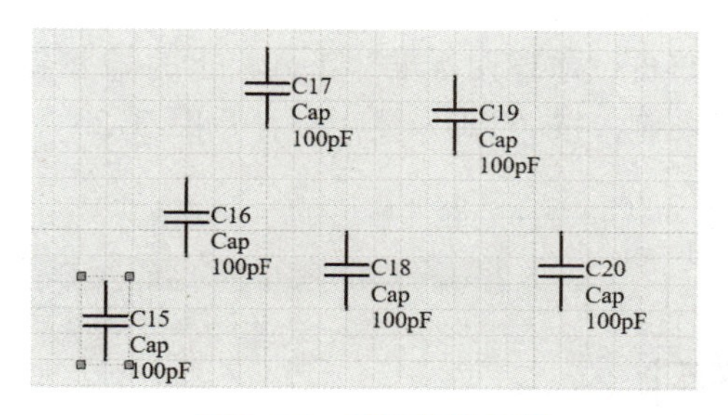

图 3-17 需调整的元件

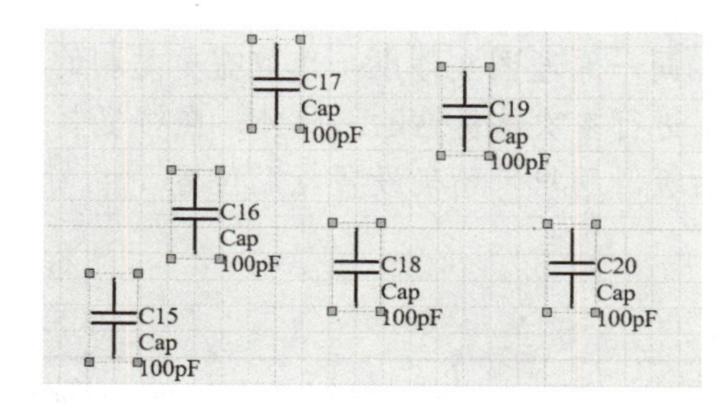

图 3-18 选取多个元件

按住〈Shift〉键，光标指向要选取的元件，逐一单击，也可同时选取多个元件。

2）执行"编辑"→"对齐"→"顶对齐"命令，或者在编辑窗口中按〈A〉键，在弹出的菜单中选择"顶对齐"命令，则所有元件以最上边的元件为基准顶部对齐，如图 3-19 所示。

3）再按〈A〉键，在弹出的菜单中选择“水平分布”命令，使选中的元件在水平方向上均匀分布，如图 3-20 所示。

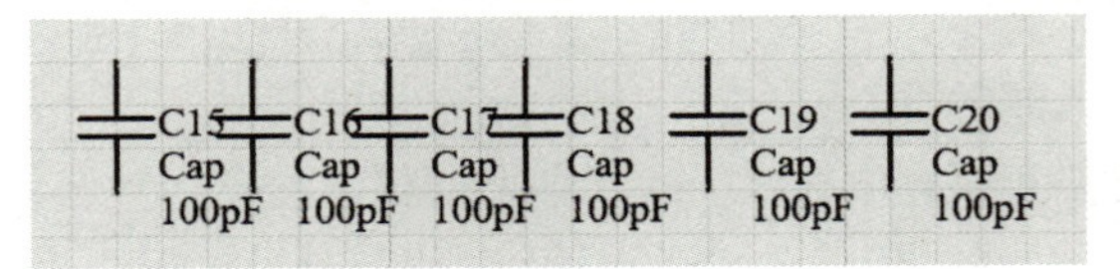

图 3-19　顶部对齐

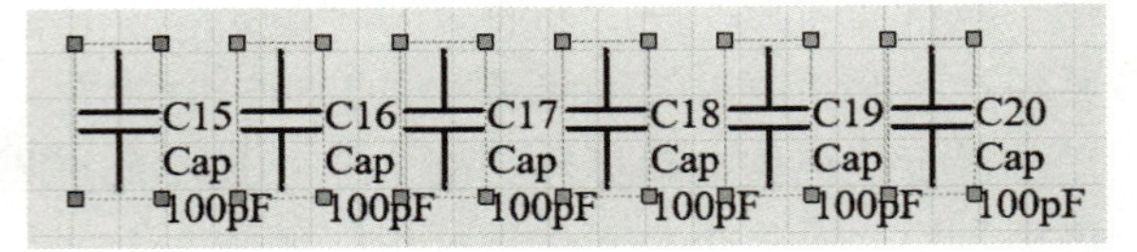

图 3-20　水平方向均匀分布

4）单击编辑窗口空白区域，取消元件选取状态。

3.3.2 元件的简单复制与粘贴

Altium Designer 中使用了 Windows 操作系统的共用剪贴板，便于用户在不同的应用程序之间进行各种对象的复制、剪切与粘贴等操作，极大地提高了设计效率。

例 3-5

【例 3-5】 不同原理图间的对象复制与粘贴

1）打开某一原理图文件，选取需要复制的某一组对象，如图 3-21 所示。

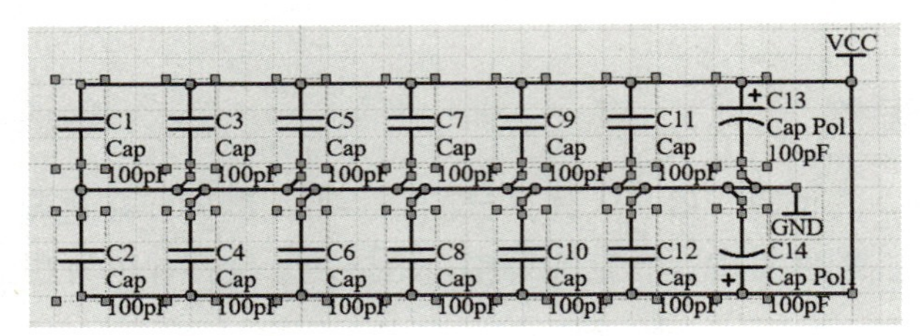

图 3-21　选取需要复制的对象

2）单击“原理图标准”工具栏上的“复制”按钮，或右击，在弹出的快捷菜单中选择“复制”命令，将选取对象复制到剪贴板上。

3）打开目标原理图文件，单击“原理图标准”工具栏上的“粘贴”按钮，或执行右键快捷菜单中的“粘贴”命令，此时光标变为十字形，并带有一个矩形框，矩形框内有待粘贴对象的虚影，如图 3-22 所示。

4）移动光标到确定位置上，单击鼠标左键即完成粘贴操作。

在同一原理图文件上，选取需要复制的对象后，单击“原理图标准”工具栏上的按钮，可以进行多次重复粘贴。此外，在将复制对象放置之前，按〈Tab〉键，会打开图 3-23 所示的面板，用户可精确设置粘贴位置。

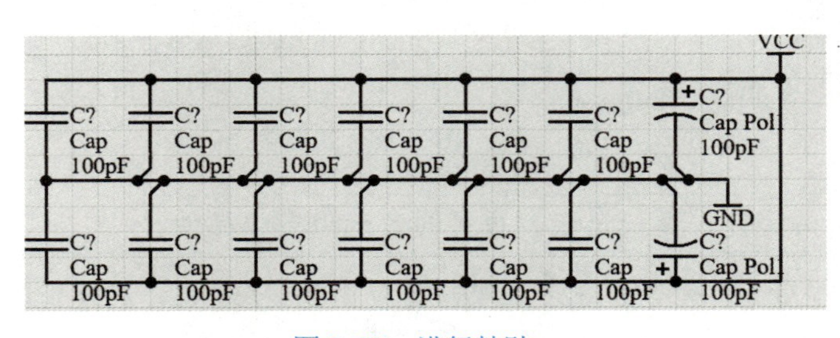

图 3-22　进行粘贴

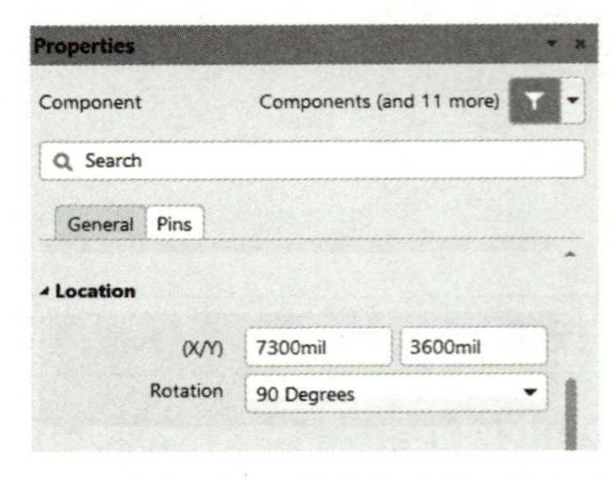

图 3-23　设置粘贴位置

3.3.3 元件的智能粘贴

智能粘贴是 Altium Designer 为了进一步提高原理图的编辑效率而新增的一大功能。该功能允许用户在 Altium Designer 系统中，或者在其他的应用程序中，选择一组对象，例如，Excel 数据、VHDL 文本文件中的实体说明等，将其粘贴在 Windows 剪贴板上，根据设置，再将其转换为不同类型的其他对象，并最终粘贴在目标原理图中，有效地实现了不同文档之间的信号连接以及不同应用中的工程信息转换。

元件智能粘贴的具体操作如下。

1）首先在源应用程序中，选取需要粘贴的对象。

2）执行“编辑”→“复制”命令，将其粘贴在 Windows 剪贴板上。

3）打开目标原理图，执行“编辑”→“智能粘贴”命令，则系统弹出图 3-24 所示的“智能粘贴”对话框。

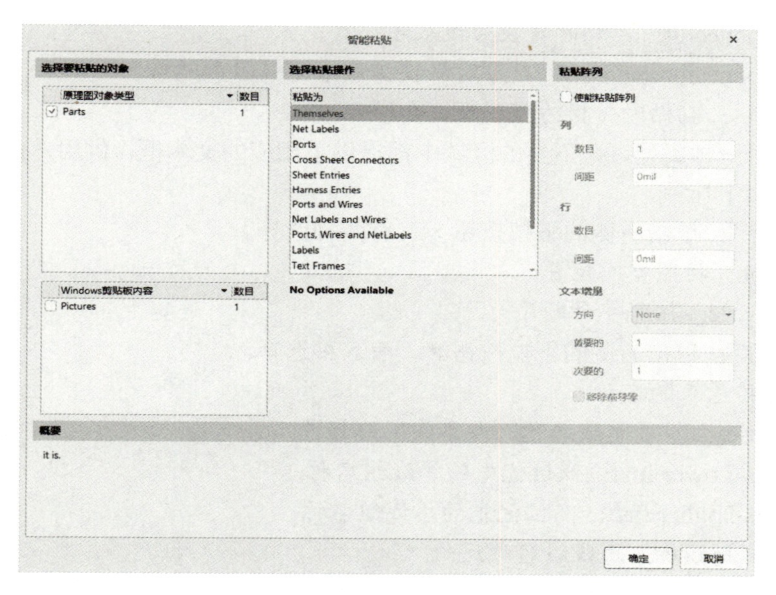

图 3-24 “智能粘贴”对话框

在“智能粘贴”对话框中，可以完成将复制对象进行类型转换的相关设置。

（1）“选择要粘贴的对象”选项组

用于选择需要粘贴的复制对象。

- “原理图对象类型”：显示原理图中本次选取的各种类型复制对象，包括端口、连线、网络标号、元件、总线等。
- “数目”：各种类型复制对象的数量。
- “Windows 剪贴板内容”：显示 Windows 剪贴板上保存的以往内容信息，包括图片、文本等。

📖 设置时，“原理图对象类型”和“Windows 剪贴板内容”中的选项最好不要同时选中。

（2）“选择粘贴操作”选项组

用于选择、设置通过粘贴转换成的对象类型。在“粘贴为”列表框中，列出了 15 种类型。

- Themselves：本身类型，即粘贴时不需要类型转换。
- Net Labels：粘贴时转换为网络标号。
- Ports：粘贴时转换为端口。
- Cross Sheet Connectors：粘贴时转换为 T 形图纸连接器。
- Sheet Entries：粘贴时转换为图纸入口。
- Harness Entries：粘贴时转换为线束入口。
- Ports and Wires：粘贴时转换为带线（总线或导线）端口。
- Net Labels and Wires：粘贴时转换为带网络标号的导线。
- Ports、Wires and Net Labels：粘贴时转换为端口、导线和网络标号。
- Labels：粘贴时转换为标签文字，不具有电气属性，只起标注作用。
- Text Frames：粘贴时转换为文本框。
- Notes：粘贴时转换为注释。
- Harness Connector：粘贴时转换为线束连接器。
- Harness Connector and Port：粘贴时转换为线束连接器和端口。
- Code Entries：粘贴时转换为代码项。

对于选定的每一种类型，在下面的区域中都提供了相应的文本框，供用户按照需要进行详细的设置，主要有如下几种。

1）“排序次序”：单击右侧的下拉按钮▾，有两种选择。

- By Location：按照空间位置。
- Alpha-numeric：按照字母顺序。

2）“信号名称”：单击右侧的下拉按钮▾，有 5 种选择。

- Keep：保持原来的名称。
- Expand Buses：扩展总线名称，即单线网络标号。
- Group Nets-Lower first：低位优先的总线组名称。
- Group Nets-Higher first：高位优先的总线组名称。
- Inverse Bus Indices：总线组名称反向。

3）“端口宽度”：单击右侧的下拉按钮▾，有 3 种选择。

- Use Default Size：使用系统默认尺寸。
- Set Width To Widest：设置为最大宽度。
- Set Width To Fit：设置为适当的宽度。

4）“线长度”：连线长度设置，用户可以输入具体数值。

例 3-6

【例 3-6】 使用智能粘贴完成对象类型转换

将图 3-25 所示的一组端口替换为信号线束。

1）首先使端口处于选中状态。

2）单击“原理图标准”工具栏上的“复制”按钮，或执行右键快捷菜单中的“复制”命令，将其复制到剪贴板上。

3）在其中的任意一个端口上按下鼠标并拖动，将这组端口拖离当前位置。

4）执行“编辑”→“智能粘贴”命令，则系统弹出“智能粘贴”对话框。

5）在“选择粘贴操作”选项组中，在“信号名称”下拉列表框中选择“Keep”；“线束类型”文本框中输入线束名称 OUTPUT；“Harness 线长度”文本框中输入 0；“端口名”文本框中输入 OUTPUT，如图 3-26 所示。

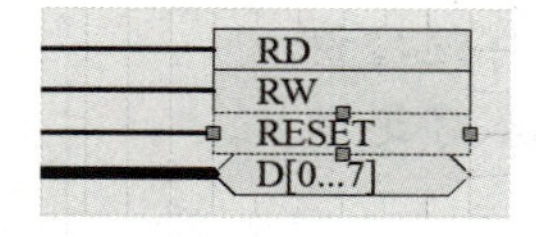

图 3-25　一组端口

图 3-26　智能粘贴设置

6）单击“确定”按钮后，关闭“智能粘贴”对话框，此时在窗口中出现了所定义信号线束的虚影，随着光标而移动，如图 3-27 所示。

7）将其移到原端口的位置处单击鼠标，完成放置。

由于智能粘贴功能强大，实际操作中，在对需要粘贴的对象进行复制之后，在智能粘贴之前，应尽量避免其他的复制操作，以免将不需要的内容粘贴到原理图中，造成不必要的麻烦。

3.3.4 元件的阵列粘贴

在系统提供的智能粘贴中，也包含了阵列粘贴的功能。阵列粘贴能够一次性地按照设定参数，将某一个对象或对象组重复地粘贴到图纸上，在原理图中需要放置多个相同对象时很有用。

在“智能粘贴”对话框的“粘贴阵列”选项组中，选中“使能粘贴阵列”复选框，则阵列粘贴功能被激活，如图 3-28 所示，相关参数如下。

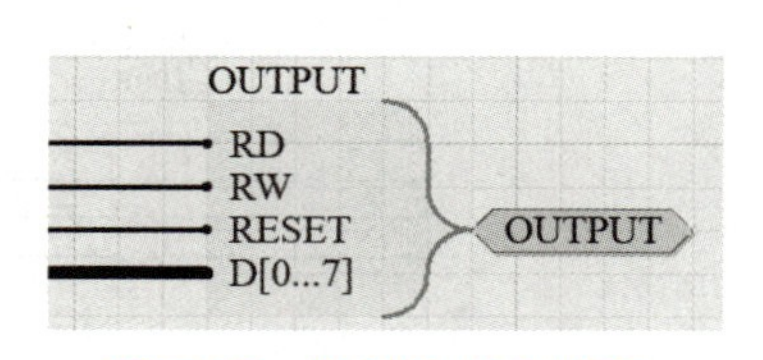

图 3-27　粘贴为信号线束

图 3-28　“粘贴阵列”选项组

（1）“列”选项

- “数目”：需要阵列粘贴的列数设置。
- “间距”：相邻两列之间的间距设置。

（2）“行”选项

- “数目”：需要阵列粘贴的行数设置。
- “间距”：相邻两行之间的间距设置。

（3）“文本增量”选项

- “方向”：增量方向设置。有 3 种选择：None（不设置）、Horizontal First（先从水平方向开始增量）、Vertical First（先从垂直方向开始增量）。选中后两项时，下面的文本框被激活，需要输入具体增量的数值。
- “首要的”：用来指定相邻两次粘贴之间有关标识的数字递增量。
- “次要的”：用来指定相邻两次粘贴之间元件引脚号的数字递增量。

例 3-7

【例 3-7】 对象组的阵列粘贴

对由排阻、网络标号和导线组成的一组对象进行阵列粘贴，如图 3-29 所示。

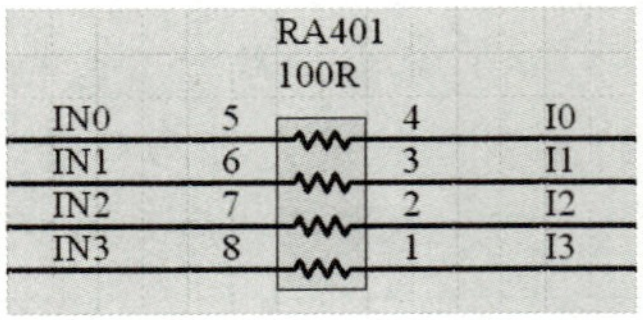

图 3-29 一组对象

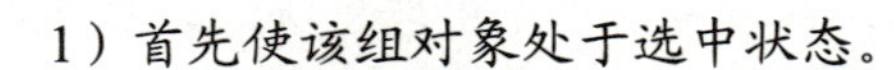

1）首先使该组对象处于选中状态。

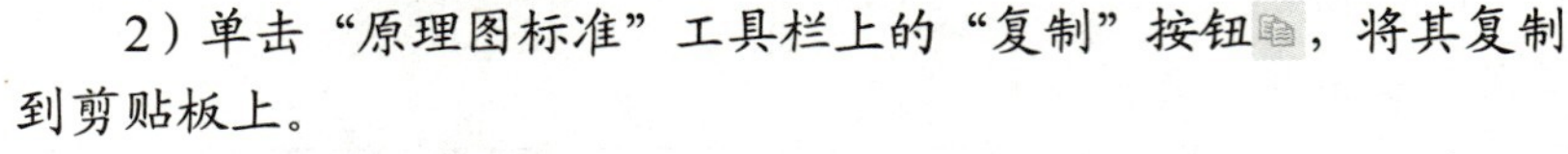

2）单击“原理图标准”工具栏上的“复制”按钮，将其复制到剪贴板上。

3）打开目标原理图文件，执行“编辑”→“智能粘贴”命令，则系统弹出“智能粘贴”对话框。

4）选中“原理图对象类型”中显示的全部 3 个选项：Wires、Net Labels 和 Parts，在“粘贴为”列表框中选择 Themselves。在“粘贴阵列”选项组，选中“使能粘贴阵列”复选框，各项参数设置如图 3-30 所示。

5）单击“确定”按钮，关闭“智能粘贴”对话框。此时光标变为十字形，并带有一个矩形框，框内有粘贴阵列的虚影，随着光标而移动。

6）选择适当位置单击鼠标，完成放置，如图 3-31 所示。

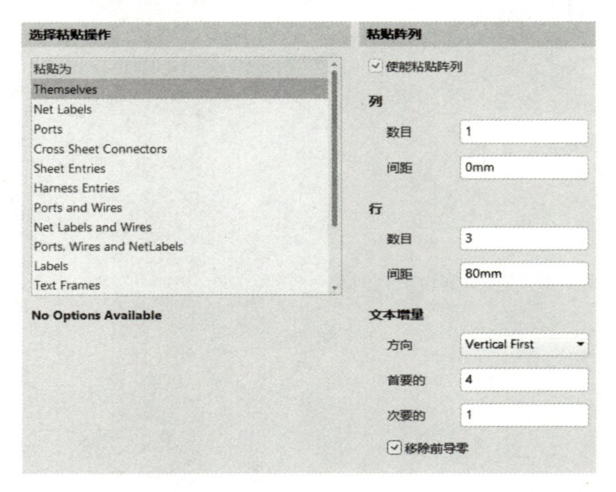

图 3-30 “智能粘贴”对话框设置

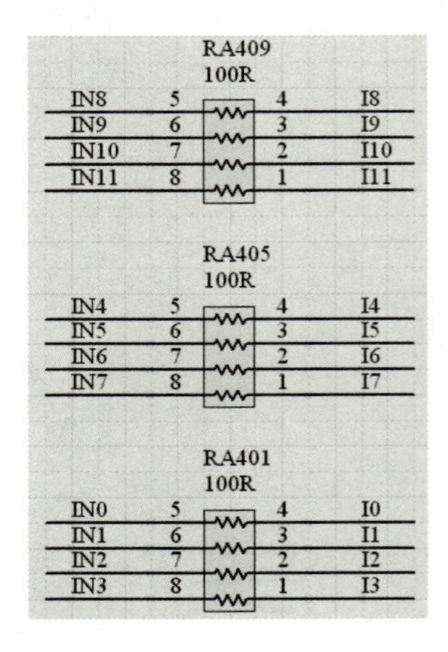

图 3-31 阵列粘贴

3.4 思考与练习

1. 概念题

1）Altium Designer 中提供了几种放置元件的方法，并简述这些方法。

2）Altium Designer 元件自动标号中，“处理顺序”有几种？

3）简述使用智能粘贴完成对象类型的转换过程。

2. 操作题

1）在新建的原理图文件中，放置集成库 Miscellaneous Devices.IntLib 中的一些基本元件，如电容、电阻、二极管等，并对所放置的元件进行移动、排列、自动标识等编辑操作。

2）使用对象组的阵列粘贴方式，绘制图 3-32 所示的阵列粘贴图，并对所有元件重新进行自动标识。

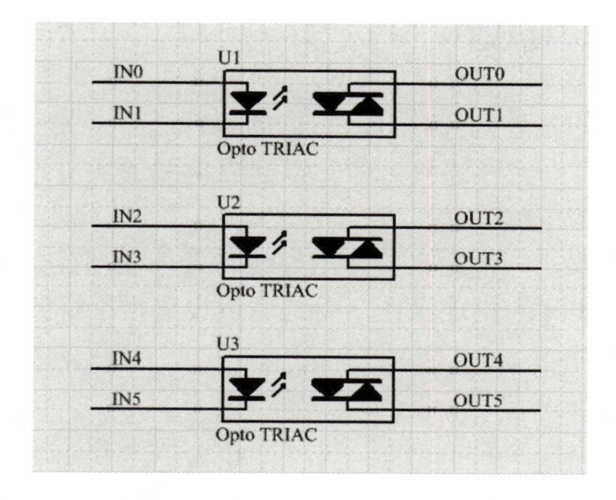

图 3-32 阵列粘贴图

第 4 章　电路原理图设计

电路图分为电路原理图、方框图、装配图和印制电路板等形式。在整个电子电路设计过程中，电路原理图的设计是最重要的基础性工作。同样，在 Altium Designer 21 中，只有在设计好原理图的基础上才可以进行印制电路板的设计和电路仿真等。本章详细介绍了如何设计电路原理图、编辑修改原理图。通过本章的学习，掌握原理图设计的过程和技巧。

4.1　绘制电路原理图

在图纸上放置好所需要的各种元件并且对它们的属性进行了相应的编辑之后，根据电路设计的具体要求，就可以着手将各个元件连接起来，以建立电路的实际连通性。这里所说的连接，指的是具有电气意义的连接，即电气连接。

电气连接有两种实现方式，一种是直接使用导线将各个元件连接起来，称为物理连接；另外一种是逻辑连接，即不需要实际的相连操作，而是通过设置网络标签使得元件之间具有电气连接关系。

4.1.1 原理图连接方法

Altium Designer 提供了 3 种对原理图进行连接的操作方法，具体如下。

1. 使用菜单命令

执行“放置”命令，弹出的菜单如图 4-1 所示。

“放置”菜单提供了放置各种图元的命令，包括了对总线、总线入口、导线、网络标签等的连接工具以及文本字符串、文本框的放置。其中，“线束”选项中还包含若干项与线束有关的图元，如图 4-2 所示。“指示”选项中也包含若干子选项，如图 4-3 所示，常用到的有“通用 No ERC 标号”等。

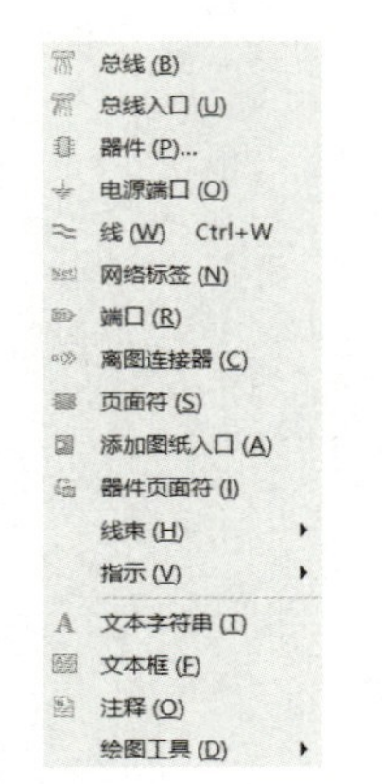

图 4-1　“放置”菜单

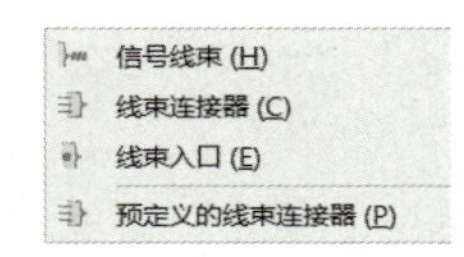

图 4-2　“线束”菜单

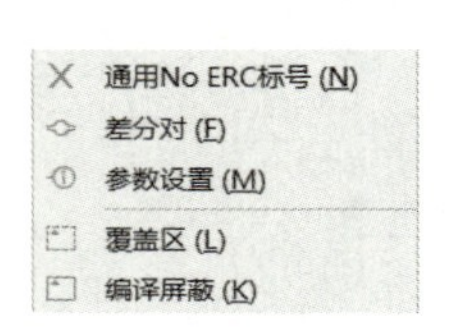

图 4-3　“指示”菜单

2. 使用布线工具栏

“放置”菜单中各项常用命令分别与布线工具栏中的图标一一对应，直接单击该工具栏中的相应图标，即可完成相同的功能操作。

3. 使用快捷键

上述的各项命令都有相应的快捷键操作，由字符 P 加上每一条命令后面的字符即可，例如，设置网络标签是〈P+N〉键，绘制总线进口是〈P+U〉键等，直接在键盘上按快捷键可以大大加快操作速度。

此外，在 Altium Designer 中，执行“视图”→“工具栏”→“自定义”命令，在弹出的“Customizing Sch Editor”对话框中选择“工具栏”选项卡，同时在 Altium Designer 工具栏会出现一个专用的“原理图快捷键”工具栏，用于显示所有可用的快捷操作，如图 4-4 所示。

适合所有对象 (F)	Ctrl+PgDn
缩小 (O)	PgDn
刷新 (R)	End
原点 (O)	Ctrl+Home
平移 (N)	Home
向左移动光标一大步	Shift+Left
光标向左移动一小步	Left
选中对象向左移动一小步	Ctrl+Left
选中对象向左移动一大步	Shift+Ctrl+Left
向上移动光标一大步	Shift+Up
光标向上移动一小步	Up
选中对象向上移动一小步	Ctrl+Up
选中对象向上移动一大步	Shift+Ctrl+Up
向右移动光标一大步	Shift+Right
光标向右移动一小步	Right
选中对象向右移动一小步	Ctrl+Right
选中对象向右移动一大步	Shift+Ctrl+Right
向下移动光标一大步	Shift+Down
光标向下移动一小步	Down
选中对象向下移动一小步	Ctrl+Down
选中对象向下移动一大步	Shift+Ctrl+Down
清除	Del
粘贴 (P)	Ctrl+V
复制 (C)	Ctrl+C

图 4-4 “原理图快捷键”工具栏

4.1.2 绘制导线

元件之间的电气连接主要是通过导线来完成的。导线是电路原理图中最重要也是用得最多的图元，它具有电气连接的意义，不同于一般的绘图连线，后者没有电气连接的意义。

1. 导线的一般绘制

例 4-1

绘制导线一般可以采用以下 3 种方式。

- 执行“放置”→“线”命令。
- 单击布线工具栏中的“放置线”按钮≈。
- 使用快捷键〈P+W〉。

【例 4-1】 绘制导线连接两个元件

1）执行绘制导线命令后，光标变为十字形。移动光标到欲放置导线的起点位置（一般是元件的引脚），会出现一个蓝色米字标志，表示找到了元件的一个电气节点，可从该点绘制导线，如图 4-5 所示。

2）单击鼠标，确定导线的起点，拖动鼠标，随之形成一条导线，拖动到要连接的另外一个元件的引脚（电气节点）处，同样会出现一个蓝色米字标志，如图 4-6 所示。

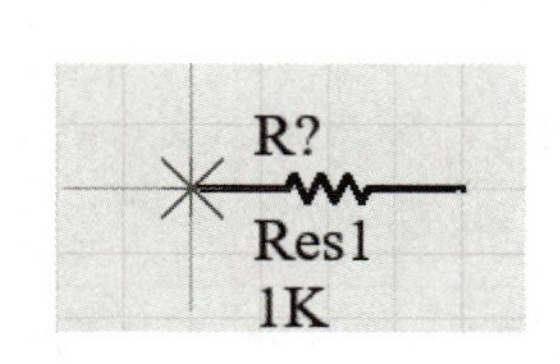

图 4-5 开始绘制导线

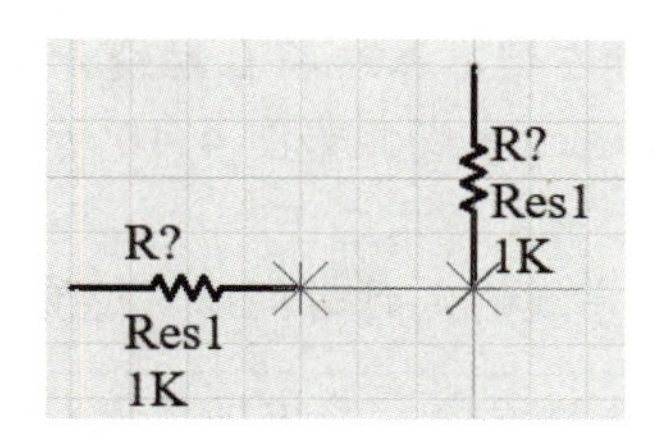

图 4-6 连接元件

3）再次单击鼠标确定导线的终点，完成两个元件的连接。右击或按〈Esc〉键退出导线绘制状态。

📖 绘制导线的过程中，根据实际需要，可随时单击鼠标确定导线的拐点位置和角度，或者按照原理图编辑窗口下面状态栏中的提示，用〈Shift+Space〉键来切换选择导线的拐弯模式，共有 3 种选择：直角、45° 角、任意角，如图 4-7 所示。

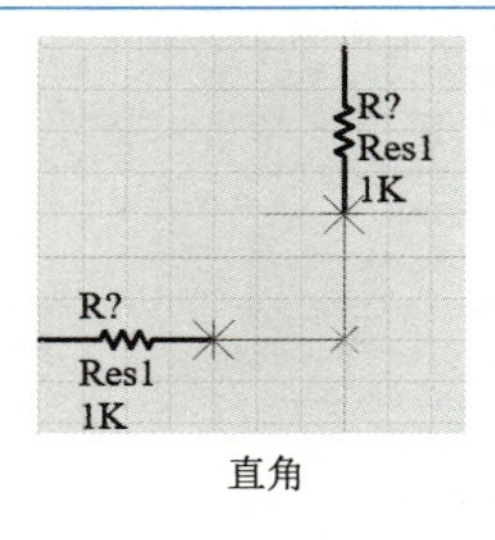

直角

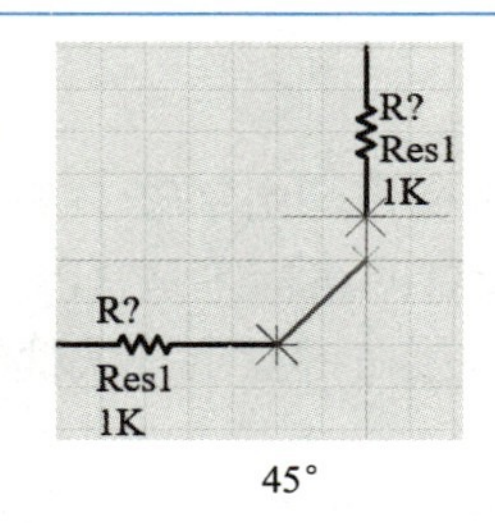

45°

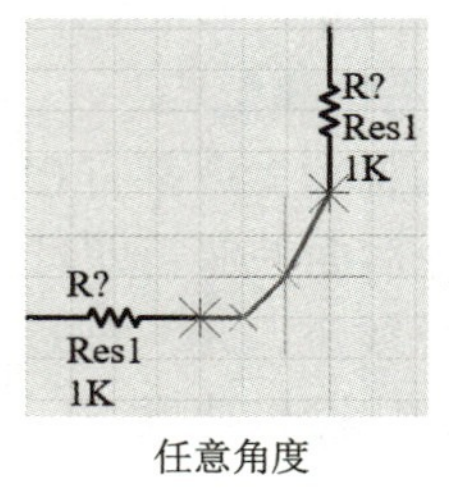

任意角度

图 4-7　导线拐弯模式

4）双击所绘制的导线（若在绘制状态下，则按〈Tab〉键），弹出 Wire 属性（Properties）面板，如图 4-8 所示。该面板中有两个选项卡：Properties 与 Vertices，在“Properties”选项卡中可以设置导线的颜色与宽度。

📖 导线的宽度有 4 项选择，即 Smallest（最细）、Small（细）、Medium（中等）和 Large（粗），实际绘制中，用户应参照与其相连的元件引脚线的宽度进行设置。

5）“Vertices”选项组显示了该导线的两个端点以及所有拐点的 X、Y 坐标值，如图 4-8 所示。用户可以直接输入具体的坐标值，也可以单击“Add”按钮或 按钮，进行设置更改。

2. 导线的点对点自动绘制

绘制导线时，使用〈Shift+Space〉键进行模式切换，当在原理图编辑窗口下面的状态栏中显示“Shift+Space to change mode:Auto Wire（Tab for Options）”时，可进行导线的点对点自动绘制。

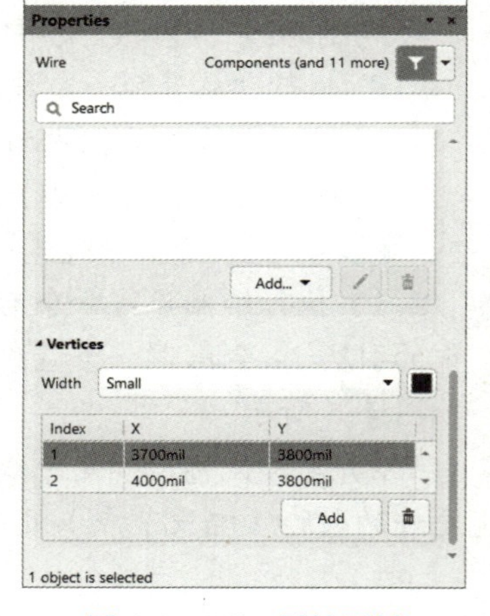

图 4-8　Wire 属性面板

【例 4-2】　点对点自动绘制导线

例 4-2

1）执行绘制导线命令后，使用〈Shift+Space〉键进行模式切换，进入导线的点对点自动绘制状态。

2）在元件 R1 的下引脚上单击确定导线的起点，之后将光标指向元件 R2 的右侧引脚上，作为导线的终点，如图 4-9 所示。

3）单击鼠标左键，系统将自动绕开中间的对象，在两个引脚之间放置一条合适的导线，如图 4-10 所示。

4）在自动绘制导线状态下，按〈Tab〉键，会打开图 4-11 所示的“点对点布线选项”对话框，可设置绘制导线的定时时间以及避免切割导线的要求。

📖 自动绘制导线过程中，系统将只识别起点和终点的电气节点，而忽略中间的所有电气节点。如果光标指向的终点不是电气节点，则自动绘制导线不会执行。

4.1.3 放置电源和地端口

电源和地端口是电路原理图中必不可少的组成部分。系统为用户提供了多种电源和地端口的形式，每种形式都有一个相应的网络标签作为标识。

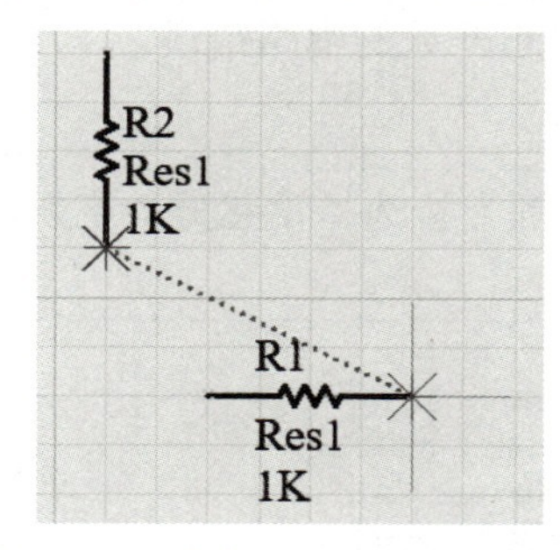

图 4-9　开始点对点自动绘制导线

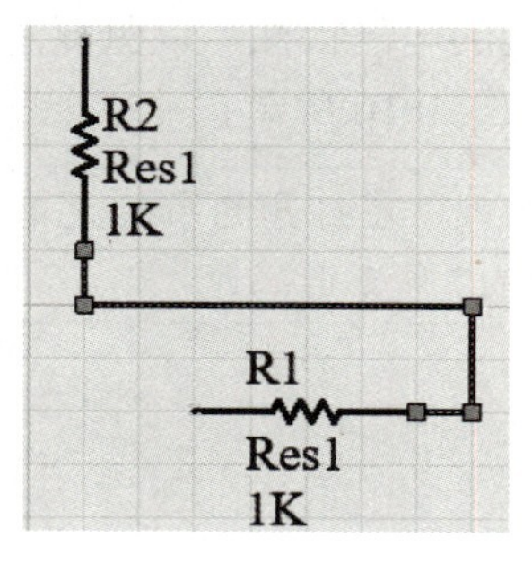

图 4-10　绘制完成

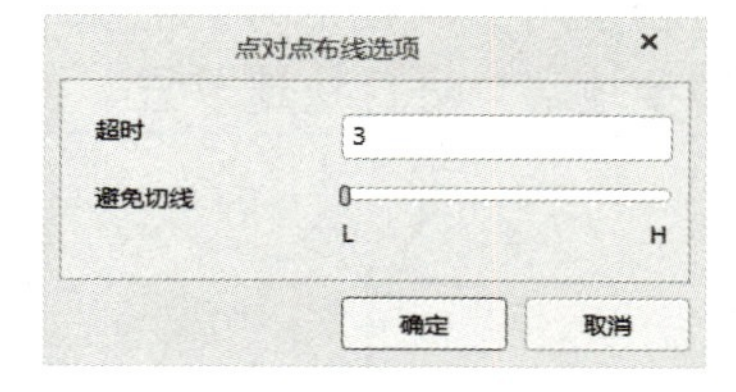

图 4-11　“点对点布线选项”对话框

【例 4-3】　放置电源和地端口

例 4-3

1）执行“放置”→“电源端口”命令，或者单击布线工具栏中的“VCC 电源端口”按钮或“GND 端口”按钮，光标变为十字形，并带有一个电源或地端口的符号，如图 4-12 所示。

2）移动鼠标指针到适当位置处，当出现蓝色米字标志时，表示光标已捕捉到电气连接点，单击鼠标即可完成放置，并可以进行连续放置，如图 4-13 所示。单击鼠标右键或按〈Esc〉键退出放置状态。

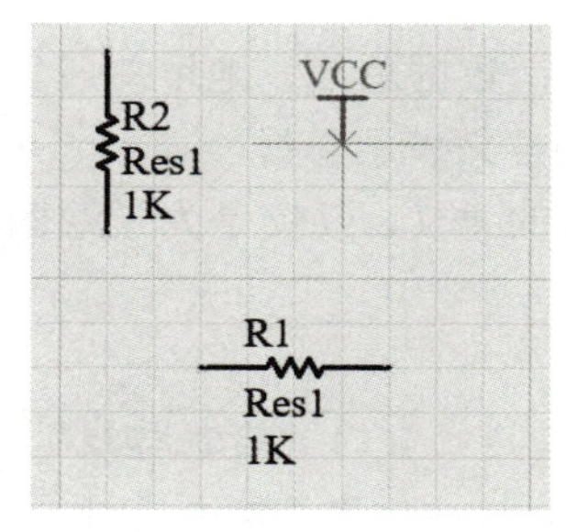

图 4-12　开始放置

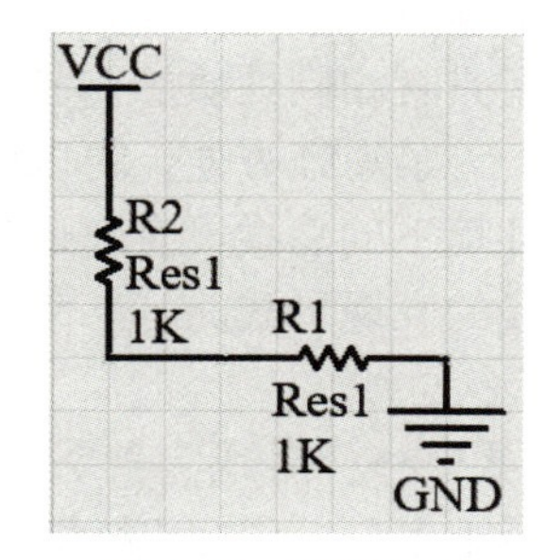

图 4-13　连续放置

3）双击所放置的电源端口（或在放置状态下，按〈Tab〉键），打开“Power Port”属性（Properties）面板，可设置颜色、网络名称、类型以及位置等属性，如图 4-14 所示。单击“Style”下拉按钮▼，其下拉列表框中有 7 种不同的电源端口和地端口供用户选择，如图 4-15 所示。

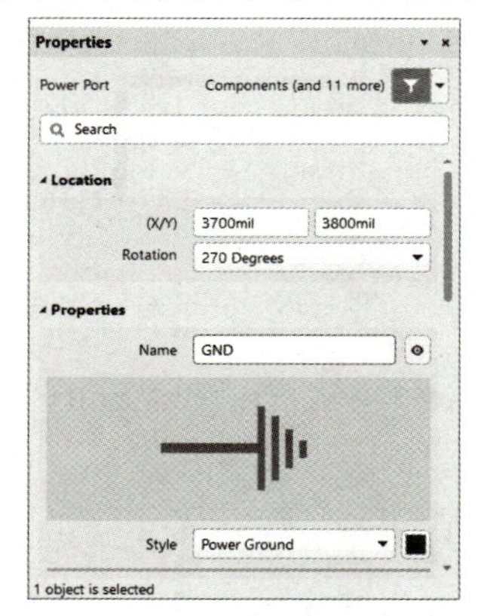

图 4-14　“Power Port”属性面板

图 4-15　“Style”下拉列表

在同一张电路原理图中，可能有多个电源和多个地，用户应选用不同的外形符号加以区别，并通过相应的属性设置来真正区分它们的电气特性，以免混淆，引起严重的电路错误。

4）设置好的电源端口和地端口如图 4-16 所示。

📖 右击应用工具栏中的“电源”按钮，在打开的下拉菜单中，可直接选择设置好的电源端口和接地端口进行快速放置，如图 4-17 所示。

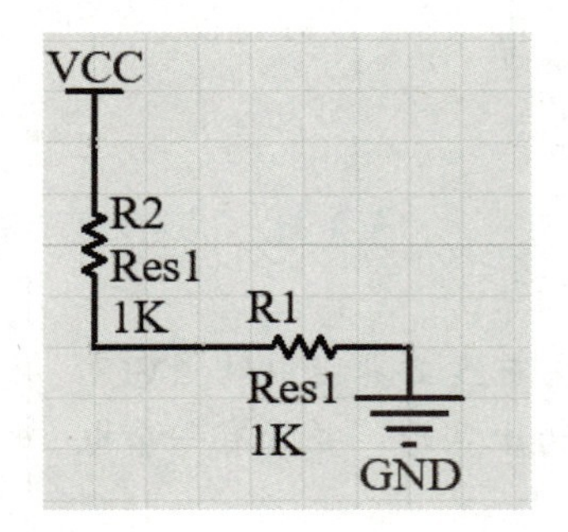

图 4-16 设置好的电源端口和地端口

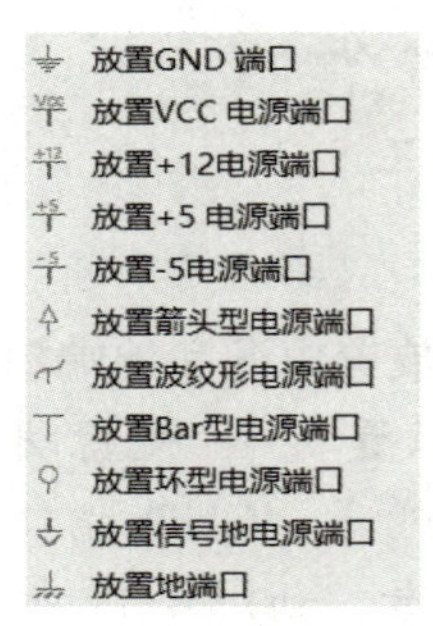

图 4-17 各种电源端口和地端口

4.1.4 绘制总线

总线是若干条具有相同性质的信号线的组合，例如，数据总线、地址总线、控制总线等。在原理图的绘制中，为了清晰方便，可以用一根较粗的线条来表示总线。

原理图编辑环境下的总线没有任何实质的电气连接的意义，仅仅是为了绘图和读图方便而采取的一种简化连线的表现形式。

例 4-4

【例 4-4】 绘制总线

1）执行“放置”→“总线”命令，或者单击布线工具栏中的“绘制总线”按钮，光标变为十字形，移动鼠标指针到欲放置总线的起点位置，单击鼠标，确定总线的起点，然后拖动鼠标绘制总线，如图 4-18 所示。

2）在每一个拐点都单击鼠标确认，用〈Shift+Space〉键可切换选择拐弯模式。到达适当位置后，再次单击鼠标确定总线的终点，完成总线绘制，如图 4-19 所示。右击或按〈Esc〉键退出总线绘制状态。

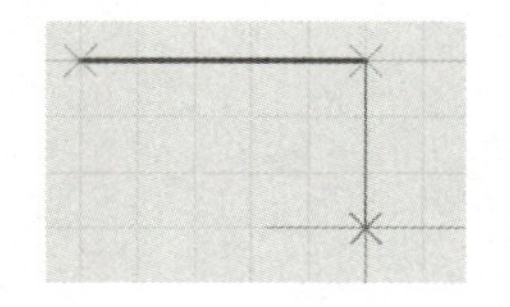

图 4-18 开始总线绘制

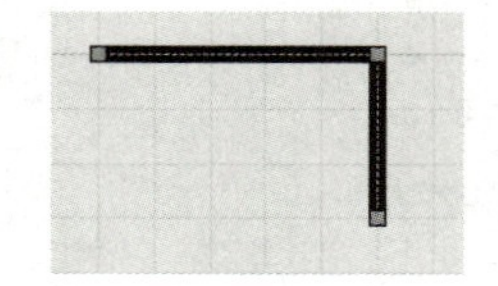

图 4-19 完成总线绘制

3）双击所绘制的总线（或在绘制状态下，按〈Tab〉键），将打开“Bus Entry”属性（Properties）面板，可进行相应的属性设置。

📖 总线的拐弯模式控制与导线相同，甚至连它们的属性设置对话框都几乎完全一样，在此不再赘述。需要注意的是：为了与普通导线相区别，总线的宽度比一般导线要宽。

4.1.5 放置总线入口

总线入口是单一导线与总线的连接线。使用总线入口把总线和具有电气特性的导线连接起来，可以使电路原理图更为美观、清晰且具有专业水准。与总线一样，总线入口也不具有任何电气连接的意义，而且它的存在并不是必需的，即便不通过总线入口，直接把导线与总线连接起来也是正确的。

例 4-5

【例 4-5】 放置总线入口

1）执行“放置”→“总线入口”命令，或者单击布线工具栏中的“绘制总线入口”按钮，光标变为十字形，并带有总线入口/或\，如图 4-20 所示。

2）按〈Space〉键调整总线入口的方向（有 45°、135°、225°、315° 四种选择），移动鼠标指针到需要的位置处（总线与导线之间），连续单击鼠标，即可完成总线入口的放置，如图 4-21 所示。右击或按〈Esc〉键退出放置状态。

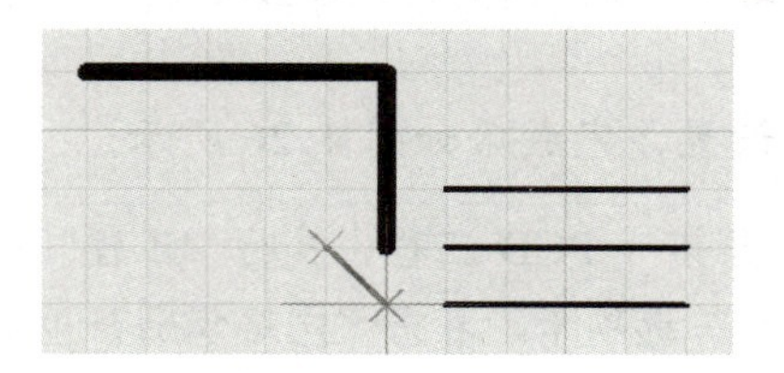

图 4-20 开始放置总线入口

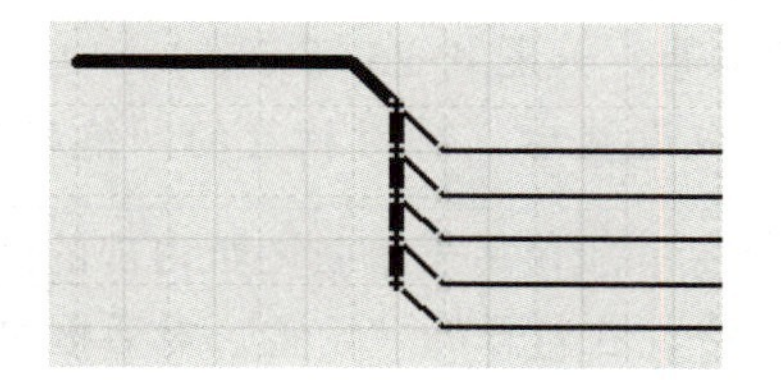

图 4-21 完成总线入口放置

3）双击所放置的导线入口（或在绘制状态下，按〈Tab〉键），弹出“Bus Entry”属性（Properties）面板，如图 4-22 所示，在该面板内可以设置相关的参数。

总线入口的方向除了上面的 4 种选择以外，还可以通过在面板内改变两个端点的位置坐标来加以改变。

4.1.6 放置网络标签

图 4-22 “Bus Entry”属性面板

在原理图的绘制过程中，元件之间的电气连接除了使用导线外，还可以通过设置网络标签的方法来实现。

网络标签具有实际的电气连接意义，具有相同网络标签的导线或元件引脚不管在图上是否连接在一起，其电气关系都是连接在一起的。特别是在连接的线路比较远或者线路过于复杂而使走线困难时，使用网络标签代替实际走线可以大大简化原理图。

例 4-6

【例 4-6】 放置网络标签

1）执行“放置”→“网络标签”命令，或者单击布线工具栏中的“放置网络标签”按钮，光标变为十字形，并附有一个初始标签 NetLabel1，如图 4-23 所示。

2）将鼠标指针移动到需要放置网络标签的总线或导线上，当出现蓝色米字标志时，表示光标已捕捉到该导线，此时单击鼠标即可放置一个网络标签。移动鼠标指针到其他位置处，可以进行连续放置，如图 4-24 所示。右击或按〈Esc〉键即可退出放置状态。

📖 在放置过程中，按〈Space〉键可以使网络标签逆时针方向 90° 旋转、按〈Y〉键可以使其上下镜像翻转，通过这些操作可以调整网络标签的位置。

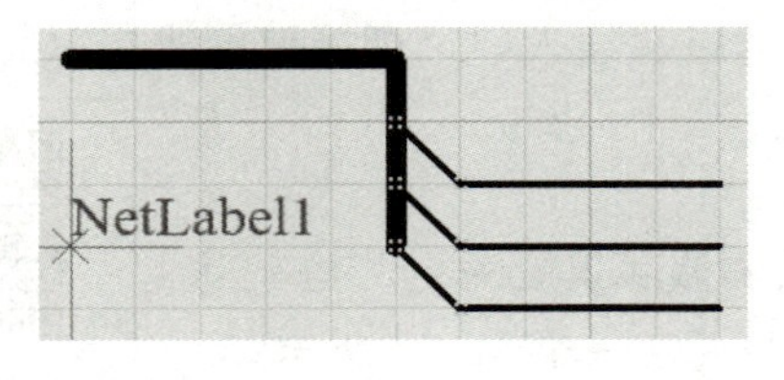

图 4-23 开始放置网络标签

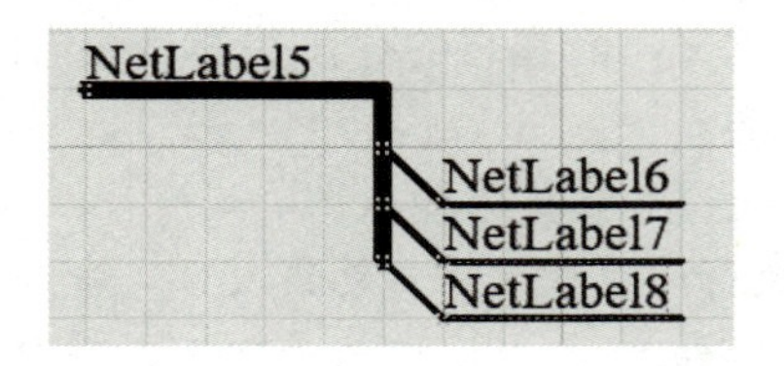

图 4-24 完成网络标签放置

3）双击所放置的网络标签（或在放置状态下，按〈Tab〉键），打开 “Net Label” 属性（Properties）面板。在 “Net Name” 文本框内输入网络标签的名称，如 RED[2..0]，还可设置放置方向及字体等，如图 4-25 所示。

4）完成设置后，对所放置的网络标签一一进行设置，完成后如图 4-26 所示。

📖 网络标签一般仅用于单张图纸内部的网络连接。打开某一 PCB 工程，执行 “工程” → “工程选项” 命令，在打开的 “设置” 对话框中选择 “Option” 选项卡，若将 “网络识别符范围” 设置为 “Flat” 或 “Global” 时，则会水平连接到全部的相匹配的网络标签，而不再仅限于单张图纸。

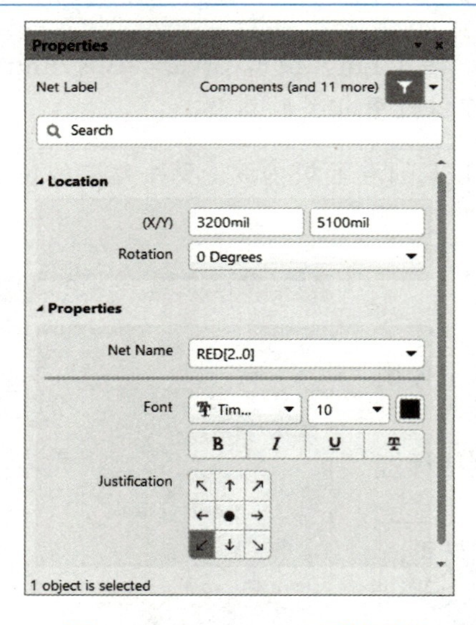

图 4-25 “Net Label” 属性面板

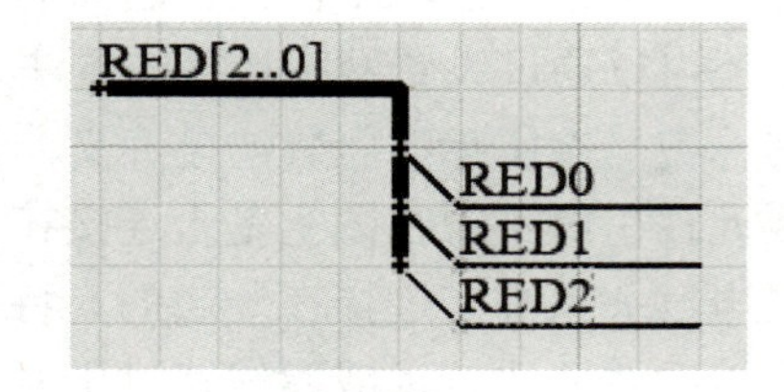

图 4-26 设置后的网络标签

4.1.7 放置输入/输出端口

在绘制原理图时，两点之间的电气连接可以直接使用导线，也可以通过设置相同的网络标签来完成。此外，还有一种方法，即使用输入/输出端口，同样也能实现两点之间（一般是两个电路之间）的电气连接，相同名称的输入/输出端口在电气关系上是连接在一起的。一般情况下，在单张原理图中很少使用端口连接，只有在多图纸设计中才会用到这种电气连接方式。

【例 4-7】 放置输入/输出端口

1）执行“放置”→“端口”命令，或者单击布线工具栏中的“放置端口”按钮，此时，光标变为十字形，并带有一个输入/输出端口符号，如图 4-27 所示。

2）移动鼠标指针到适当位置处，当出现蓝色米字标志时，表示光标已捕捉到电气连接点。单击鼠标确定端口的一端位置，然后拖动鼠标使端口的大小合适，再次单击鼠标确定端口的另一端位置，即完成了输入/输出端口的一次放置，如图 4-28 所示。

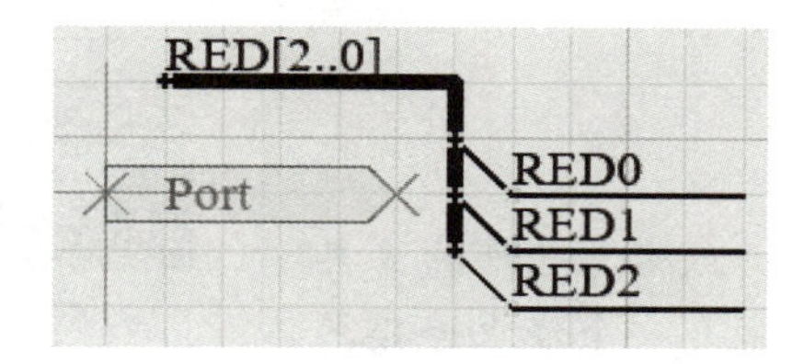

图 4-27 开始放置输入/输出端口

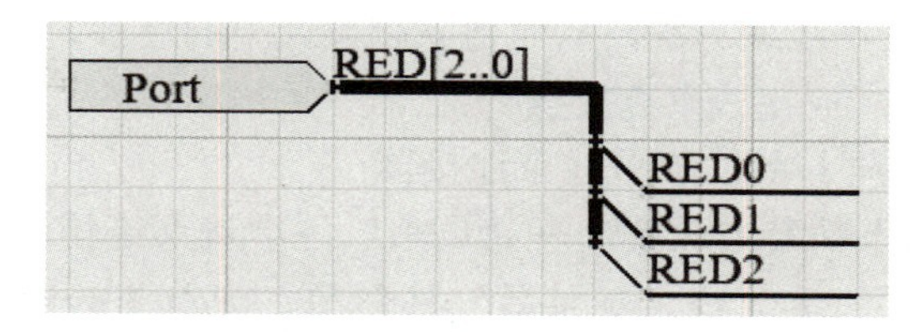

图 4-28 完成输入/输出端口放置

3）将鼠标指针移动到其他位置处，可以连续放置输入/输出端口，右击或按〈Esc〉键即可退出放置状态。

4）双击所放置的端口（或在放置状态下，按〈Tab〉键），打开“Port”属性（Properties）面板。在“Name”文本框中输入端口的名称，如 RED[2..0]，“I/O Type”设为 Input，“Width”（宽度）设为 600，如图 4-29 所示。

5）完成设置后的端口如图 4-30 所示。

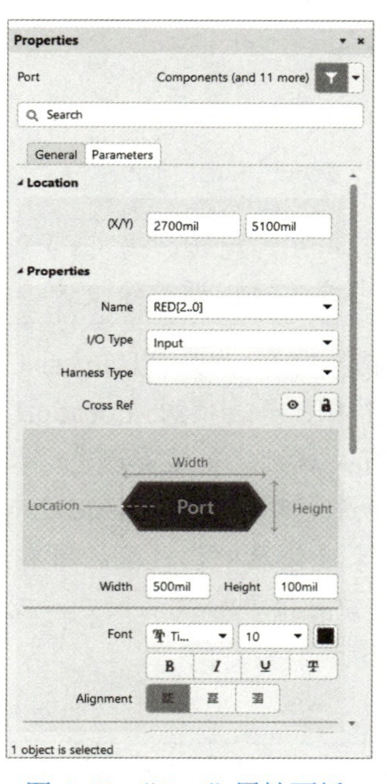

图 4-29 “Port”属性面板

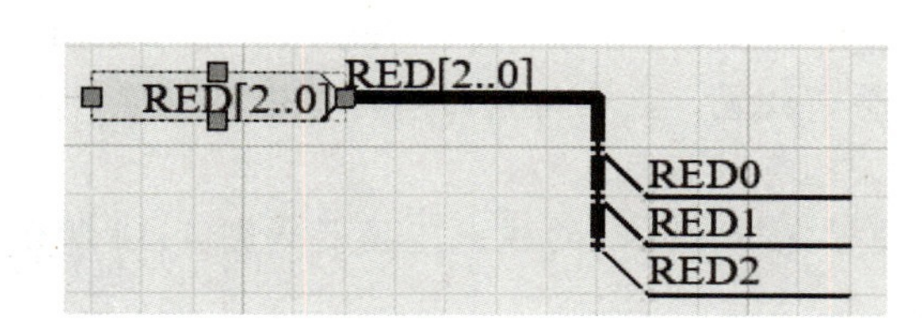

图 4-30 设置后的端口

📖 端口类型有 4 种选择：Unspecified（不确定或未指明）、Output（输出）、Input（输入）和 Bidirectional（双向）。

4.1.8 放置线束

除了上述的几种电气连接方式外，Altium Designer 中还继续采用了信号线束（Signal Harnesses）的概念对导线和总线的连接性进行了扩展，可以把单条走线和总线汇集在一起进行连接，大大简化了电路原理图的整体电气配线路径和设计的复杂性。

信号线束既可以在同一张原理图中使用，也可以通过输入/输出端口，与另外的原理图之间建立连接。使用线束连接器将每条单线或总线配线到线束入口中，线束通过线束入口的名称来识别每一条单线或总线，从而建立起设计中的连接。

例 4-8

1. 放置线束连接器

【例 4-8】 放置线束连接器

1）执行“放置”→“线束”→“线束连接器”命令，或者单击布线工具栏中的“放置线束连接器”按钮，光标变为十字形，带有一个线束连接器符号，并附有一个初始名称*，如图 4-31 所示。

2）移动鼠标指针到适当位置处，单击鼠标确定连接器的初级位置，然后拖动鼠标使连接器的大小合适，再次单击鼠标确定，即完成了线束连接器的一次放置，如图 4-32 所示，该线束连接器将 1 条总线和 3 条导线的信号汇集在了一起。

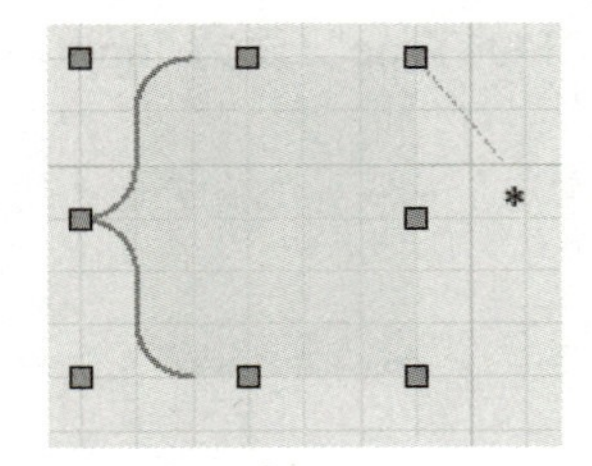

图 4-31 开始放置线束连接器

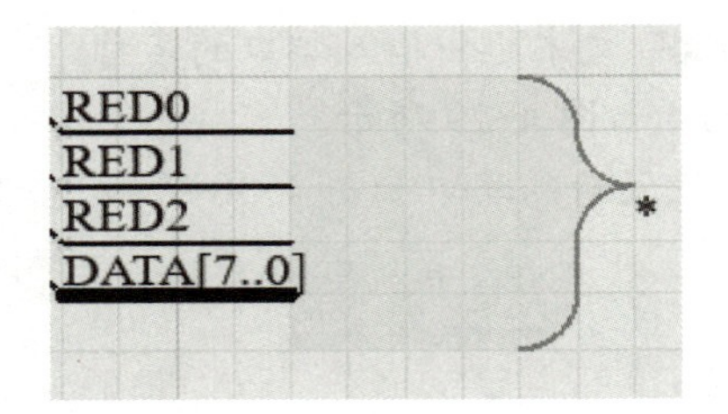

图 4-32 完成线束连接器放置

> 在放置过程中，按〈Space〉键可以使线束连接器逆时针方向 90° 旋转、按〈Y〉键可以使其上下镜像翻转，按〈X〉键可以使其左右镜像翻转，通过这些操作可以调整线束连接器的位置。

3）双击所放置的线束连接器（或在放置状态下，按〈Tab〉键），打开“Harness Connector”（线束连接器）属性（Properties）面板，如图 4-33 所示。该面板中有 3 个选项组：Location、Properties 和 Entries，在“Properties”选项组中可以设置线束连接器的有关属性，如边界颜色、填充颜色以及边框宽度等。在“Harness Type”文本框内可输入线束连接器的名称，如 SRAM-256Kx16，并选择设置是否隐藏、是否锁定等。“Entries”选项组用于显示线束连接器中已放置的所有线束入口，由于此时尚未放置，显示为空白。用户还可以单击“Add”按钮直接添加线束入口，或者单击按钮，删除已有的线束入口。

4）设置完毕，此时的线束连接器如图 4-34 所示。

> 在层次原理图的设计中，线束连接器放置在不同的子原理图中，彼此之间的连通性是通过线束类型来实现的。

2. 放置线束入口

线束入口是组合成一个整体信号线束的单个入口的图形代表，是特定的逻辑连接点。

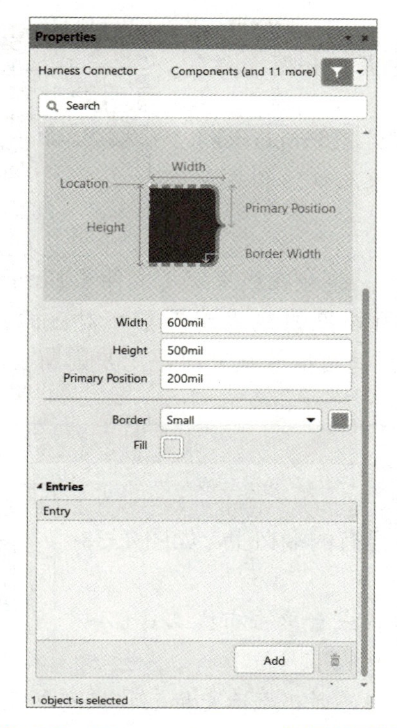

图 4-33 “Harness Connector”属性面板

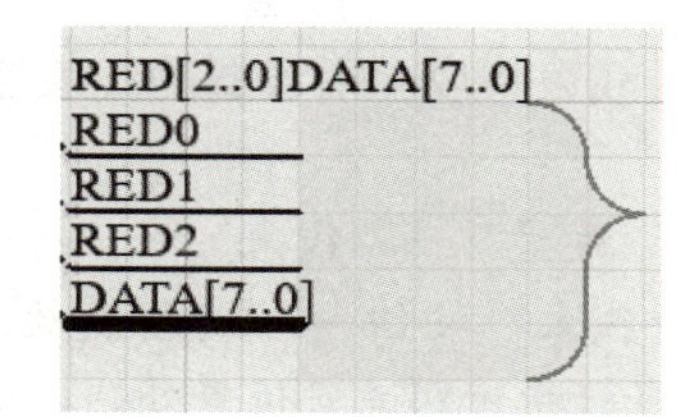

图 4-34 设置后的线束连接器

【例 4-9】 放置线束入口

例 4-9

在上例所设置的线束连接器中放置线束入口。

1）执行“放置”→“线束”→“线束入口”命令，或者单击布线工具栏中的“放置线束入口”按钮，光标变为十字形，带有一个线束入口，并附有一个初始顺序名。

2）移动鼠标指针到适当位置处，当出现蓝色米字标志时，表示光标已捕捉到电气连接点，此时，单击鼠标即可完成放置，如图 4-35 所示。

3）将鼠标指针移动到其他位置处，可连续放置线束入口，右击或按〈Esc〉键后退出放置状态。

4）双击所放置的线束入口（或在放置状态下，按〈Tab〉键），打开“Harness Entry”属性（Properties）面板。在“Harness Name”文本框中输入入口的名称，如 A[18..0]，还可设置文本颜色、字体等属性，如图 4-36 所示。

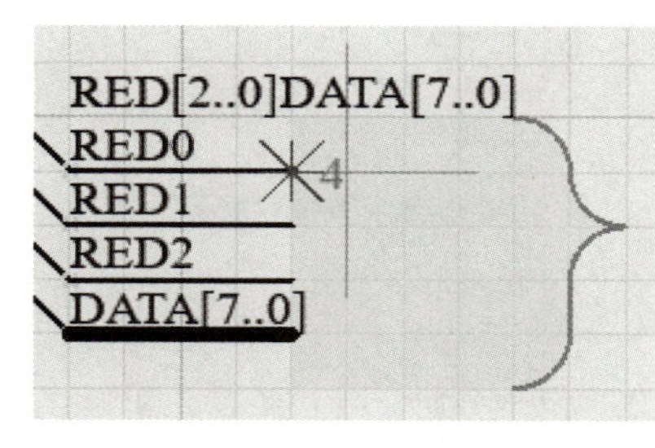

图 4-35 放置线束入口

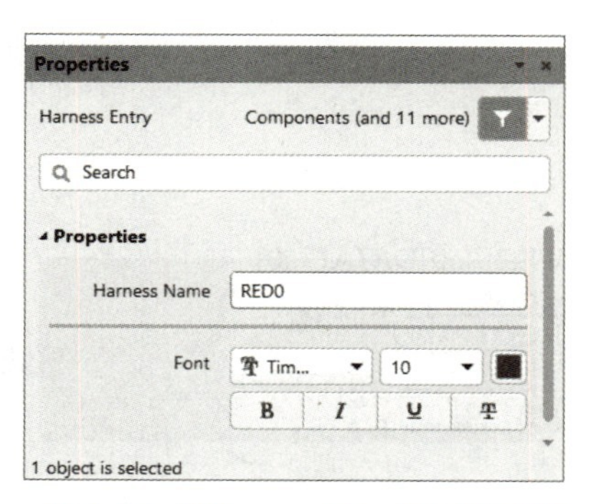

图 4-36 “Harness Entry”属性面板

5）对所放置的线束入口同样一一进行设置，完成后如图 4-37 所示。

6）双击线束连接器，打开“Harness Connector”属性（Properties）面板。在 Entries 选项区域中，显示出已放置的所有线束入口。单击某一线束入口，可直接修改其名称。

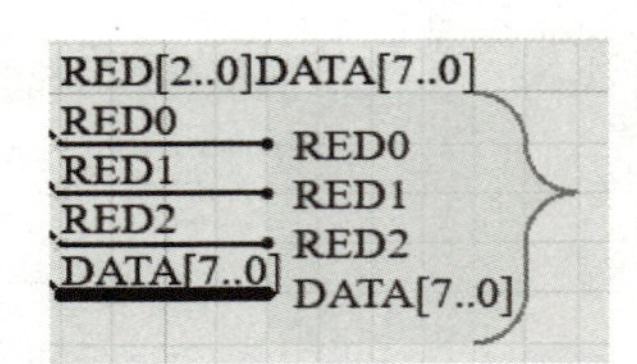

图 4-37 设置后的线束入口

📖 在用户放置或编辑线束连接器时，Altium Designer 系统会在线束定义文件（.Harness）中自动创建或编辑相匹配的线束定义，例如，与上面所设置的线束连接器相对应的线束定义为 RED[2..0]DATA[7..0]。当不需要放置线束连接器而使用信号线束时，用户则需要自行创建和管理有关的线束定义。

3. 放置信号线束

【例 4-10】 放置信号线束

放置信号线束将以上所设置的线束连接器连接到已有的端口上，如图 4-38 所示。

例 4-10

1）执行“放置”→“线束”→“信号线束”命令，或者单击布线工具栏中的“放置信号线束”按钮，光标变为十字形。

2）移动鼠标指针到适当位置处，当出现蓝色米字标志时，表示光标已捕捉到电气连接点，单击鼠标确定线束的起点位置，如图 4-39 所示。

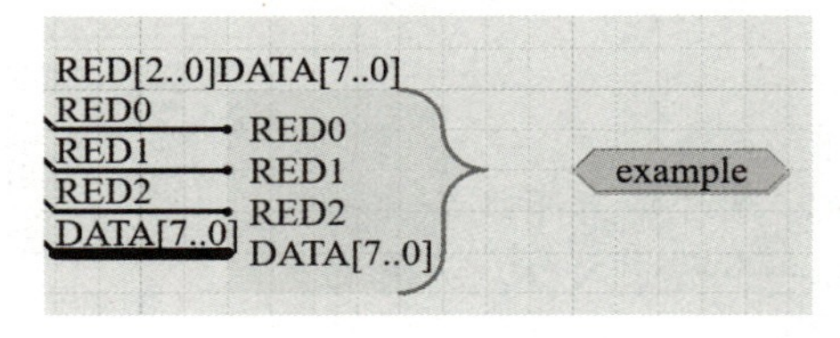

图 4-38 未放置信号线束

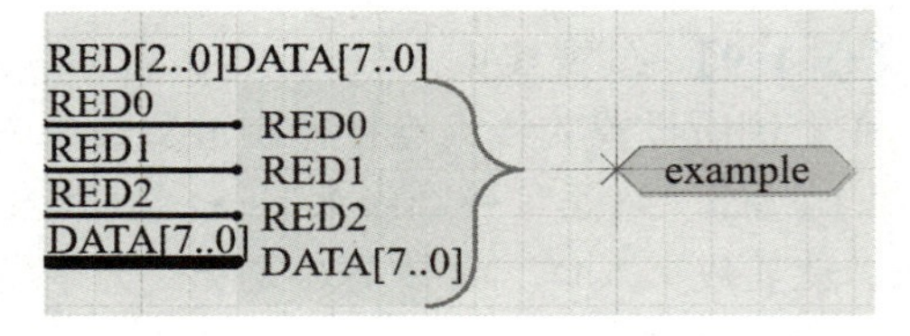

图 4-39 确定线束的起点位置

3）拖动鼠标到要连接的线束连接器初级位置处，同样会出现一个蓝色米字标志，再次单击鼠标确定线束的终点位置，即完成了信号线束的一次放置，如图 4-40 所示。

4）双击所绘制的信号线束（或在绘制状态下，按〈Tab〉键），将打开“Signal Harness”属性（Properties）面板，如图 4-41 所示，可进行相应的属性设置。

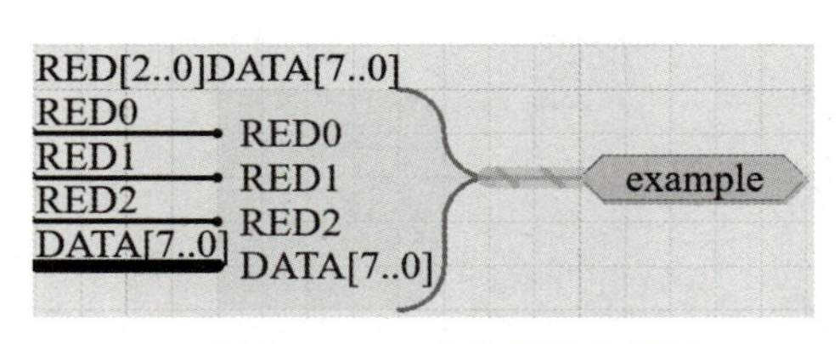

图 4-40 完成信号约束放置

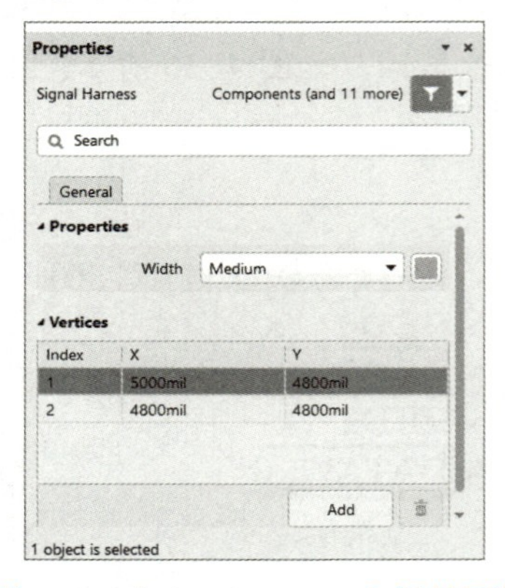

图 4-41 “Signal Harness”属性面板

📖 信号线束的绘制模式控制与导线完全相同，甚至连它们的属性设置对话框都几乎一样，在此不再赘述。不过，为了与普通导线相区别，线束的宽度比一般导线要宽。

4. 放置预定义的线束连接器

当线束的图形化定义已经存在时，可以通过放置预定义的线束连接器来直接建立信号线束。

【例 4-11】 放置预定义的线束连接器

例 4-11

1）执行"放置"→"线束"→"预定义的线束连接器"命令，打开"放置预定义的线束连接器"对话框。在"线束连接器"列表框中列出了当前工程中的所有可用线束连接器，供用户选择；在"过滤器"文本框内可输入线束连接器的全部或部分名称以便快速查找，如图 4-42 所示。例如，在"过滤器"文本框内输入 RED，则符合条件的线束连接器 RED[2..0]DATA[7..0]被滤出；选中这些约束连接器，在对话框的右侧可设置是否添加端口、是否添加信号线束以及是否分类线束入口等。

2）设置完毕，单击"确定"按钮，关闭对话框。光标变为十字形，而且还带有一个预定义的线束连接器及端口，且线束入口分类显示，如图 4-43 所示。

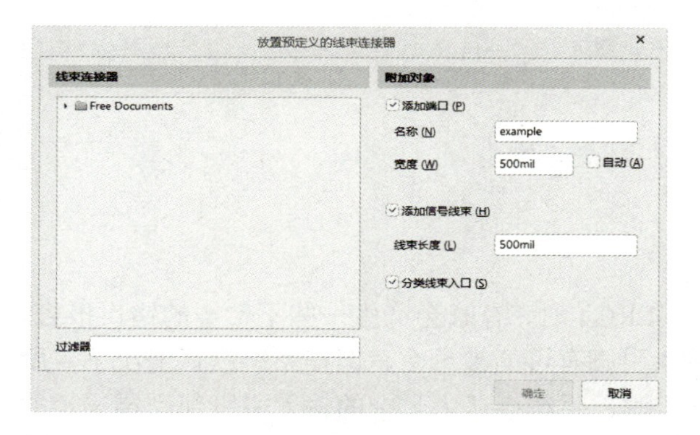

图 4-42 "放置预定义的线束连接器"对话框

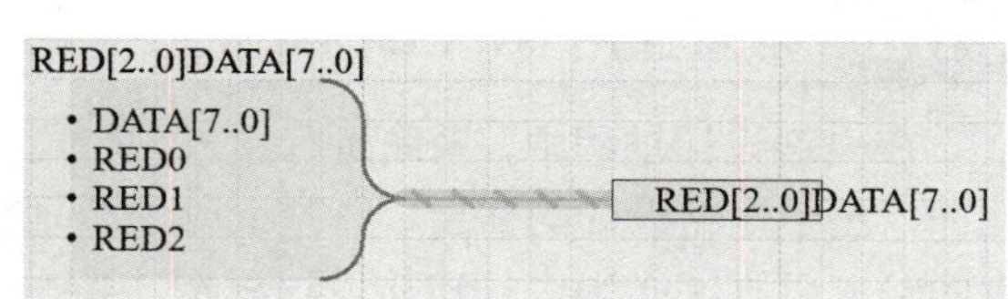

图 4-43 预定义的线束连接器

3）移动鼠标指针到适当位置处，调整后，单击鼠标即可完成放置。

📖 按〈Space〉键可调整放置方向，按〈X〉键可左右镜像翻转，按〈Y〉键可调整线束入口的显示顺序。

4.1.9 放置电气节点

在 Altium Designer 中，默认情况下，系统会在导线的 T 形交叉点处自动放置电气节点，如图 4-44 所示，表示所绘制线路在电气意义上是连接的。但在其他情况下，如在十字交叉点处，由于系统无法判断导线是否连接，因此不会自动放置电气节点。如果导线确实是相互连接的，就需要用户自己通过手动来实现电气节点。

（1）设置十字交叉点处电气节点

因为执行导线的 T 形交叉点，自动放置电气节点，所以在同一位置实现 T 形交叉点的重合，也就形成了十字电气节点，如图 4-45 所示。

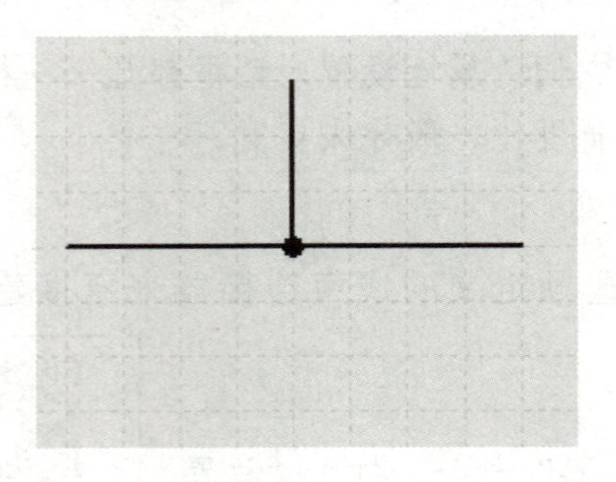

图 4-44 T 形交叉点处

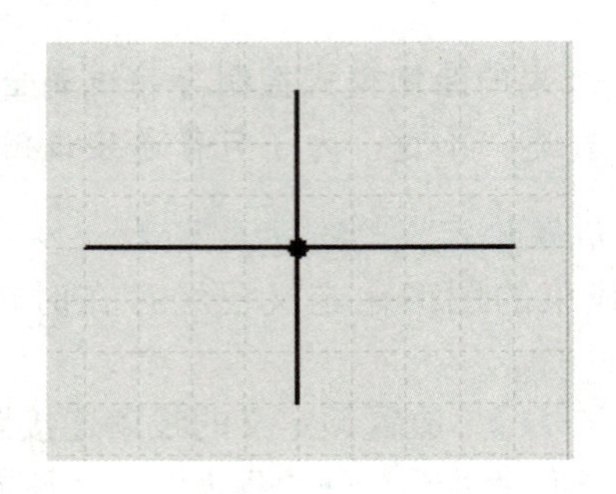

图 4-45 形成十字电气节点

（2）设置节点属性

在“优选项”→“Schematic”→“Compiler”的“自动结点”选项组，可设置节点的尺寸、颜色等，如图 4-46 所示。

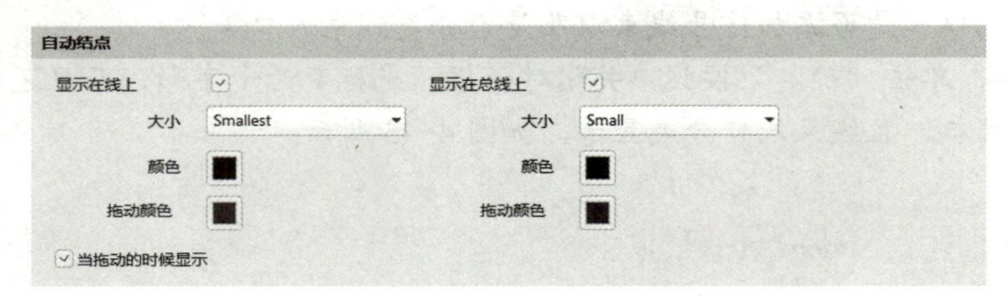

图 4-46 “自动结点”选项组

4.1.10 放置通用 No ERC 标号

在电路设计过程中，系统进行电气规则检查（ERC）时，有时会产生一些不希望的错误报告。例如，出于电路设计的需要，一些元件的个别输入引脚有可能被悬空，但在系统默认情况下，所有的输入引脚都必须进行连接，这样在 ERC 检查时，系统会认为悬空的输入引脚使用错误，并会在该引脚处放置一个错误标记（红色波浪线）。

为了避免用户为查找这种错误而浪费时间，可以使用“通用 No ERC 标号”符号，让系统忽略对此处的 ERC 检查，不再产生不必要的警告或错误信息。

【例 4-12】 放置通用 No ERC 标号

例 4-12

1）执行“放置”→“指示”→“通用 No ERC 标号”命令，或者单击布线工具栏中的“放置通用 No ERC 标号”按钮，光标变为十字形，并附有一个红色的小叉（没有 ERC 标志），如图 4-47 所示。

2）移动鼠标指针到需要放置的位置处，单击鼠标即可完成放置，并可以进行连续放置，如图 4-48 所示。右击或按〈Esc〉键退出放置状态。

3）双击所放置的通用 No ERC 标号（或在放置状态下，按〈Tab〉键），打开“No ERC”属性（Properties）面板，可进行颜色、位置、是否锁定等属性设置，如图 4-49 所示。

在“通用 No ERC 标号”放置过程中，光标没有自动捕捉电气节点的功能，因而可以放置在任何位置处。但是，只有准确地放置在需要忽略电气检查的电气节点处才有效，才能发挥其功能和作用。

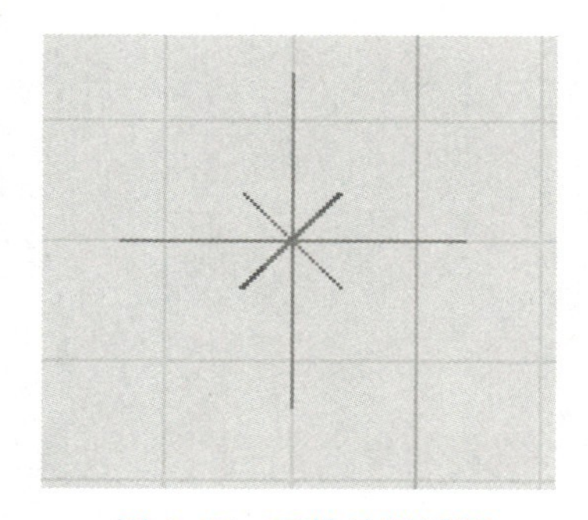

图 4-47 开始放置通用 No ERC 标号

图 4-48 完成通用 No ERC 标号放置

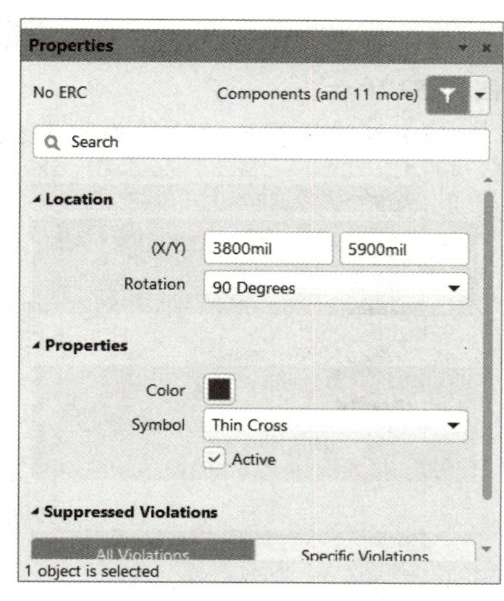

图 4-49 “No ERC”属性面板

4.2 放置非电气对象

在原理图编辑环境中，与布线工具栏相对应，系统还提供了一组实用工具，用于在原理图中绘制各种标注信息，使电路原理图更清晰、数据更完整、可读性更强。该组实用工具中的各种图元均不具有电气连接特性，所以系统在进行电气规则检查（ERC）时，它们不会产生任何影响。

4.2.1 放置文本

为了增加原理图的可读性，在某些关键的位置处应该添加一些文字说明，即放置文本，以便于用户之间的交流。在 Altium Designer 系统中，文本的放置有 3 种具体方式，即放置文本字符串、放置文本框以及放置注释，操作过程基本相同，下面仅以注释的放置进行说明。

【例 4-13】 放置注释

例 4-13

1）执行“放置”→“注释”命令，光标变为十字形，并带有一个标注的虚影，如图 4-50 所示。

2）移动鼠标指针到需要标注的位置处，单击鼠标确定一个顶点，之后拖动鼠标，再次单击后确定标注的范围，如图 4-51 所示。

图 4-50 开始放置注释

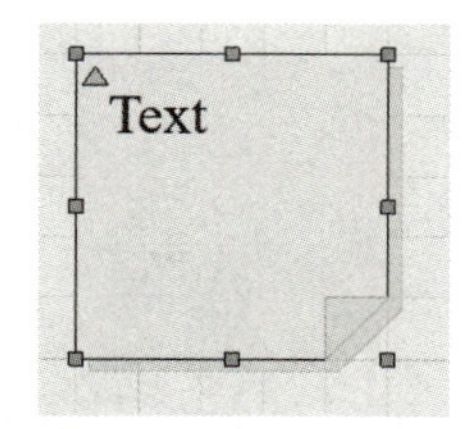

图 4-51 完成注释放置

3）双击所放置的注释，打开“Note”属性（Properties）面板，进行属性设置，如图 4-52 所示。

4）选中“Word Wrap”及“Clip to Area”复选框，在“Text”文本框中输入标注文字，如图 4-53 所示。

5）经过设置后的注释如图 4-54 所示。

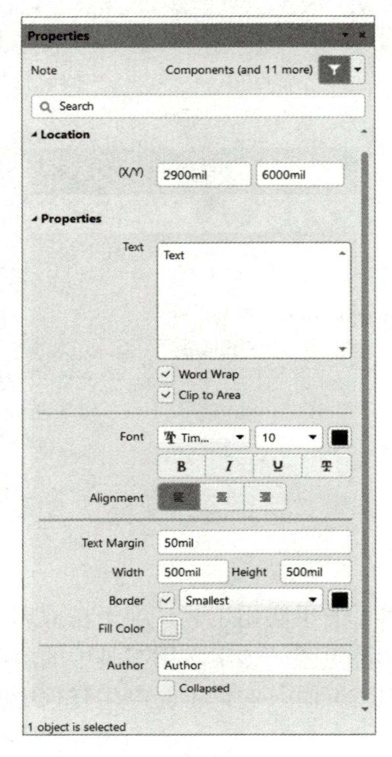

图 4-52 “Note”属性面板

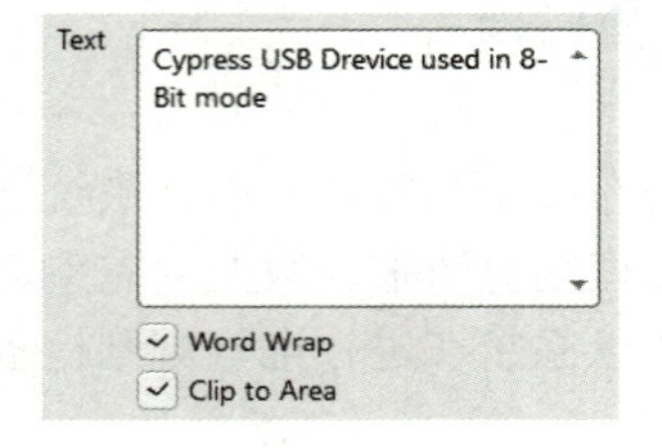

图 4-53 输入注释

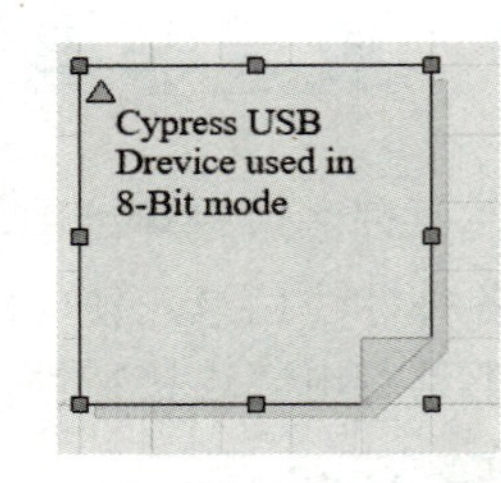

图 4-54 设置后的注释

4.2.2 放置绘图线

在原理图中，绘图线可以用来绘制一些标注性的图形，如表格、箭头、指示等，或者在编辑库元件时绘制元件的外形。绘图线在功能上完全不同于前面所说的导线，它不具有电气连接特性，不会影响到电路的电气结构。

单击实用工具，各种绘图工具按钮如图 4-55 所示，与执行“放置”→“绘图工具”命令后弹出的菜单中各项具有对应的关系，如图 4-56 所示。

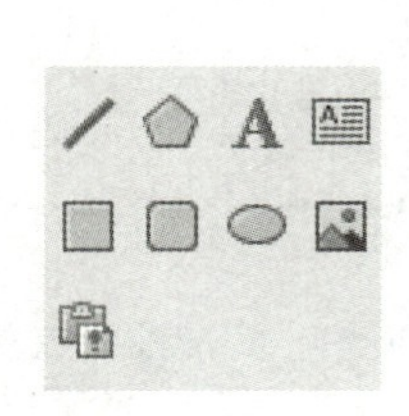

图 4-55 实用工具

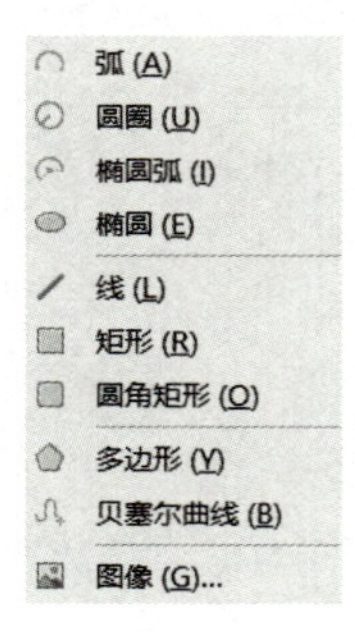

图 4-56 “绘图工具”菜单

【例 4-14】 绘制折线

例 4-14

1）执行“放置”→“绘图工具”→“线”命令，或者单击实用工具中的“放置线”按钮，光标变为十字形，单击鼠标确定线的起点。

2）拖动鼠标，开始绘制折线，需要拐弯时，单击鼠标可确定拐弯的位置，按〈Space〉键可切换拐弯的模式，如图 4-57 所示。

3）在适当位置处单击鼠标确定线的终点。右击或按〈Esc〉键退出绘制状态。

4）双击所绘制的折线（或在绘制状态下，按〈Tab〉键），打开相应的“Polyline”属性（Properties）面板，可对折线的外形、尺寸、宽、风格、颜色等属性进行设置。例如，“End Line Shape”（结束线外形）可选择“Arrow”（箭头），“Line Style”（排列风格）选择“Dashed”（虚线），如图 4-58 所示。

图 4-57 绘制折线

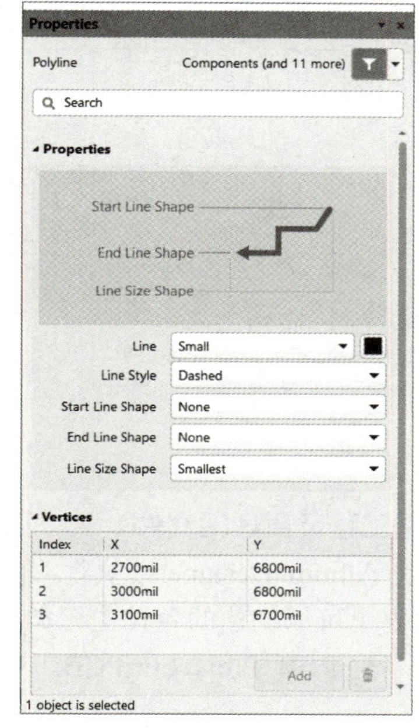

图 4-58 “Polyline”属性面板

在 Altium Designer 中，为折线设置了多种选择，可以在线的起点和终点加上箭头或其他标记，这样对原理图进行标注时，会更加方便。

5）设置后的折线如图 4-59 所示。

此外，还有放置图像，绘制矩形、贝塞尔曲线、椭圆、扇形等操作，由于比较简单，也较少用到，在此不再赘述。

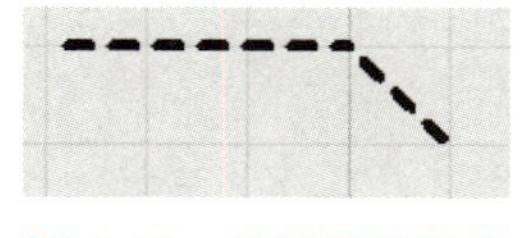
图 4-59 设置后的折线

4.3 原理图综合实例：超声波测距系统设计

超声波测距系统是一种常用的距离检测系统，其通过不断检测超声波发射后遇到障碍物所反射的回波，从而测出发射和接收回波的时间差，然后求出距离 $s=ct/2$，式中的 c 为超声波声速。在常温下，空气中的声速约为 340m/s。由于超声波也是一种声波，其传播速度 c 与温度有关，在使用时，如果温度变化不大，则可认为声速是基本不变的。因本系统测距精度要求很高，超声波传播速度确定后，只要测得超声波往返的时间，即可求得距离。本系统以 STC11F02 单片机为核心，由单片机控制电路、超声波发射与接收电路、报警显示电路等几部分组成，如图 4-60 所示。下面完成该电路原理图的具体绘制。

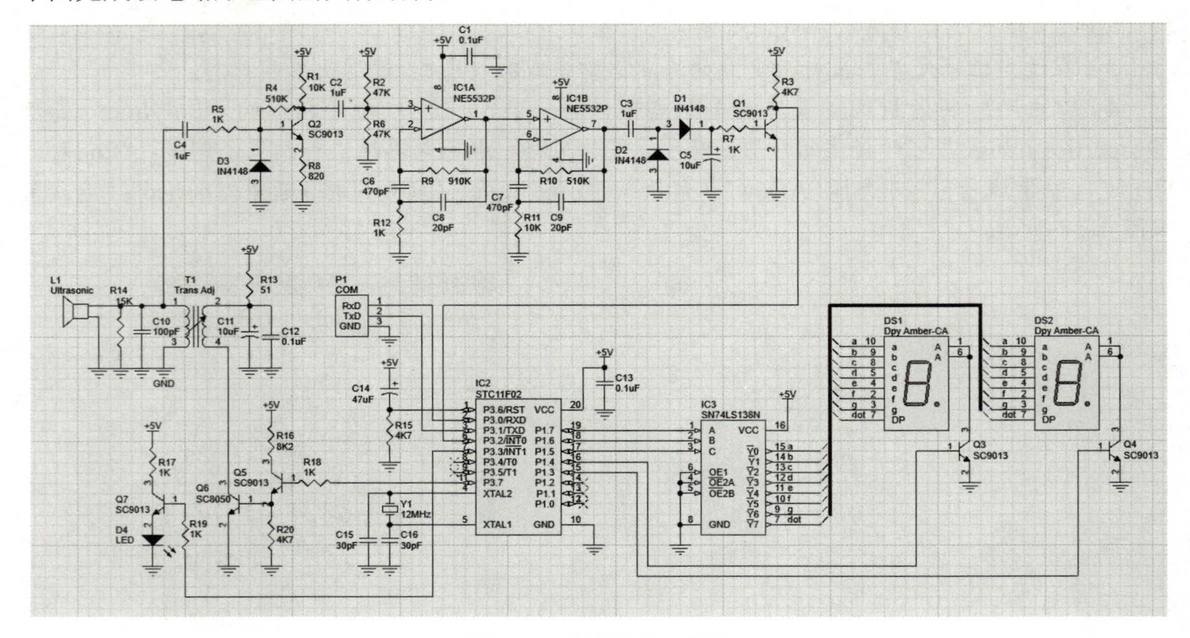

图 4-60　超声波测距系统

1. 新建工程及原理图文件

1）启动 Altium Designer，执行“文件”→“新的”→“项目”→“项目”命令，在弹出的对话框中列出了可以创建的各种工程类型，如图 4-61 所示，选择默认选项，单击“OK”按钮。工程名称命名为 PCB_Project.PrjPCB。

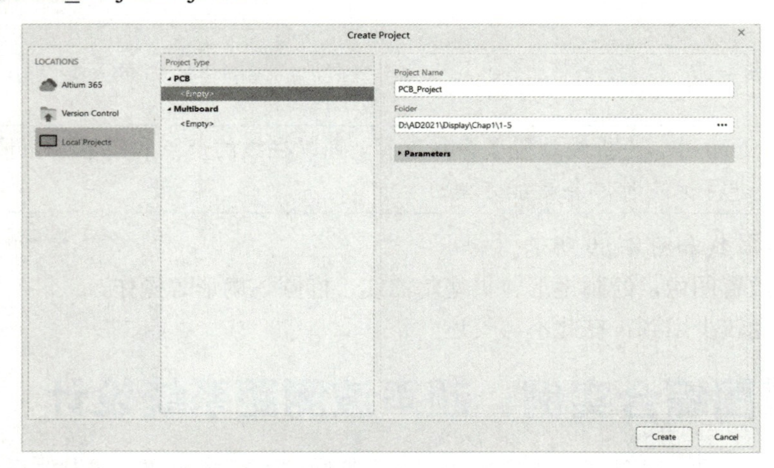

图 4-61　选择创建工程

2）在工程文件 PCB Project.PrjPCB 上右击，在弹出的快捷菜单中选择“保存工程为”命令，打开“保存文件”对话框，在对话框中输入 R Radar.PrjPCB 文件名，并保存在指定的文件夹中。

📖 此时，“Projects”面板上，工程文件名变为 R Radar.PrjPCB，在该工程中没有任何内容，根据设计的需要，可以陆续添加各种设计文档。

3）在工程文件 R Radar.PrjPCB 上右击，在弹出的快捷菜单中选择“添加新的到工程”→“Schematic”命令，则在该工程中添加了一个新的电路原理图文件，系统默认名为 Sheet1.SchDoc。在该文件上右击，在弹出的快捷菜单中选择“保存为”命令，将其保存为 R Radar. SchDoc，如图 4-62 所示。

📖 在新建原理图文件的同时，也就进入了电路原理图的编辑环境中。

4）在编辑窗口内使用文档选项快捷键〈O+D〉，在打开的“Document Options”属性（Properties）面板中进行图纸参数的设置，如图 4-63 所示。

将图纸的尺寸即“Sheet Size”选择为“A4”，“Orientation”（定位）选择为“Landscape”，“Title Block”（标题块）选择“Standard”，“Vertical”（栅格范围）设为 4。单击面板中“Document Font”后的位置，在打开的“Font Settings”对话框中，将字体设为 Times New Roman，字形设为常规，大小设为 10，其他参数均采用系统的默认设置，如图 4-64 所示。

图 4-62　原理图文件

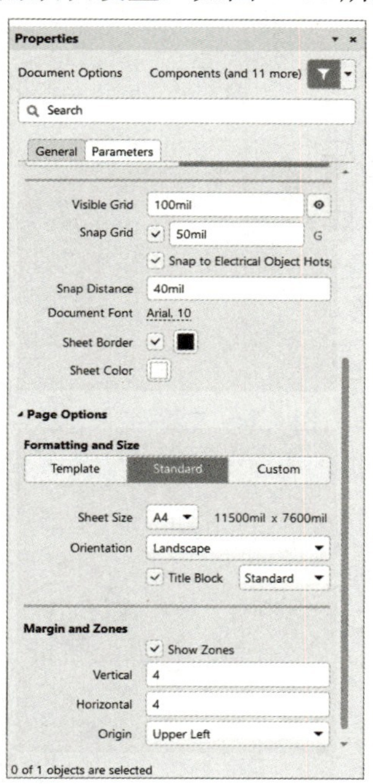

图 4-63　“Document Options”属性面板

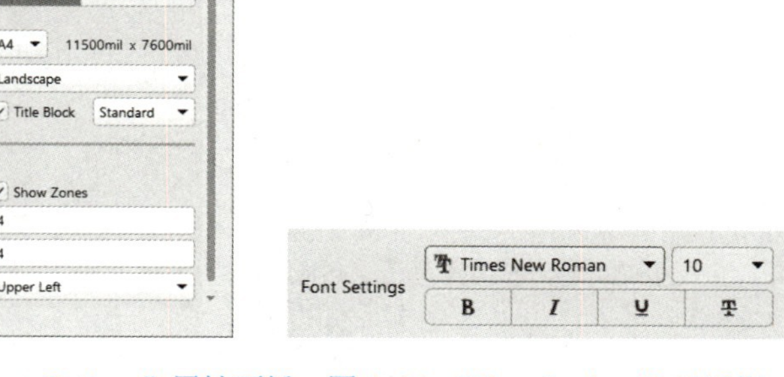

图 4-64　“Font Settings”对话框

2. 查找所需元件并放置、编辑

绘制原理图的过程中，放置元件的基本依据是根据信号的流向放置，或从左到右，或从上到下，首先应放置电路中的关键元件，再放置电阻、电容等外围元件。本例中，所用到的关键元件有 STC11F02、SN74LS138、NE5532 等。其中，在系统提供的集成库中并没有找到 STC11F02，因此需要先自行绘制它的原理图符号，再进行元件放置。本节的学习重点是原理图的绘制，而对于库元件的制作，暂时先不需要太多的了解，在后面的章节中再详细讲述。

1）放置 STC11F02，如图 4-65 所示。

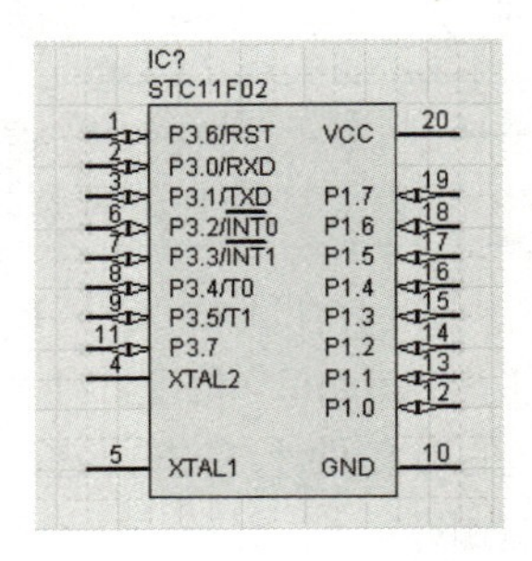

图 4-65　放置 STC11F02

2）打开“Components”面板，进入查询界面，在弹出的“基于文件的库搜索”对话框中查找元件 SN74LS138 和 NE5532，搜索结果如图 4-66 所示。

3）单击 Place SN74LS138N 按钮，放置 SN74LS138；单击 Place NE5532P 按钮，放置 NE5532，并进行属性编辑，结果如图 4-67 所示。

📖 此处，只使用了查找到的元件，并没有加载其所在的元件库。

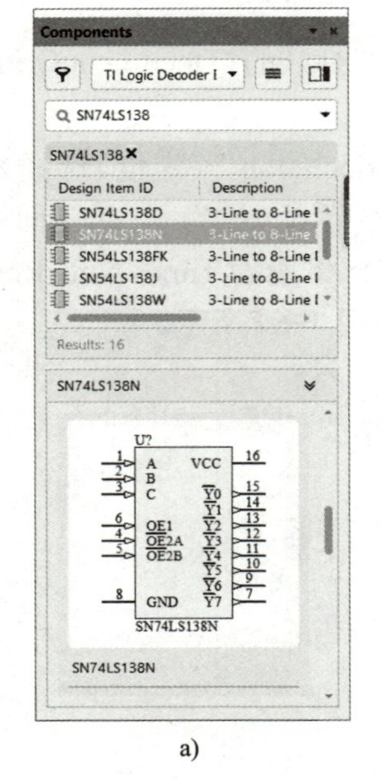

a)

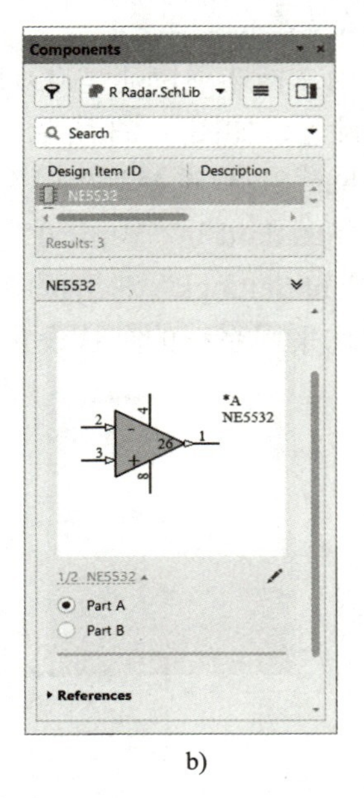

b)

图 4-66　搜索结果显示

a) 查找 SN74LS138 元件　b) 查找 NE5532 元件

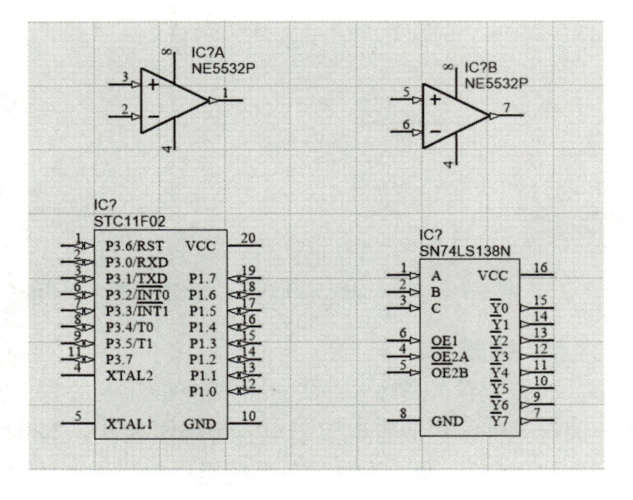

图 4-67　放置关键元件并编辑

4）在“Components”面板的当前元件库框中选择集成库 Miscellaneous Devices.IntLib，在元件列表中分别选择 Dpy Amber-CA（数码管）、Trans Adj（变压器）、Speaker（扬声器）、LED0（发光二极管）、NPN（晶体管）、XTAL（晶振）、Diode 1N4148（二极管）、Cap（电容）、Res2（电阻）、Cap Pol1（极性电容）等，一一进行放置，并使用相应的对话框进行参数设置，如图 4-68 所示。

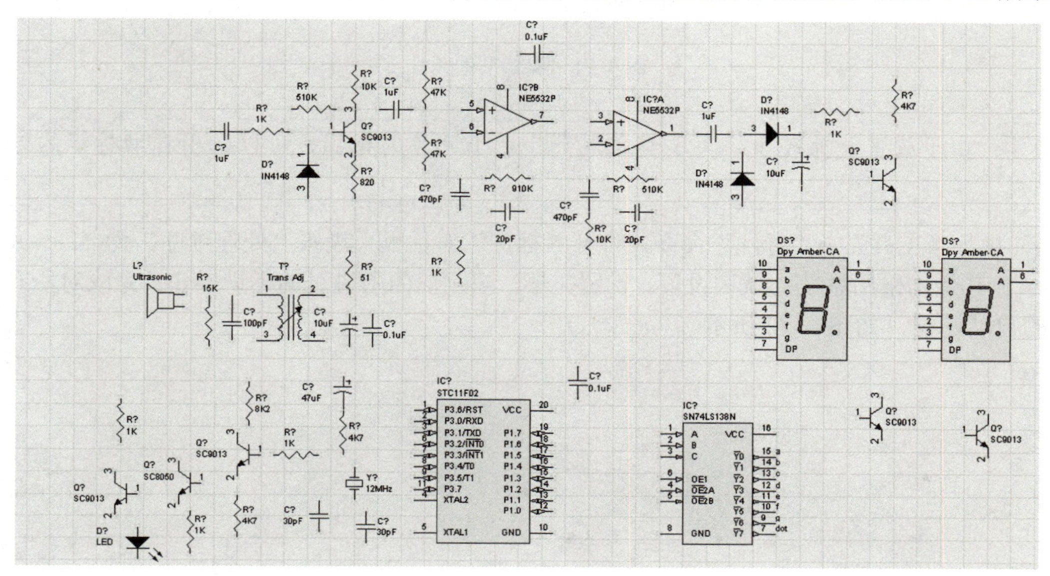

图 4-68　放置分立元件并编辑

5）打开集成库 Miscellaneous Connectors.IntLib，在元件列表中选择 Header 3（3 脚单排接头），单击“Place Header 3”按钮进行放置。双击元件，打开“Component”属性（Properties）面板，如图 4-69 所示，单击“Pins”选项卡，切换到“引脚”面板，双击任意一个引脚名称即可打开“元件管脚编辑器”对话框，对元件引脚进行图 4-70 所示的编辑设置，设置后的元件如图 4-71 所示。

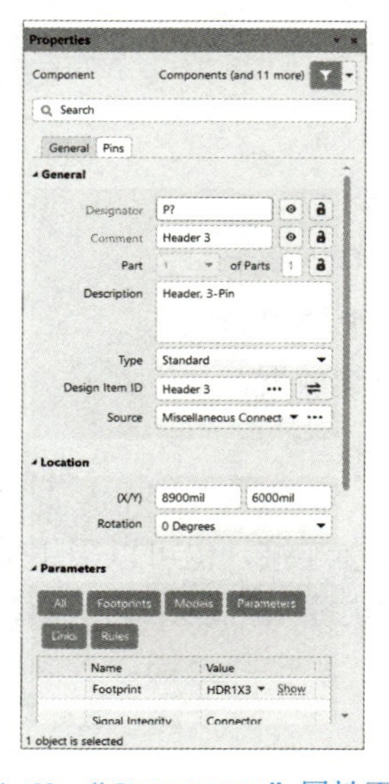

图 4-69　“Component”属性面板

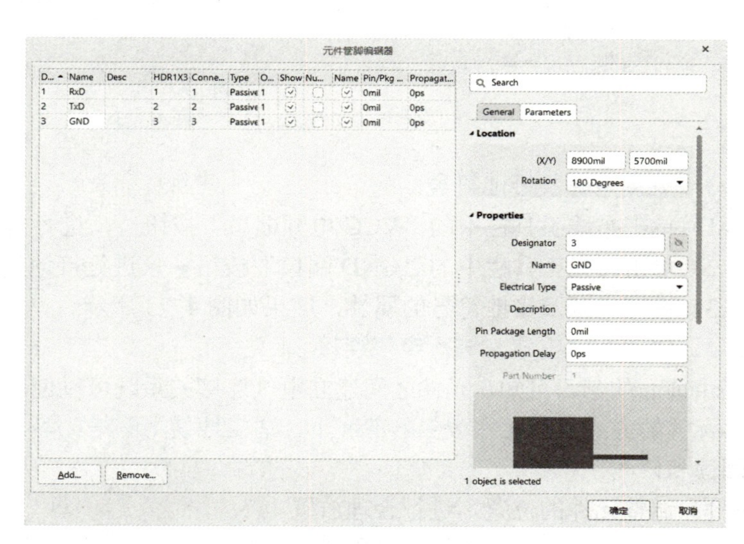

图 4-70　“元件管脚编辑器”对话框

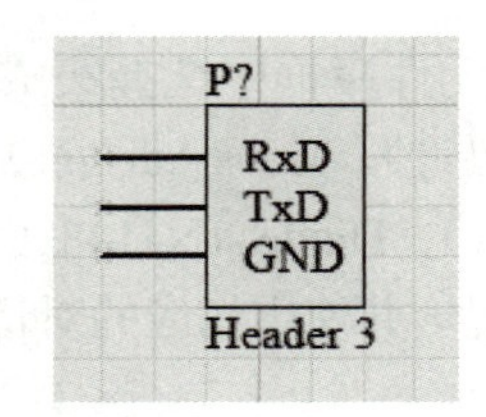

图 4-71　编辑后的元件

📖 提示：由于放置元件较多，为了避免混乱，对于元件的标识，可以采用自动标识的方式来完成。

6）执行“工具”→“标注”命令，打开“标注”对话框，设置“处理顺序”为“Down Then Across”，其余均采用系统的默认设置。设置完毕，按照前面所讲过的标识操作，完成对所有放置元件的自动标识，如图 4-72 所示。

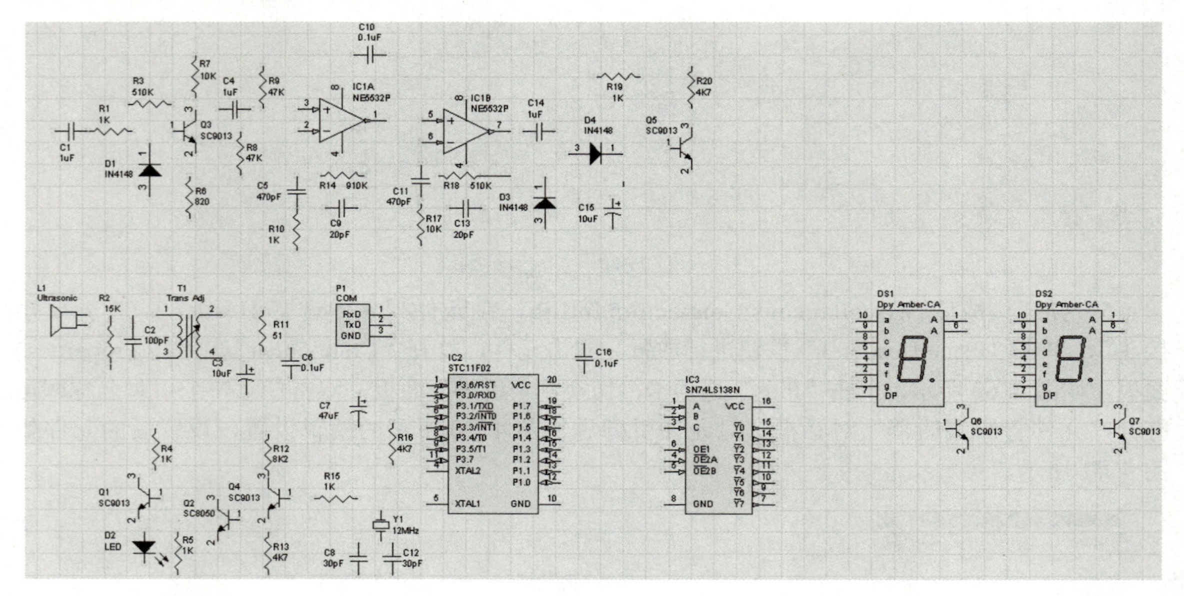

图 4-72　元件自动标识

3. 放置电源及接地符号

1）单击布线工具栏中的“VCC 电源端口”按钮，进行电源的连续放置。

2）单击布线工具栏中的“GND 端口”按钮，进行接地符号的连续放置。

3）设置电源及接地符号的属性，结果如图 4-73 所示。

4. 调整元件位置，进行电气连接

由前面的学习可知，元件之间建立电气连接关系既可以使用导线直接连接，也可以采用放置网络标签的方式。在元件较多的情况下，适当地使用网络标签，能够使电路原理图结构清晰，便于阅读和修改。

1）调整元件的位置，进行合理放置。

2）单击布线工具栏中的“放置线”按钮，完成元件连接。

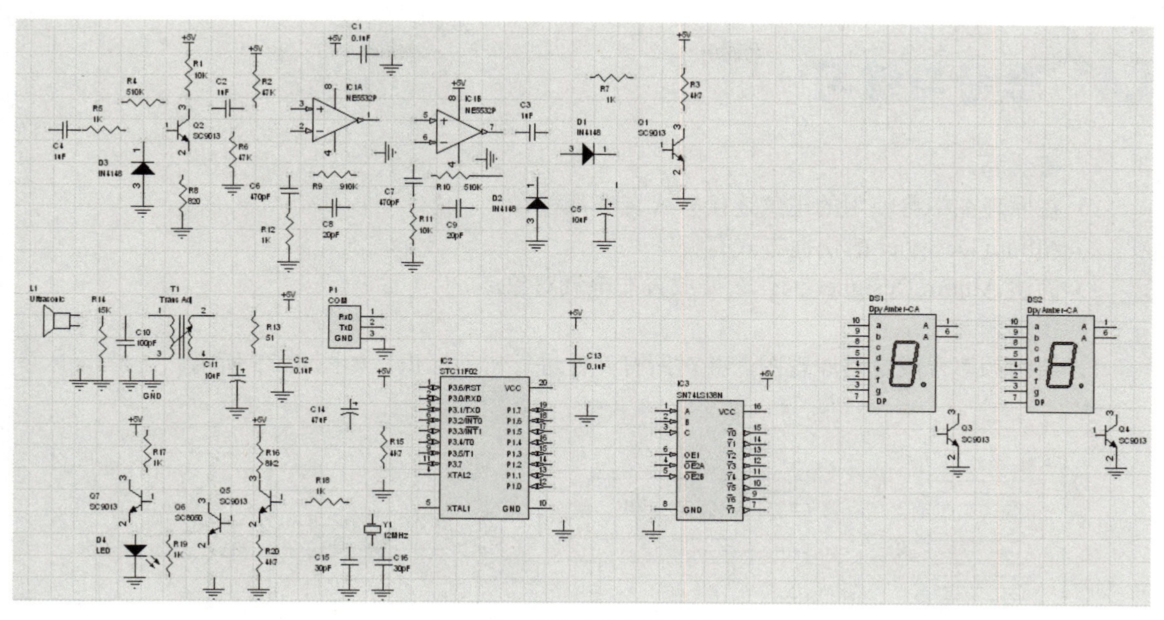

图 4-73　放置电源和接地符号

3）单击布线工具栏中的“绘制总线”按钮，在元件 SN74LS138 与两个数码管之间采用总线进行连接，并采用了网络标签，如图 4-74 所示。

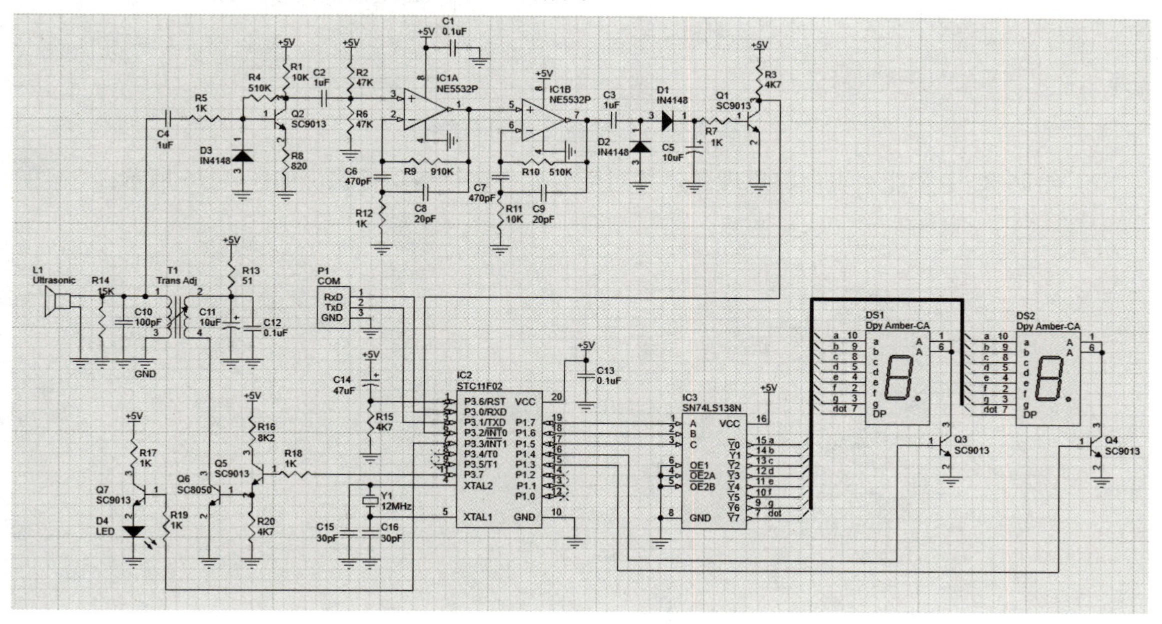

图 4-74　完成电气连接

4）单击布线工具栏中的“放置 No ERC 标号”按钮，在芯片 STC11F02 的 5 个悬空引脚处放置 No ERC 标号。

放置 No ERC 标号，让系统忽略对此处的 ERC 检查，以免产生不必要的错误报告。

最后完成的电路原理图如图 4-60 所示，单击“保存”按钮，加以保存。

4.4 思考与练习

1. 概念题

1）在原理图中可使用的电气连接方式有哪几种？

2）Altium Designer 的快捷方式有哪些？

3）简述 Altium Designer 为什么要放置非电气对象。

2. 操作题

1）绘制频率合成电路原理图，并对所有元件进行自动标识，如图 4-75 所示。

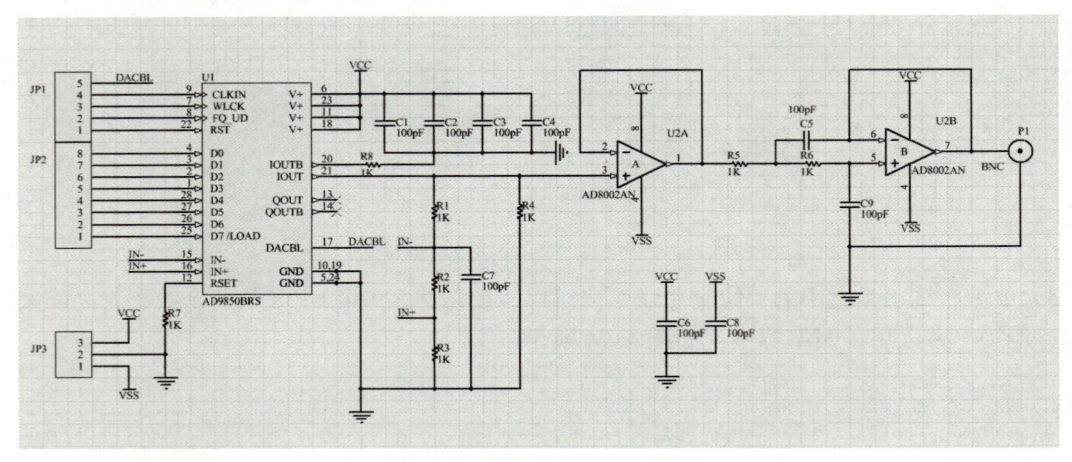

图 4-75 频率合成电路原理图

2）绘制 IC 卡智能水表电路原理图，并对所有元件进行自动标识，如图 4-76 所示。

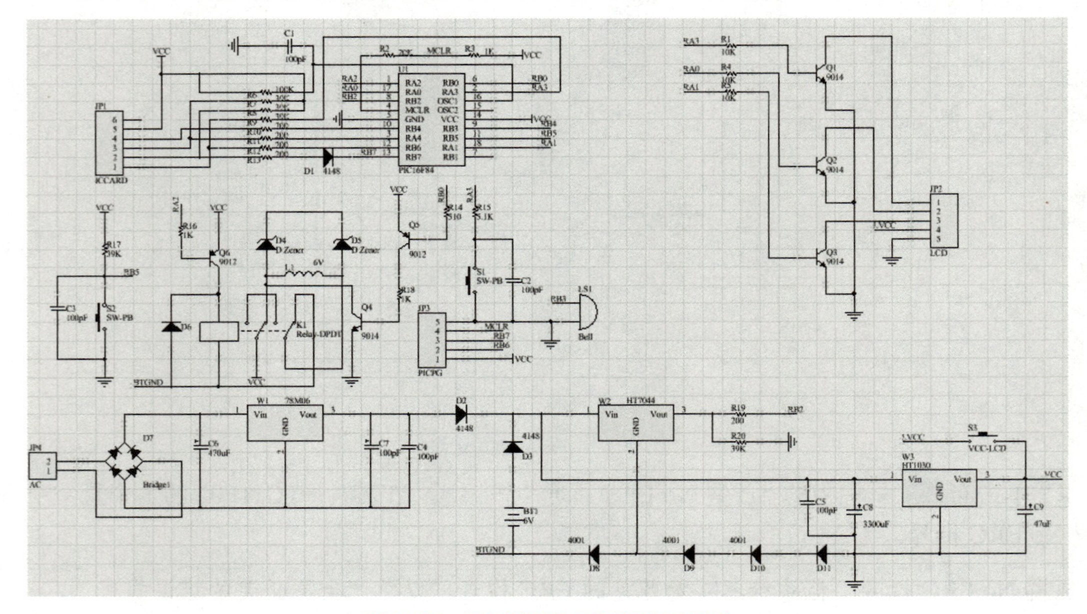

图 4-76 IC 卡智能水表电路原理图

第 5 章　原理图元件库的管理

在电子产品系统开发过程中，如何快速、准确地找到所需元件，对于设计者来说至关重要。

Altium Designer 提供了相当完整的内置集成库文件，所存放的库元件数量非常庞大，几乎涵盖了世界上所有芯片制造厂商的产品，此外还有两个元器件供应商（Newark 和 Farnell）信息的实时数据连接。因此，借助于其强大灵活的库管理功能，大多数情况下，用户能够轻松地找到所需要的元件，并进行使用。

但是，对于某些比较特殊的、非标准化的元件或者新开发出来的元件，有时可能无法直接找到；另外，某些现有元件的原理图符号外形及其他模型形式也有可能并不符合实际电路的设计要求。在这些情况下，就要求用户能够对库元件进行创建或者编辑，为其绘制合适的原理图符号或者其他模型形式，以满足自己的设计需要。

Altium Designer 为用户提供了多功能的库文件编辑器，使用户能够随心所欲地编辑符合自己要求的库元件，并建立相应的库文件，加入到工程中，使得工程自成一体，便于工程数据的统一管理，也增加了其安全性和可移植性。

5.1　原理图库文件编辑器

使用 Altium Designer 的库文件编辑器可以创建多种库文件，执行“文件”→“新的”→“库”命令后，弹出的菜单如图 5-1 所示。

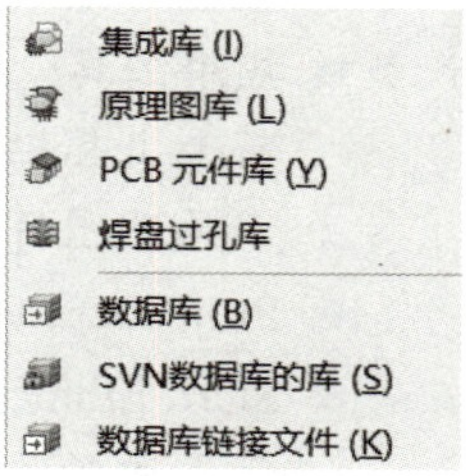

菜单显示了可以创建的库文件类型，有原理图库（扩展名是.SchLib）、PCB 元件库（扩展名是.PcbLib）、焊盘过孔库（扩展名是.VHDLIB）、数据库（扩展名是.DbLib）以及 SVN 数据库（扩展名是.SVNDbLib）等。本章主要介绍原理图库文件的创建和编辑。元件的原理图符号本身并没有任何实际上的意义，只不过是一种代表了引脚电气分布关系的符号而已。因此，同一个元件的原理图符号可以具有多种形式（即可以使用多种显示模式），只要保证其所包含的引脚信息是正确的就行。但是，为了便于交流和统一管理，用户在设计原理图符号时，也应该尽量符合标准的要求，以便与系统库文件中所提供的库元件原理图符号做到形式上、结构上的一致。

图 5-1　“库”菜单

5.1.1　原理图库文件编辑器的启动

启动原理图库文件编辑器有多种方法，通过新建一个原理图库文件，或者打开一个已有的原理图库文件，都可以进入原理图库文件的编辑环境中。

执行“文件”→“新的”→“库”→“原理图库”命令，则一个默认名为 SchLib1.SchLib 的原理图库文件被创建，同时原理图库文件编辑器被启动，如图 5-2 所示。

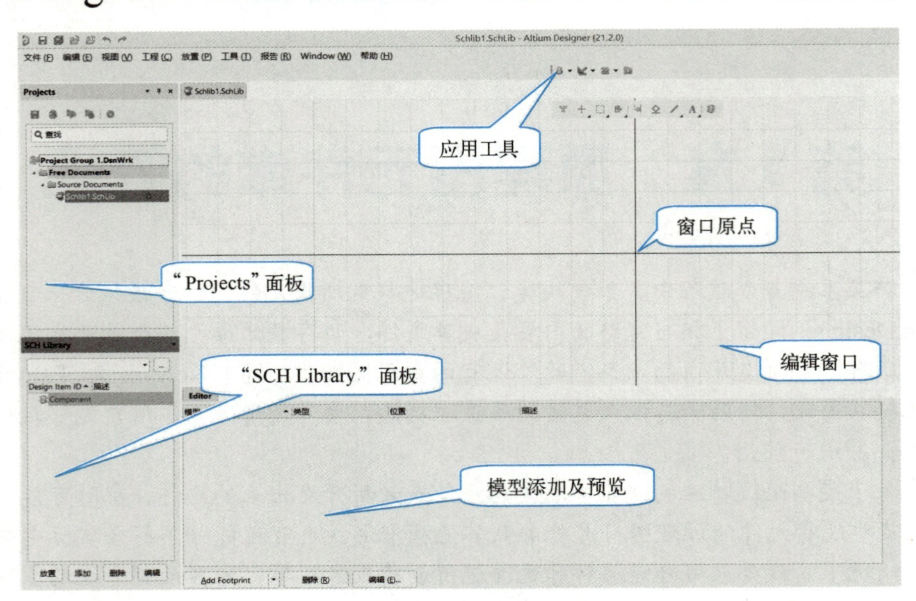

图 5-2　原理图库文件编辑器

5.1.2 原理图库文件编辑环境

原理图库文件编辑环境与前面的电路原理图编辑环境非常相似，主要由主菜单栏、标准工具栏、应用工具、编辑窗口及面板等几大部分组成，操作方法也几乎一样。不同之处具体表现在以下几个方面。

- 编辑窗口：编辑窗口内不再有图纸框，而是被十字坐标轴划分为 4 个象限，坐标轴的交点即为该窗口的原点。一般在绘制元件时，其原点就放置在编辑窗口原点处，而具体元件的绘制、编辑则在第四象限内进行。
- 应用工具：在应用工具中提供了 3 种重要的工具，分别是原理图符号绘制工具栏、IEEE 符号工具栏和模式管理器；这 3 种工具原理图库文件编辑环境中所特有的，用于完成原理图符号的绘制以及通过模型管理器为元件添加相关的模型。
- Projects 面板：用于对项目进行编辑、管理。
- SCH Library 面板：原理图库文件编辑环境中特有的工作面板，用于对原理图库文件中的元件进行编辑、管理。
- 模型添加及预览：用于为元件添加相应模型，如 PCB 封装、仿真模型、信号完整性模型等，并可在右侧的窗口中进行预览。

编辑窗口中的原点是为元件定位所设计的。在原理图中放置一个元件时，需要知道所放置的坐标或者位置，一般情况下默认第一个引脚为定位点。

5.1.3 原理图库应用工具栏

对于原理图库文件编辑环境中的主菜单栏及标准工具栏，由于功能和使用方法与原理图编辑环境中基本一致，在此不再赘述。本节主要对应用工具中的原理图符号绘制工具栏、IEEE 符号工具栏以及模式工具栏进行简要介绍，具体的使用操作在后面的实例中可以逐步了解。

1. 原理图符号绘制工具栏

单击应用工具中的，则会弹出相应的原理图符号绘制工具栏，如图 5-3 所示。其中各个按钮的功能与“放置”级联菜单中的各项命令具有对应的关系，如图 5-4 所示。

图 5-3 原理图符号绘制工具栏

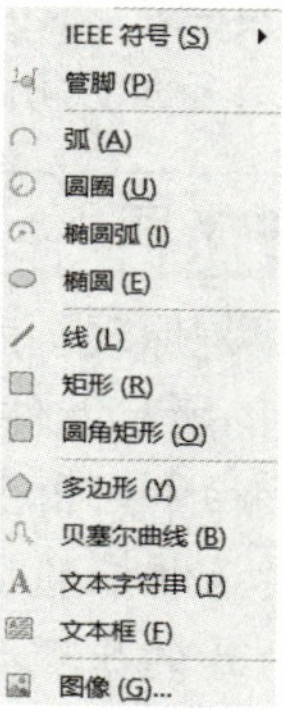

图 5-4 “放置”级联菜单

2. IEEE 符号工具栏

单击应用工具中的，则会弹出相应的 IEEE 符号工具栏，如图 5-5 所示，是符合 IEEE 标准的一些图形符号。同样，由于该工具栏中各个符号的功能与执行“放置”→“IEEE 符号”命令后弹出的菜单（见图 5-6）中的各项操作具有对应的关系，所以不再逐项说明。

3. 模式工具栏

模式工具栏用来控制当前元件的显示模式，如图 5-7 所示。

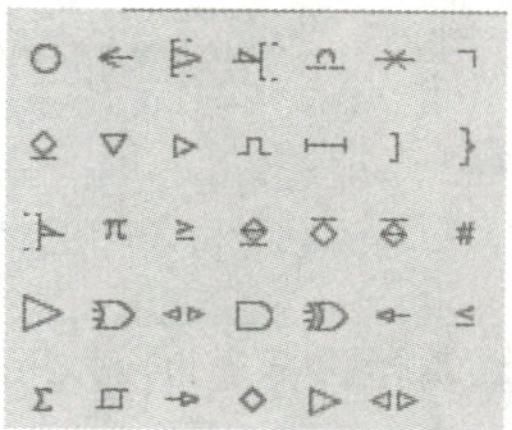

图 5-5 IEEE 符号工具栏

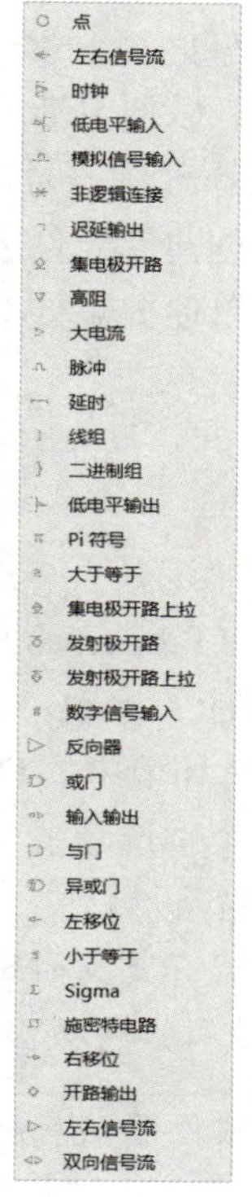

图 5-6 “IEEE 符号”菜单

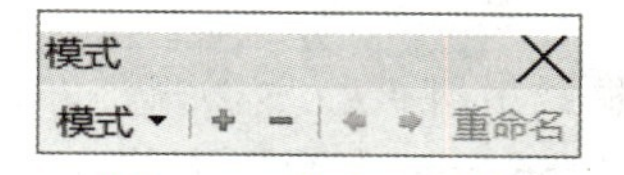

图 5-7 模式工具栏

- 模式▾：单击该按钮可以为当前元件选择一种显示模式，系统默认为 Normal。
- ＋：单击该按钮可以为当前元件添加一种显示模式。
- －：单击该按钮可以删除元件的当前显示模式。
- ←：单击该按钮可以切换到前一个显示模式。
- →：单击该按钮可以切换到后一个显示模式。

5.1.4 SCH Library 面板

SCH Library 面板是原理图库文件编辑环境中的专用面板，用来对当前原理图库中的所有元件进行编辑和管理，如图 5-8 所示。

- 元件栏：在该栏中列出了当前原理图库中的所有库元件，包括元件名称及相应的描述等。选中某一库元件后，双击即可在当前打开的原理图文件中放置该元件。
- 模型栏：该栏用于列出库元件的模型信息，如 PCB 封装、信号完整性分析模型、仿真模型等。单击相应的按钮，可为库元件添加模型或者编辑模型信息。
- 供应商：用于显示可通过因特网提供的元件的供应商信息，包括供应商、制造商、描述等，这是系统默认显示的信息。

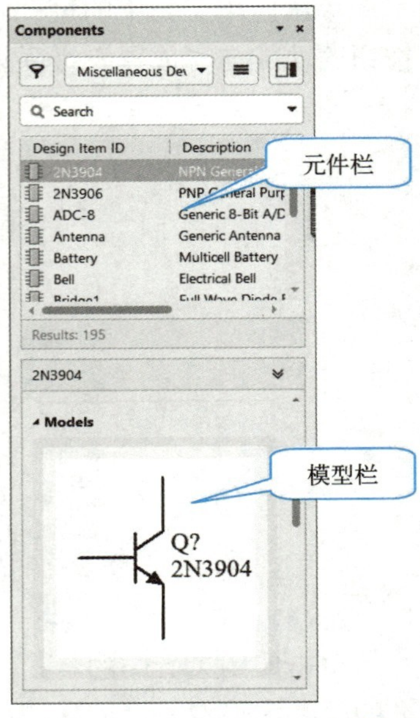

图 5-8 “Components”面板

5.2 原理图库元件的创建

在对原理图库文件的编辑环境有所了解之后，本节将通过一个具体元件的创建，使用户了解并熟练掌握建立原理图符号的方法和步骤，以便灵活地按照自己的需要，创建出美观大方、符合标准的原理图符号。

同样，与电路原理图的绘制类似，在创建库元件之前也应该对相关的工作区参数进行合理的设置，以便提高效率和正确性，达到事半功倍的目的。

5.2.1 设置工作区参数

在原理图库文件的编辑环境中，执行“工具”→“文档选项”命令，弹出“Library Options”属性（Properties）面板，如图 5-9 所示，用户可以根据需要设置相应的参数。

Library Options 属性内容与原理图编辑环境中的 Document Options 属性内容相似，在此只介绍其中个别选项的含义，其他选项用户可以参考 Document Options 进行设置。

- Show Hidden Pins：用来设置是否显示库元件的隐藏引脚。使能该复选框后，元件的隐藏引脚将被显示出来。

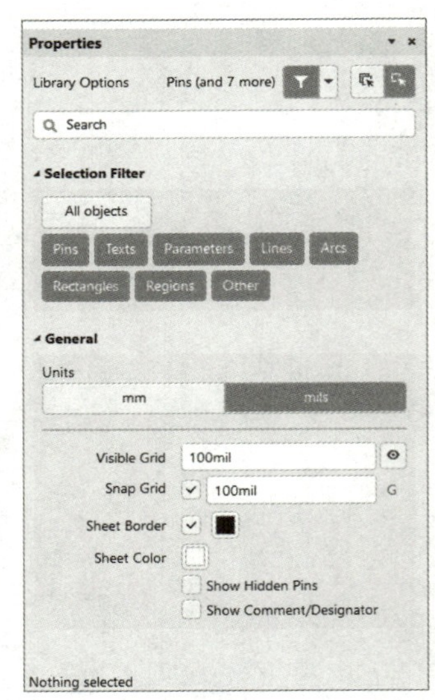

图 5-9 “Library Options”属性面板

📖 隐藏引脚被显示出来，并没有改变引脚的隐藏属性。要改变其隐藏属性，只能通过 Pin 属性（Properties）面板才能完成。

● Show Comment/Designator：使能该复选框后，库元件的默认标识及注释将被显示出来。

5.2.2 库元件的创建

在创建库元件之前，用户应参考相应元件的数据手册，充分了解相关的参数，如引脚功能、封装形式等。

【例 5-1】 创建单片机芯片 STC11F02

例 5-1

下面将以第 4 章综合实例中用到的单片机芯片 STC11F02 为例，详细讲述库元件原理图符号的绘制过程。

1）执行“文件”→“新的”→“库”→“原理图库”命令，启动原理图库文件编辑器，新建一个原理图库文件，命名为 R Radar.SchLib。在新建原理图库的同时，系统已自动为该库添加了一个默认名为 Component 的库元件，打开 SCH Library 面板即可以看到，如图 5-10 所示。

2）执行“工具”→“文档选项”命令，在“Library Options”属性（Properties）面板中进行工作区参数设置。

集成元件的原理图符号外形，一般采用矩形或正方形表示，大小应根据引脚的多少来决定。由于 STC11F02 是 20 引脚的 SOP/DIP 封装，所以应画成矩形。具体绘制时一般应画得大一些，以便放置引脚，在引脚放置完毕后，可再调整为合适的尺寸。

3）单击原理图符号绘制工具栏中的“放置矩形”按钮，光标变为十字形，并附有一个矩形符号。以原点为基准，两次单击鼠标，在编辑窗口的第四象限内放置一个实心矩形。

4）单击“放置引脚”按钮，光标变为十字形，并附带一个引脚符号，移动该引脚到矩形边框处，单击左键完成放置，如图 5-11 所示。

图 5-10 新建库元件

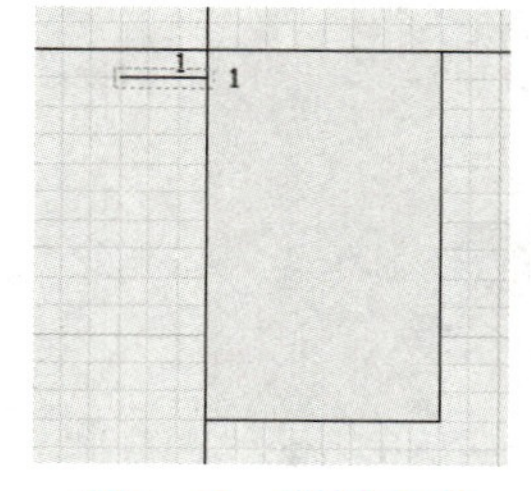

图 5-11 放置引脚

放置引脚时，一定要保证具有电气特性的一端，即带有 × 号的一端朝外，这可以通过在放置时按〈Space〉键旋转来实现。

5）在放置引脚时按下〈Tab〉键，或者双击已放置的引脚，系统弹出“Pin”属性（Properties）面板，如图 5-12 所示，在面板中可以完成引脚的各项属性设置。

面板中主要选项的含义如下。

● Designator：用于设置引脚的编号，应该与实际的引脚编号相对应。
● Name：用于输入库元件引脚的功能名称。

单击这两项后的按钮后，界面中对应引脚的名称和编号会消失。

● Electrical Type：用于设置库元件引脚的电气特性。单击下拉按钮后，在下拉列表框中有 Input（输入引脚）、Output（输出引脚）、Power（电源引脚）、Open Emitter（发射极开路）、Open Collector（集电极开路）、HiZ（高阻）等 8 个选项供选择。如果用户对各引脚的电气特性非常熟悉，也可以不设置该选项，以便简化原理图符号的形式。本节设置为 I/O，是一个双向的输入/输出引脚。

- Description：用于输入库元件引脚的特性描述。
- Symbols：根据引脚的功能以及电气特性，用户可以为该引脚设置不同的 IEEE 符号，作为读图时的参考。Symbols 可放置在原理图符号的里面、内边沿、外部边沿或外部等不同位置处，并没有任何电气意义。
- Font Settings：用于设置该引脚的位置、长度、方位、颜色等基本属性以及是否锁定。

📖 一般来说，Name、Designator 以及 Electrical Type 属性是必须设置的。其余的各项，用户可以自行选择设置，也可以不设置。

6）设置好属性的引脚如图 5-13 所示。

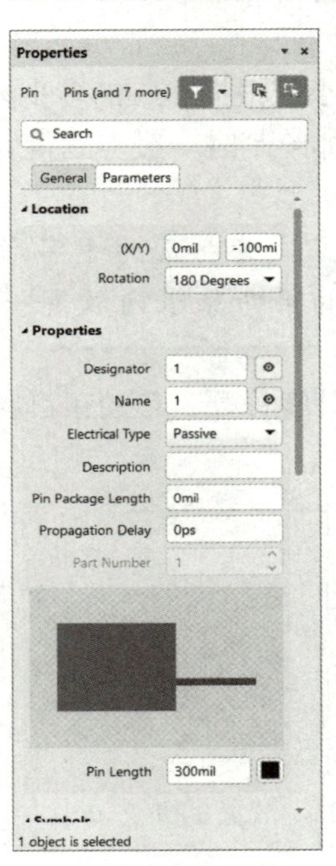

a)

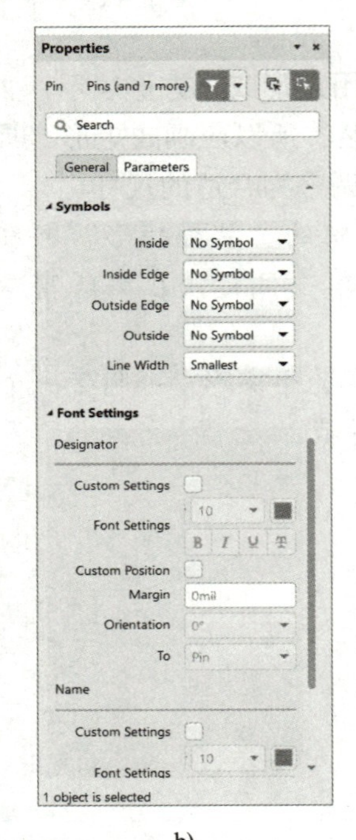

b)

图 5-12 “Pin”属性面板

a) 属性面板上半部分 b) 属性面板下半部分

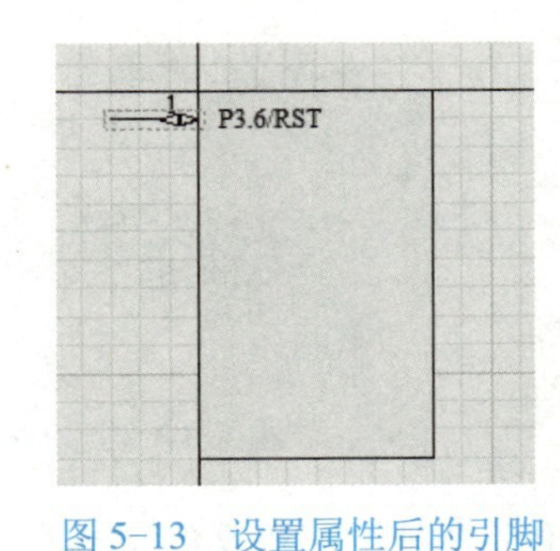

图 5-13 设置属性后的引脚

7）按照同样的操作，或者使用阵列粘贴功能，完成其余 19 个引脚的放置，并设置好相应的属性，如图 5-14 所示。

📖 为了更好地满足原理图设计的实际需要，可以对所绘制原理图符号的尺寸大小以及各引脚位置进行适当的调整。

8）调整后的原理图符号如图 5-15 所示。

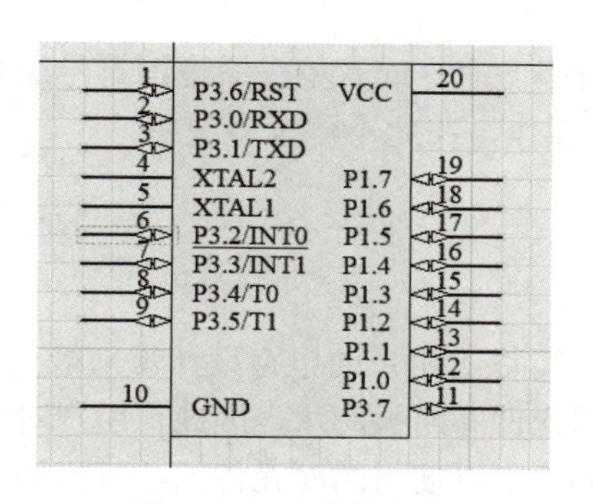

图 5-14　放置所有引脚

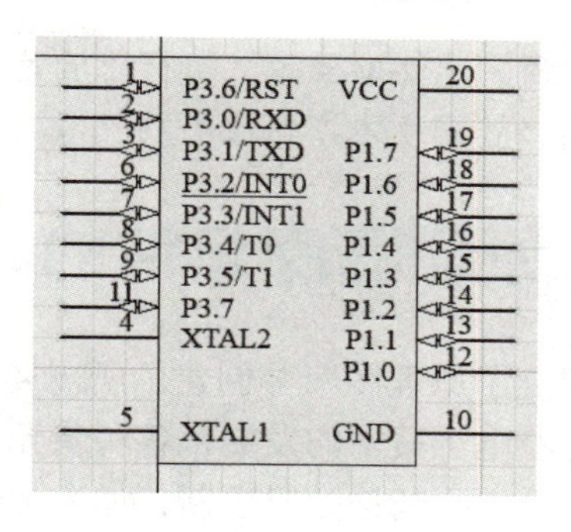

图 5-15　调整后的原理图符号

9）单击“SCH Library”面板上的“编辑”按钮，系统弹出“Component”属性（Properties）面板，如图 5-16 所示。

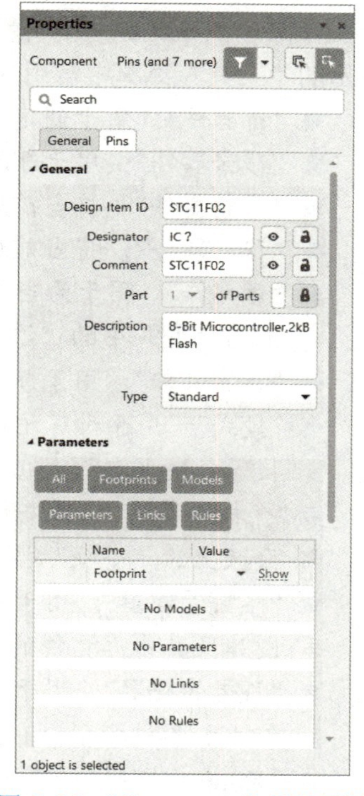

图 5-16　“Component”属性面板

在“General”选项卡中可以对所绘制的库元件进行特性描述以及其他属性参数的设置，主要设置如下。

- Designator：默认的库元件标识符。即把该元件放置到原理图上时，系统最初默认显示的标识符。本节设置为“IC?”，并使能右侧 ⊙ 按钮，则放置该元件时，“IC?”会显示在原理图上。
- Comment：库元件型号说明。本节设置为“STC11F02”，并使能右侧 ⊙ 按钮，则放置该元件时，“STC11F02”会显示在原理图上。
- Description：库元件的性能描述，将显示在“SCH Library”面板上。本节输入“8-Bit Microcontroller,2kB Flash”。
- Type：库元件的符号类型设置。本节采用系统默认值“Standard”即可。
- Symbol Reference：在该文本框中，用户可以为所绘制的库元件重新命名，这里输入 STC11F02。
- Local Colors：使能该复选框后，会显示 3 组颜色选项，可分别设置原理图符号的填充、边线以及引脚的颜色。

在“Parameters”选项组中，可以为库元件添加其他的参数，如版本、制造商、发布日期等。在“Models”选项组中，则可以添加各种模型，如 PCB 封装、信号完整性模型、仿真模型、PCB 3D 模型等。

此外，双击“Pins”选项卡的标题框，打开“元件管脚编辑器”对话框，即可对该元件的所有引脚进行一次性的编辑设置。

10）设置完毕后，关闭“Component”属性面板。此时在“SCH Library”面板上显示了新建库元件 STC11F02 的有关信息。

至此，完成了元件 STC11F02 的创建。在设计电路原理图时，只需要将该元件所在的库文件加载，就可以随时取用该元件了。

为了方便用户之间的阅读和交流，有时还需要在绘制好的原理图符号上添加一些文本标注，如生产厂商、元件型号等。执行“放置”→“文本字符串”命令或者单击原理图符号绘制工具栏中的“放置文本字符串”按钮，即可完成该项操作，在此不再过多说明。

5.3 原理图库元件的编辑

在建立了原理图库并创建了所需要的库元件以后，可以给用户的电路设计带来极大的方便。然而，随着电子技术的发展，各种新元件不断涌现，旧元件不断被淘汰，因此，用户对自己的原理图库也需要不断地随时更新，如添加新的库元件、删除不再使用的库元件或者编辑修改已有的库元件等，以满足电路设计的更高要求。

5.3.1 原理图库元件菜单命令

在原理图库文件的编辑环境中，系统提供了一系列对库元件进行管理编辑的命令，如图 5-17 所示的“工具”菜单中常用的主要有如下几项。

- “新器件”：用于创建一个新的库元件。
- “移除器件”：用于删除当前正在编辑的库元件。
- “复制器件”：将当前库元件复制到目标库文件中。
- “移动器件”：将当前库元件移动到目标库文件中。
- “新部件”：用于为当前库元件添加一个子部件，与原理图符号绘制工具栏中的“添加器件部件”按钮的功能相同。
- “移除部件”：用于删除当前库元件的一个子部件。
- “模式”：用于对库元件的显示模式进行管理，包括添加、删除、切换等，功能与模式工具栏相同。
- “查找器件”：用于打开“搜索库”对话框，进行库元件查找，与“库”面板上的“查找”按钮的功能相同。
- “参数管理器”：用于打开“参数编辑选项”对话框，对当前的原理图库及其中库元件的相关参数进行查看、管理。
- “符号管理器”：用于打开“模型管理器”对话框，以便为当前库元件添加各种模型。
- “XSpice 模型向导”：用于引导用户为当前库元件添加一个 SPICE 模型。
- “更新到原理图”：用于将编辑修改后的库元件更新到打开的电路原理图中。
- “从数据库更新参数”：用于将数据库更新到打开的电路原理图中。

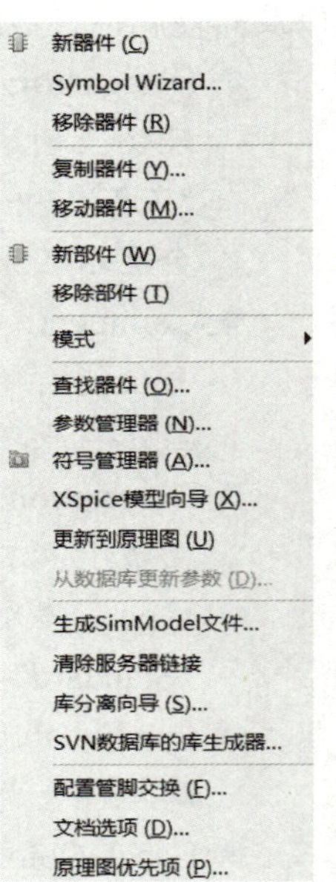

图 5-17 “工具”菜单

5.3.2 原理图库文件添加模型

为满足不同的设计所需，一个元件中应包含多种模型。对于自行创建的库元件，其模型的来源主要有 3 种途径：一是由用户自己建立，二是使用 Altium Designer 系统库中现有的模型，三是在相应的芯片供应商网站下载模型文件。

模型的添加可在“Properties”面板中进行，或者通过“模型管理器”对话框来完成。

【例 5-2】 使用“模型管理器”对话框为库元件添加封装

例 5-2

本例中，将为已创建的库元件 STC11F02 添加一个 PCB 封装。

1）执行“工具”→“符号管理器”命令，打开“模型管理器”对话框，在左侧的列表中选中元件 STC11F02，如图 5-18 所示。

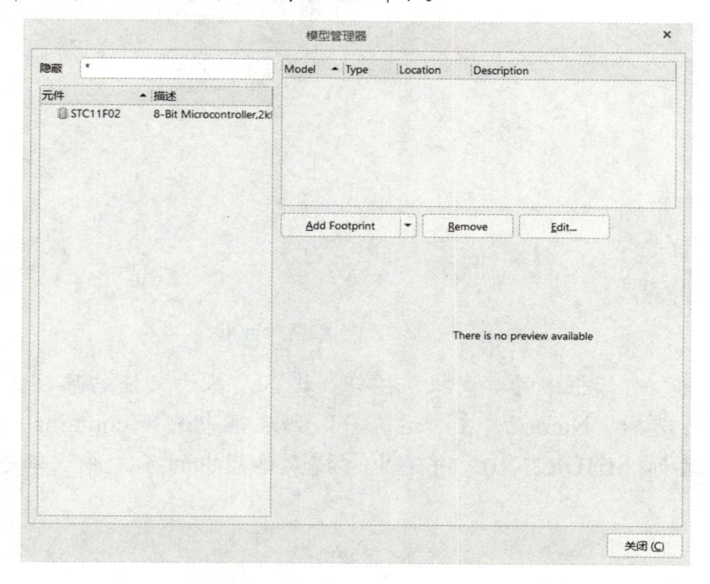

图 5-18 “模型管理器”对话框

2）单击“Add Footprint”按钮，打开“PCB 模型”对话框，如图 5-19 所示。

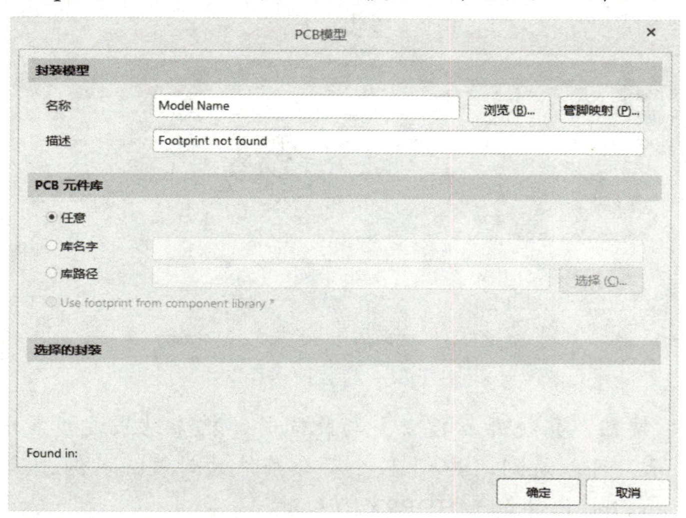

图 5-19 “PCB 模型”对话框

3）单击“浏览”按钮，打开“浏览库”对话框，如图 5-20 所示。

📖 “浏览库”对话框中显示的是当前可用的封装库（即已加载的封装库）信息，若用户从未加载过封装库，则该对话框中所有信息区域均为空白（见图 5-20）。

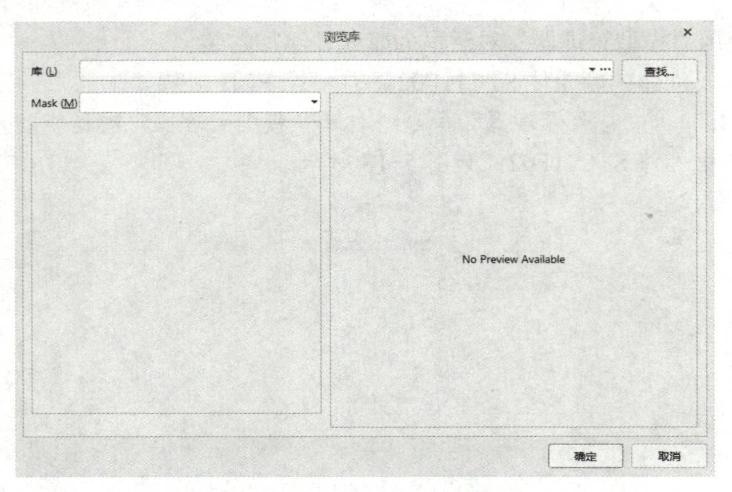

图 5-20 “浏览库”对话框

4）单击“浏览库”对话框中的“查找”按钮，进入“基于文件的库搜索”对话框。在“字段”列表框的第一行选择“Name”，在“运算符”列表框中选择 contains，在“值”列表框中输入要查找的封装名称 MHDR2X10，并选中“搜索路径中的库文件”单选按钮，如图 5-21 所示。

图 5-21 封装搜索设置

5）单击“查找”按钮，系统开始搜索。与此同时，搜索结果逐步显示在“浏览库”对话框中，如图 5-22 所示。可以看到，共有 1 个符合条件的封装，本例选择 D:\AD2021\Library\Miscellaneous Connectors.IntLib 中的 MHDR2X10 封装。

6）单击“确定”按钮，关闭“浏览库”对话框，加载相应的封装库。此时，“PCB 模型”对话框中已加载了选中的封装，如图 5-23 所示。

7）单击“确定”按钮，关闭“PCB 模型”对话框。可以看到，封装模型显示在了“模型管理器”对话框中。同时，原理图库文件编辑器的模型区域也显示出了相应信息。如图 5-24 所示。

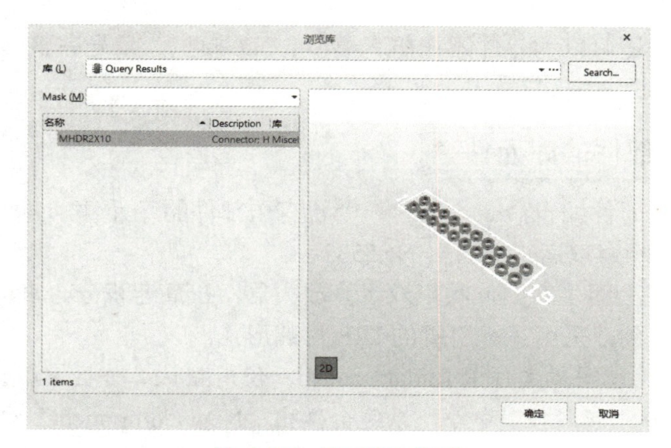

图 5-22　显示搜索结果

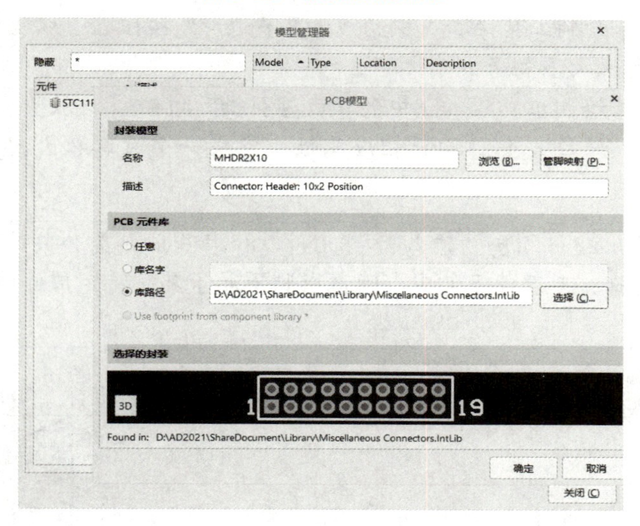

图 5-23　加载封装

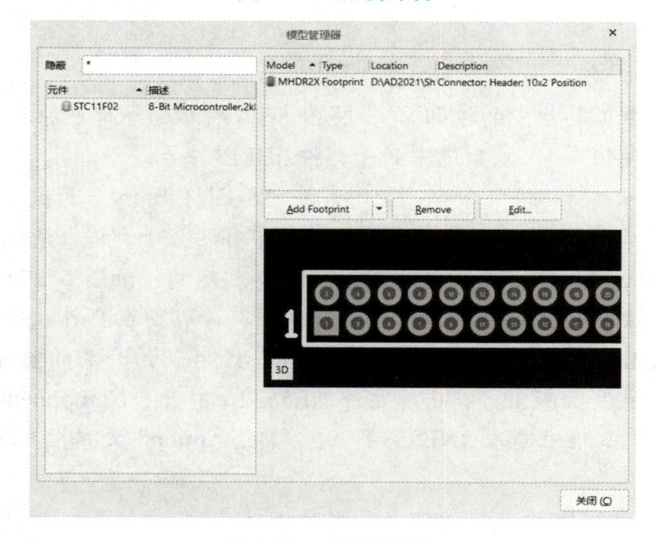

图 5-24　封装已添加

除了封装模型外，还可以为元件添加仿真模型、3D 模型、信号完整性模型等，操作过程与上面基本相同，在此不再重复。

5.3.3 创建含有子部件的库元件

下面利用相应的库元件编辑命令，创建一个含有子部件的库元件。

例 5-3

【例 5-3】 创建低噪声双运算放大器 NE5532

NE5532 是美国 TI 公司生产的低噪声双运算放大器，在高速积分、采样保持等电路设计中常常用到，采用了 8 引脚的 DIP 封装形式。

1）打开已建立的原理图库文件 R Radar.SchLib，使用默认工作区参数。

2）执行“工具”→“新器件”命令，系统会弹出“New Component”对话框，输入新元件名称 NE5532，如图 5-25 所示。

3）单击原理图符号绘制工具栏中的“放置多边形”按钮，以编辑窗口的原点为基准，绘制一个三角形的运算放大器符号。

4）单击原理图符号绘制工具栏中的“放置引脚”按钮，放置引脚 1、2、3、4、8 在三角形符号上，并设置好每一个引脚的相应属性，完成一个运算放大器原理图符号的绘制，如图 5-26 所示。

1 引脚为输出 OUT，2、3 引脚为输入 IN-、IN+，8、4 引脚则为公共的电源引脚 V+、V-，可将其设置为隐藏引脚。多部件元件中，隐藏引脚不属于某一特定部件而是为所有子部件所共用的引脚。

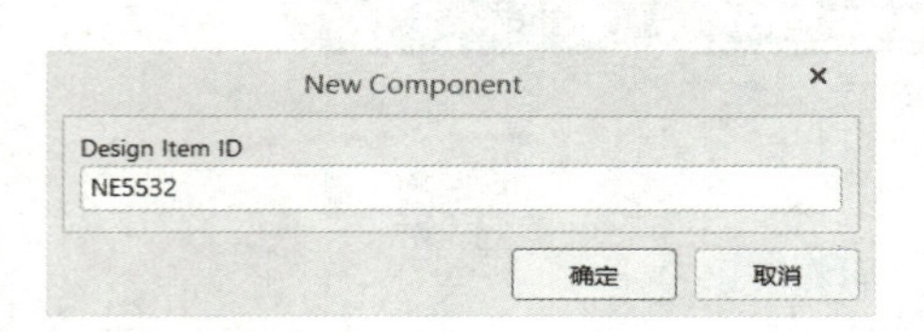

图 5-25 命名新元件

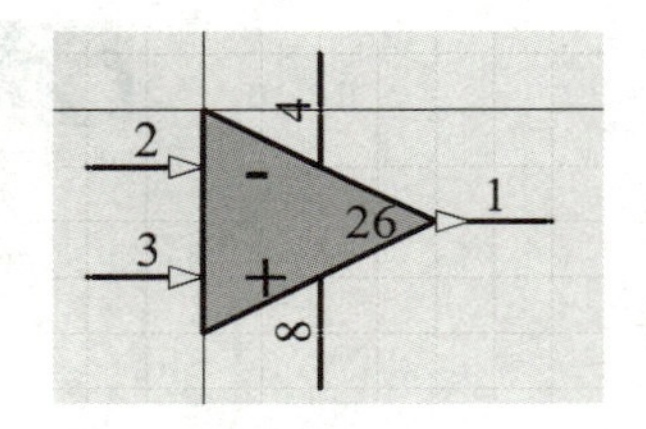

图 5-26 绘制一个子部件

5）单击原理图标准工具栏中的按钮，将图 5-26 所示的子部件原理图符号选中。

6）单击“复制”按钮，复制选中的子部件原理图符号。

7）执行“工具”→“新部件”命令。此时，在“SCH Library”面板上库元件 NE5532 的名称前面出现了 ▸ 按钮。单击 ▸ 按钮，可以看到该元件中有两个子部件，系统将刚才所绘制的子部件原理图符号命名为 Part A，另一个子部件 Part B 是新创建的，如图 5-27a 所示。

8）单击“粘贴”按钮，将复制的子部件原理图符号粘贴在 Part B 中，并改变引脚序号，其中 6、5 引脚为输入 IN-、IN+，7 引脚为输出 OUT，8、4 仍为公共的电源引脚 V+、V-。

9）在“SCH Library”面板上，双击库元件 NE5532，打开“Component”属性（Properties）面板。在“Comment”文本框中输入“NE5532”，在“Description”文本框中输入“Dual Low-Noise Operational Amplifier”。

10）设置完毕后，单击“确定”按钮，关闭对话框。

这样，一个含有两个子部件的库元件 NE5532 就建立好了，如图 5-27 所示。使用同样的方法，还可以创建含有多个子部件的库元件。

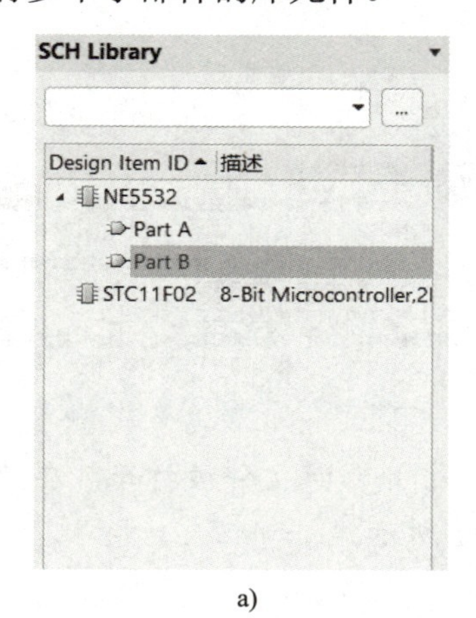

a)

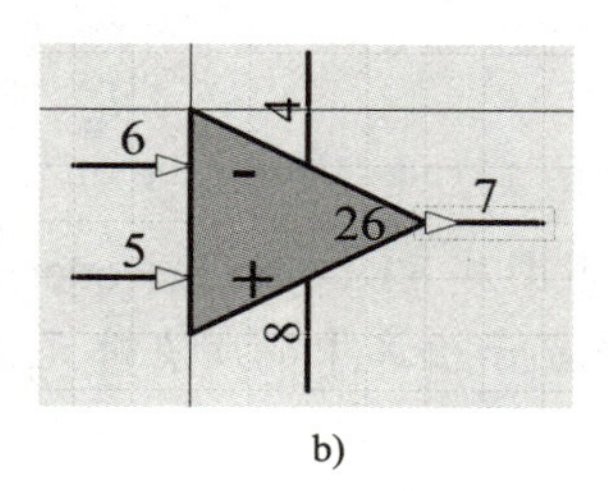

b)

图 5-27 创建含有子部件的库元件

a) 库元件下含子部件 b) 对应子部件原理图外观

📖 Altium Designer 系统中，执行“工具”→“模式”→“添加”命令，可为子部件建立多种显示模式，每种显示模式的引脚设置必须与普通模式相一致。

5.3.4 复制库元件

用户要建立自己的原理图库，一种方式是自己创建各种库元件，绘制原理图符号并编辑相应属性，就像前面所做的那样；另一种方式是把现有库文件中的类似元件复制到自己的库文件中，直接使用或者在此基础上再进行编辑修改，创建出符合自己需要的原理图符号，这样可以大大提高设计效率，节省时间和精力。

下面以复制系统提供的集成库文件 TI Logic Decoder Demux.IntLib 中的元件 SN74LS138N 为例，介绍库元件的复制过程。

【例 5-4】 复制库元件

把集成库 TI Logic Decoder Demux.IntLib 中的元件 SN74LS138N 复制到前面所创建的原理图库 R Radar.SchLib 中。

例 5-4

1）打开原理图库 R Radar.SchLib。

2）执行“文件”→“打开”命令，找到 D:\AD2021\ShareDocument\Library\Texas Instruments 目录下的库文件 TI Logic Decoder Demux. IntLib，如图 5-28 所示。

3）单击“打开”按钮，系统弹出图 5-29 所示的“解压源文件或安装”提示框。

📖 单击“解压源文件”按钮，系统会建立一个集成库工程，将该集成库分解为源库文件（原理图库和 PCB 库），供用户选择使用；单击“安装库”按钮，则系统只将该集成库加载到“库”面板上，而不会打开其源库文件。

4）单击“解压源文件”按钮，在“Projects”面板上显示出系统所建立的集成库工程 TI Logic Decoder Demux.LibPkg 以及分解成的两个源库文件：TI Logic Decoder Demux.PcbLib 和 TI Logic Decoder Demux.SchLib，如图 5-30 所示。

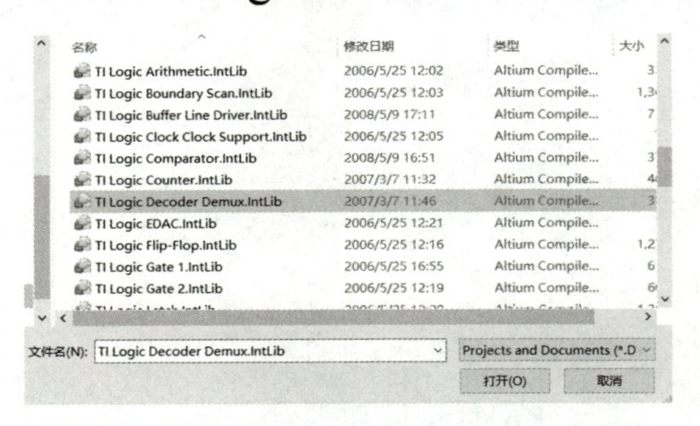

图 5-28 TI Logic Decoder Demux. IntLib 库文件

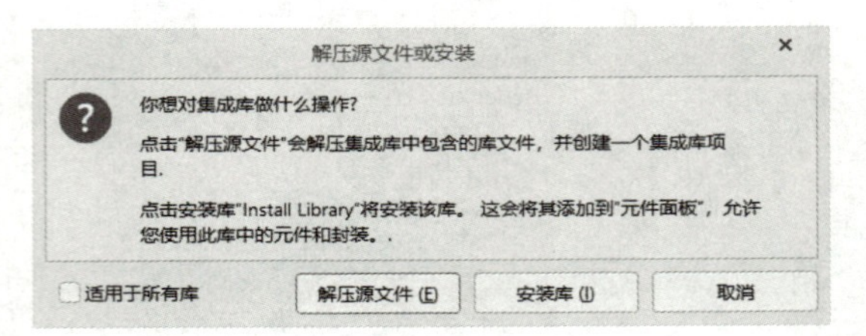

图 5-29 “解压源文件或安装”提示框

5）双击原理图库 TI Logic Decoder Demux.SchLib，则该库文件被打开，在“SCH Library”面板的元件栏中显示出库中的所有库元件，如图 5-31 所示。

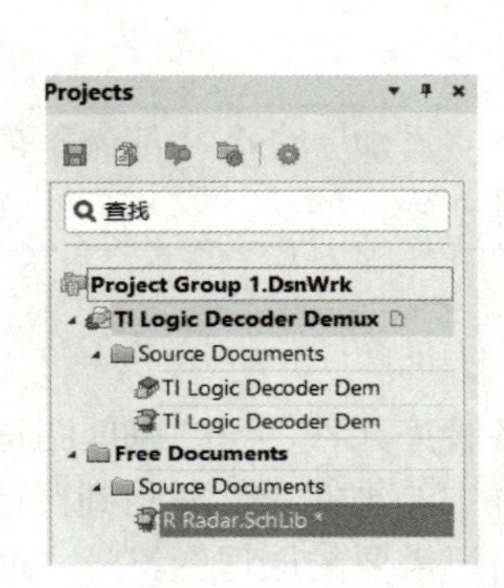

图 5-30 摘取源文件

图 5-31 打开原理图库

6）选中库元件 SN74LS138N，执行“工具”→“复制器件”命令，系统弹出“Destination Library”对话框，如图 5-32 所示。

📖 “Destination Library”对话框列出了当前处于打开状态的所有原理图库，供用户选择将选中的库元件复制到哪个目标库中。

7）选择原理图库 R Radar.SchLib，单击“OK”按钮，关闭“Destination Library”对话框。

8）打开原理图库 R Radar.SchLib。通过“SCH Library”面板可以看到，库元件 SN74LS138N 已复制到该原理图库中，如图 5-33 所示。

图 5-32 “Destination Library”对话框

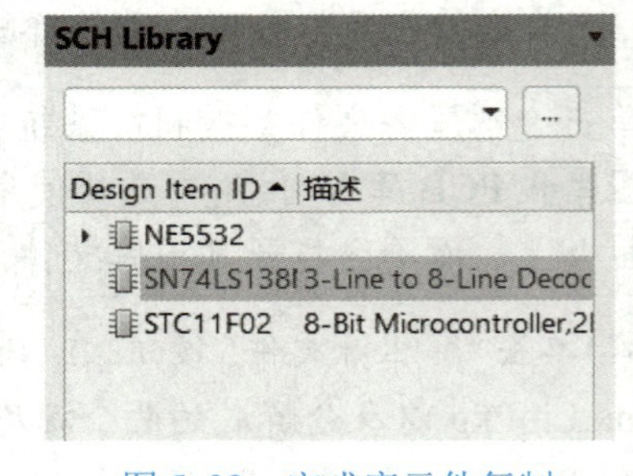

图 5-33 完成库元件复制

按照同样的操作，可完成多个库元件的复制。对于复制过来的库元件，用户可以进一步编辑、修改，如重新设置引脚属性等，以满足实际设计需要。

📖 库元件复制完毕，应及时关闭集成库的源库文件。注意不要保存，以免对系统的集成库文件造成不必要的破坏。

5.4 制作工程原理图库

在一个设计工程中，所用到的元件由于性能、类型等诸多方面的不同，大多数情况下都来自于很多个不同的库文件。这些库文件中，有系统提供的若干个集成库，也有用户自己建立的原理图库，非常不便于管理，更不便于用户彼此之间的交流。

基于这一点，在原理图编辑环境中，用户可为自己的工程生成一个特定的原理图库，把工程中所用到的元件的原理图符号都汇总到该原理图库中，脱离其他的库文件而独立存在，极大地方便了工程的统一管理。

下面，以工程 Audio AMP.PrjPCB 为例，生成该工程的原理图库。

例 5-5

【例 5-5】 生成工程原理图库

1）打开工程 Audio AMP.PrjPCB，进入电路原理图的编辑环境。

2）打开 Audio AMP.SchDoc，执行“设计”→“生成原理图库”命令，开始生成原理图库。生成过程中，对于有相同参考库的不同元件，系统会弹出图 5-34 所示的对话框。再选中“处理所有元器件，并给予唯一名称”单选按钮，以及选中“记住，下次不再询问”复选框。

3）单击“确定”按钮，关闭对话框后，工程原理图库已自动生成，系统同时弹出图 5-35 所示的提示信息。

该提示信息告诉用户，当前工程的原理图库 Audio AMP.SCHLIB 已经生成，共添加了 17 个库元件。

4）单击“OK”按钮确认，则系统自动切换到原理图库文件编辑环境中。在“SCH Library”面板上，列出了所生成的原理图库中的全部库元件及相应信息。

5）打开“Projects”面板，可以看到，在工程 Audio AMP.PrjPCB 下的 Schematic Library Documents 文件夹中，已经存放了生成的原理图库 Audio AMP.SCHLIB，如图 5-36 所示。

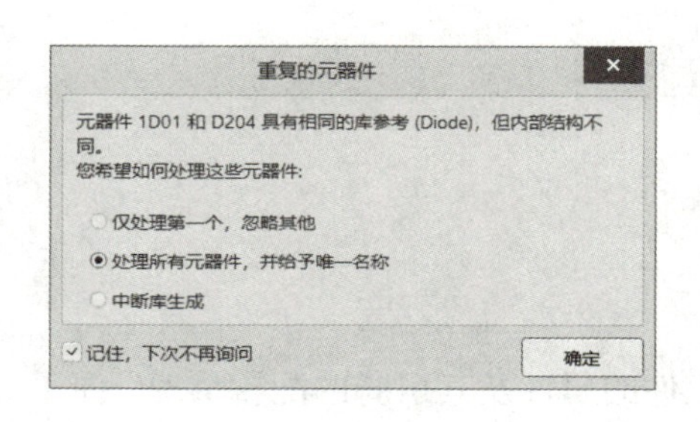

图 5-34 “复制的元器件”对话框

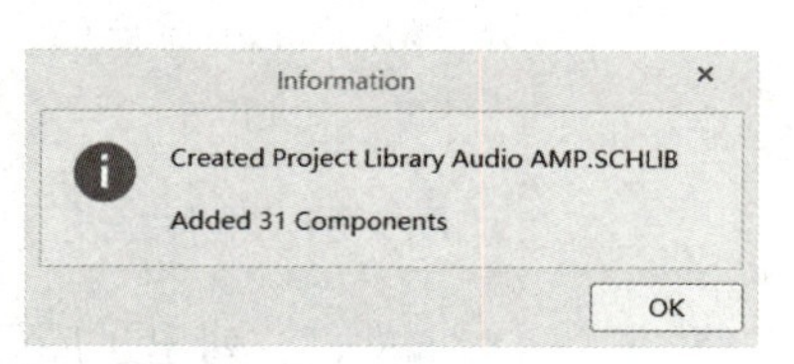

图 5-35 生成原理图库的提示信息

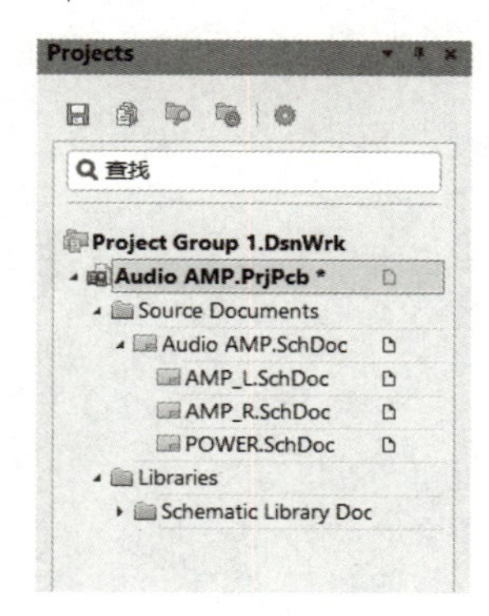

图 5-36 生成工程原理图库

📖 在生成的原理图库中，所存放的并不仅仅是元件的原理图符号，还有各种模型形式以及描述等。因此，准确地说，该库文件其实是工程的一个集成库，但是由于其扩展名为.SCHLIB，所以在这里我们还是称之为原理图库。

建立了工程原理图库，用户可以根据需要，很方便地对工程中所有用到的元件进行整体的编辑、修改，包括元件属性、引脚信息以及原理图符号形式等。更重要的是，如果在设计过程中，多次用到了同一个元件，在该元件需要重新修改编辑时，不必到原理图中去逐一修改，而只需要在原理图库中修改相应的库元件，然后更新原理图即可。

5.5　器件报表输出及原理图库报告生成

在原理图库文件编辑器中，还可以生成各种报表及库报告，作为对库文件进行管理的辅助工具。用户在创建了自己的库元件并建立好自己的元件库以后，通过各种相应的报表，可查看库元件的详细信息、进行元件规则的有关检查等，以进一步完善所创建的库及库元件。

5.5.1　输出器件报表

下面以前面已建立的原理图库 R Radar.SchLib 为例，掌握各种报表的生成步骤，并了解它们的不同作用。

例 5-6

【例 5-6】 生成器件报表

1）打开原理图库 R Radar.SchLib。

2）在“SCH Library”面板的元件栏中选择一个需要生成报表的库元件，例如，选择 STC11F02。

3）执行“报告”→“器件”命令，系统自动生成了该库元件的报表，如图 5-37 所示。

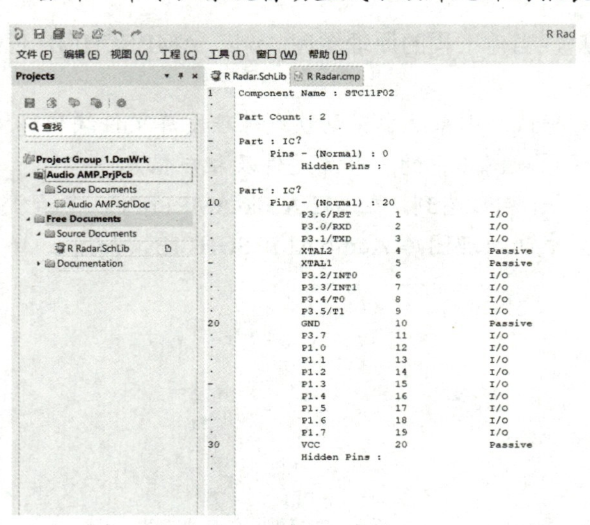

图 5-37　器件报表

器件报表是一个扩展名为.cmp 的文本文件，列出了库元件的属性及其引脚的配置情况，便于用户查看浏览。

【例 5-7】 生成器件规则检查报表

例 5-7

1）打开原理图库 R Radar.SchLib。

2）执行“报告”→“器件规则检查”命令，则系统弹出“库元件规则检测”对话框，如图 5-38 所示。

对话框中有若干个复选框，供用户进行选择设置，各选项的含义如下。

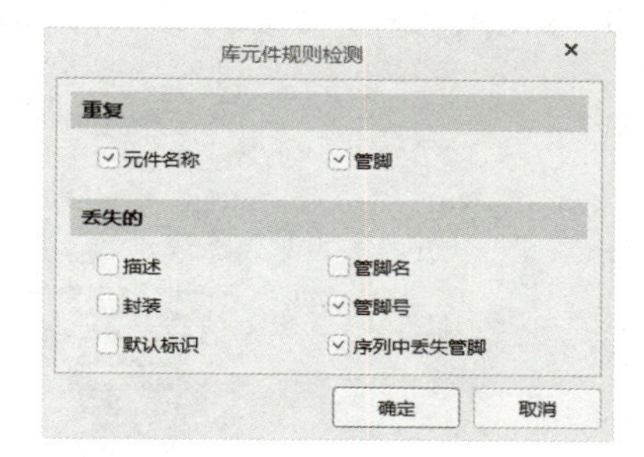

图 5-38 “库元件规则检测”对话框

- “元件名称”：用于设置是否检查重复的库元件名称。使能该复选框后，如果库中存在重复的库元件名称，则系统会把这种情况视为规则错误，显示在错误报表中；否则，不进行该项检查。
- “管脚”：用于设置是否检查重复的引脚名称。使能该复选框后，系统会检查每一库元件的引脚是否存在同名错误，并给出相应报告；否则，不进行该项检查。
- “描述”：使能该复选框后，系统将检查每一库元件属性中的“描述”文本框是否空缺，若空缺，则给出错误报告。
- “封装”：使能该复选框后，系统将检查每一库元件的封装模型是否空缺，若空缺，则给出错误报告。
- “默认标识”：使能该复选框后，系统将检查每一库元件的默认标识符是否空缺，若空缺，则给出错误报告。
- “管脚名”：使能该复选框后，系统将检查每一库元件是否存在引脚名称空缺的情况，若空缺，则给出错误报告。
- “管脚号”：使能该复选框后，系统将检查每一库元件是否存在引脚编号空缺的情况，若空缺，则给出错误报告。
- “序列中丢失管脚”：使能该复选框后，系统将检查每一库元件是否存在引脚编号不连续的情况，若存在，则给出错误报告。

📖 用户可自行选择想要检测的选项，而对于不需要检测的选项，忽略即可，以免产生不必要的错误报告。

3）设置完毕，单击“确定”按钮，关闭“库元件规则检测”对话框，系统自动生成了该库文件的器件规则检查报表，是扩展名为.ERR 的文本文件，如图 5-39 所示。

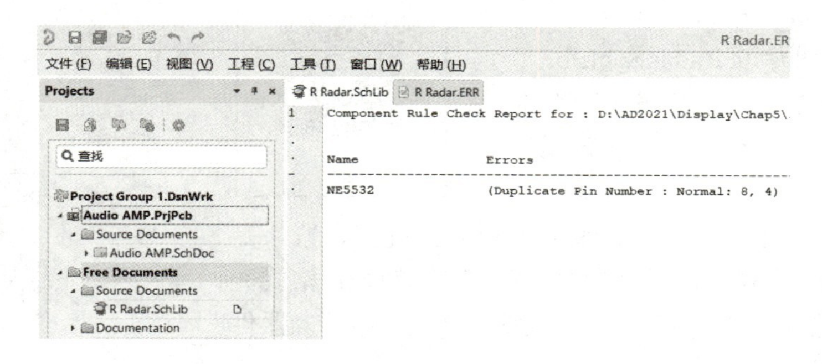

图 5-39 器件规则检查报表

例 5-8

根据所生成的器件规则检查报表，用户可以对相应的库元件进一步编辑、修改和完善。

【例 5-8】 生成库列表

1）打开原理图库 R Radar.SchLib。

2）执行“报告”→“库列表”命令，系统自动生成了两个描述库中所有元件信息的文件，扩展名分别为.csv 和.rep，如图 5-40 所示。

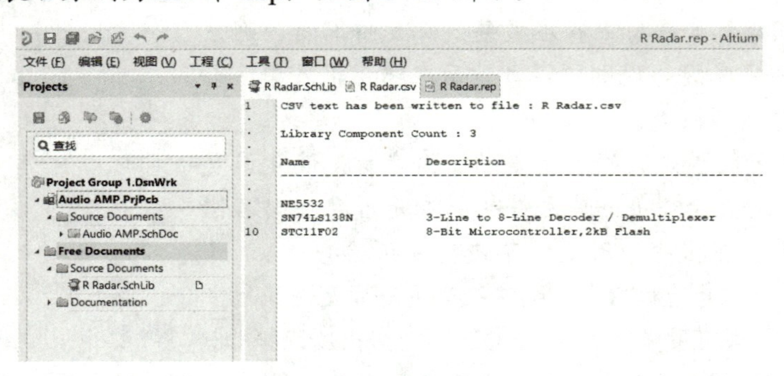

图 5-40 库列表

库列表是扩展名为.rep 的文本文件，列出了当前原理图库 R Radar.SchLib 中的元件数量、名称及相关的描述信息。

📖 库列表列出库元件的数量时，是把一个库元件的别名作为另外一个库元件来进行统计的，用户应注意区分。

5.5.2 生成库报告

除了生成各种报表，Altium Designer 还可以快速便捷地生成综合的元件库报告，用来描述特定库中所有元器件的详细信息。

报告可选择生成为 Word 格式或者 HTML 格式，包含了综合的元器件参数、引脚和模型信息、原理图符号预览以及 PCB 封装和 3D 模型等，实现了对元件重要参数的完整多功能管理。HTML 格式的报告中还可以提供库中所有元件的超链接列表，便于通过网络进行发布。

【例 5-9】 生成库报告

例 5-9

1）打开原理图库 R Radar.SchLib。

2）执行“报告”→“库报告”命令，系统弹出图 5-41 所示的“库报告设置”对话框。

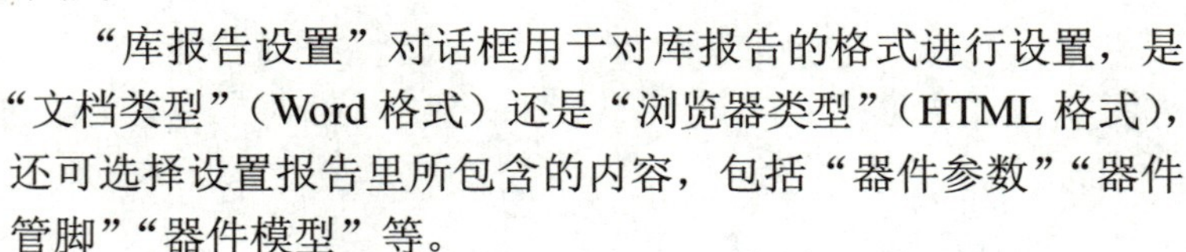

“库报告设置”对话框用于对库报告的格式进行设置，是“文档类型”（Word 格式）还是“浏览器类型”（HTML 格式），还可选择设置报告里所包含的内容，包括“器件参数”“器件管脚”“器件模型”等。

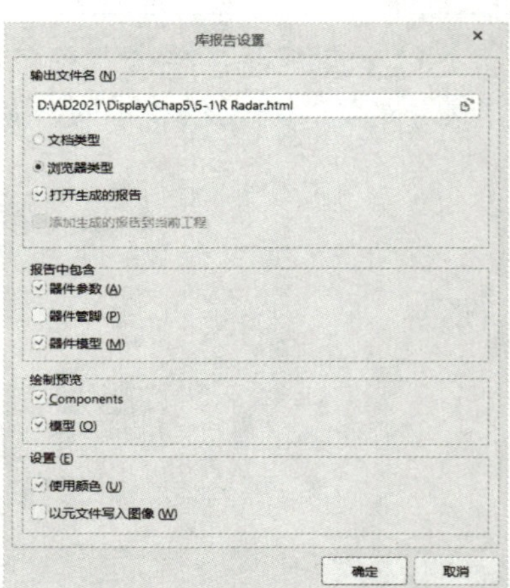

图 5-41 “库报告设置”对话框

本例选择了生成浏览器类型的库报告，并使能“打开生成的报告”“添加生成的报告到当前工程”复选框，如图 5-41 所示。

3）单击“确定”按钮，关闭“库报告设置”对话框，即生成了 HTML 格式的库报告。

库报告提供了库文件 R Radar.SchLib 中所有元件的超链接列表。单击列表中的任一项，即可链接到相应元件的详细信息处，供用户查看浏览。例如，单击 STC11F02，显示的信息如图 5-42 所示。

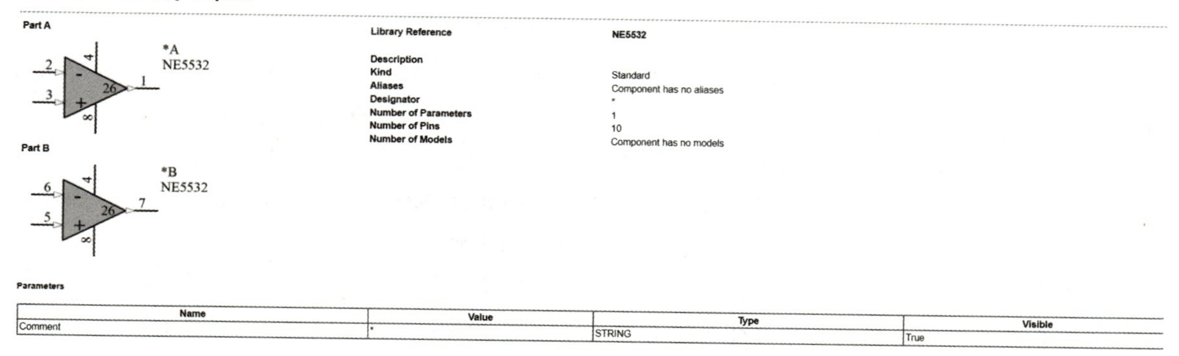
Schematic Library Report

Part A

*A
NE5532

Part B

*B
NE5532

Library Reference	NE5532
Description	
Kind	Standard
Aliases	Component has no aliases
Designator	*
Number of Parameters	1
Number of Pins	10
Number of Models	Component has no models

Parameters

Name	Value	Type	Visible
Comment	*	STRING	True

图 5-42　链接到元件的详细信息

5.6　思考与练习

1．概念题

1）了解 Altium Designer 的原理图库文件编辑环境，并简述其主要组成。

2）简述创建库元件的具体操作步骤。

3）对于用户自行创建的库元件，其模型的来源主要有哪几种途径？

2．操作题

1）查阅相关资料，创建一个库元件——RC 滤波器芯片 LT1568。

2）绘制图 5-43 所示的电路原理图，并生成相应的原理图库及库报告。

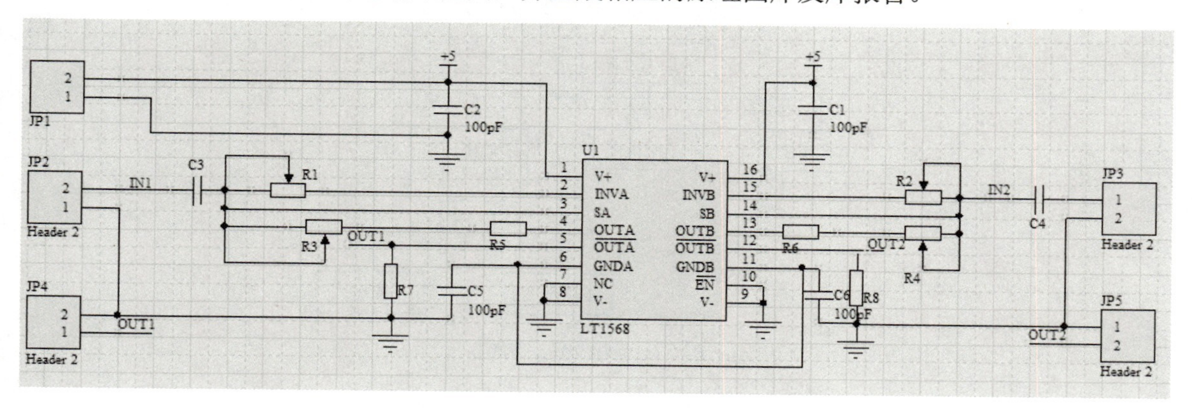

图 5-43　LT1568 电路原理图

第 6 章　层次式原理图设计

前面章节已经学习了原理图的基本设计方法，能够在单张原理图上完成整个系统的电路绘制，这种方法适用于设计规模较小、逻辑结构也比较简单的系统。实际应用中，随着电子产品功能的增强，其设计的复杂度也越来越高，由于结构关系复杂，所包含的对象数量繁多，因此，很难在有限大小的单张原理图上完整地绘出整个系统，即使勉强绘制出来，其错综繁杂的逻辑结构也非常不利于电路的阅读分析与仿真检测。因此，在 Altium Designer 中，对复杂电子产品系统的开发设计，提供了另外一种设计模式，即层次式原理图设计。

层次式原理图设计的基本思想是将整体系统按照功能分解成若干个逻辑互联的模块，每一模块能够完成一定的独立功能，具有相对独立性，可以是原理图，也可以是 HDL 文件，而且可以由不同的设计者分别完成。这样，就把一个复杂的大规模设计分解为多个相对简单的小型设计，整体结构清晰，功能明确，同时也便于多人共同参与开发，提高了设计的效率。本章针对结构复杂的电路系统，学习层次电路的设计方法以绘制复杂的电路原理图。

6.1　层次式原理图的基本结构

一个层次式原理图工程具有多级分层的结构。结构的最顶端是一个“顶层原理图”，用于建立起各个逻辑模块之间的连接关系，底层则是原理图模块（一般称之为“子原理图”）或 HDL 文件模块，而每一个模块还可以再细分为若干个基本的小模块。这样依次细分下去，可把整个系统划分成多个层次，电路设计由繁变简。理论上，Altium Designer 中，一个层次式原理图工程可以包含无限的分层深度。

图 6-1 所示是一个两级的分层结构，由顶层原理图和子原理图及 HDL 文件共同组成。

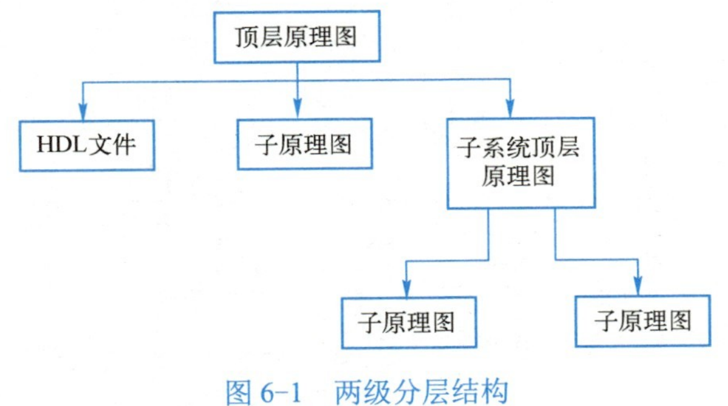

图 6-1　两级分层结构

（1）顶层原理图

顶层原理图的主要组成元素不是具体的元件，而是代表子原理图或 HDL 文件的“图表符”以及表示连接关系的“添加图纸入口”，如图 6-2 所示。

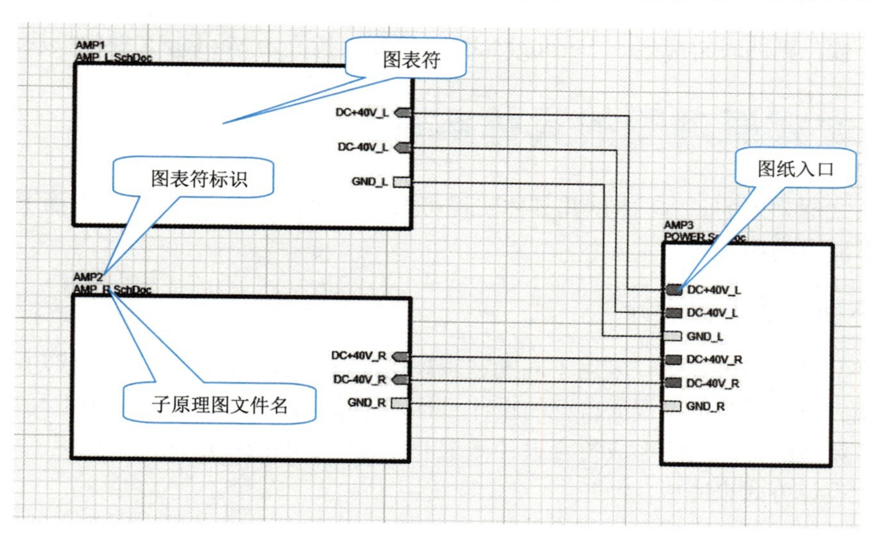

图 6-2　顶层原理图的主要组成

- 图表符：子原理图或 HDL 文件在顶层原理图中的表示。相应的“图表符标识”以及“子原理图文件名”是其属性参数，可以在编辑时加以设置。
- 图纸入口：放置在图表符内部，用来表示连接关系的电路端口，与在子原理图中有相同名称的输入/输出端口相对应，以建立起不同层次间的信号通道。

（2）子原理图

子原理图是用来描述某一模块系统具体功能的电路原理图，主要由各种具体的元件、导线等组成，只不过增加了一些输入/输出端口，作为与上层进行电气连接的通道，绘制方法与一般电路原理图完全相同。

> 在同一个工程的原理图（包括顶层原理图和子原理图）中，相同名称的输入/输出端口和图纸入口之间，在电气意义上都是相互连接的。

（3）HDL 文件

Altium Designer 中支持 VHDL 文件（.VHD）和 Verilog 文件（.V）。当调用一个 VHDL 文件时，连接将从图表符指向 VHDL 文件中的实体声明，若实体名称与文件名称不一致，则图表符应包含 VHDLEntity 参数，其值为 VHDL 文件中实体的名称，如图 6-3、图 6-4 所示。

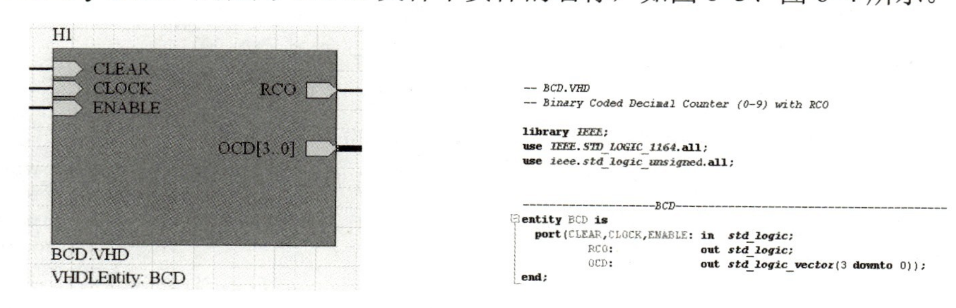


```
-- BCD.VHD
-- Binary Coded Decimal Counter (0-9) with RCO

library IEEE;
use IEEE.STD_LOGIC_1164.all;
use ieee.std_logic_unsigned.all;

-------------------BCD----------------------------------------
entity BCD is
  port(CLEAR,CLOCK,ENABLE: in  std_logic;
       RCO:                out std_logic;
       OCD:                out std_logic_vector(3 downto 0));
end;
```

图 6-3　代表 VHDL 文件的图表　　　图 6-4　VHDL 文件中的实体声明

当调用一个 Verilog 文件时，连接将从图表符指向 Verilog 文件中的模块声明，若模块名称与文件名称不一致，则图表符应包含 VerilogModule 参数，其值为 Verilog 文件中模块的名称。

6.2 层次式原理图的具体实现

根据层次式原理图的基本结构，其具体实现可以采用两种方式：一种是自上而下的层次设计；另一种是自下而上的层次设计。

6.2.1 自下而上的层次设计

在电子产品的开发过程中，采用不同的逻辑模块，进行不同的组合，会形成功能完全不同的电子产品系统。用户完全可以根据自己的设计目标，先选取或者先设计若干个不同功能的逻辑模块，然后通过灵活组合，最终形成符合设计需求的完整电子系统。这样一个过程，可以借助于自下而上的层次设计方式来完成。

具体来说，就是首先完成底层模块的设计，例如，先绘制各个子原理图等，然后通过顶层原理图建立起彼此之间的连接。

下面以双声道极高保真音频功放系统的电路设计为例，详细介绍层次设计的具体实现过程。

【例 6-1】 双声道极高保真音频功放系统

例 6-1

LME49830 是美国国家半导体公司生产的一款功率放大器输入级集成电路，具有低噪声和极低失真的优越性能，有效消除了分立器件输入级带来的诸多设计问题，并支持超过 1kW 的输出功率，能够与许多不同拓扑结构的输出级配置使用，可为用户提供个性化、高性能的产品。

在本设计方案中，将采用 LME49830 作为功放系统的主芯片，具体的实现主要通过 3 个功能模块：左声道、右声道以及电源模块。

1. 底层模块设计——绘制子原理图

1）启动 Altium Designer，执行“文件”→“新的”→“项目”命令，在打开的“Create Project”对话框中选择“PCB”，再单击“Create”按钮，则在“Projects”面板中出现了新建的工程文件，系统提供的默认名为 PCB_Project1.PrjPCB，将其保存为 Audio AMP.PrjPCB，完成工程创建。

2）在工程文件 Audio AMP.PrjPCB 上右击，在弹出的快捷菜单中选择“给工程添加新的”→ Schematic 命令，在该工程中添加 3 个电路原理图文件，分别另存为 AMP_L.SchDoc、AMP_R.SchDoc、POWER.SchDoc，如图 6-5 所示。

3）打开电路原理图文件 AMP_L.SchDoc，并在“视图”→“面板”中打开“Properties”面板，单击编辑窗口，在面板中显示 Document Options 属性，进行图纸参数的有关设置。

本设计中用到的主芯片 LME49830 需要在系统提供的集成库中进行查找。其余元件在系统默认加载的两个集成库：Miscellaneous Devices.IntLib 和 Miscellaneous Connectors.IntLib 中都可找到。

4）打开“Components”面板，在“基于文件的库搜索”对话框中查找元件 LME49830，搜索结果如图 6-6 所示。

5）右击“Place LME49830TB”按钮，可放置元件 LME49830TB，

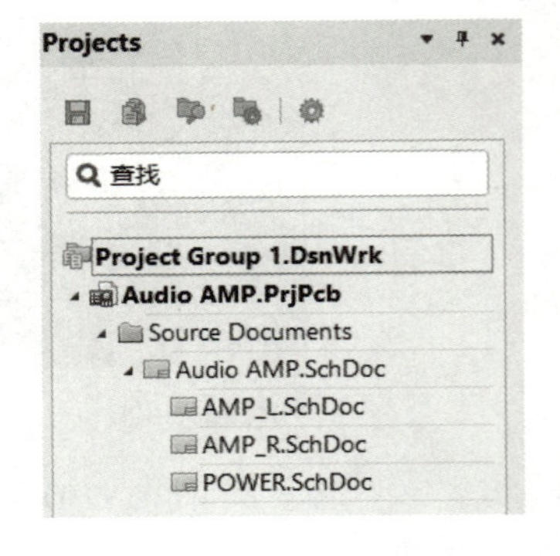

图 6-5 新建工程及原理图文件

如图 6-7 所示。

6）在原理图库文件编辑环境中对该元件的原理图符号、引脚位置等进行编辑，编辑后如图 6-8 所示。

📖 为了方便后面的电气连接、元件排列等操作，可在原理图库文件编辑环境中对所用元件的原理图符号进行编辑修改。这部分内容将在后面的章节中详细讲述。

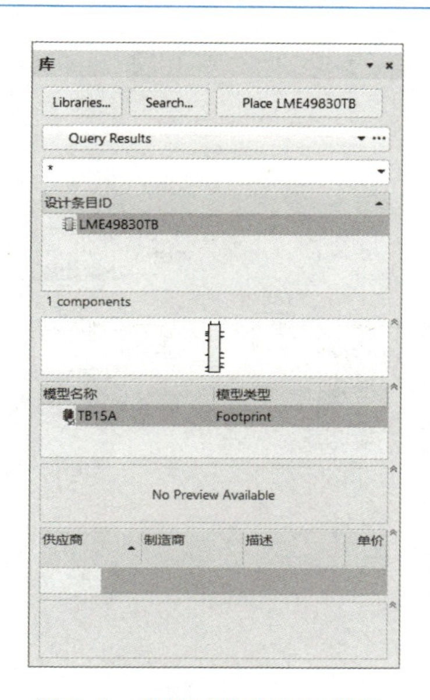

图 6-6　查找元件 LME49830

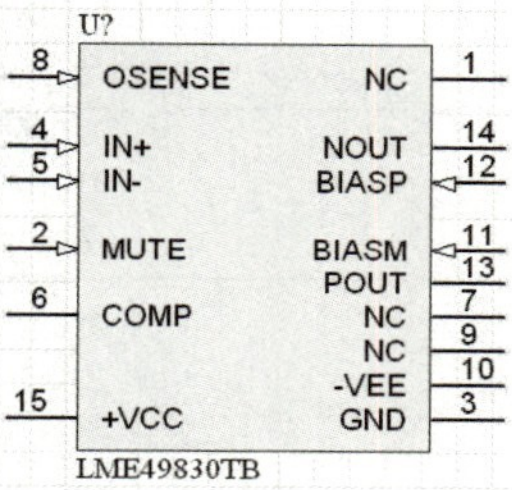

图 6-7　放置 LME49830TB

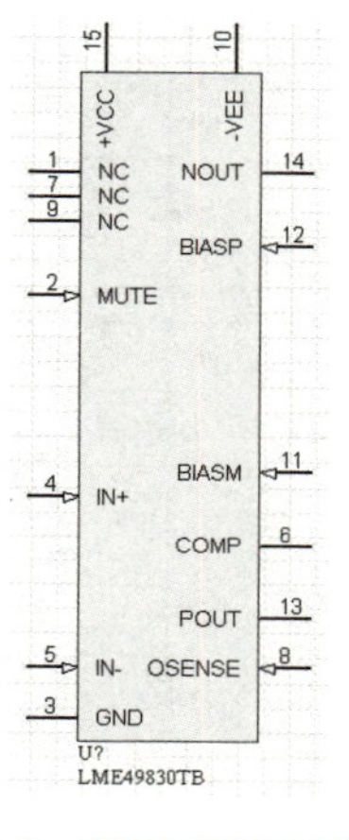

图 6-8　编辑后的原理图符号

7）按照前面所讲述的电路原理图绘制步骤，放置各种元件，编辑相应的属性，绘制导线进行电气连接，并使用了 3 个电源端口：DC+40V_L、DC-40V_L、GND_L，如图 6-9 所示。

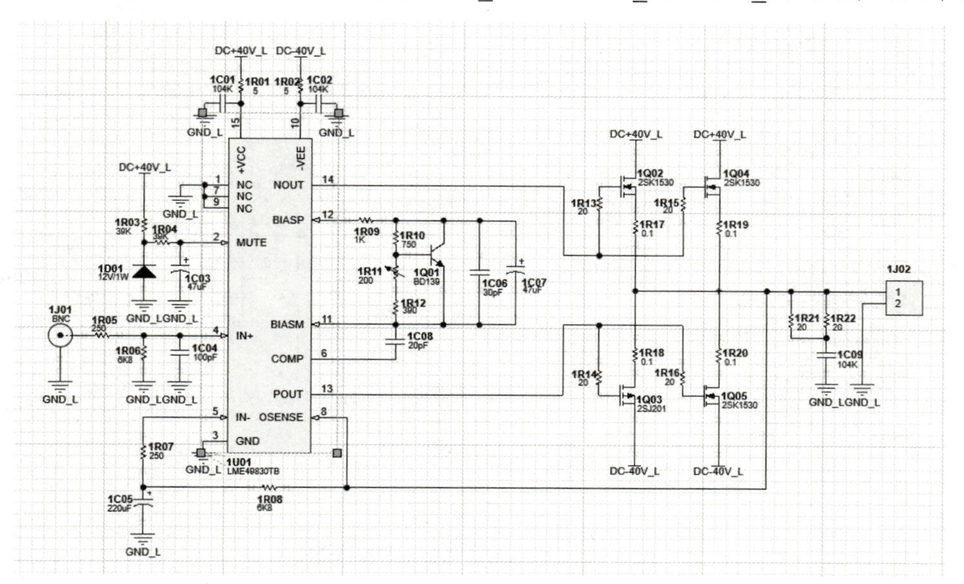

图 6-9　初步绘制的原理图 AMP_L.SchDoc

📖 在子原理图的设计中，为了保证子原理图与上层原理图之间的电气连接，还应根据具体的设计要求放置相应的输入/输出端口。

8）执行“放置”→“端口”命令，或者单击布线工具栏中的“放置端口”按钮 D1 ，在对应位置处放置输入/输出端口，并使用“Port”属性（Properties）面板进行属性设置，最后完成的原理图 AMP_L.SchDoc 如图 6-10 所示。

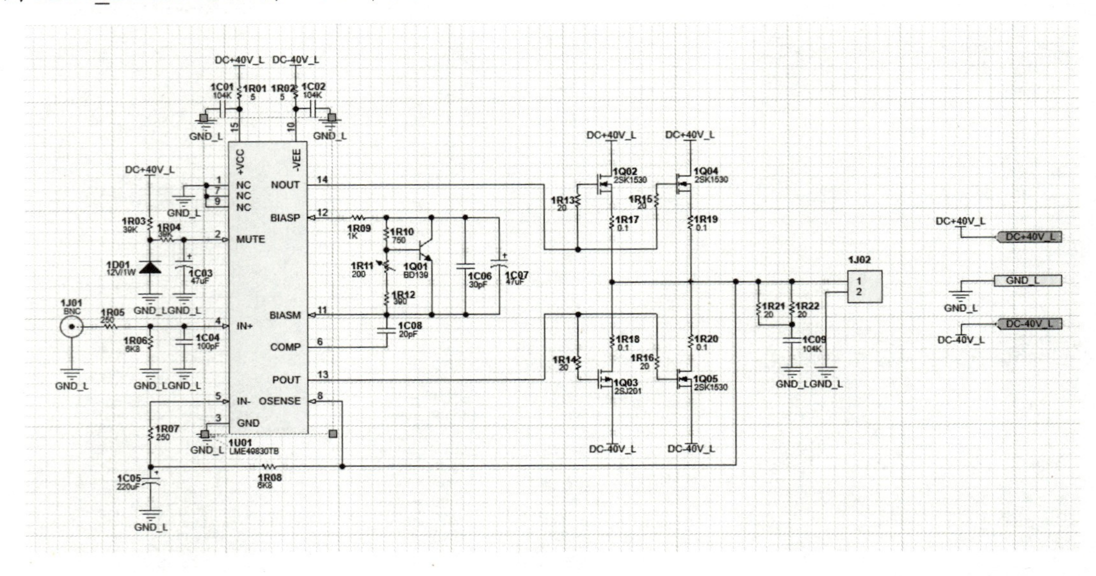

图 6-10　子原理图 AMP_L.SchDoc

9）按照同样的操作步骤，完成子原理图 AMP_R.SchDoc 和 POWER.SchDoc 的绘制，分别如图 6-11、图 6-12 所示。

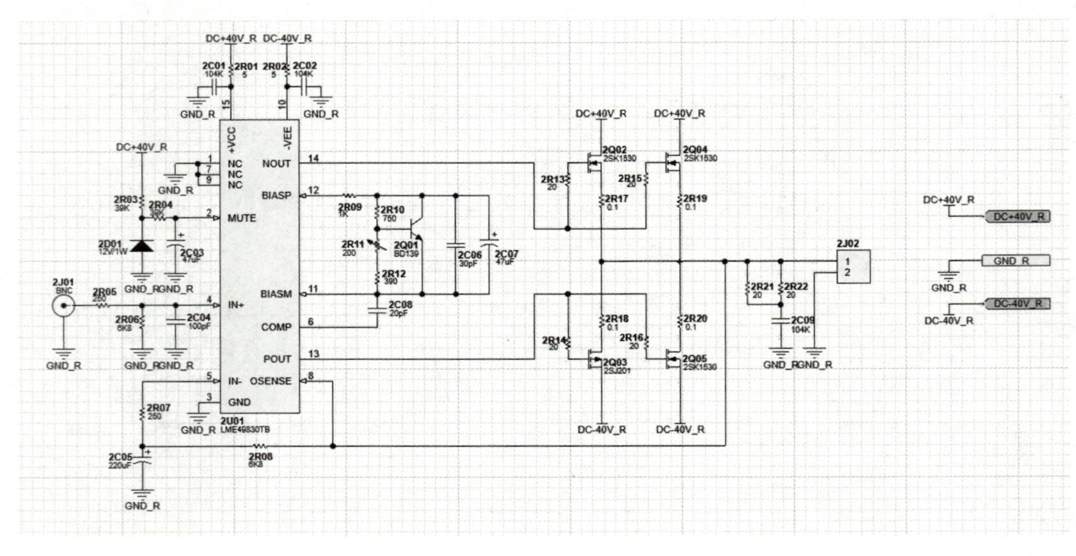

图 6-11　子原理图 AMP_R.SchDoc

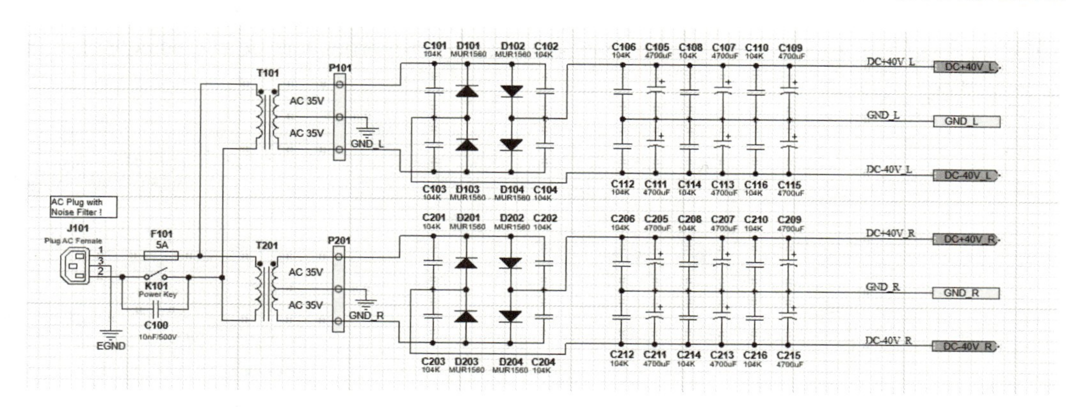

图 6-12　子原理图 POWER.SchDoc

其中，子原理图 AMP_R.SchDoc 与 AMP_L.SchDoc 电路完全相同，区别仅在于 3 个不同的电源端口：DC+40V_R、DC-40V_R、GND_R。

2. 生成图表符并完成顶层原理图

1）在当前工程 Audio AMP.PrjPCB 中添加一个新的电路原理图文件，保存为 Audio AMP.SchDoc，作为顶层原理图，如图 6-13 所示。

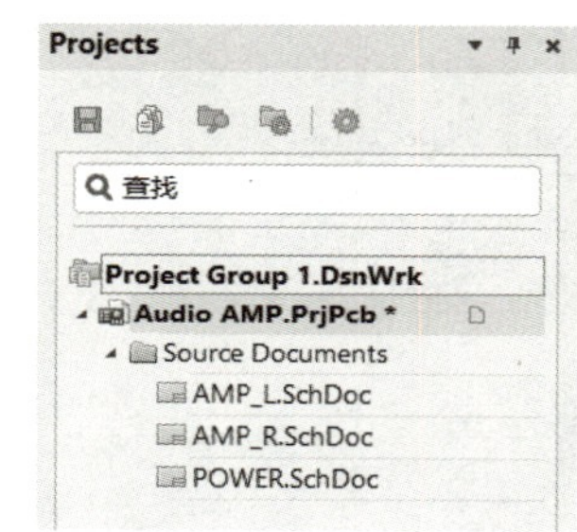

图 6-13　新建原理图 Audio AMP.SchDoc

2）打开原理图文件 Audio AMP.SchDoc，设置好图纸参数。执行“设计”→“Create Sheet Symbol From Sheet”命令，系统弹出图 6-14 所示的“Choose Document to Place”（选择文件放置）对话框。

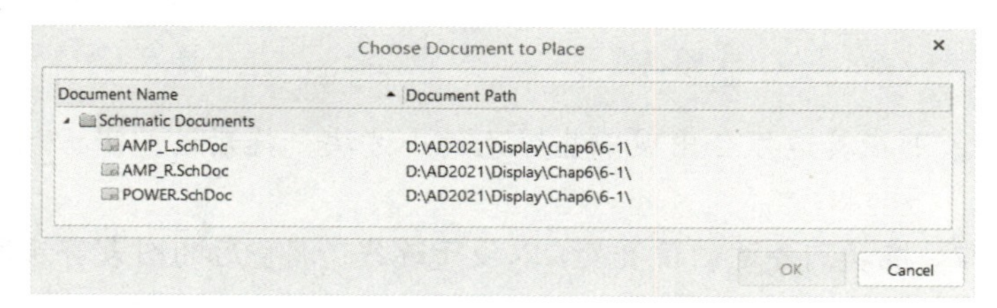

图 6-14　“Choose Document to Place”对话框

在“Choose Document to Place”对话框中，列出了同一工程中的所有原理图文件（不包括当前的原理图），用户可以选择其中的任何一个来生成图表符。

3）选择原理图文件 AMP_L.SchDoc，单击“OK”按钮后，“Choose Document to Place”对话框关闭。在编辑窗口中生成了一个图表符符号，并随着光标的移动而移动。选择适当位置，单击鼠标左键，即可将该图表符放置在顶层原理图中，如图 6-15 所示。

生成的图表符中，其标识以及所代表的子原理图文件名都已经自动设置，图纸入口也自动生成，其名称以及 I/O 类型与子原理图中所设置的输入/输出端口完全对应。

4）按照同样的操作，由另外的两个子原理图生成对应的图表符，如图 6-16 所示。

由系统自动生成的图表符不一定完全符合用户的设计需求，很多时候还需要进一步的编辑、修改。

5）双击生成的图表符，打开“Sheet Symbol”属性（Properties）面板，在面板中可以设置颜色、标识等属性，如图 6-17 所示。

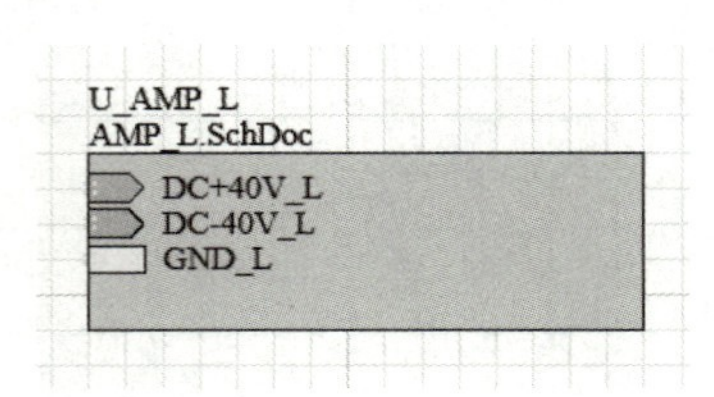

图 6-15　由子原理图生成的图表符

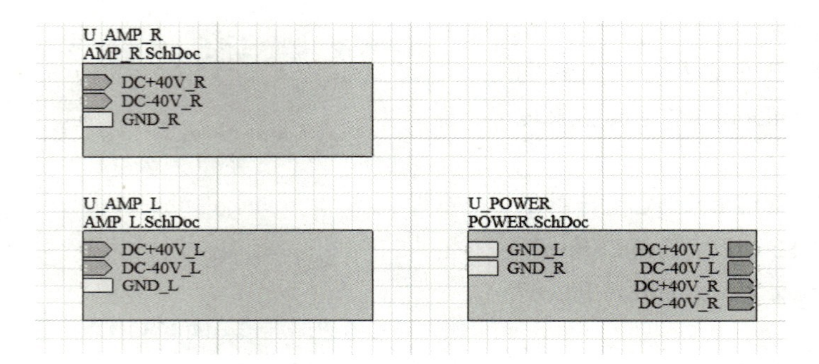

图 6-16　生成 3 个图表符

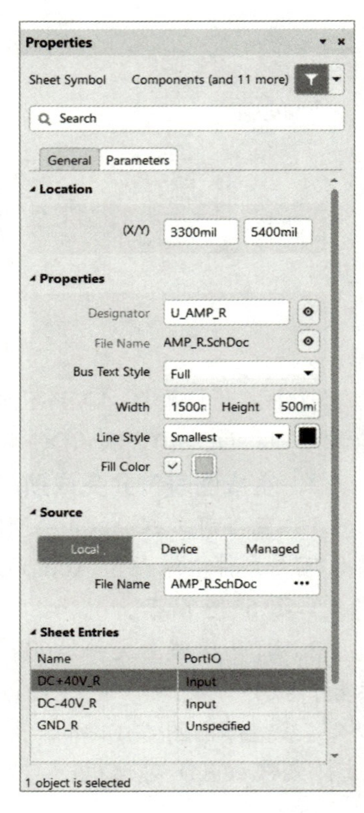

图 6-17　“Sheet Symbol”属性设置

6）单击图表符，则在其边框会出现一些绿色的小方块，拖动这些小方块，可以改变图表符的形状和大小。

7）单击图纸入口，拖动到合适的位置处，以便于连线。调整后的图表符及图纸入口如图 6-18 所示。

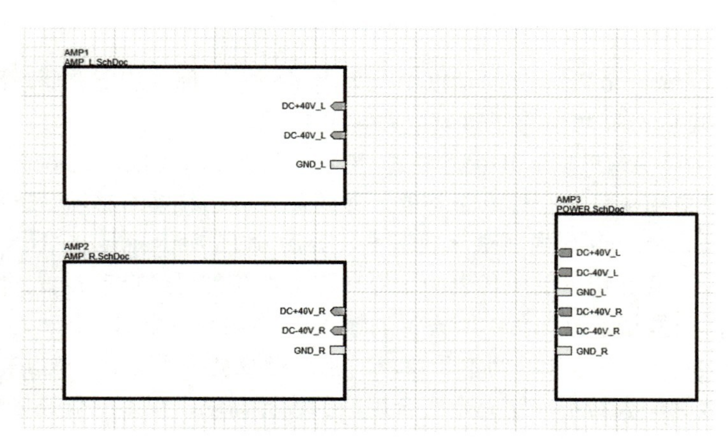

图 6-18　调整后的图表符及图纸入口

📖 图纸入口与相应子原理图中的端口应该是匹配的。不匹配时，可执行“设计”→“同步图纸入口和端口”命令来进行同步匹配。若已完全匹配，执行该命令后，会出现图 6-19 所示的提示窗口。

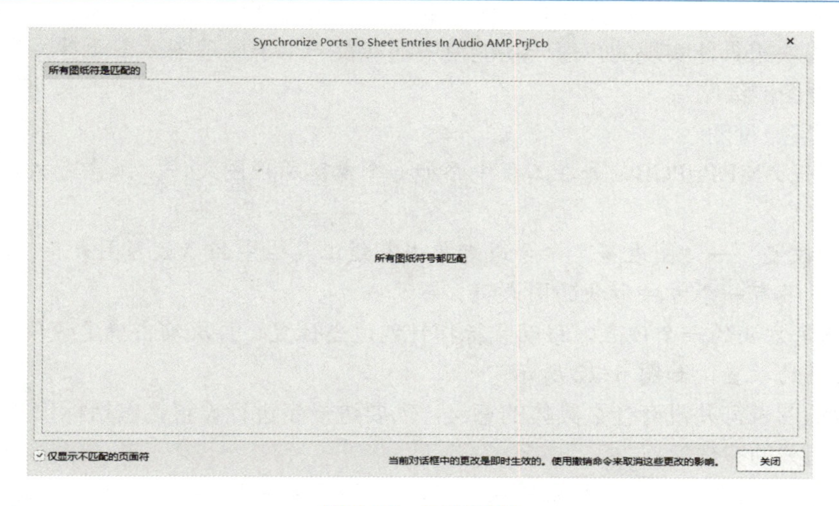

图 6-19　同步匹配

8）单击布线工具栏中的“放置线”按钮，将对应的图纸入口进行连接，完成顶层原理图，如图 6-20 所示。

9）对工程 Audio AMP.PrjPCB 进行编译后，各个原理图之间的逻辑关系被识别。此时，在“Projects”面板上，显示出了工程的层次结构，如图 6-21 所示。

至此，采用自下而上的层次设计方法，完成了双声道极高保真音频功放的整体系统设计。

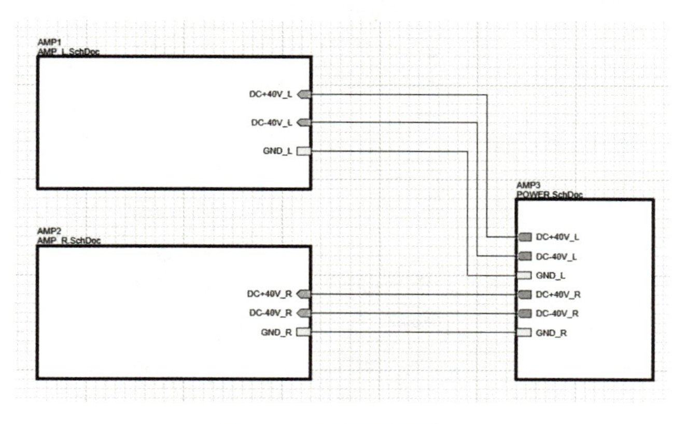

图 6-20　顶层原理图

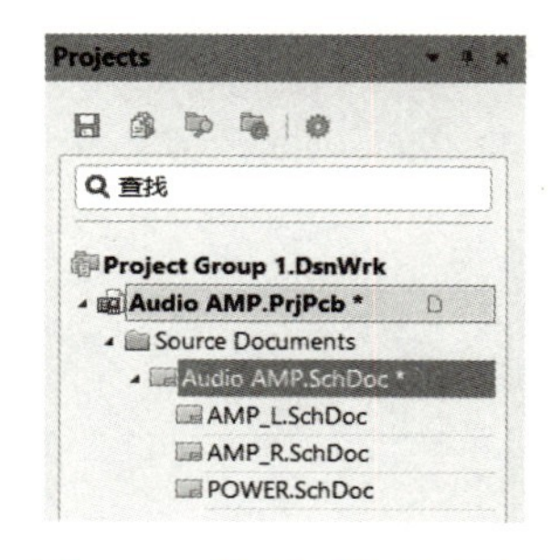

图 6-21　编译后的层次结构

6.2.2 自上而下的层次设计

所谓自上而下的层次设计，其设计顺序刚好与自下而上相反，即先绘制出顶层的原理图，然后由顶层原理图中的图表符来生成与之相对应的子原理图文件或 HDL 文件，并完成子原理图文件或 HDL 文件的具体设计。

下面仍然以双声道极高保真音频功放系统的电路设计为例，简要介绍自上而下进行层次设计的操作步骤。

例 6-2

【例 6-2】 自上而下的层次设计（双声道极高保真音频功放系统）

根据前面的设计，双声道极高保真音频功放系统是由左声道、右声道以及电源 3 个功能模块来具体实现的，每一功能模块都涉及一个子原理图。下面首先完成顶层原理图的绘制。

1. 绘制顶层原理图

1）新建工程 AMP.PrjPCB，并在工程中添加一个电路原理图文件，保存为 AMP.SchDoc，并设置好图纸参数。

2）执行“放置”→“图表符”命令或者单击布线工具栏中的“放置图表符”按钮，光标变为十字形，并带有一个方块形状的图表符。

3）单击确定方块的一个顶点，移动鼠标指针到适当位置，再次单击确定方块的另一个顶点，即完成了图表符的放置，如图 6-22 所示。

此时放置的图表符并没有什么具体的意义，需要进一步进行设置，包括标识、所代表的下层文件以及一些相关的参数等。

4）双击所放置的图表符（或在放置状态下，按〈Tab〉键），在打开的“Sheet Symbol”属性（Properties）面板中进行设置。

5）在“Designator”文本框中输入图表符标识 AMP1，在“File Name”文本框中输入所代表的子原理图文件名 Channel_L，还可设置是否隐藏以及是否锁定等，如图 6-23 所示。

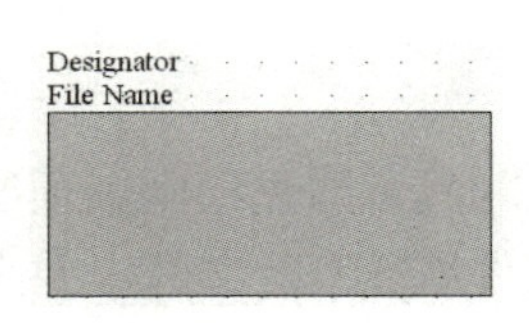

图 6-22 放置图表符

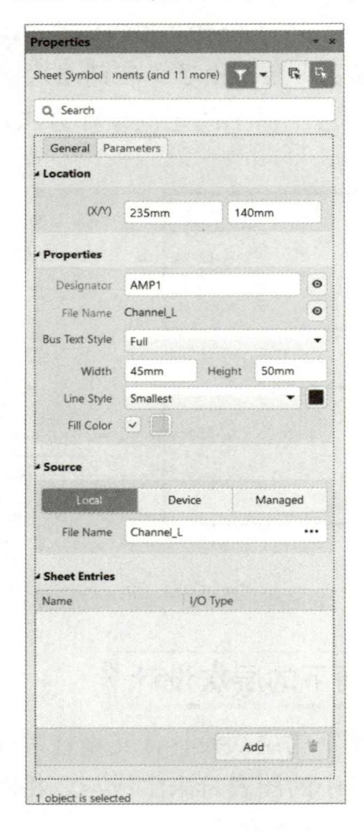

图 6-23 设置标识及文件名

6）设置后的图表符如图 6-24 所示。

7）按照同样的操作，放置另外两个图表符，并设置好相应的属性，如图 6-25 所示。

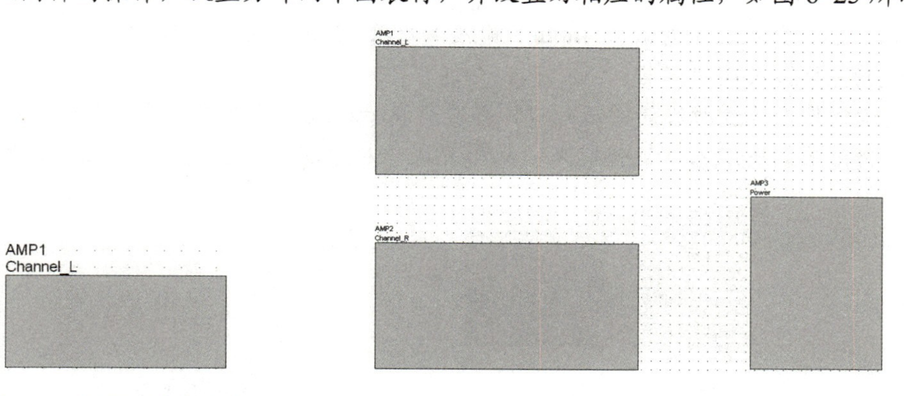

图 6-24　设置后的图表符　　　　图 6-25　放置 3 个图表符

8）执行“放置”→“添加图纸入口”命令或者单击布线工具栏中的“放置图纸入口”按钮，光标变为十字形，并带有一个图纸入口的虚影。

9）移动鼠标指针到图表符的内部，图纸入口清晰出现，沿着图表符内部的边框，随鼠标指针的移动而移动。在适当的位置单击鼠标即完成放置。连续操作，可放置多个图纸入口，如图 6-26 所示。

图纸入口是上层图与下层子文件之间进行电气连接的重要通道，只允许放置在图表符的边缘内侧。每一个图纸入口都要与下层子文件中的一个输入/输出端口相对应，包括名称、类型等，因此，需要对所放置的图纸入口进行相应的属性设置。

10）双击放置的图纸入口（或在放置状态下，按〈Tab〉键），在打开的“Sheet Entry”属性（Properties）面板可以设置图纸入口的相关属性，如图 6-27 所示。

图 6-26　放置图纸入口

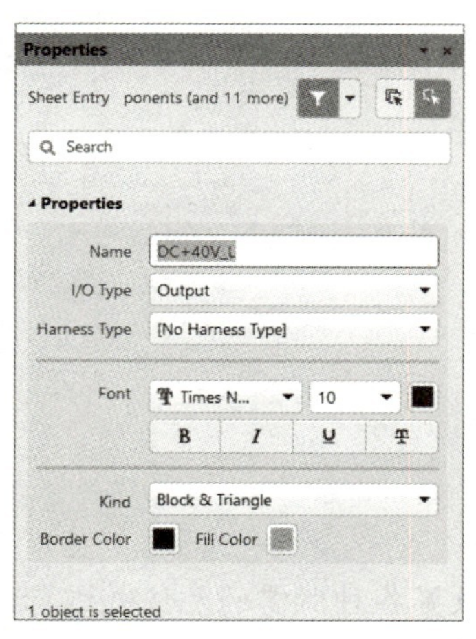

图 6-27　“Sheet Entry”属性设置

本例需要设置的属性主要有如下两项。

- Name：该文本栏用来输入图纸入口的名称，该名称应该与子文件中相应的端口名称一致。

这里输入为 DC+40V_L。

- I/O Type：用来设置图纸入口的输入/输出类型，即信号的流向。有 4 种选择：Unspecified（未定义）、Output（输出）、Input（输入）以及 Bidirectional（双向）。本例设置为 Input。

11）设置完毕，关闭对话框。

12）连续操作，放置所有的图纸入口，并进行属性设置。调整图表符及图纸入口的位置，最后使用导线将对应的图纸入口连接起来，从而完成顶层原理图的绘制，如图 6-28 所示。

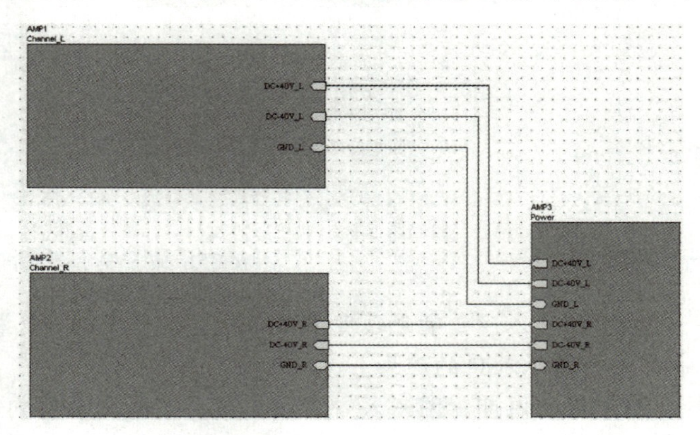

图 6-28　绘制的顶层原理图

2. 产生图纸并绘制子原理图

1）执行“设计”→“产生图纸”命令，光标变为十字形，移动鼠标指针到某一图表符内部，如 AMP1。

2）单击图表符后，系统自动生成了一个新的原理图文件，名称为 Channel_L.SchDoc，与相应图表符所代表的子原理图文件名一致，同时在该原理图中放置了与图纸入口相对应的输入/输出端口，如图 6-29 所示。

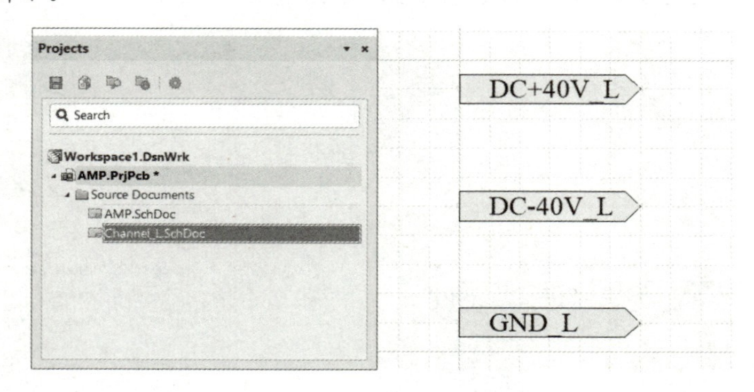

图 6-29　生成子原理图

3）放置各种所需的元件并进行设置、连接，完成子原理图 Channel_L.SchDoc 的绘制，如图 6-10 所示。

4）同样，由另外两个图表符 Channel_R、Power，可以生成对应的两个子原理图文件 Channel_R.SchDoc 和 Power.SchDoc，绘制完成后，分别如图 6-11、图 6-12 所示。

一般来说，自上而下和自下而上的层次设计方式都是切实可行的，用户可以根据自己的习惯和具体设计需求进行选择。

6.3 层次式原理图的层次切换

如果层次式原理图的层次较多，结构会变得较为复杂。为了便于用户在复杂的层次之间进行切换，Altium Designer 系统提供了专用的切换命令，可实现多张原理图的同步查看和编辑。

【例 6-3】 层次之间的切换

例 6-3

下面以双声道极高保真音频功放系统为例，使用层次切换的命令，来完成层次之间的切换。

1）打开工程 Audio AMP.PrjPCB。

2）在顶层原理图 Audio AMP.SchDoc 中，执行“工具”→“上/下层次”命令，或者单击原理图标准工具栏中的 按钮，光标变为十字形。

3）移动鼠标指针到某一图表符（如 AMP3）处，放在某一个图纸入口（如 DC+40V_L）上单击鼠标，对应的子原理图 POWER.SchDoc 被打开，显示在编辑窗口中，具有相同名称的输入端口 DC+40V_L 处于高亮显示的状态，其余对象则处于掩膜状态。此时，光标仍为十字形，处于切换状态中，如图 6-30 所示。

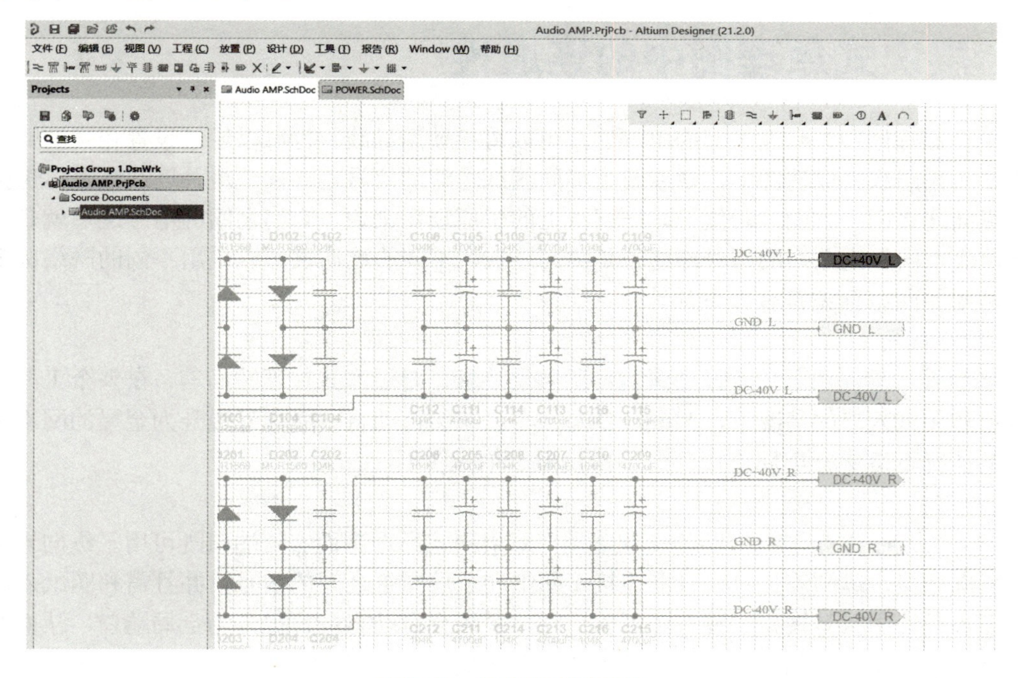

图 6-30 切换到子原理图

4）若移动鼠标指针到某一端口（如 DC+40V_R）上单击鼠标，则返回顶层原理图 Audio AMP.SchDoc 中，具有相同名称的图纸入口被高亮显示，其余对象处于掩膜状态，如图 6-31 所示。

📖 切换状态下，只需在端口或图纸入口上单击鼠标，即可在层次之间来回切换。如果用户需要对打开的某一原理图文件进行查看或编辑，可先右击退出切换状态，再单击即可恢复正常显示。

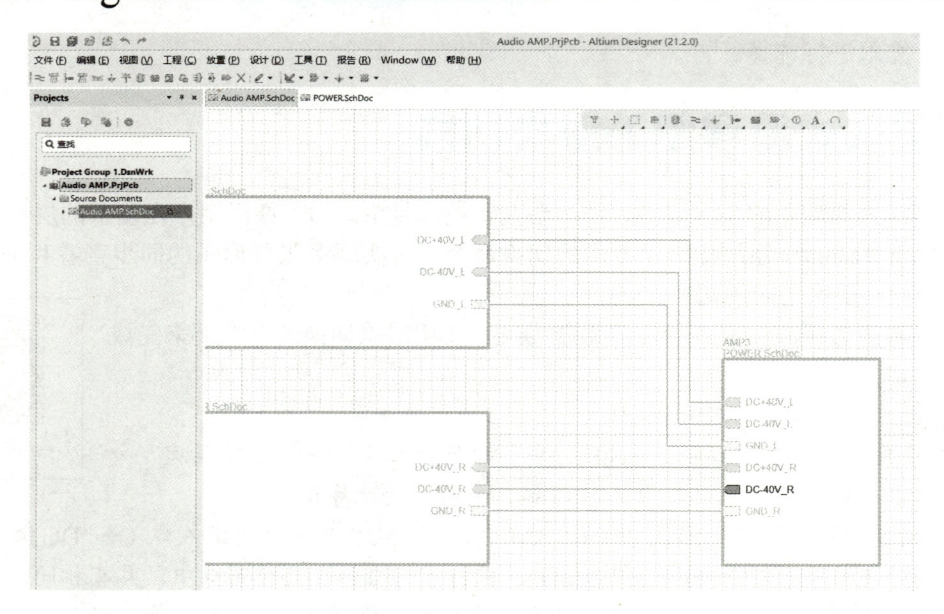

图 6-31　切换回顶层原理图

6.4　层次式原理图中的连通性

在单个原理图中，两点之间的电气连接可以直接使用导线，也可以通过设置相同的网络标号来完成，而在层次式原理图中，则涉及了不同图纸之间的信号连通性。这种连通性具体包括横向连接和纵向连接两个方面：对位于同一层次上的子原理图来说，它们之间的信号连通就是一种横向连接，而不同层次之间的信号连通则是纵向连接。不同的连通性可以采用不同的网络标识符来实现，常用的网络标识符有如下几种。

1. 网络标号

网络标号一般仅用于单个原理图内部的网络连接。对层次式原理图而言，在整个工程中完全没有端口和图纸入口的情况下，Altium Designer 系统会自动将网络标号提升为全局的网络标号，在匹配的情况下可进行全局连接，而不再仅限于单张图纸。

2. 端口

端口主要用于多张图纸之间的交互连接。对层次式原理图而言，端口既可用于纵向连接，也可用于横向连接。纵向连接时，只能连接子图纸和上层图纸之间的信号，并且需和图纸入口匹配使用；而当设计中只有端口、没有图纸入口时，系统会自动将端口提升为全局端口，从而忽略多层次的结构，把工程中的所有匹配端口都连接在一起，形成横向连接。

> 打开某一 PCB 工程，执行“工程”→“工程选项”命令，在打开的“Options for PCB Project”对话框中选择“Options”选项卡，若将“网络识别符范围”设置为 Global（Netlabels and ports global）（见图 6-32），网络标号与端口都会以水平方式，在全局范围内连接到相匹配的对象。

3. 图纸入口

图纸入口只能位于图表符内，且只能纵向连接到图表符所调用的下层文件的端口处。

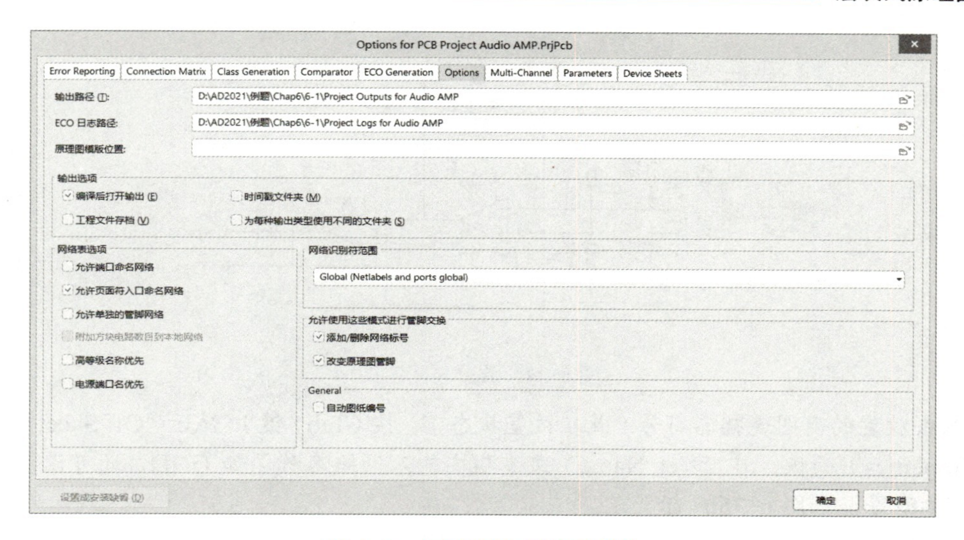

图 6-32　网络识别符范围设置

4. 电源端口

不管工程的结构如何，电源端口总是会全局连接到工程中的所有匹配对象处。

5. 离图连接

若在某一图表符的文件名文本框内输入多个子原理图文件的名称，并用分号隔开，即能通过单个图表符实现对多个子原理图的调用，这些子原理图之间的网络连接可通过离图连接来实现。

【例 6-4】 单个图表符调用多个子原理图

例 6-4

USB 数据采集系统是一个层次式原理图工程 USB.PrjPcb。本例将在顶层原理图 Mother.SchDoc 中采用单个图表符完成对 4 个子原理图 Sensor1.SchDoc、Sensor2.SchDoc、Sensor3.SchDoc 和 Cpu.SchDoc 的调用。

1）打开顶层原理图 Mother.SchDoc，单击布线工具栏中的“放置图表符”按钮，放置一个图表符。双击该图表符打开“Properties”面板设置属性，在“Designator”文本框中输入 USB，在“File Name”文本框中输入要调用的 4 个子原理图的文件名称，并以分号隔开。

2）单击布线工具栏中的“放置图纸入口”按钮，放置一个图纸入口，作为信号输入口。双击该图纸入口打开“Properties”面板设置属性。在“Name”文本框中输入“signal input”，“I/O Type”设置为“Input”，并且为了避免编译出错，在图纸入口处放置了一个“通用 No ERC 标号”。设置后的图表符如图 6-33 所示。

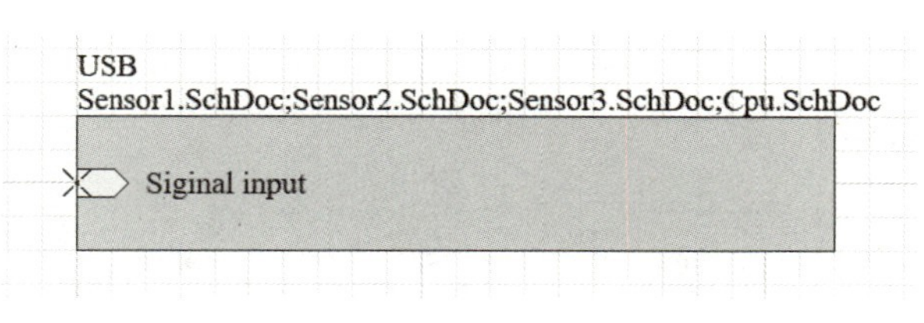

图 6-33　设置后的图表符

3）打开子原理图 Sensor2.SchDoc，将原有的端口 Port2 和 GND 去除。执行“放置”→“离图连接器”命令，光标变为十字形，并带有一个离图连接符号，按〈Space〉键可调整其方向。移动鼠标指针到原来的端口位置处，当出现红色米字标志时，单击鼠标进行放置，如图 6-34 所示。

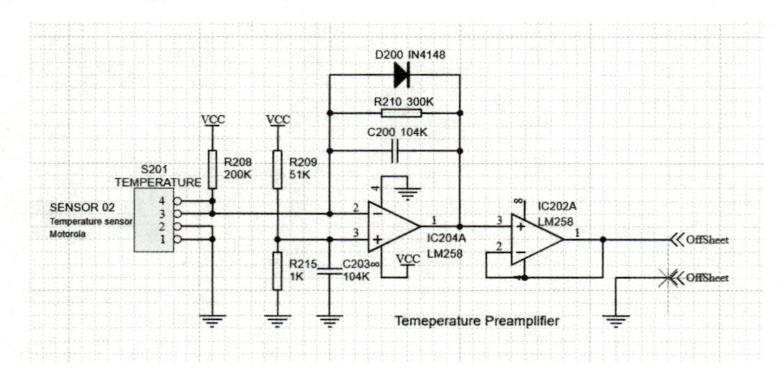

图 6-34　放置离图连接

4）双击放置的离图连接器符号（或在放置状态下，按〈Tab〉键），显示“Off Sheet Connector”属性（Properties）面板。在“Net Name”文本框内输入网络名称，如 GND，还可设置放置方向及颜色、类型等，如图 6-35 所示。

5）设置后的子原理图 Sensor2.SchDoc 如图 6-36 所示。

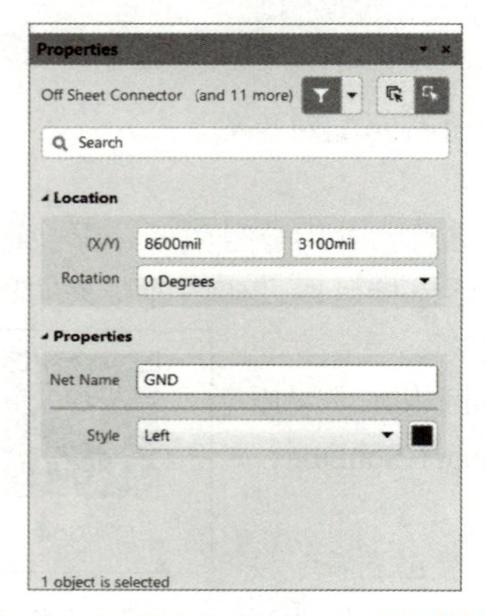

图 6-35　“Off Sheet Connector”属性面板

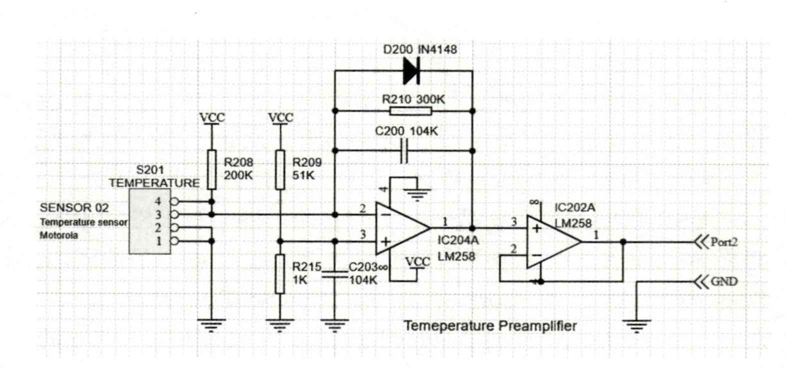

图 6-36　设置后的子原理图 Sensor2.SchDoc

6）同样的操作，将子原理图 Sensor1.SchDoc 中的端口 Port1 和 GND、子原理图 Sensor3.SchDoc 中的端口 Port3 和 GND 以及 Cpu.SchDoc 中的端口 Port1、Port2、Port3 和 GND 都用离图连接代替，设置后的各个子原理图分别如图 6-37、图 6-38、图 6-39 所示。

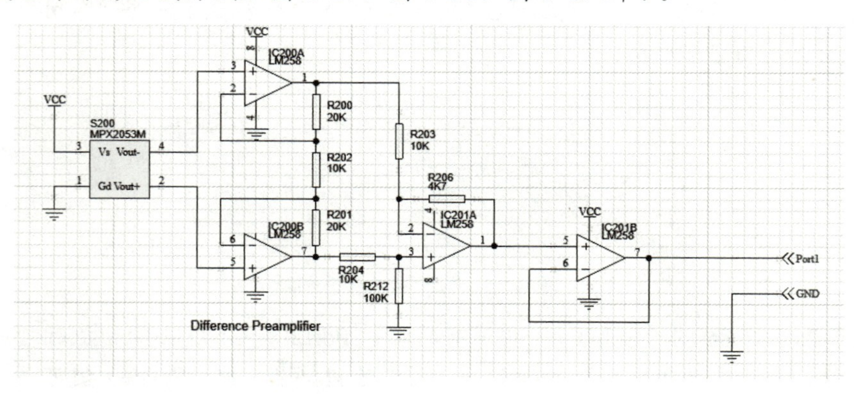

图 6-37　设置后的子原理图 Sensor1.SchDoc

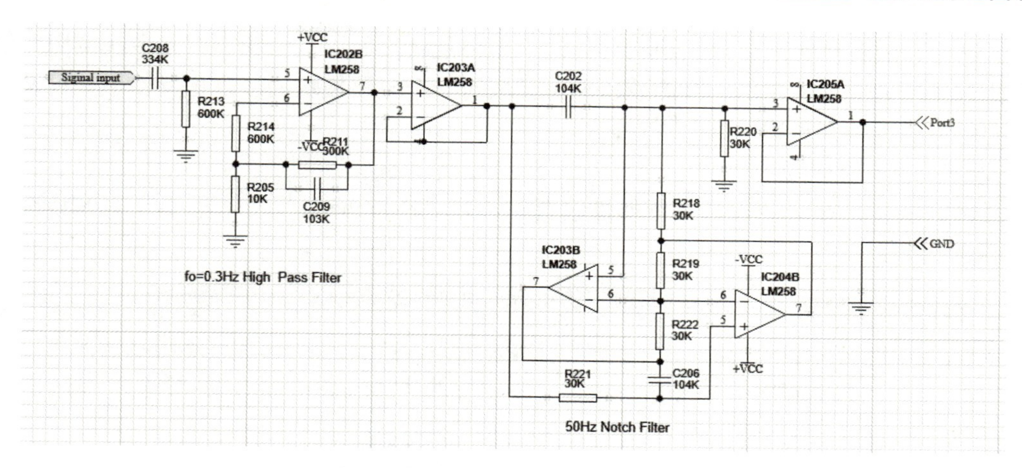

图 6-38　设置后的子原理图 Sensor3.SchDoc

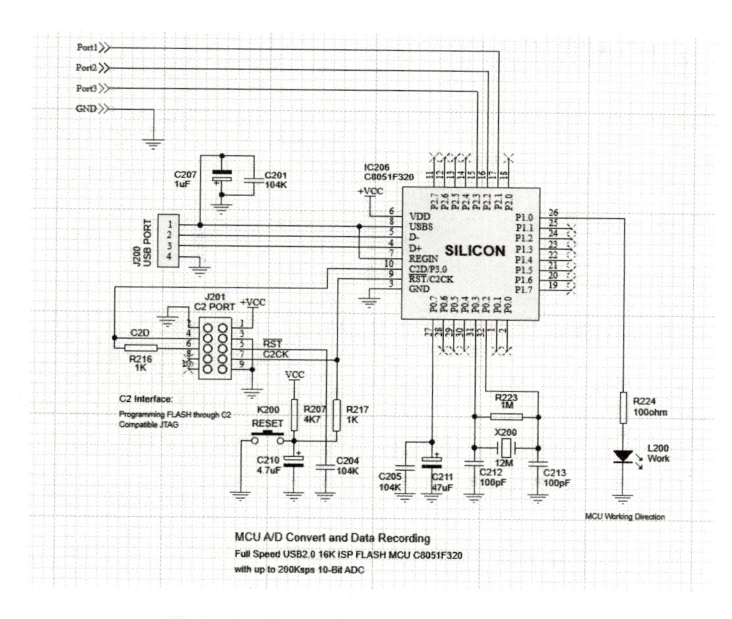

图 6-39　设置后的子原理图 Cpu.SchDoc

7）完成后，对工程 USB.PrjPcb 重新进行编译，未见错误信息显示，表明设置正确。

📖 离图连接器扩展了图表符可调用的图纸范围，但是该网络识别符仅限于被单个的图表符所调用的一组子图纸之间的连接，一般情况下不能用于其他的网络连接。

除了以上几种网络识别符，还可使用信号线束（Signal Harnesses）进行图纸内或跨图纸的连接，使设计更为方便。

6.5　多通道设计

层次式原理图中，有时会遇到需要重复使用同一个电路模块的情况，这就是所谓的多通道设计。多通道设计的具体实现可以采用两种方法：一种是直接使用多个图表符来多次调用，这是常规的设计方法；另一种是使用一个图表符即可完成对一个电路模块的多次重复使用，只是，此时图表符的标识需要特别设置。

1. 图表符标识的设置

第二种方法中，在对图表符进行属性设置时，在“Designator”文本框中要输入具有如下格式的 Repeat 语句：

```
Repeat(SheetSymbolDesignator, FirstInstance, LastInstance)
```

其中，SheetSymbolDesignator 是图表符的本来标识，FirstInstance 和 LastInstance 则用于定义重复使用的次数，即通道数，FirstInstance 一般定义为 1，LastInstance 一般定义为通道数，如图 6-40 所示。

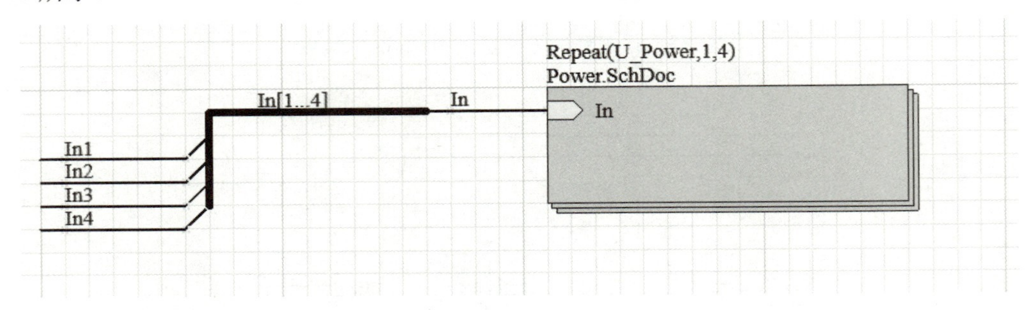

图 6-40　图表符的设置

图 6-40 中图表符的标识被设置为 Repeat(U_Power,1,4)，意味着这个图表符可实现对子原理图模块 U_Power.SchDoc 的 4 次使用。这里，图纸入口的名称也被设置为 REPEAT（端口名）的形式，包含了 Repeat 关键字，意味着 4 次使用子原理图 U_Power.SchDoc 时，子原理图 U_Power.SchDoc 中的端口 In 都是被单独引出的，并以总线方式连接到其他接口上。总线网络 In[1..4]中的每一条线连接一个子原理图，即一个通道，In1 连接到通道 1，In2 连接到通道 2……，依次类推。

2. 设置 Room 和元件标识符的命名方式

当设计被编译时，系统会为每一个通道中的每个元件分配唯一的标识符，进而映射到 PCB 文件中。

借助于同步命令，可将多通道设计中的元件导入 PCB 文件，在此过程中，系统会自动为每一个通道建立一组元件，每组元件有一个 Room，并将元件都置于 Room 之中，为布局做准备。这样，在对一个通道进行布局、布线后，通过执行“设计”→“Room”→“拷贝 Room 格式”命令，即可将该通道的布局布线复制到另一个通道中。

执行“工程”→“工程参数”命令，在打开的“Options for PCB Project”对话框中选择“Multi-Channel”选项卡，可设置 Room 和元件标识符的命名方式，如图 6-41 所示。

在“Room 命名类型”的下拉列表中提供了 5 种可用的 Room 命名方式，包括两种平行化和 3 种层次化类型，可根据具体情况加以设置。当选择层次化类型时，还可使用“路径层级分隔符”来指定用于分隔路径信息的字符或符号。

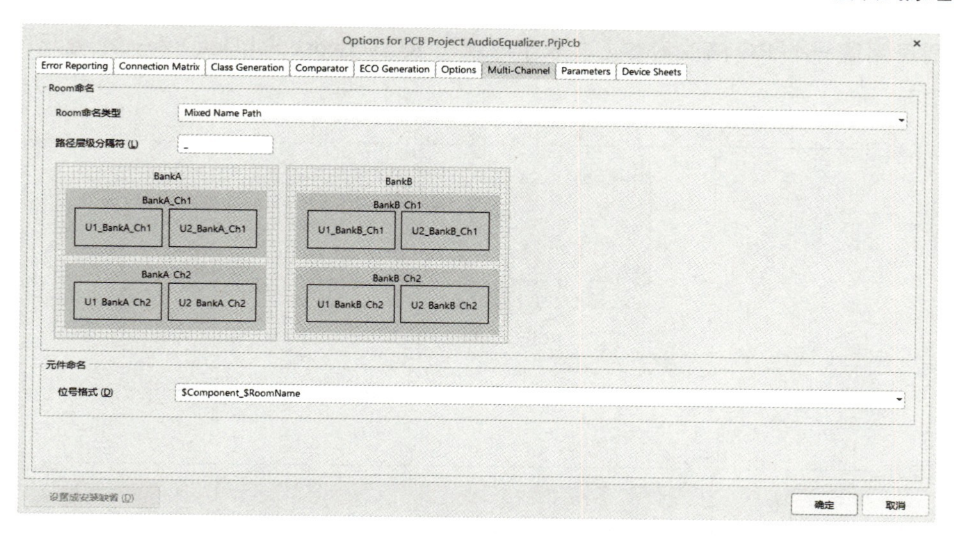

图 6-41　设置 Room 和元件标识符的命名方式

在“位号格式”的下拉列表中提供了 8 种预定义的元件标识符命名方式，包括 5 种平行方式和 3 种分层方式，供用户选择设置。此外，用户还可以使用一些关键词，直接在文本框中自定义元件标识符的命名方式。

当在设计中需要用到多个功能相同、结构相同，但器件参数值并不相同的电路模块时，还可使用参数的多通道设计功能。先设计一个具有通用参数的电路模块子原理图，使用图表符调用时再来指定各模块的具体器件参数值。

下面，以系统自带的工程 AudioEqualizer.PrjPcb 为例，介绍参数多通道设计的具体过程，该工程是一个有 10 个均衡频点的立体声音频均衡系统。

例 6-5

【例 6-5】 参数多通道设计

1）打开工程 AudioEqualizer.PrjPcb，如图 6-42 所示，该工程是一个两级层次结构。

2）打开顶层原理图 EqualizerTop.SchDoc，有 10 个与子原理图 EqualizerChannel.SchDoc 对应的图表符，具有相同的逻辑结构，但分别应用于不同的频点，如图 6-43 所示。

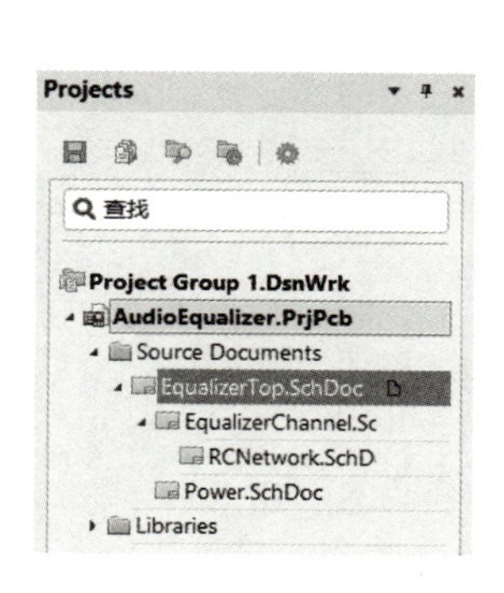

图 6-42　打开工程 AudioEqualizer.PrjPcb

图 6-43　与子原理图 EqualizerChannel.SchDoc 对应的图表符

3）打开子原理图 EqualizerChannel.SchDoc。由两个完全相同的左通道和右通道电路组成，各通道中分别用到了一个 RC 陷波网络（二级子原理图 RCNetwork.SchDoc）和一个电压跟随器，如图 6-44 所示。

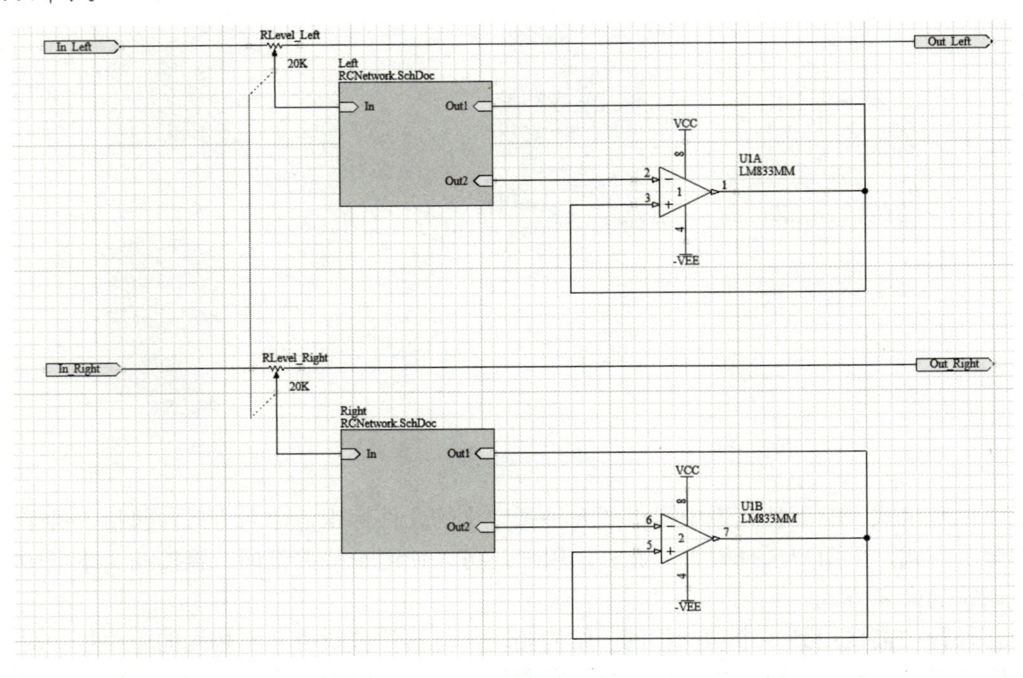

图 6-44　子原理图 EqualizerChannel.SchDoc

4）打开二级子原理图 RCNetwork.SchDoc，如图 6-45 所示。该网络由两个电阻和两个电容组成，每个元件的值都是一个表达式，如 C2_Value，并没有设定具体的数值。

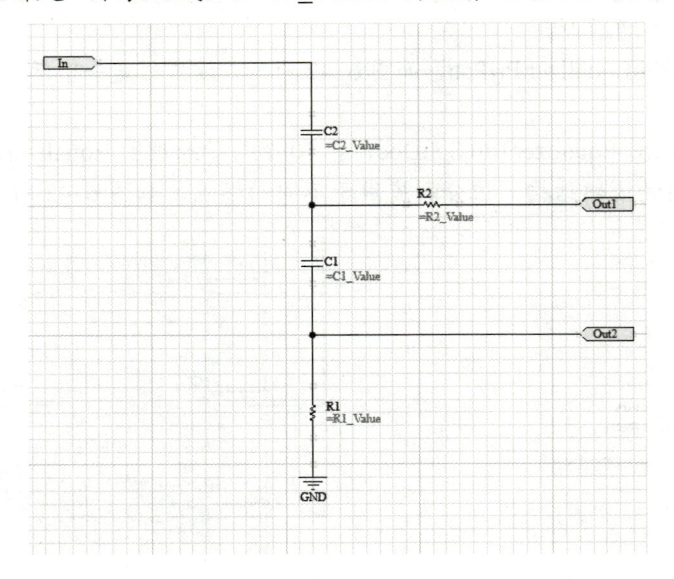

图 6-45　子原理图 RCNetwork.SchDoc

5）在顶层原理图 EqualizerTop.SchDoc 中，双击任一个与子原理图 EqualizerChannel.SchDoc

对应的图表符。在打开的“Sheet Symbol”属性（Properties）面板中，选择“Parameters”选项卡，可以看到对应于子原理图的元件具体数值作为图表符的参数被追加在了“Parameters”选项卡中，如图 6-46 所示。

6）执行“工具”→“参数管理器”命令，在打开的“参数编辑选项”对话框中，只选择“页面符”，如图 6-47 所示。

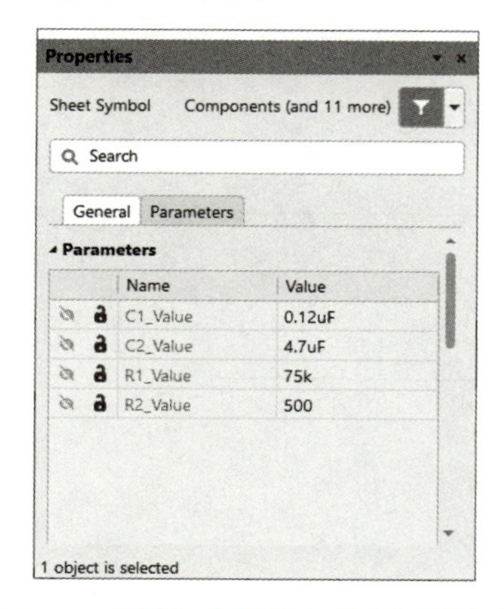

图 6-46　元件具体数值作为页面符参数

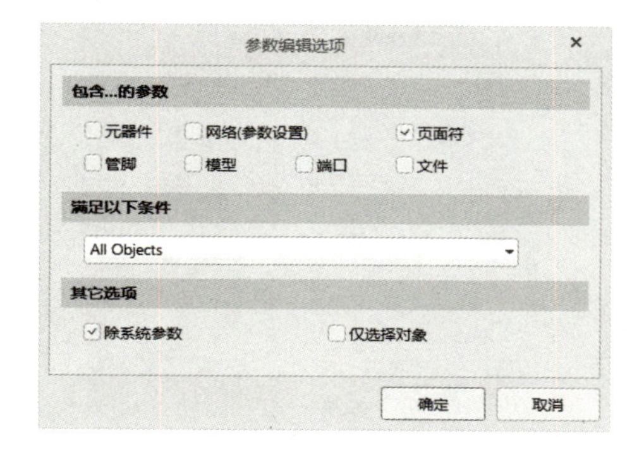

图 6-47　“参数编辑选项”对话框

7）单击“确定”按钮后，系统弹出“Parameter Table Editor For Project”对话框，显示了该工程中所有图表符的参数，如图 6-48 所示。

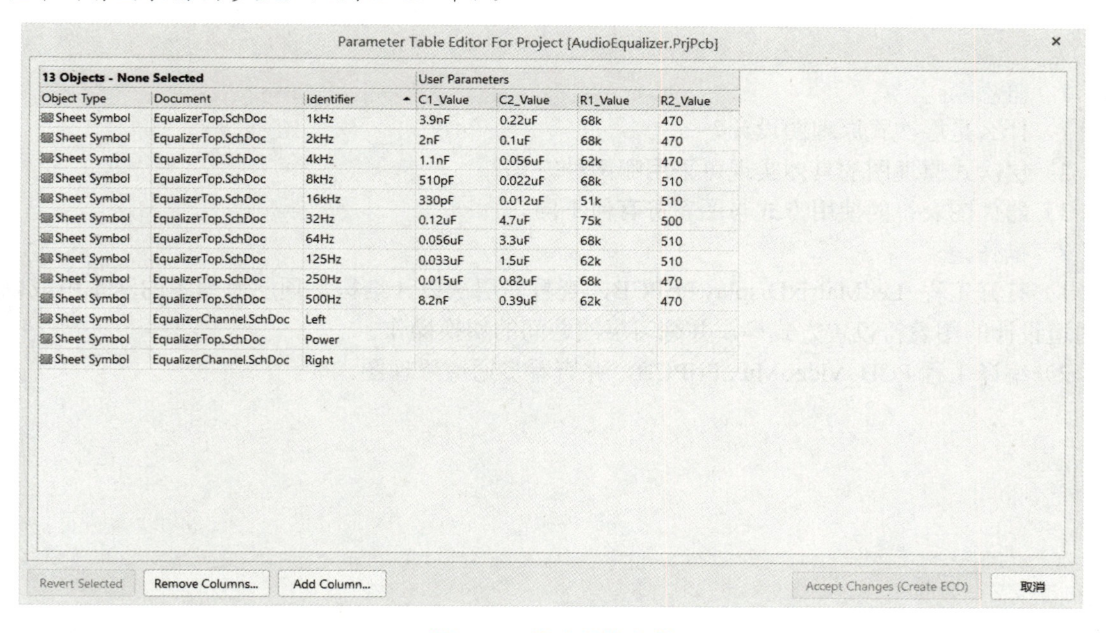
Parameter Table Editor For Project [AudioEqualizer.PrjPcb]

13 Objects - None Selected			User Parameters			
Object Type	Document	Identifier	C1_Value	C2_Value	R1_Value	R2_Value
Sheet Symbol	EqualizerTop.SchDoc	1kHz	3.9nF	0.22uF	68k	470
Sheet Symbol	EqualizerTop.SchDoc	2kHz	2nF	0.1uF	68k	470
Sheet Symbol	EqualizerTop.SchDoc	4kHz	1.1nF	0.056uF	62k	470
Sheet Symbol	EqualizerTop.SchDoc	8kHz	510pF	0.022uF	68k	510
Sheet Symbol	EqualizerTop.SchDoc	16kHz	330pF	0.012uF	51k	510
Sheet Symbol	EqualizerTop.SchDoc	32Hz	0.12uF	4.7uF	75k	500
Sheet Symbol	EqualizerTop.SchDoc	64Hz	0.056uF	3.3uF	68k	510
Sheet Symbol	EqualizerTop.SchDoc	125Hz	0.033uF	1.5uF	62k	510
Sheet Symbol	EqualizerTop.SchDoc	250Hz	0.015uF	0.82uF	68k	470
Sheet Symbol	EqualizerTop.SchDoc	500Hz	8.2nF	0.39uF	62k	470
Sheet Symbol	EqualizerChannel.SchDoc	Left				
Sheet Symbol	EqualizerTop.SchDoc	Power				
Sheet Symbol	EqualizerChannel.SchDoc	Right				

图 6-48　图表符的参数

显然，调用子原理图 EqualizerChannel.SchDoc 的 10 个图表符的参数，即所对应的 RC 网络中元件 C1、C2、R1、R2 的数值是各不相同的。

8）编译工程，系统将对元件值进行更新，每一个 RC 网络中的元件值会被更新为相应图表符的参数值，可在编译后打开 “Navigator” 面板进行查看。或者，双击打开任一 RC 网络，在编辑窗口中查看，如图 6-49 所示。

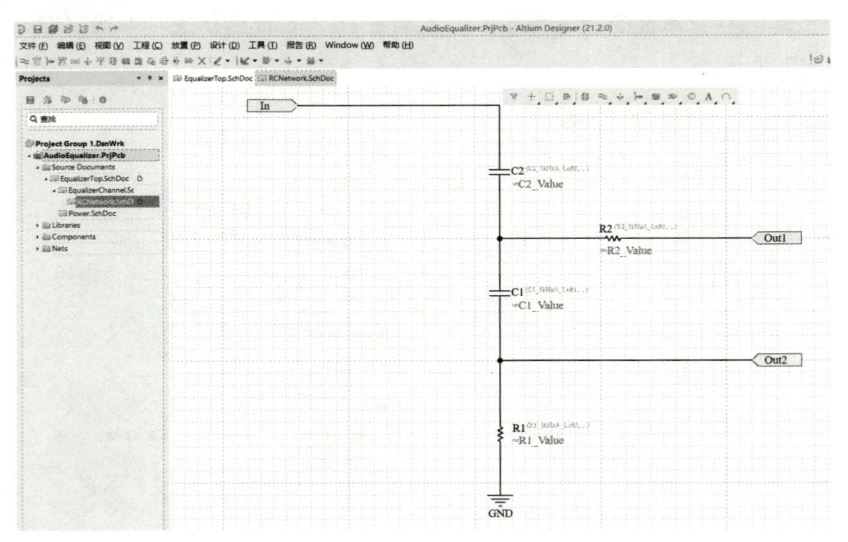

图 6-49　更新参数值

6.6　思考与练习

1. 概念题

1）什么是层次式原理图设计？

2）层次式原理图的具体实现可采用哪两种方式？

3）器件图表符的使用方式与图表符有何不同？

2. 操作题

1）打开工程 LedMatrixDisplay.PrjPCB，查看其层次设计结构、顶层原理图的基本组成以及多通道设计的图表符设置方式等，并练习层次之间的切换操作。

2）编译工程 PCB_VideoMux.PrjPCB，并查看多通道原理图。

第7章　电路原理图设计进阶

通过前面章节的学习，相信读者对于 Altium Designer 的原理图编辑环境已经有了一个初步的了解，而且能够使用 Altium Designer 完成一般电路原理图的绘制及其相关的基本编辑操作。但是，具体到实际的电子产品开发系统，其相应的电路原理图是比较复杂的，对于这样的原理图，不管是绘制还是编辑，仅仅依靠前面所学的知识是不够的。在本章将继续介绍对原理图的一些高级编辑操作，以进一步提高原理图编辑水平。

7.1　特色工作面板

在一般电路原理图的绘制过程中，一些基本的编辑操作，如元件的选取、移动、排列、复制、粘贴、标识等，用户一般都要用到，只是在每次执行这些操作时，所涉及的元件数量不能太多。而对于复杂的大型原理图来说，有时会需要对大量的元件进行同步全局编辑，仅使用这些基本的编辑操作，则效率会很低。

针对这种情况，Altium Designer 提供了高级的编辑操作，以帮助用户高效完成编辑操作。在高级的编辑操作中要用到一些特色的工作面板，例如，“SCH Filter”（过滤器）面板、“SCH List”（列表）面板、“选择内存”面板等。

7.2　“SCH Filter”面板

一般将“SCH Filter”（过滤器）面板与“SCH List”（列表）面板结合起来使用，即采用“SCH Filter”面板进行更广范围的快速过滤查找，查找符合一定条件的对象，之后通过“SCH List”面板浏览查找的结果，并快速完成单个对象的属性编辑或多个对象属性的全局编辑。可查找多个具有相同或相似属性的对象，进而进行编辑或修改，对于编辑后的结果也能实时查看，既方便又灵活。

7.2.1　“SCH Filter”面板简介

执行“视图”→“面板”→“SCH Filter”命令；或者，单击右下角的“Panels”按钮，在弹出的菜单中选择“SCH Filter”，都可以打开该面板。

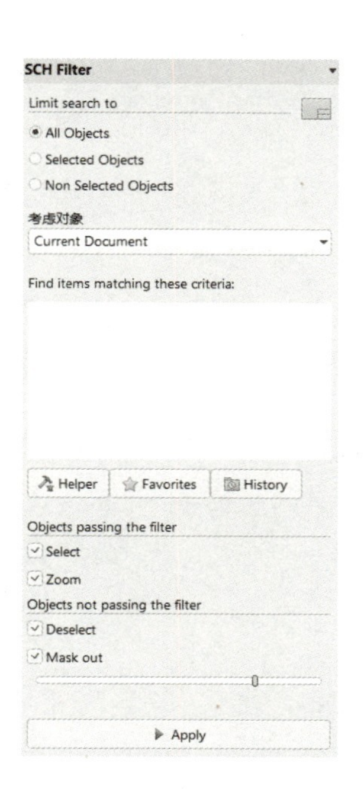

图 7-1　“SCH Filter”面板

打开的“SCH Filter”面板如图 7-1 所示。

1）Limit search to：用于设置过滤的对象范围，有 3 个单选按钮，系统默认为 All Objects。

- All Objects：全部对象。

- Selected Objects：仅限于选中对象。
- Non Selected Objects：仅限于未选中对象。

2）考虑对象：用于设置文件范围。单击下拉按钮▾，有 3 种设置可以选择。

- Current Document：当前文件（系统默认）。
- Open Documents：所有打开的原理图文件。
- Open Documents of the Same Project：同一工程中的所有已打开的原理图文件。

3）Find items matching these criteria：过滤语句输入栏，用来输入表示过滤条件的语句表达式。

- Helper：单击该按钮，会打开“Query Helper”对话框，帮助用户完成过滤语句表达式的输入。
- Favorites：单击该按钮，会打开“Expression Manager”对话框的“Favorites”选项卡，如图 7-2 所示，其中存放着一些常用的过滤语句表达式。
- History：单击该按钮，会打开“Expression Manager”对话框的“History”选项卡，如图 7-3 所示，其中存放了曾经使用过的所有过滤语句表达式。选中某一表达式后，单击“Apply Expression”按钮，可直接加入“SCH Filter”面板的过滤语句输入栏内，而不必重新再输入，大大提高了查找效率；而单击“Add To Favorites”按钮，则可将该表达式存入“Favorites”选项卡中。

4）Objects passing the filter：用于设置符合过滤条件的对象显示方式。

- Select：选中该复选框，条件匹配的对象被选中显示。
- Zoom：选中该复选框，条件匹配的对象被自动变焦显示。

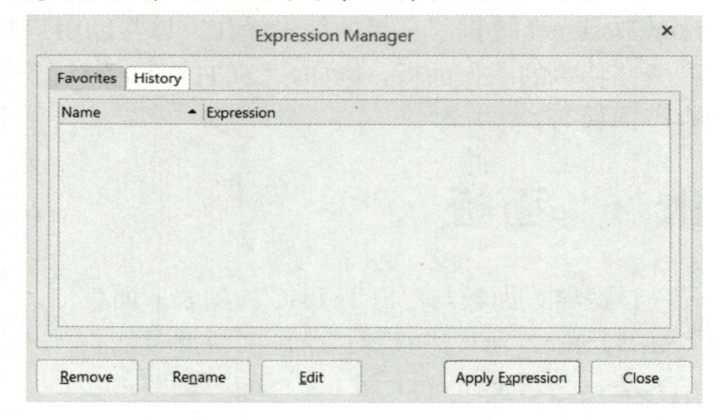

图 7-2 “Expression Manager”对话框的“Favorites”选项卡

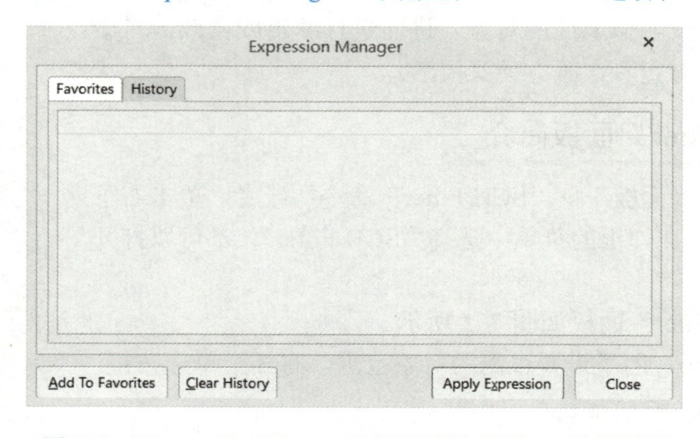

图 7-3 “Expression Manager”对话框的“History”选项卡

5）Objects not passing the filter：用于设置不符合过滤条件的对象显示方式。

- Deselect：选中该复选框，条件不匹配的对象被置于非选中状态。
- Mask out：选中该复选框，条件不匹配的对象被掩膜，即颜色变淡。

输入表示过滤条件的语句表达式，并且对“SCH Filter”面板进行相应的设置之后，单击“Apply”按钮，过滤器将按照过滤条件对当前设计文件进行过滤，符合条件的对象在编辑窗口内被选中，其余对象被掩膜。此时，只有被选中的对象处于活动状态，才可进行编辑操作，其余对象则被暂时锁定，不能进行编辑操作。

单击“原理图标准”工具栏中的按钮，即可取消过滤状态。

7.2.2 “Query Helper”对话框

单击“SCH Filter”面板上的 Helper 按钮后，弹出“Query Helper”对话框，如图 7-4 所示。

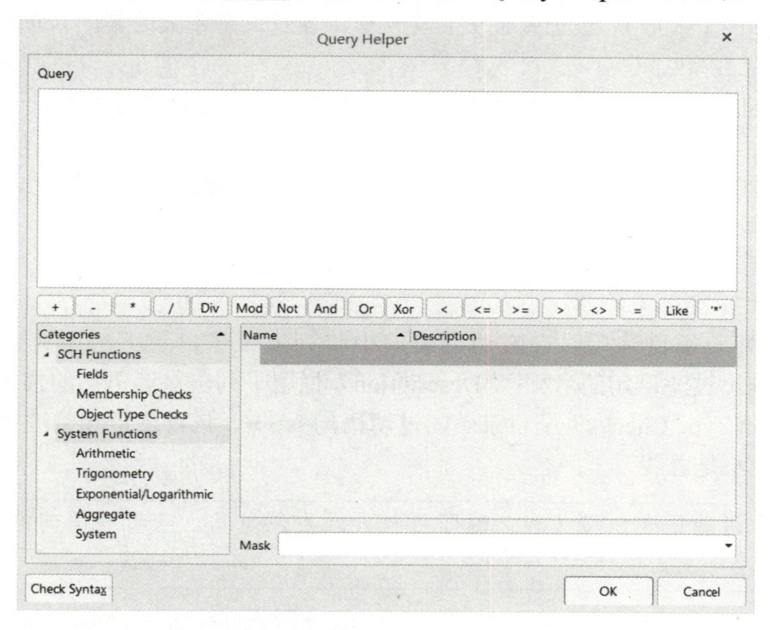

图 7-4 “Query Helper”对话框

1. “Query”选项组

该选项组用来输入和显示当前设置的过滤语句表达式。

用户可以直接使用键盘来输入语句，也可以在下面的语句列表区中选择相应语句，双击输入。

在“Query”选项组的下面有一排运算符、连接符按钮。其中，+、-、*、/表示加、减、乘、除；Div、Mod 表示整数除和求余；Not、And、Or、Xor 表示逻辑非、与、或、异或；<、<=、>=、>、<>、=表示小于、小于等于、大于等于、大于、不等于、等于；Like 表示近似；'*'则表示通配符。要输入某一符号，只需单击相应按钮即可。

过滤语句表达式输入完毕后，在使用之前应检查一下该表达式是否符合系统的语法要求，单击左下角的“Check Syntax”按钮，进行检查。

2. “Categories”选项组

“Categories”选项组是过滤语句的目录分类区，有两大主目录。

1）“SCH Functions”（原理图编辑器功能）：有以下 3 个子目录。

- Fields（域）：该子目录中主要包含了与原理图对象的属性参数有关的语句，如标识符、封装形式、排列方式、类型、位置、填充颜色、节点尺寸等。
- Membership Checks（成员检查）：该子目录中主要包含了判断对象从属关系的语句，如单位转换、对象中是否含有某一特定模型参数、是否含有某一引脚、是否位于某一特定元件中、是否位于某一特定图纸符号内等。
- Object Type Checks（对象类型检查）：该子目录中主要包含了对有关对象的类型进行判断的语句，如对象是不是圆弧、是不是总线、是不是元件、是不是节点等。

2）“System Functions”（系统功能）：有以下 5 个子目录。

- Arithmetic（算术）：该子目录中主要包含了各种算术运算，如取绝对值、四舍五入、取平方、开方等。
- Trigonometry（三角）：该子目录中主要包含了各种三角函数运算，如正弦、余弦、正切、余切、反正弦等。
- Exponential/Logarithmic（指数/对数）：该子目录中主要包含了各种指数、对数运算，如取自然对数、取以 2 为底的对数等。
- Aggregate（集合）：该子目录中主要包含了各种集合函数运算，如取最大值、取最小值、取平均值等。
- System（系统）：该子目录中主要包含了各种系统函数，如随机函数、字符串函数、长度函数、加 1、减 1 等。

选中上述的某一子目录后，在右边的窗口中将列出该子目录下的所有过滤语句。其中，“Name”栏用于列出过滤语句的名称；“Description”栏用于列出对该语句的描述或功能注释。

例如，“Object Type Checks”子目录下的过滤语句 IsBus，该过滤语句的注释为“Is the object a Bus”（该对象是不是总线）。

📖 选中任何一个过滤语句，按〈F1〉键即可打开网页浏览器，查看该语句的功能与用法，如图 7-5 所示。

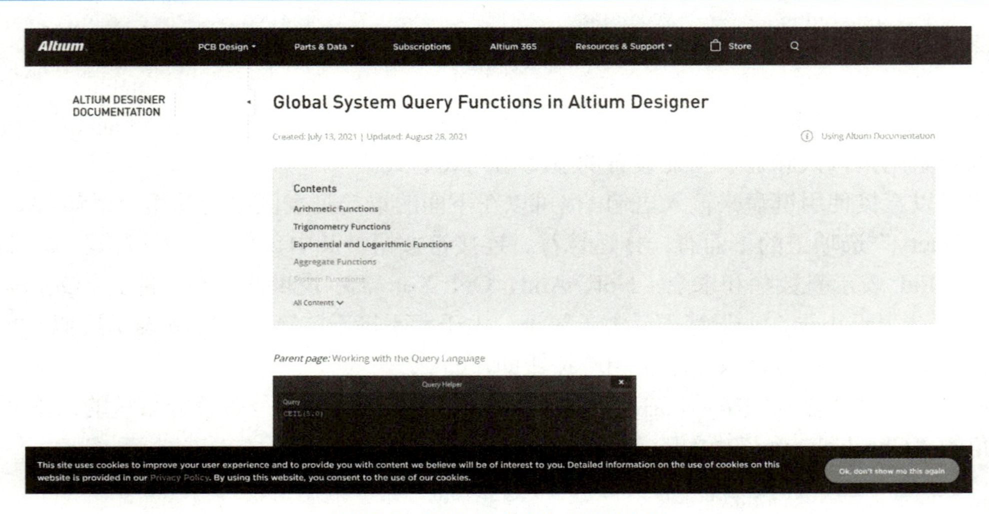

图 7-5　语句的功能与用法信息

7.2.3 “SCH Filter”面板的使用

在对“SCH Filter”面板和“Query Helper”对话框有了一定的了解之后，下面介绍如何使用“Query Helper”对话框建立一个过滤语句表达式，并以此作为过滤条件，通过“SCH Filter”面板进行过滤查找。

例 7-1

【例 7-1】 使用“SCH Filter”面板进行过滤查找

在当前的原理图文件 Output channel.SchDoc 中，查找封装形式为 RAD0.2 和 AXIAL0.4 的所有元件。

1）单击右下角的“Panels”按钮，在弹出的菜单中选择“SCH Filter”，打开“SCH Filter”面板，采用系统的默认设置。

2）单击 Helper 按钮，打开“Query Helper”对话框。

在“Query Helper”对话框中，由于查找条件与封装有关，因此可在“SCH Functions”目录下的“Fields”子目录中选择过滤语句。

3）选中“Fields”子目录，拖动窗口右侧的滚动条，找到“CurrentFootprint”（当前封装）语句，双击该语句后即可将它加载到“Query”文本框中。单击“Like”按钮，输入连接符 Like，单击 '*' 按钮，输入通配符'*'，并输入 RAD0.2。

这样就输入了第一条语句 CurrentFootprint Like ’RAD0.2*’，含义为：所有封装为 RAD0.2 的元件。按照同样的操作，输入第二条语句 CurrentFootprint Like ’AXIAL0.4*’，含义为：所有封装为 AXIAL0.4 的元件。

4）单击“Or”按钮，在两条语句之间加入一个逻辑运算符 Or 进行连接，如图 7-6 所示。

此时，完整的过滤语句表达式为：CurrentFootprint Like ’RAD0.2*’ Or CurrentFootprint Like ’AXIAL0.4*’，其含义为：如果元件封装为 RAD0.2 或 AXIAL0.4，那么该元件符合过滤条件。

5）单击“Check Syntax”按钮，对该表达式进行语法检查。如果正确无误，则系统弹出图 7-7 所示的提示框，表示没有语法错误。

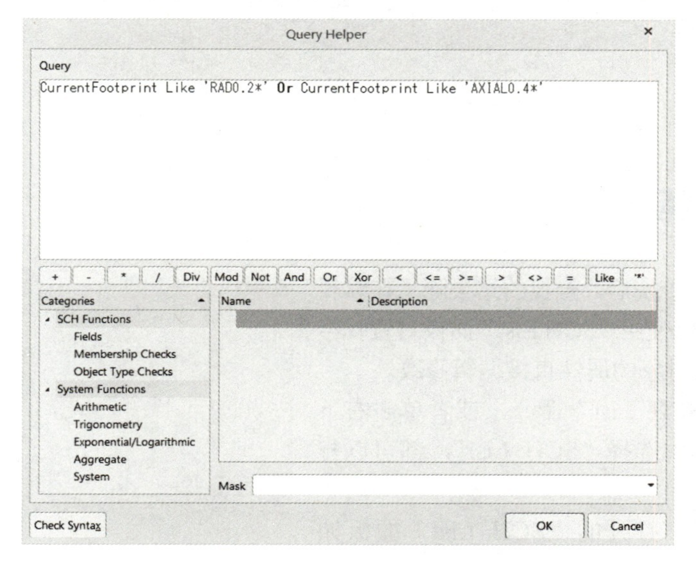

图 7-6 建立过滤语句表达式

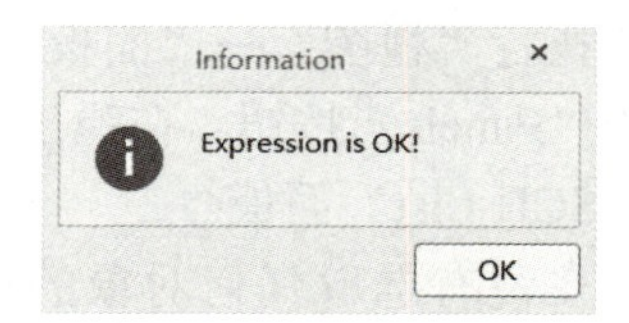

图 7-7 “Information”提示框

📖 如果有语法错误，系统同样会弹出一个提示框，提示用户修改过滤语句表达式或者重新输入。

6）单击“OK”按钮，关闭提示框。单击“Query Helper”对话框中的“OK”按钮，则“Query Helper”对话框关闭，同时过滤语句表达式 CurrentFootprint Like 'RAD0.2*' Or CurrentFootprint Like 'AXIAL0.4*'作为过滤条件加入到“SCH Filter”面板的过滤语句输入栏内，如图 7-8 所示。

7）单击“Apply”按钮，启动过滤查找，查找到的结果如图 7-9 所示，所有封装为 RAD0.2 或 AXIAL0.4 的元件均以高亮选中状态显示，而其他不符合过滤条件的对象都被掩膜显示。

📖 过滤语句表达式是帮助用户完成元件快速过滤查找的有力工具，用户可以借助于 Altium Designer 提供的强大在线帮助功能，进一步深入学习，更好地使用和掌握这一重要工具，提高自己的编辑能力。

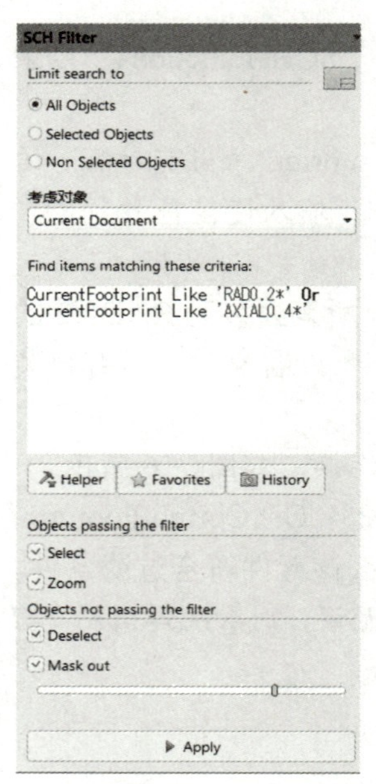

图 7-8 过滤条件加入

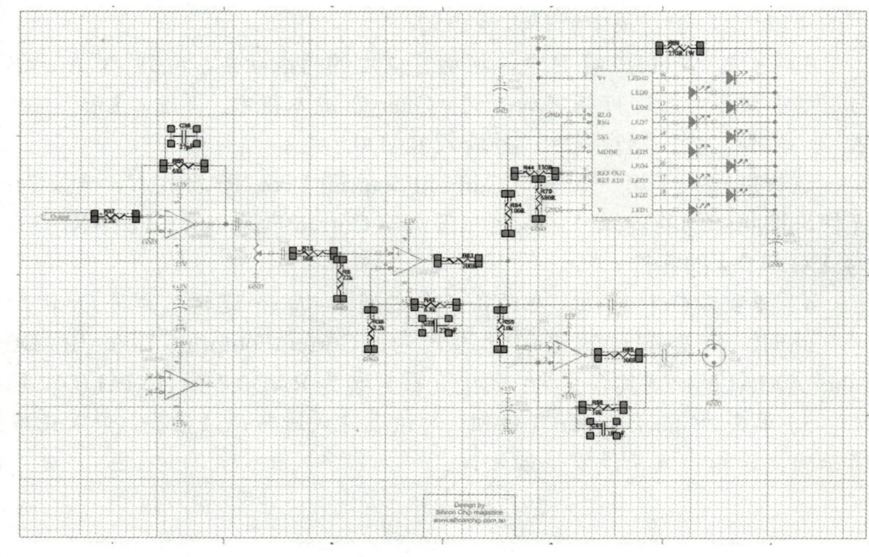

图 7-9 查找结果显示

7.3 “SCH List”面板

使用“SCH Filter”面板进行过滤查找后，查找的结果除了在编辑窗口内直接显示出来以外，用户还可以使用“SCH List”面板对查找结果进行系统的浏览，并且可以对有关对象的属性直接编辑修改。

执行“视图”→“面板”→“SCH List”命令，或者单击右下角的“Panels”按钮，在弹出的菜单中选择“SCH List”，都可以打开“SCH List”面板。

在没有选取任何对象的情况下，打开的“SCH List”面板如图 7-10 所示，是空白的。

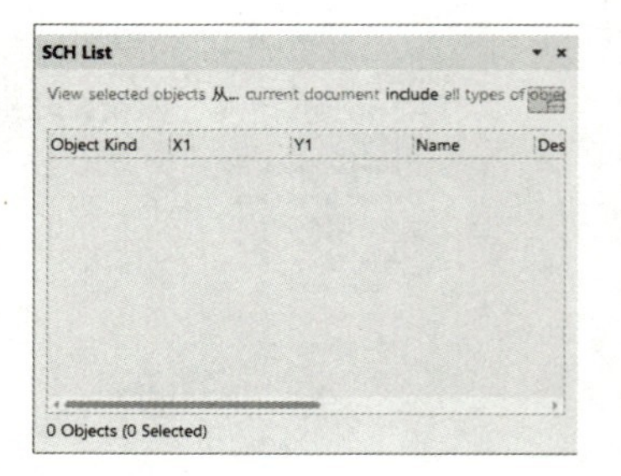

图 7-10 “SCH List”面板

1. 面板设置

在该面板的顶部，从左到右，有以下 4 个选项。

1）工作状态，有两种选择。

- View：视图状态（系统默认）。
- Edit：编辑状态。

2）显示对象，有 3 种选择。

- non-masked objects：未掩膜的对象。
- selected objects：选中的对象（系统默认）。
- all objects：所有对象。

3）显示对象所在的文件范围，有 3 种选择。

- current document：当前的原理图文件（系统默认）。
- open documents：所有打开的原理图文件。
- open documents of the same project：同一工程中所有打开的原理图文件。

4）显示对象的类型，有两种选择。

- all types of objects：显示全部类型对象（系统默认）。
- 仅显示：显示部分类型对象。

根据设置，在面板下面的窗口中会列出相应对象的各类属性，如位置、方向、所在的库文件、元件标识符、当前封装形式等，从左到右拖动滚动条，可依次浏览。

2. 编辑单个对象属性

对于“SCH List”面板列出的每个对象的各种属性，都可以进行编辑修改，有两种方式。

1）在 View 工作状态下，双击需要修改的某一对象的任一属性，在属性（Properties）面板显示相应的对象属性，并完成该对象的多项属性编辑。

2）在 Edit 工作状态下，两次单击需要修改的某一对象的某一属性，可以对这一属性直接编辑修改。这种方式下，对某一对象的各项属性可以逐项在线编辑，也可以使用对象属性对话框编辑。

3. 编辑多个对象属性

“SCH Filter”面板和“SCH List”面板结合使用，可以同时编辑多个被选对象的属性。

【例 7-2】 同时编辑多个对象的属性

例 7-2

在某一原理图文件中，查找所有参数值为 100R 的元件，将其参数值改为 50R。

1）打开“SCH Filter”面板，使用“Query Helper”对话框，在“SCH Filter”面板的“Find items matching these criteria”栏内输入如下过滤语句表达式 ParameterValue='100R'，其余选项采用系统的默认值，如图 7-11 所示。

2）单击“Apply”按钮，启动过滤查找。此时，在编辑窗口内，所有的参数值 100R 被高亮显示，并且处于选中状态。

3）打开“SCH List”面板，可以看到有 6 个符合过滤条件的元件，它们的各项属性在面板上被显示出来，包括当前的参数值，如图 7-12 所示。

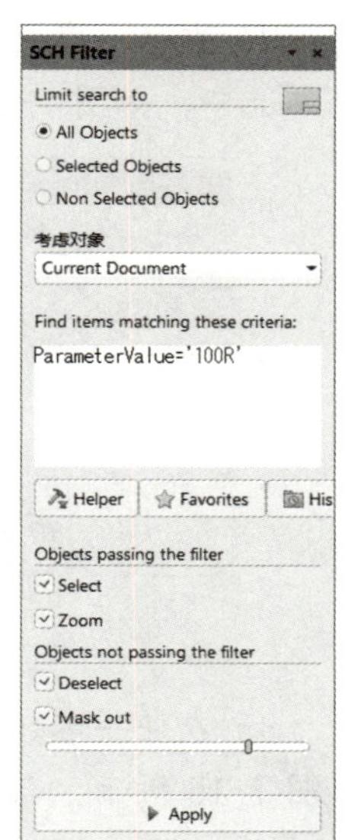

图 7-11 输入过滤条件

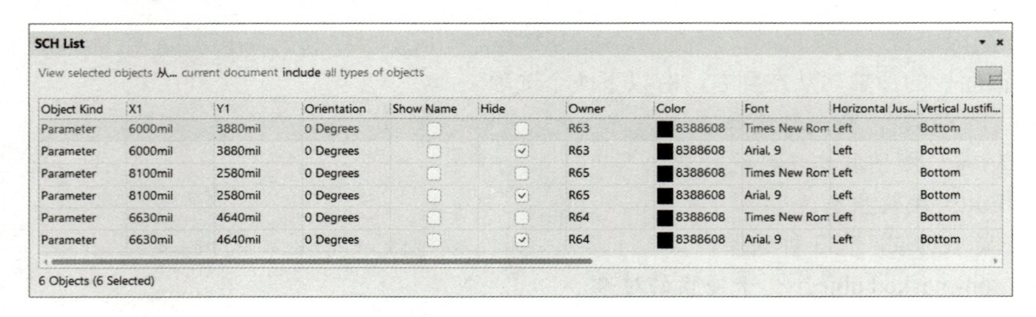
SCH List

View selected objects 从... current document include all types of objects

Object Kind	X1	Y1	Orientation	Show Name	Hide	Owner	Color	Font	Horizontal Jus...	Vertical Justifi...
Parameter	6000mil	3880mil	0 Degrees	☐	☐	R63	8388608	Times New Rom	Left	Bottom
Parameter	6000mil	3880mil	0 Degrees	☐	☑	R63	8388608	Arial, 9	Left	Bottom
Parameter	8100mil	2580mil	0 Degrees	☐	☐	R65	8388608	Times New Rom	Left	Bottom
Parameter	8100mil	2580mil	0 Degrees	☐	☑	R65	8388608	Arial, 9	Left	Bottom
Parameter	6630mil	4640mil	0 Degrees	☐	☐	R64	8388608	Times New Rom	Left	Bottom
Parameter	6630mil	4640mil	0 Degrees	☐	☑	R64	8388608	Arial, 9	Left	Bottom

6 Objects (6 Selected)

图 7-12 显示选中元件的属性

4）将“SCH List”面板的工作状态由 View 改为 Edit，在“Value”列中，选中任一参数值 100R，单击两次，即进入在线编辑状态，可以直接输入新的参数值 50R，如图 7-13 所示。

5）同样操作，可以依次把其余 5 个参数值由 100R 改为 50R。

如果符合过滤条件的元件数量很多，对其参数值一一进行修改，显然比较麻烦。此时，可以使用菜单命令完成。

6）选中某一修改好的参数值 50R 并右击，在弹出的快捷菜单中选择“复制”命令，将 50R 复制到剪贴板上，如图 7-14 所示。

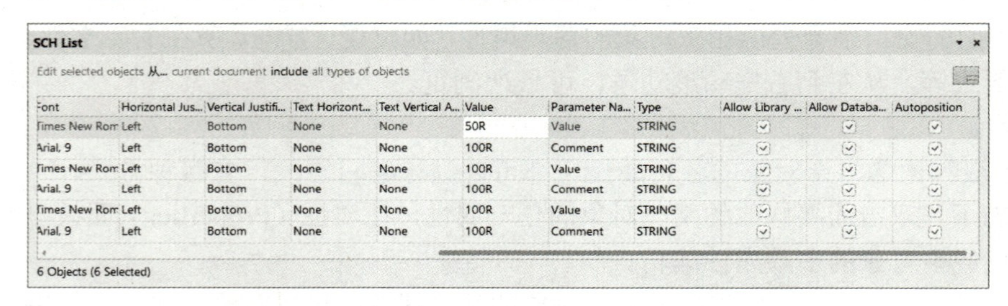
SCH List

Edit selected objects 从... current document include all types of objects

Font	Horizontal Jus...	Vertical Justifi...	Text Horizont...	Text Vertical A...	Value	Parameter Na...	Type	Allow Library ...	Allow Databa...	Autoposition
Times New Rom	Left	Bottom	None	None	50R	Value	STRING	☑	☑	☑
Arial, 9	Left	Bottom	None	None	100R	Comment	STRING	☑	☑	☑
Times New Rom	Left	Bottom	None	None	100R	Value	STRING	☑	☑	☑
Arial, 9	Left	Bottom	None	None	100R	Comment	STRING	☑	☑	☑
Times New Rom	Left	Bottom	None	None	100R	Value	STRING	☑	☑	☑
Arial, 9	Left	Bottom	None	None	100R	Comment	STRING	☑	☑	☑

6 Objects (6 Selected)

图 7-13 编辑一个元件的参数值

Switch to View Mode
编辑 (D)
智能编辑 (M)...
复制 (C) Ctrl+C
与标题一起复制
粘贴 (P) Ctrl+V
智能栅格粘贴 (G) Shift+Ctrl+V
智能栅格插入 (N) Ctrl+Ins
显示子项 (S)
缩放选择 (Z)
报告 (R)...
报告被选项 (E)...
选择所有 (A)
选择列 (U)
选择行
选择列 (H)...

图 7-14 快捷菜单

7）在任一参数值上右击，执行快捷菜单中的“选择纵列”命令，将“Value”列中的参数值全部选中，如图 7-15 所示。

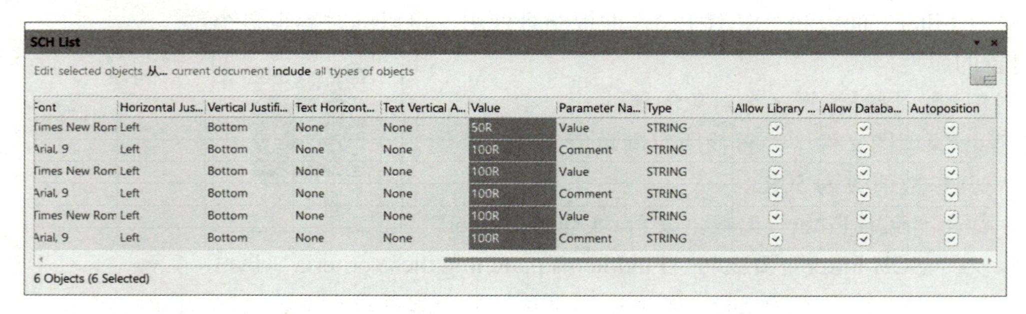
SCH List

Edit selected objects 从... current document include all types of objects

Font	Horizontal Jus...	Vertical Justifi...	Text Horizont...	Text Vertical A...	Value	Parameter Na...	Type	Allow Library ...	Allow Databa...	Autoposition
Times New Rom	Left	Bottom	None	None	50R	Value	STRING	☑	☑	☑
Arial, 9	Left	Bottom	None	None	100R	Comment	STRING	☑	☑	☑
Times New Rom	Left	Bottom	None	None	100R	Value	STRING	☑	☑	☑
Arial, 9	Left	Bottom	None	None	100R	Comment	STRING	☑	☑	☑
Times New Rom	Left	Bottom	None	None	100R	Value	STRING	☑	☑	☑
Arial, 9	Left	Bottom	None	None	100R	Comment	STRING	☑	☑	☑

6 Objects (6 Selected)

图 7-15 选中要修改的全部参数值

8）在任一参数值上右击，执行快捷菜单中的“粘贴”命令，将 50R 粘贴到“Value”列中，如图 7-16 所示。与此同时，编辑窗口内高亮显示的所有参数值 100R 都变成了 50R。

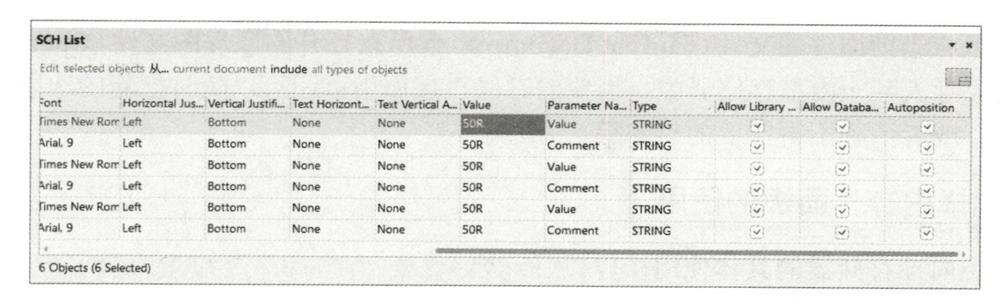

图 7-16　编辑全部参数值

9）关闭“SCH List”面板，通过右键快捷菜单方式的清除过滤器，解除屏蔽，恢复原理图的正常显示。

📖 在编辑多个对象属性时，利用“SCH Filter”面板强大的搜索功能进行过滤查找，这样可以进一步提高原理图的编辑效率。

7.4 “选择内存”面板

通过上面一系列的编辑操作可知，对原理图进行编辑，特别是进行全局编辑时，首先要完成的是如何同时选取所要编辑的多个对象。借助于“SCH Filter”面板的过滤查找功能即可实现这一关键操作，但是大家也应该注意到，在使用“SCH Filter”面板时，需要输入过滤语句表达式，对于不熟练的用户来说，如果每次都这样做的话，肯定会大大降低编辑的效率。

针对这一点，Altium Designer 提供了一种特殊的存储器——“选择内存”，可以让用户把自己认为是同一类的对象都保存起来，需要的时候，只需一个按键就可以将这些对象全部选取，然后进行相关的编辑操作。

7.4.1 “选择内存”面板介绍

使用快捷键〈Ctrl+Q〉，打开“选择内存”面板，如图 7-17 所示。

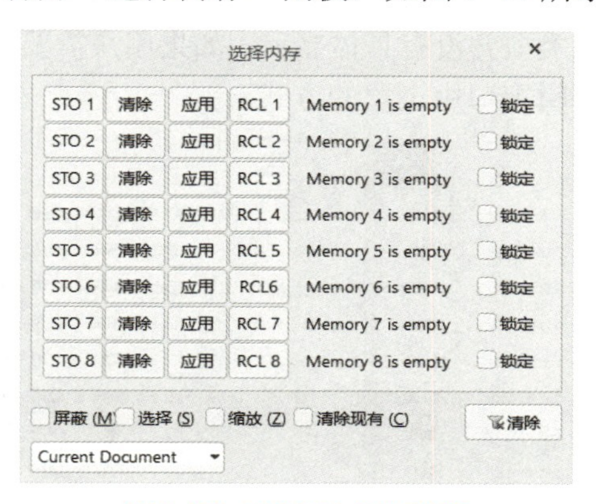

图 7-17　“选择内存”面板

可以看到，系统为用户提供了 8 个内部存储器（Memory 1～Memory 8），每一个都可以用来存放用户的选择归类信息。

用户可以将当前原理图文件（Current Document）或所有打开的原理图文件（Open Documents）中的选取对象存入某一内部存储器中，需要的时候直接调用；还可以随时把新的选取对象加入内部存储器中，或者清除不再需要的对象等。

7.4.2 “选择内存”面板的使用

下面介绍内部存储器的具体使用操作。

1. 将选取对象存入“选择内存”面板

在将对象存入“选择内存”面板之前，首先应使对象处于选取状态。例如，在某一原理图中，选中了 2 个电阻，要存入“选择内存”面板，有两种方式。

1）执行“编辑”→“选择的存储器”→“存储”→“Ctrl+1”命令或者直接使用快捷键〈Ctrl+1〉，这样就把两个电阻元件存入了 Memory 1 中。

2）直接单击“选择内存”面板的“STO 1”按钮，也可以完成两个电阻元件的存储。

两种方式的操作结果是一样的，如图 7-18 所示。原来的“Memory 1 is empty”变成了“2 parts in 1 document”，表示有两个对象存入了 Memory 1，而且这两个对象在同一个原理图文件中。

如果继续选取对象，并执行存储命令，将选取对象存入 Memory 1 中，则系统会先自动清除刚才存放的对象，再将当前选取的对象存入，即系统只保留当前的存放结果。若用户不希望 Memory 1 中存放的对象改变，可以选中后面的“锁定”复选框，使 Memory 1 处于锁定状态。当然，如果要对 Memory 1 再进行其他操作的话，如添加或删除对象，就必须先解除其锁定状态。

2. 将选取对象添加到“选择内存”面板

在 Memory 1 中已经存放了两个电阻元件，再选取 3 个电容元件，添加到 Memory 1 中，同样有两种添加方式。

1）执行“编辑”→“选择的存储器”→“存储附加”→“Shift+1”命令或者直接使用快捷键〈Shift+1〉，这样就可把 3 个电容元件加入 Memory 1 中。

2）按下〈Shift〉键不放，然后单击“选择内存”面板上的“STO 1”按钮，也可以完成 3 个电容元件的添加。

两种方式的操作结果是一样的。此时，Memory 1 中显示存放有 5 个对象，如图 7-19 所示，但是对于这 5 个对象的名称、类型并没有具体显示。如果用户需要了解“选择内存”中存放的究竟是什么对象，可以采用在编辑窗口中浏览的方式。

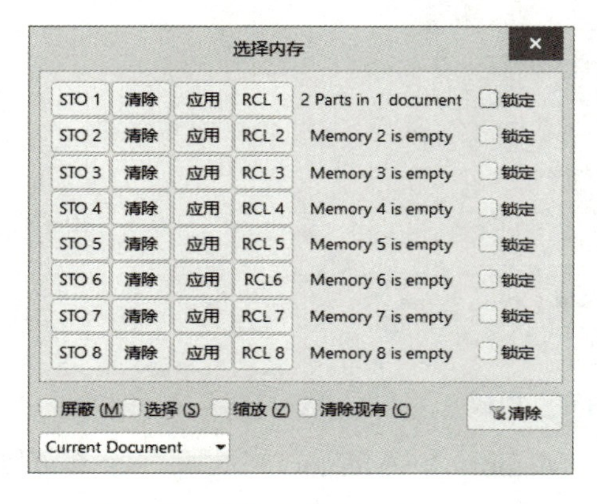

图 7-18 两个元件存入 Memory 1

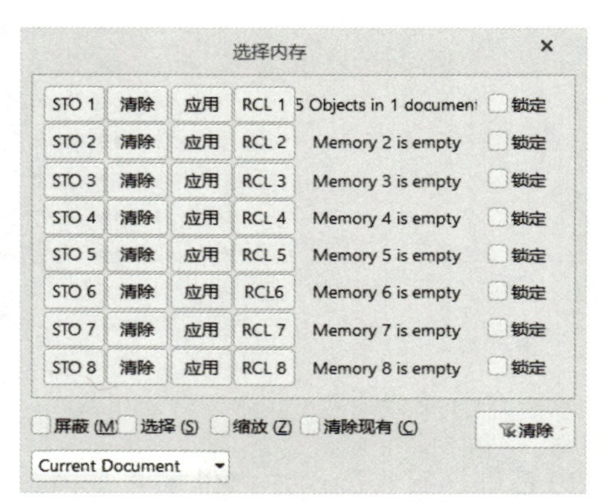

图 7-19 5 个元件添加到 Memory 1

3. 浏览“选择内存”面板中存放的对象

在编辑窗口中浏览“选择内存”面板中存放的具体对象时，可以利用“选择内存”面板上的 4 个复选框来设置浏览的方式。

- “屏蔽”：用于设置浏览时，是否屏蔽其他对象。
- “选择”：用于设置是否将“选择内存”面板中存放的对象置于选中状态。
- “缩放”：用于设置是否进行放大显示。

“清除现有”：与“屏蔽”选项一起被选中时，其他不在内存中的对象直接虚化。

【例 7-3】 浏览 Memory 1 中存放的对象

例 7-3

Memory 1 已经存放了 2 个电阻、3 个电容，在编辑窗口浏览查看这 5 个元件。

1）在“选择内存”面板上选中“屏蔽”“选择”“缩放”这 3 个复选框。

2）单击 Memory 1 中的“应用”按钮。Memory 1 中存放的 5 个原理图对象：2 个电阻和 3 个电容，在编辑窗口中以放大方式高亮显示出来，且处于选中状态，而其他对象都处于屏蔽状态，便于用户更清楚地浏览，如图 7-20 所示。

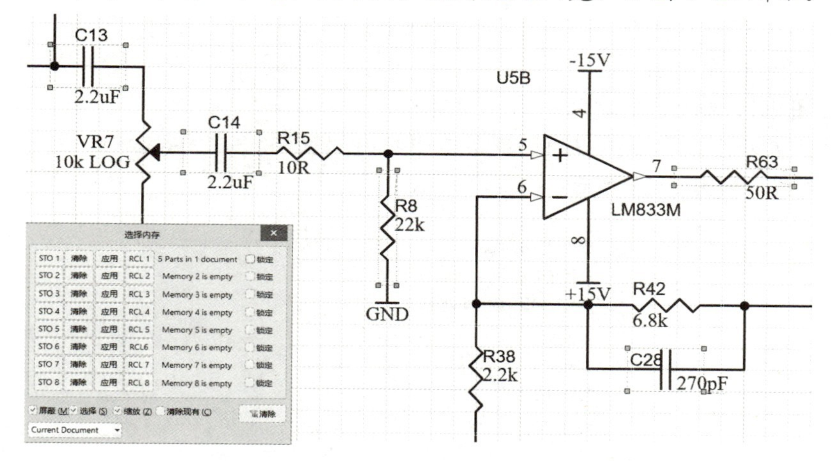

图 7-20 浏览 Memory 1 中存放的对象

3）单击“选择内存”面板上的“清除”按钮，即可恢复原理图的正常显示。

📖 执行“编辑”→“选择的存储器”→“应用”→“Shift+Ctrl+1”命令或者直接使用快捷键〈Shift+Ctrl+1〉，同样可浏览“选择内存”面板中存放的对象。

4. 调用“选择内存”面板中存放的对象

如何调用“选择内存”面板中已存放的对象，这也是使用“选择内存”面板的最终目的。为了明确起见，首先应该取消掉编辑窗口中所有对象的选择状态，再进行“选择内存”面板的调用，有以下两种方式。

1）执行“编辑”→“选择的存储器”→“恢复”→“Alt+1”命令或者直接使用快捷键〈Alt+1〉，则先前存放在 Memory 1 中的 5 个对象，在编辑窗口中已被选中。

2）单击“选择内存”面板上的“RCL 1”按钮，同样会看到 Memory 1 中的 5 个对象在原理图中处于选中状态。

此时，就可以对这 5 个元件进行相应的编辑操作了，如移动、修改属性等。

5. 清除“选择内存”面板中的对象

执行“编辑”→“选择的存储器”→“清除”→“1”命令或者直接在“选择内存”面板上单击 Memory 1 中的“清除”按钮，即可将 Memory 1 中存储的 5 个对象清除，恢复 Memory 1 的空白状态。

📖 全局编辑复杂的电路原理图时，对象的数量及种类相当繁多，此时，充分利用系统提供的 8 个内部存储器，归类存放相关的对象，可以大大提高查找速度和编辑的效率。

7.5 联合与片段

在电路原理图或 PCB 印制电路板的设计过程中，可以借鉴或者直接使用先前的某些特色设计，如常用的电源电路、接口电路等。Altium Designer 为用户提供了联合与片段的功能，可以让用户把特色的设计电路创建为联合，然后保存为片段，以备日后设计复用或者与其他用户共享。

1. 联合

例 7-4

【例 7-4】 创建一个联合

1）在原理图中选取需要创建联合的一组对象。

2）在任一位置处右击，在弹出的快捷菜单中执行“联合”→“从选中的器件创建联合”命令，如图 7-21 所示。

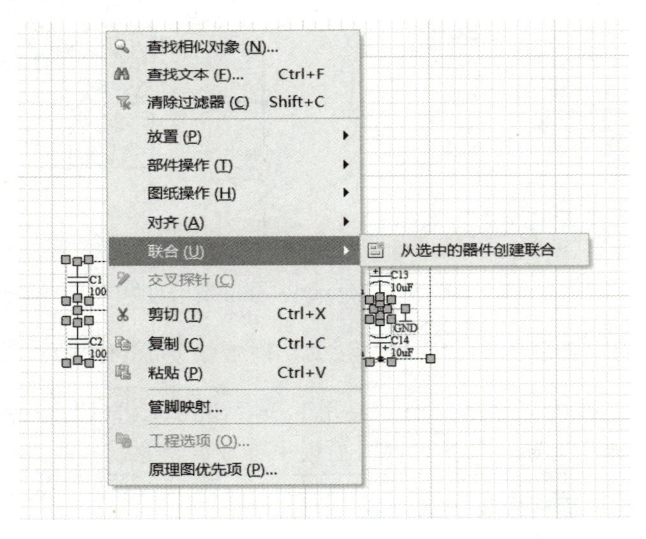

图 7-21 创建联合

3）系统弹出创建联合的提示框，如图 7-22 所示，并说明该联合中的对象数量。

4）单击“OK”按钮，关闭提示框，则完成了联合的创建。

创建的联合可以作为单个对象在窗口内进行移动、排列等编辑操作，而联合中的每一个对象也仍然可以单独进行编辑或者将其从联合中删除。

5）将光标放在联合中的任一对象上右击，在弹出的快捷菜单中执行“联合”→“从联合移除器件”命令，则打开“确定分割对象 Union”对话框，如图 7-23 所示。

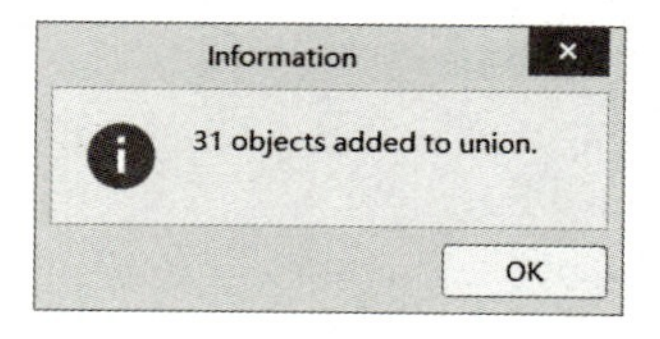

图 7-22　提示框

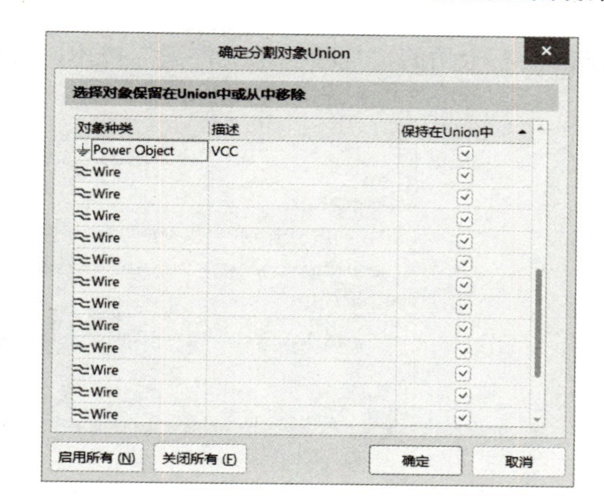

图 7-23　“确定分割对象 Union”对话框

“确定分割对象 Union”对话框显示了当前联合中的所有对象，包括性质、描述等。对于每个对象，可以选择保留，也可以通过取消相应的“保持在 Union 中”复选框，从联合中移除。

6）单击“关闭所有”按钮，可将所有对象都从联合中移除；单击“启用所有”按钮，则保留全部对象。

📖 联合只是一种临时性的对象集合，并不能长久存在。一个联合随时可以分解，并与其他对象再形成新的联合。如果需要长期保留，以备将来复用，则可以将其保存为“片段”。

2. 片段

片段的创建与联合的创建过程基本相同。所不同的是，片段可以长久保存，并且能够使用系统提供的“片段摘录”面板进行查看、管理，如图 7-24 所示。

执行“视图”→“面板”→“片段摘录”命令，或者，单击右下角的“Panels”按钮，在弹出的菜单中选择“片段摘录”，都可以打开“片段摘录”面板。

“片断摘录”面板上提供了 1 个文件夹，用于存放原理图、PCB 以及源代码这 3 种不同类型的设计片段。在文件夹上右击，会弹出图 7-25 所示的菜单，用于对文件夹进行添加、删除、分类等操作；在片段文件上右击，则会弹出图 7-26 所示的菜单，用于对设计片段进行放置、删除等操作。

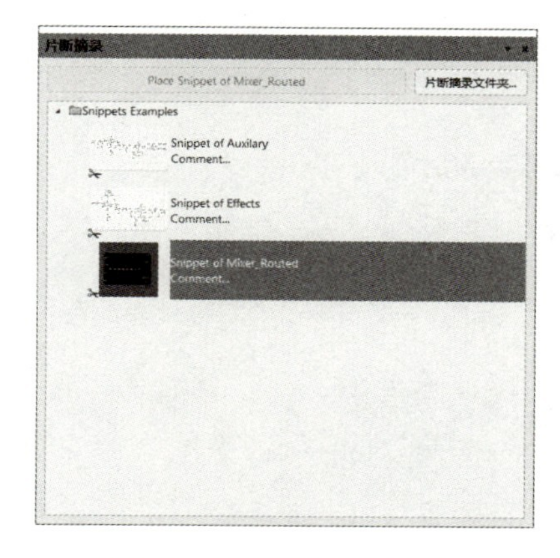

图 7-24　“片段摘录”面板

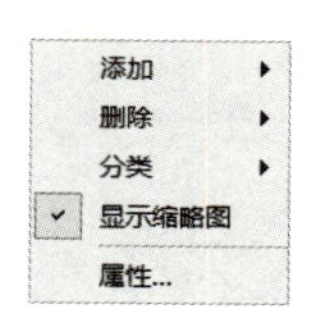

图 7-25　文件夹右键菜单

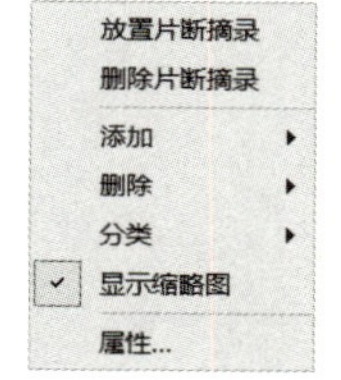

图 7-26　片段文件右键菜单

单击面板右上角的“片断摘录文件夹”按钮，打开图 7-27 所示的“可用的 Snippet 文件夹”对话框。

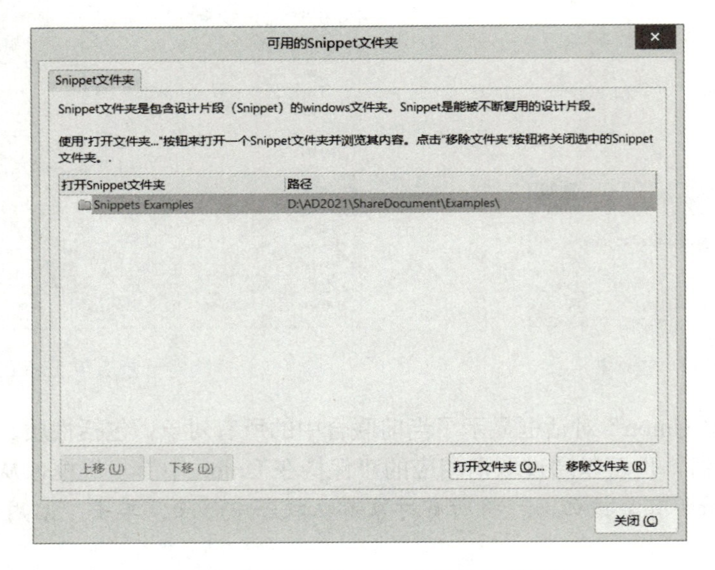

图 7-27 “可用的 Snippet 文件夹”对话框

“可用的 Snippet 文件夹”对话框中显示了“片段摘录”面板上所有当前可用的片段文件夹。单击“打开文件夹”按钮，可以通过浏览、选择，将需要的片段文件夹加入“片段摘录”面板；单击“移除文件夹”按钮，可将不需要的片段文件夹从面板上移除。

【例 7-5】 原理图片段的创建、保存与使用

创建一个片段，并保存在新建的片段文件夹 New Snippets 中。

1）在原理图中选取需要创建片段的一组对象。

2）在任一位置处右击，在弹出的快捷菜单中执行“片段”→“从选择的对象创建片段”命令，如图 7-28 所示。

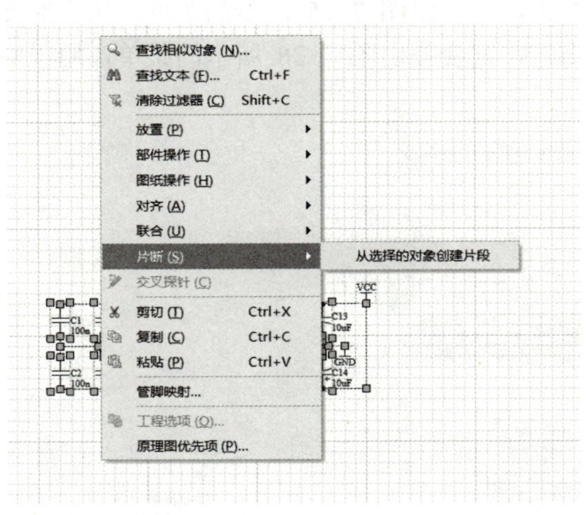

图 7-28 创建片段

📖 创建“片段”后，相应的对象也自动组成了一个“联合”。

3）执行命令后，打开“Add New Snippet”对话框。单击该对话框中的“新建文件夹”按钮，进一步打开“Folder Properties”对话框，在“名称”文本框中输入新建的片段文件夹名称“New Folder”，上级文件夹则选定为“Snippets Examples”，如图 7-29 所示。

4）单击“确定”按钮，返回“Add New Snippet”对话框，此时，对话框中显示出新建的片段文件夹“New Folder”。在“名称”文本框中输入新建的片段名称“Decoupling Circuit”，在“注释”文本框中则输入对新建片段的有关注释“3V3 Decoupling”，如图 7-30 所示。

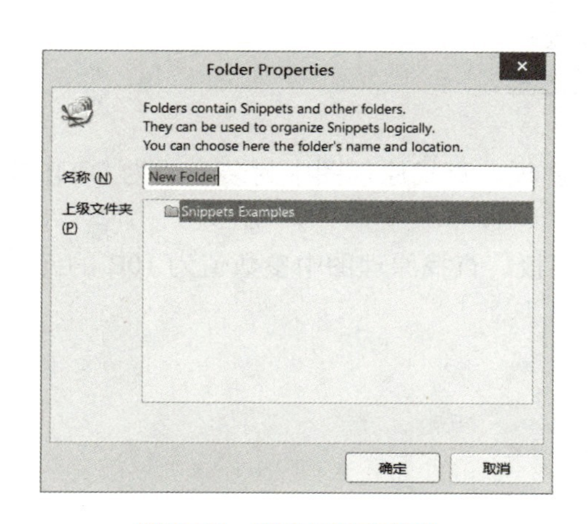

图 7-29　新建片段文件夹

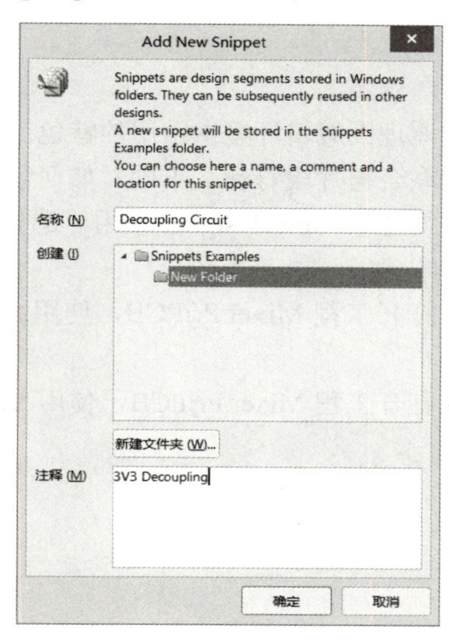

图 7-30　新建片段的设置

5）单击“确定”按钮，关闭“Add New Snippet”对话框。打开“片段”面板，可以看到，在“New Snippets”文件夹中，以缩略图的形式存放着名称为 Decoupling Circuit 的片段文件，如图 7-31 所示。

6）在目标原理图文件中，选中“片段摘录”面板上的片段文件“Decoupling Circuit”，此时，面板顶端的“Place Decoupling Circuit”按钮被激活，单击该按钮，在编辑窗口内出现了片段电路，作为一个整体，随鼠标指针的移动而移动，如图 7-32 所示。

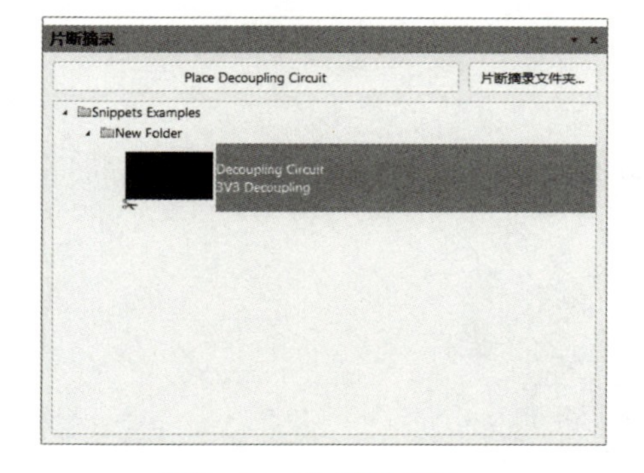

图 7-31　片段已保存

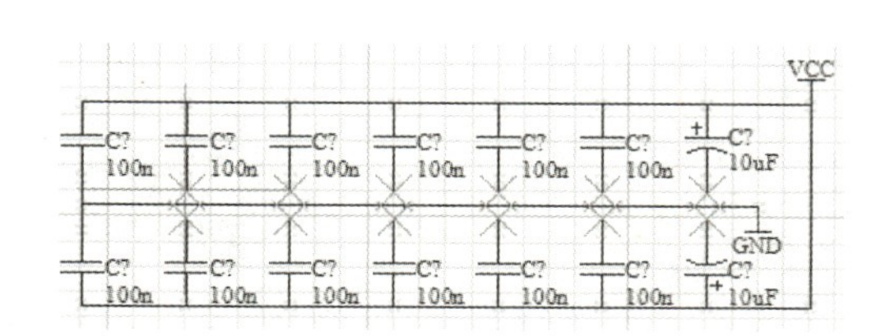

图 7-32　放置片段

7）选择合适位置右击，即完成了该片段电路的放置。

📖 放置的片段电路中，若元件尚未标识，可通过“工具”→“标注”→“静态标注原理图”命令进行标识；若片段中的元件标识与原理图中原有元件的标识重复，可先执行“工具”→“标注”→“重置重复的原理图位号”命令，再执行“工具”→“标注”→“静态标注原理图”命令。

7.6 思考与练习

1．概念题

1）原理图编辑环境中常用的特色工作面板有哪些？各有什么功能？

2）联合与片段有什么不同？如何创建一个片段？

3）简述 Altium Designer 使用“选择内存”的过程。

2．操作题

1）打开工程 Mixer.PrjPCB，使用 SCH Filter 面板，查找原理图中封装形式为 DIODE0.4 的元件。

2）打开工程 Mixer.PrjPCB，使用 SCH Filter 面板，查找原理图中参数值为 10R 的元件。

第 8 章　工程编译与报表生成

前面几章重点介绍了电路原理图的绘制及编辑。实际上，在整个 PCB 工程设计的过程中，原理图的构建仅仅是第一步，而并不是最终设计的目的。还需要把设计好的原理图传送到 PCB 编辑器中，以获得可用于生产的 PCB 文件，从而形成真正可用的实际电子产品。

由于电路系统的复杂性，一般来说，在绘制的电路原理图中，或多或少都会存在一些错误或疏漏之处。因此，为了后续设计工作的顺利进行，在把原理图传送到 PCB 编辑器之前，应该对整个原理图进行相关的检测，尽可能地排除掉所有的错误。

为了实时维护源原理图的正确性，Altium Designer 把工程编译的概念引入到设计流程中。根据用户的设置，在设计过程的任何阶段，系统都可以对原理图文件或 PCB 工程进行编译，以校验各种电气和绘制错误，同时生成丰富的报表文件，便于用户查看并修正各种潜在的设计问题，以尽可能地完善设计。

8.1　工程编译

工程编译是用来检查用户的设计文件是否符合电气规则的重要手段。由于在电路原理图中，各种元件之间的连接直接代表了实际电路系统中的电气连接，因此，所绘制的电路原理图应遵守实际中的电气规则，否则，就失去了实际的价值和指导意义。

所谓电气规则检查，就是要查看电路原理图的电气特性是否一致、电气参数的设置是否合理等。例如，一个输出引脚如果与另一个输出引脚连接在一起，就会造成信号的冲突；一个元件的标识如果与另一个元件的标识相同，就会使系统无法进行区分；而如果一个回路连接不完整则会造成信号开路等，所有这些都是不符合电气规则的现象。

Altium Designer 按照用户的设置进行编译后，会根据问题的严重性分别以错误、警告、致命错误等信息来提醒用户注意，同时可帮助用户及时检查并排除相应错误。

8.1.1　工程编译设置

工程编译设置主要包括 Error Reporting（错误报告）、Connection Matrix（连接矩阵）、Comparator（比较器）和 ECO Generation（生成工程变化订单）等，这些设置都是在“Options for PCB Project”对话框中完成的。

在 PCB 工程中，执行“工程”→“工程选项”命令，即可打开“Options for PCB Project”对话框，如图 8-1 所示。

1．Error Reporting 设置

错误报告设置在“Error Reporting”选项卡中完成，如图 8-1 所示，用于设置各种违规类型的报告格式。

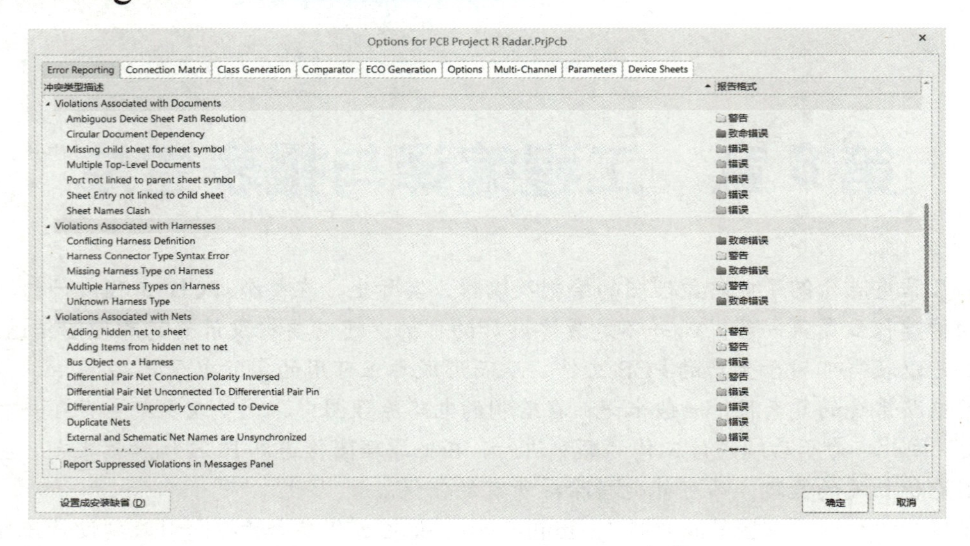

图 8-1 “Options for PCB Project”对话框

违规类型共有 7 大类，具体内容如下。

- Violations Associated with Buses（与总线有关的违规类型），包括总线标号超出范围、不合法的总线定义、总线宽度不匹配等。
- Violations Associated with Components（与元件有关的违规类型），包括元件引脚重复使用、元件模型参数错误、图纸入口重复等。
- Violations Associated with Documents（与文件有关的违规类型），主要涉及层次设计，包括重复的图表符标识、无子原理图与图表符对应、端口没有连接到图表符、图纸入口没有连接到子原理图等。
- Violations Associated with Harnesses（与线束有关的违规类型），包括线束定义冲突、线束类型未知等。
- Violations Associated with Nets（与网络有关的违规类型），包括网络名称重复、网络标号悬空、网络参数没有赋值等。
- Violations Associated with Others（与其他对象有关的违规类型），包括对象超出图纸边界以及对象偏离栅格等。
- Violations Associated with Parameters（与参数有关的违规类型），包括同一参数具有不同的类型以及同一参数具有不同的数值等。

对于每一项具体的违规，相应的有 4 种错误报告格式：“不报告”“警告”“错误”和“致命错误”，依次表明了违反规则的严重程度，并采用不同的颜色加以区分，用户可逐项选择设置，也可使用图 8-2 所示的右键菜单快速设置。

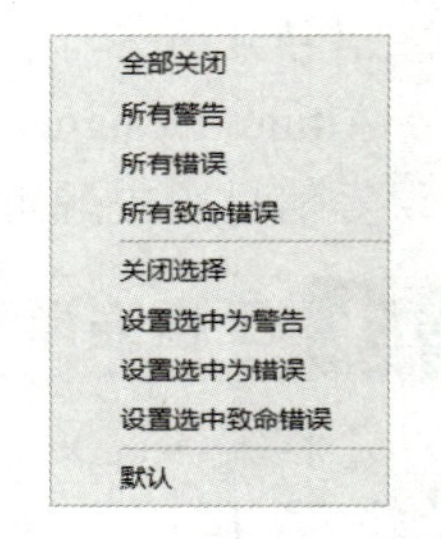

图 8-2 Error Reporting 右键菜单

📖 用户根据自己的检测需要，必要时可以设置不同的错误报告格式来显示工程中的错误严重程度。但一般情况下，建议用户不要轻易修改系统的默认设置。

2. Connection Matrix 设置

连接矩阵设置在“Connection Matrix”选项卡中完成，如图 8-3 所示。

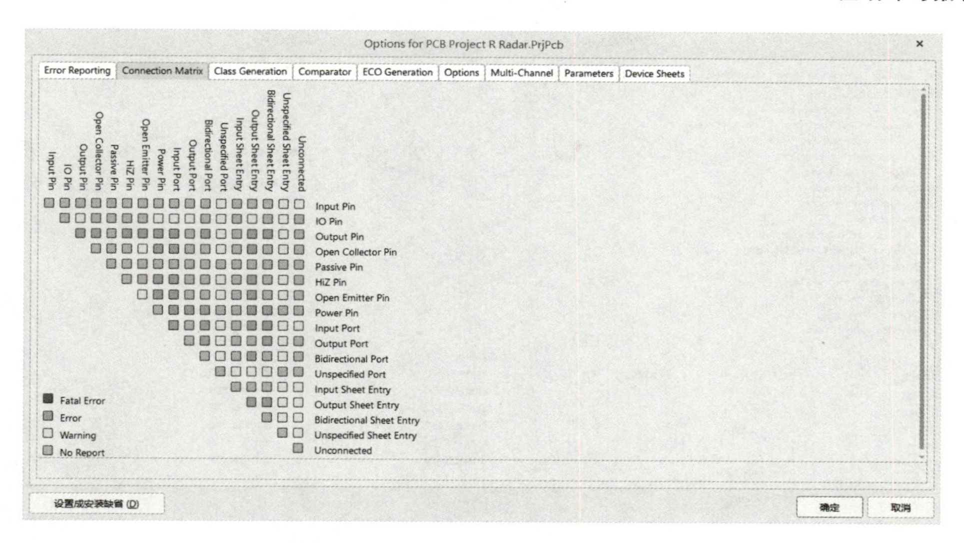

图 8-3 “Connection Matrix”选项卡

“Connection Matrix”选项卡中显示了各种引脚、端口、图纸入口之间的连接状态以及相应的错误类型严重性设置。系统在进行电气规则检查（ERC）时，将根据该连接矩阵设置的错误等级生成 ERC 报告。

例如，在矩阵行中，找到 Passive Pin（无源引脚），在矩阵列中，找到 Unconnected（未连接），两者的交叉点处显示了一个绿色方块，表示当一个无源引脚被发现未连接时，系统将不给出任何报告；在 Input Port（输入端口）与 Input Port（输入端口）的交叉点处，显示的则是一个橙色方块，表示如果两个输入端口相连，系统将给出 Error（错误）信息报告。

对于各种连接的错误等级，可以直接使用图 8-3 所示的系统默认设置，也可以根据具体情况自行设置。自行设置的方法很简单，只需单击相应连接交叉点处的颜色方块，通过颜色的设定即可完成错误等级的设置，或者，使用图 8-4 所示的右键菜单快速设置。

例如，为了表示两个输入端口连接所引起错误的严重性，可以单击交叉点处的橙色方块，使之变为红色方块，即将错误等级由“Error”设置为“Fatal Error”（致命错误）。

全部关闭
所有警告
所有错误
所有致命错误
默认

图 8-4 Connection Matrix 右键菜单

3. Comparator 设置

比较器的参数设置在“Comparator”选项卡中完成，如图 8-5 所示。该选项卡所列出的参数共有 5 大类。

- Differences Associated with Components：与元件有关的差异。
- Differences Associated with Nets：与网络有关的差异。
- Differences Associated with Parameters：与参数有关的差异。
- Differences Associated with Physical：与物理对象有关的差异。
- Differences Associated with Structure Classes：与结构类对象有关的差异。

在每一大类中，列出了若干个具体选项。对于每一个选项在工程编译时产生的差异，用户可选择设置为“Ignore Differences”（忽略差异）还是“Find Differences”（查找差异），若设置为“Find Differences”，则工程编译后，产生的差异将被列在“Messages”面板中。

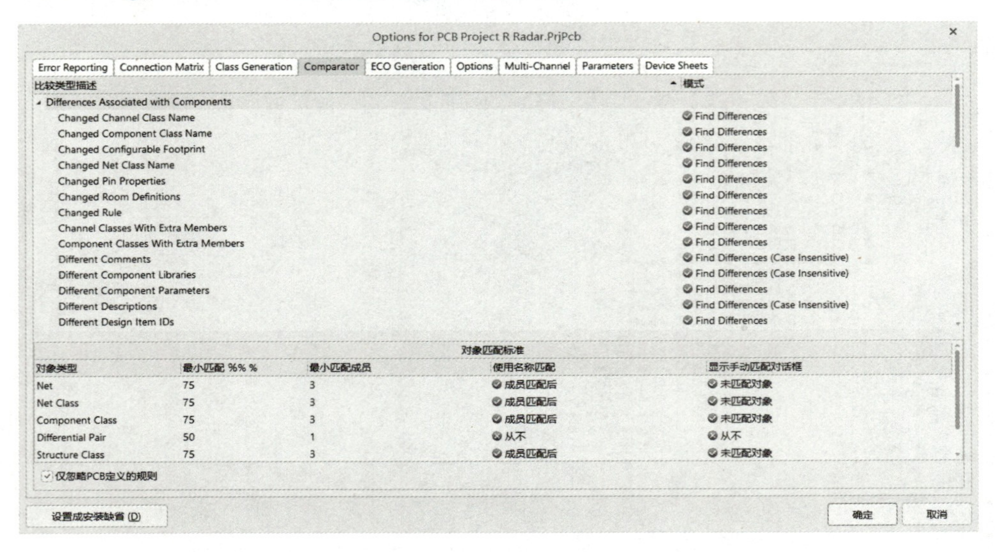

图 8-5 “Comparator”选项卡

例如，如果用户需要显示元件标识符所产生的差异（Different Designators），可以将该项对应的模式设置为“Find Differences”。

另外，在“Comparator”选项卡的下方，还可以设置对象匹配标准，此项设置将作为用来判别差异是否产生的依据。一般情况下，使用系统的默认设置即可。

4. ECO Generation 设置

在 Altium Designer 中，当利用同步器在原理图文件与 PCB 文件之间传递同步信息时，系统将根据在工程变更指令（ECO）内设置的参数来对工程文件进行检查。若发现工程文件中发生了符合设置的变化，将打开“工程变更指令”对话框，向用户报告工程文件所发生的具体变化。

有关 ECO 参数的设置是在“ECO Generation”选项卡中完成的，如图 8-6 所示。

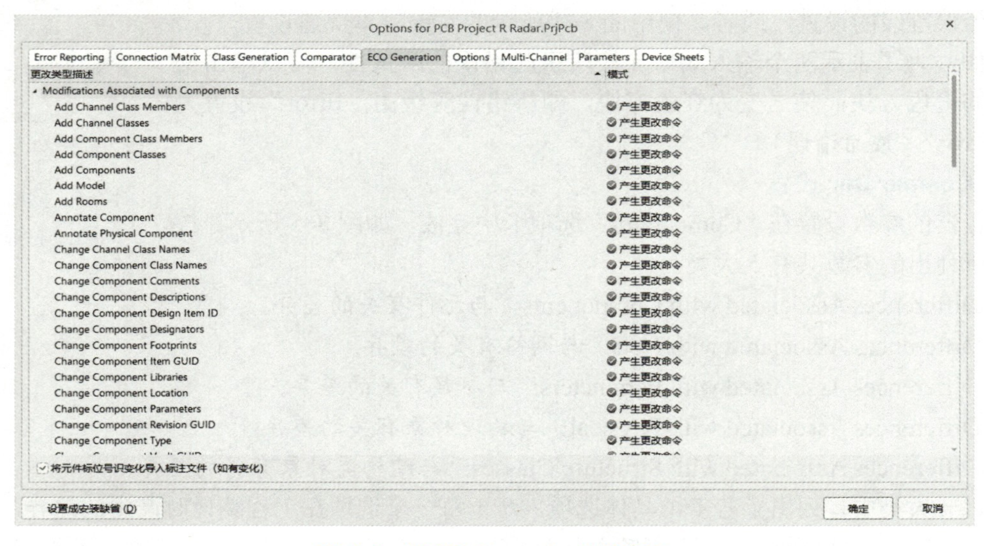

图 8-6 “ECO Generation”选项卡

“ECO Generation”选项卡中更改的类型描述有 4 类，具体说明如下。

- Modifications Associated with Components：与元件有关的更改。
- Modifications Associated with Nets：与网络有关的更改。
- Modifications Associated with Parameters：与参数有关的更改。
- Modifications Associated with Structure Classes：与结构类有关的更改。

每一类中，同样包含若干个选项，而每一个选项的模式可以设置为“产生更改命令”或者“忽略不同”（即不产生更改）。

8.1.2 编译工程

在上述的各项设置完成以后，用户就可以对工程进行编译了，以检查并修改各种电气错误。下面以设计的工程 Audio AMP.PrjPCB 为例，说明工程编译的具体步骤。

例 8-1

【例 8-1】 编译工程 Audio AMP.PrjPCB

为了让大家更清楚地了解编译的重要作用，编译之前，不妨加入一个错误到工程中，例如，在图表符 AMP1 中，将图纸入口 DC+40V_L 的 “I/O Type” 改为 “Output”。

1）在 “Options for PCB Project” 对话框的 “Connection Matrix” 选项卡中，单击 “Output Port” 与 “Output Port” 交叉点处的颜色方块，将其设置为橙色。

2）执行 “工程” → “Validate PCB Project Audio AMP.PrjPcb” 命令，则系统开始对工程进行编译。

3）编译完成，如图 8-7 所示，在 “Messages” 面板上列出了工程中的所有出错信息及相应的错误等级。“Messages” 面板下方 “细节” 列表显示了与此错误有关的详细信息。

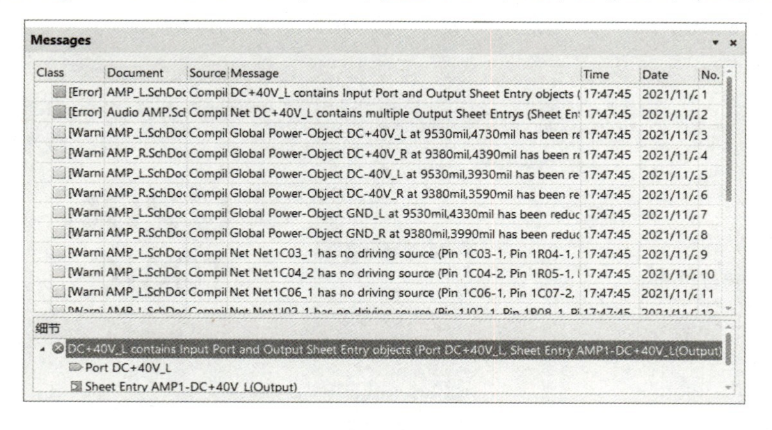

图 8-7 出错信息

4）“细节” 列表显示了错误的原因及位置：网络 DC+40V_L 中包含了重复的输出类型图纸入口。同时，原理图 Audio AMP.SchDoc 被打开，被导线所连接的两个输出图纸入口 DC+40V_L 被红线标出显示，如图 8-8 所示。

DC+40V_L

图 8-8 Error 信息显示

5）根据该出错信息提示，将图表符 AMP1 中的图纸入口 DC+40V_L 的 “I/O Type” 改为 “Input”，并再次执行编译，在 “Messages” 面板上将不再显示 Error 出错信息。

6）采用同样的方法，对 “Messages” 面板上显示的其他出错信息一一进行检测、修正，确认原理图正确无误。

📖 编译后的出错信息并不一定都需要修改，用户应根据自己的设计理念进行具体判断。另外，对于违反了设定的电气规则但实际上是正确的设计部分，为了避免编译时显示不必要的出错信息，可以事先放置“通用 No ERC 标号”。

8.1.3 “Navigator”面板

单击原理图编辑窗口右下角的“Panels”按钮，可弹出一系列面板。“Navigator”“Differences”和“Messages”等面板的功能都是针对编译来设置的，即需要先对文件或工程进行编译，才能使用这些面板的功能。

下面主要介绍“Navigator”面板的功能及作用。

1. 面板组成

对工程 Audio AMP.SchDoc 编译后，打开“Navigator”面板，如图 8-9 所示。

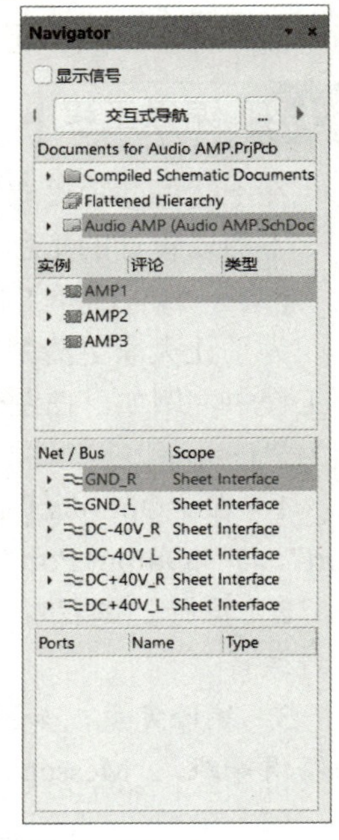

图 8-9 “Navigator”面板

“Navigator”面板上有 4 个列表框。第 1 个列表框中列出了参与编译的原理图文件及其层次关系，单击不同的文件名，可在下面的 3 个列表框中显示相应的信息。

第 2 个列表框中列出了相应的原理图文件中所有元件的信息，包括注释和类型。单击某一元件，即可在编辑窗口内打开元件所在的原理图，并高亮显示该元件，同时在第 4 个列表框中会显示该元件的所有引脚信息，如图 8-10 所示。采用这种方法，可在元件众多的原理图中快速定位某一元件。

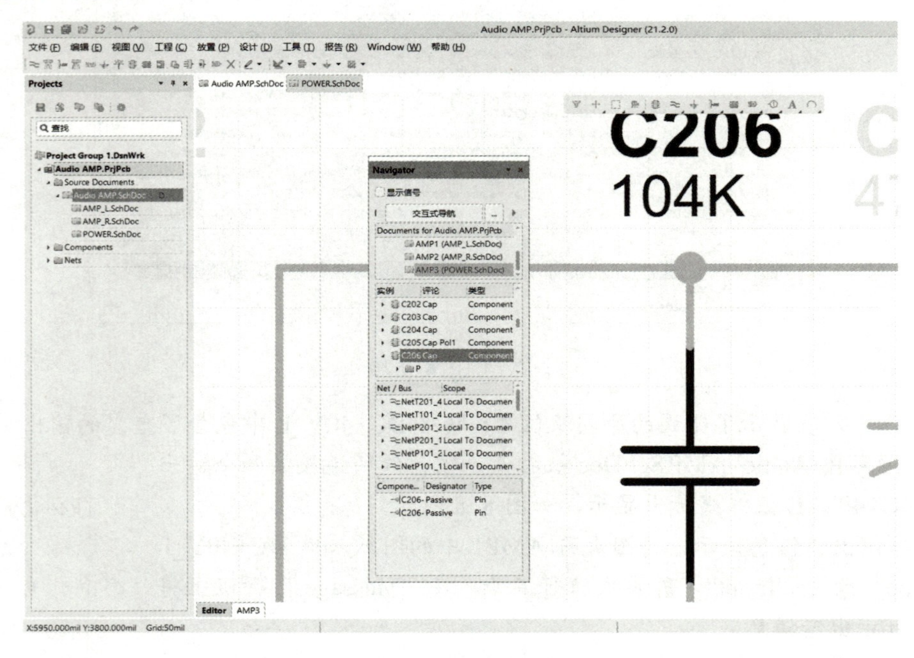

图 8-10 元件定位

第 3 个列表框中列出了相应的原理图文件中所有的电气网络名称和应用的范围。单击某一网络名称，即可在编辑窗口内高亮显示该网络的连线和引脚，同时在第 4 个列表框中显示网络中的所有引脚信息，如图 8-11 所示。采用这种方法，可快速定位某一网络。

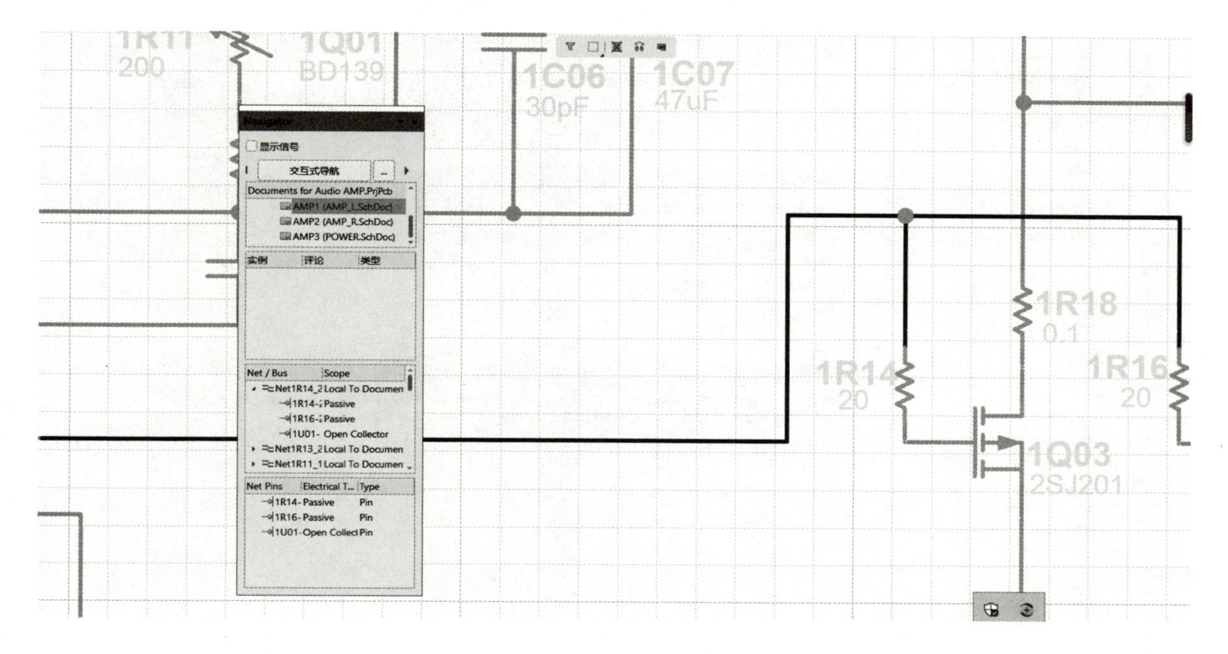

图 8-11　网络定位

若选中 “Navigator” 面板左上方的 “显示信号” 复选框，则第 3 个列表框成为 “Signal”（信号）列表框，显示相应的连线信息。

第 4 个列表框一般用于显示相应的原理图文件中所有的端口信息，当进行元件定位或网络定位时，则用于显示各种引脚信息。同样，单击该列表框中的某一对象，将会在编辑窗口中快速定位并高亮显示。

2. 面板功能及设置

除了上述的元件定位和网络定位以外，“Navigator” 面板还为用户提供了空间导航的功能。

单击面板上方的 “交互式导航” 按钮，则在当前的原理图文件中，光标变为大十字形。移动该光标，即可进行空间的切换或导航。例如，若单击一个元件，元件会在编辑窗口内高亮显示，其余对象被掩膜；若单击一个网络，网络上的全部对象会被高亮显示；单击一个端口，会跳转到与该端口相连接的图纸入口处；单击一个图纸入口，则会跳转到与该图纸入口相连接的端口处等。右击或按〈Esc〉键，光标可退出导航状态。

单击 “交互式导航” 按钮右侧的 ... 按钮，则进入 “优选项” 对话框的 “Navigation” 选项卡中，可对 “Navigator” 面板进行相应的设置，如图 8-12 所示。

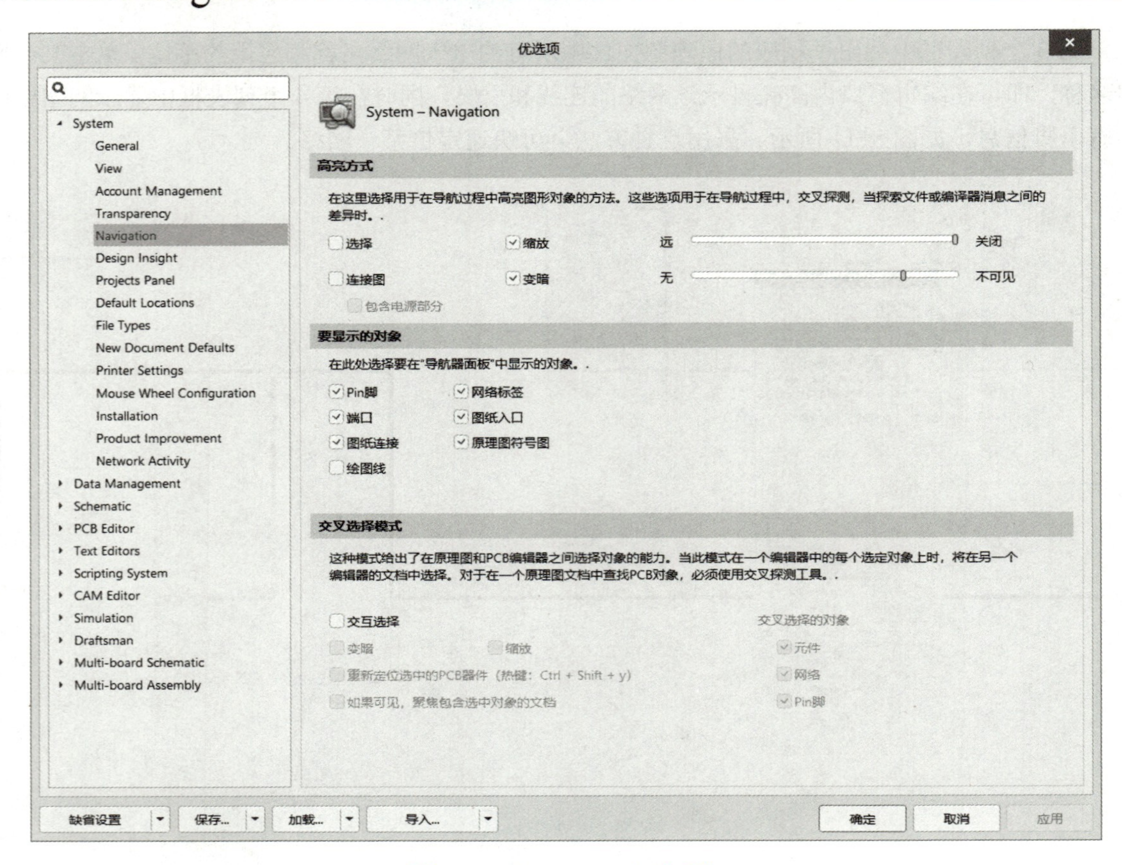

图 8-12 “Navigation”选项卡

（1）“高亮方式”选项组

用来设置导航模式下对高亮显示对象的操作方式，有 4 个复选框。

- “选择”：使能该功能后，被导航的对象将同时处于选中状态。
- “缩放”：使能该功能后，被导航的对象会自动放大并置于编辑窗口的中心。其缩放程度可通过其右侧的滑块来调节，滑块越向右，放大倍数就越大。
- “连接图”：使能该功能后，将显示与导航对象有关的连接关系。当导航对象是元件时，会用绿色的连接线路显示与该对象直接相连的其他元件，如图 8-13 所示；当导航对象是网络时，会用红色的连接线路，而且有实线和虚线两种，实线表示物理连接而不是逻辑的，虚线则表示逻辑连接，如图 8-14 所示。如果需要将电源对象的连接关系也显示出来，可选中“包含电源部分”复选框。
- “变暗”：使能该功能后，被导航的对象正常显示，而其余对象被屏蔽。可单击其右侧的滑块来调节正常显示与屏蔽的对象之间的对比度。

（2）“要显示的对象”选项组

列出了可在“Navigator”面板上显示的对象类型，如引脚、网络标签、端口、图纸入口等，用户可以根据自己的需要进行选择。

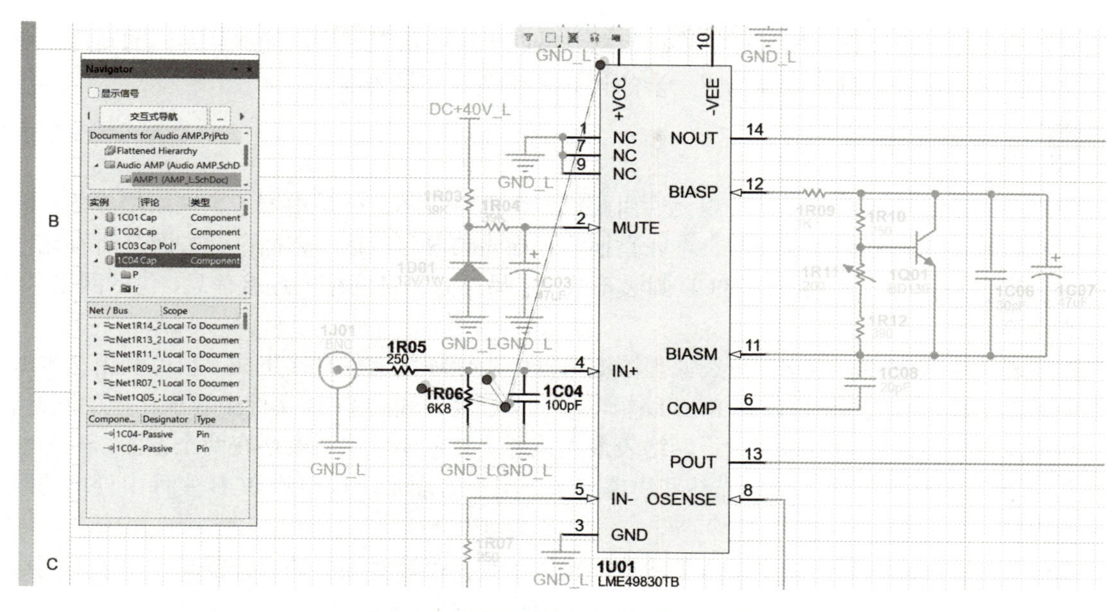

图 8-13　导航对象是元件时的链接显示

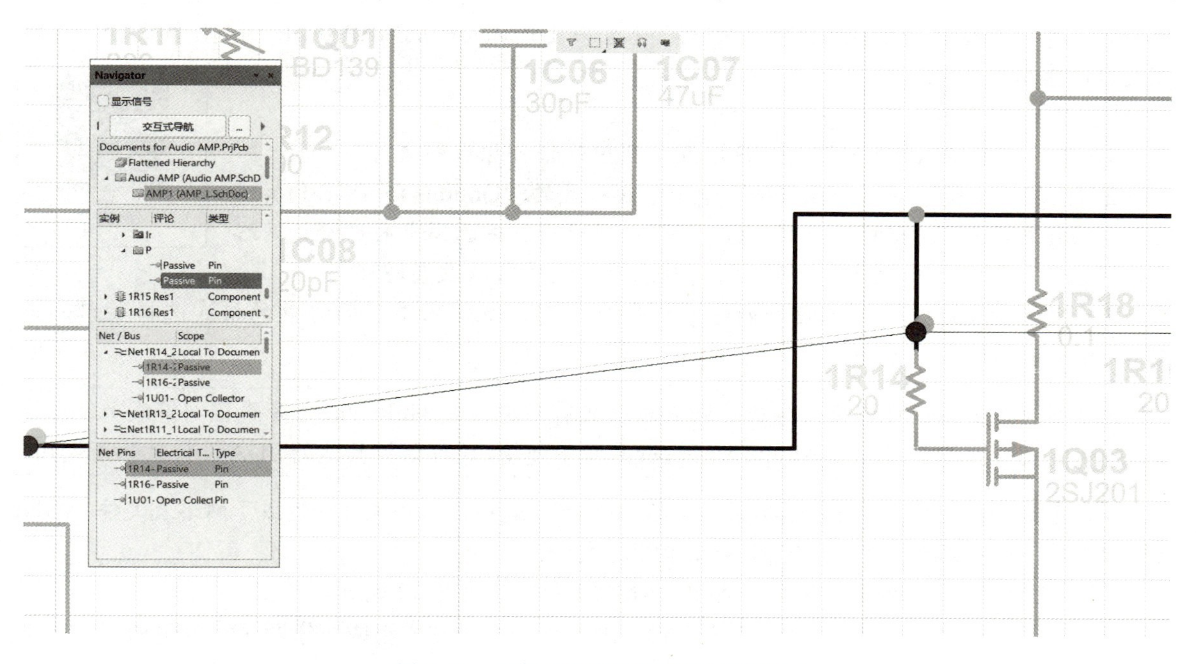

图 8-14　导航对象是网络时的链接显示

8.2　报表生成

Altium Designer 的原理图编辑器还具有丰富的报表功能，能够方便地生成各种不同类型的报表文件。当电路原理图设计完成并且经过编译检测之后，用户可以充分利用系统提供的相应功能来生成各种报表，用以存放原理图的各种信息。借助于这些报表，用户能够从不同的角度，更好地去掌握详细的设计信息，以便为下一步的设计工作做好充足的准备。

8.2.1 网络表生成

网络是指彼此连接在一起的一组元件引脚。一个电路实际上就是由若干个网络组成的，而网络表就是对电路或者电路原理图的一个完整描述。描述的内容包括两方面：一方面是所有元件的信息，包括元件标识、元件引脚和 PCB 封装形式等；另一方面是网络的连接信息，包括网络名称、网络节点等。

网络表的生成有多种方法，可在原理图编辑器中由原理图文件直接生成，也可利用文本编辑器手动编辑生成，当然，还可以在 PCB 编辑器中，从已经布线的 PCB 文件中导出相应的网络表。

在由原理图生成的各种报表中，网络表最为重要。其重要性主要表现在两个方面：一方面是可以支持后续 PCB 设计中的自动布线和电路模拟；另一方面是可以与从 PCB 文件中导出的网络表进行比较，从而核对差错。

Altium Designer 为用户提供了方便快捷的实用工具，可针对不同的设计需求，生成不同格式的网络表文件。在这里，需要生成的是用于 PCB 设计的网络表，即 Protel 网络表。

具体来说，Protel 网络表包括两种，一种是基于单个文件的网络表；另一种则是基于工程的网络表，两种网络表的组成形式完全相同。下面以工程 Audio AMP.PrjPCB 为例，简要介绍工程网络表的生成及特点。

例 8-2

【例 8-2】 生成工程网络表

1）打开工程 Audio AMP.PrjPCB 以及工程中的任一原理图文件。

2）执行“工程”→“工程选项”命令，在打开的“Options for PCB Project Audio AMP.PrjPcb”对话框中选择“Option”选项卡，在该选项卡内可进行网络表选项的有关设置，如图 8-15 所示。一般采用系统的默认设置即可。

3）执行“设计”→“工程的网络表”命令，则系统弹出工程网络表的格式选择菜单，如图 8-16 所示。

📖 针对不同的工程设计，可以生成的网络表格式有多种，如 MultiWire（多线程网络表）等。这些网络表文件不但可以在 Altium Designer 系统中使用，还可以被其他的 EDA 设计软件所调用。

4）选择工程网络表的格式选择菜单中的“Protel”选项，则系统自动生成了网络表文件 Audio AMP.NET，并存放在当前工程下的 Netlist Files 文件夹中。

5）双击打开该工程网络表文件 Audio AMP.NET，如图 8-17 所示。

网络表是一个简单的 ASCII 码文本文件，由一行一行的文本组成，分为元件声明和网络定义两部分，有各自固定的格式和固定的组成，缺少任一部分都有可能导致 PCB 布线时的错误。

元件声明由若干小段组成，每一小段用于说明一个元件，以“[”开始，以“]”结束。由元件的标识、封装、注释等组成，如图 8-18 所示，空行则是由系统自动生成的。

网络定义同样由若干小段组成，每一小段用于说明一个网络的信息，以“(”开始，以“)”结束。由网络名称和网络连接点（即网络中所有具有电气连接关系的元件引脚）组成，如图 8-19 所示。

网络表选项
允许端口命名网络
允许页面符入口命名网络
允许单独的管脚网络
附加方块电路数目到本地网络
高等级名称优先
电源端口名优先

图 8-15　网络表选项设置

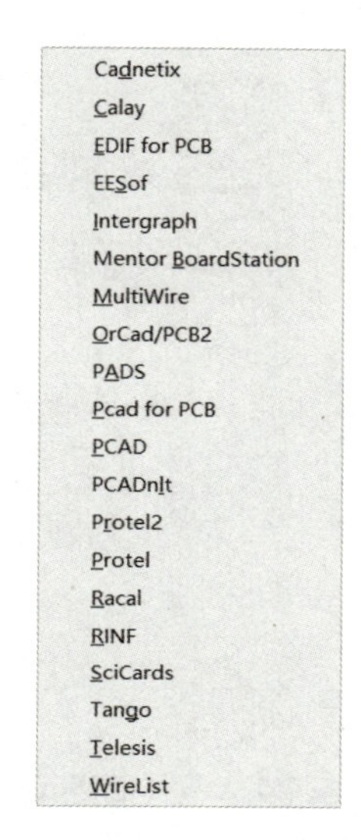

图 8-16　工程网络表的格式选择菜单

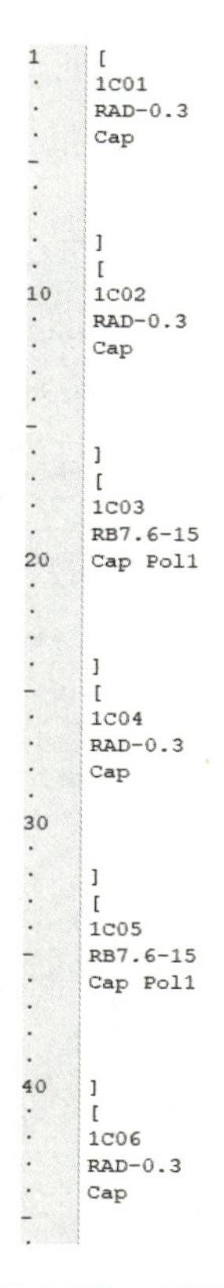

```
[
1C01
RAD-0.3
Cap



]
[
1C02
RAD-0.3
Cap



]
[
1C03
RB7.6-15
Cap Pol1



]
[
1C04
RAD-0.3
Cap



]
[
1C05
RB7.6-15
Cap Pol1



]
[
1C06
RAD-0.3
Cap
```

图 8-17　工程网络表文件

图 8-18　元件声明　　　　图 8-19　网络定义

📖 根据网络表的格式，用户可以在文本编辑器中自行设定网络表文件，也可以对系统生成的网络表文件进行修改。

8.2.2 元器件报表生成

元器件报表主要用来列出当前工程中用到的所有元件的标识、封装形式、库参考等，相当于一份元器件清单（列表）。依据这份列表，用户可以详细查看工程中元件的各类信息，同时，在制作印制电路板时，也可以作为元件采购的参考。

例 8-3

【例 8-3】 生成元器件报表

1）打开工程 Audio AMP.PrjPCB 以及工程中的任一原理图文件。

2）执行“报告”→“Bill of Materials”命令，则系统弹出“Bill of Materials For Project[Audio AMP.PrjPcb]”对话框，如图 8-20 所示。

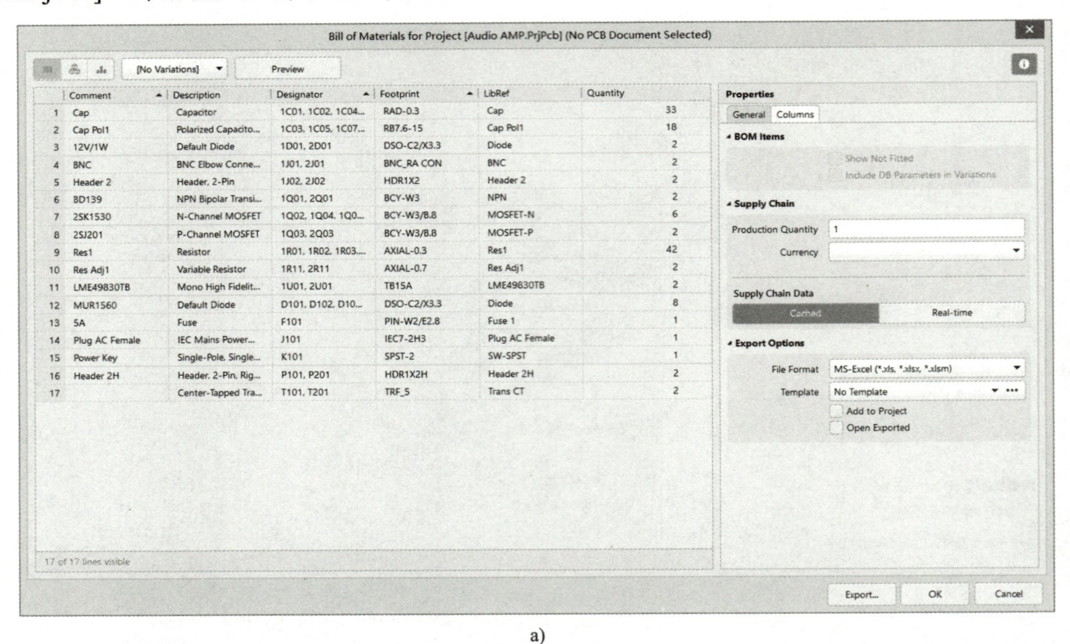

	Comment	Description	Designator	Footprint	LibRef	Quantity
1	Cap	Capacitor	1C01, 1C02, 1C04...	RAD-0.3	Cap	33
2	Cap Pol1	Polarized Capacito...	1C03, 1C05, 1C07...	RB7.6-15	Cap Pol1	18
3	12V/1W	Default Diode	1D01, 2D01	DSO-C2/X3.3	Diode	2
4	BNC	BNC Elbow Conne...	1J01, 2J01	BNC_RA CON	BNC	2
5	Header 2	Header, 2-Pin	1J02, 2J02	HDR1X2	Header 2	2
6	BD139	NPN Bipolar Transi...	1Q01, 2Q01	BCY-W3	NPN	2
7	2SK1530	N-Channel MOSFET	1Q02, 1Q04, 1Q0...	BCY-W3/B.8	MOSFET-N	6
8	2SJ201	P-Channel MOSFET	1Q03, 2Q03	BCY-W3/B.8	MOSFET-P	2
9	Res1	Resistor	1R01, 1R02, 1R03...	AXIAL-0.3	Res1	42
10	Res Adj1	Variable Resistor	1R11, 2R11	AXIAL-0.7	Res Adj1	2
11	LME49830TB	Mono High Fidelit...	1U01, 2U01	TB15A	LME49830TB	2
12	MUR1560	Default Diode	D101, D102, D10...	DSO-C2/X3.3	Diode	8
13	5A	Fuse	F101	PIN-W2/E2.8	Fuse 1	1
14	Plug AC Female	IEC Mains Power...	J101	IEC7-2H3	Plug AC Female	1
15	Power Key	Single-Pole, Single...	K101	SPST-2	SW-SPST	1
16	Header 2H	Header, 2-Pin, Rig...	P101, P201	HDR1X2H	Header 2H	2
17		Center-Tapped Tra...	T101, T201	TRF_5	Trans CT	2

a)

Bill of Materials for Project [Audio AMP.PrjPcb] (No PCB Document Selected)

[No Variations]　Preview

Properties　General　Columns

Sources

Drag a column to group

Comment

Footprint

Columns

Name	Alias
Address1	
Address2	
Address3	
Address4	
Application_BuildNumb...	
ApprovedBy	
Author	
CheckedBy	
Code_JEDEC	
Comment	
CompanyName	
Component Kind	

	Comment	Description	Designator	Footprint	LibRef	Quantity
1	Cap	Capacitor	1C01, 1C02, 1C04...	RAD-0.3	Cap	33
2	Cap Pol1	Polarized Capacito...	1C03, 1C05, 1C07...	RB7.6-15	Cap Pol1	18
3	12V/1W	Default Diode	1D01, 2D01	DSO-C2/X3.3	Diode	2
4	BNC	BNC Elbow Conne...	1J01, 2J01	BNC_RA CON	BNC	2
5	Header 2	Header, 2-Pin	1J02, 2J02	HDR1X2	Header 2	2
6	BD139	NPN Bipolar Transi...	1Q01, 2Q01	BCY-W3	NPN	2
7	2SK1530	N-Channel MOSFET	1Q02, 1Q04, 1Q0...	BCY-W3/B.8	MOSFET-N	6
8	2SJ201	P-Channel MOSFET	1Q03, 2Q03	BCY-W3/B.8	MOSFET-P	2
9	Res1	Resistor	1R01, 1R02, 1R03...	AXIAL-0.3	Res1	42
10	Res Adj1	Variable Resistor	1R11, 2R11	AXIAL-0.7	Res Adj1	2
11	LME49830TB	Mono High Fidelit...	1U01, 2U01	TB15A	LME49830TB	2
12	MUR1560	Default Diode	D101, D102, D10...	DSO-C2/X3.3	Diode	8
13	5A	Fuse	F101	PIN-W2/E2.8	Fuse 1	1
14	Plug AC Female	IEC Mains Power...	J101	IEC7-2H3	Plug AC Female	1
15	Power Key	Single-Pole, Single...	K101	SPST-2	SW-SPST	1
16	Header 2H	Header, 2-Pin, Rig...	P101, P201	HDR1X2H	Header 2H	2
17		Center-Tapped Tra...	T101, T201	TRF_5	Trans CT	2

17 of 17 lines visible

Export...　OK　Cancel

b)

图 8-20 “Bill of Materials For Project[Audio AMP.PrjPcb]”对话框

a）“Properties”选项组中为“General”选项卡　b）“Properties”选项组中为“Columns”选项卡

在该对话框中，可以在“Properties”选项组中对要生成的元器件报表进行设置。“Properties”选项组中有两个选项卡，含义如下。

① “General”选项卡。

- BOM Items：BOM 清单，用于板子制作。
- Supply Chain：供应商选项，其中“Production Quantity”用于设置产品数量。
- Supply Chain Data：供应商数据。
- Export Options：“File Format”选项用于设置文件的导出格式，单击下拉按钮▾，有多种格式供用户选择，如 csv 格式、pdf 格式、文本格式、网页格式等。系统默认为 Excel 格式。“Template”选项为元器件报表设置显示模板，单击下拉按钮▾，可使用曾经用过的模板文件，也可以单击…按钮在模板文件夹中重新选择；选择时，如果模板文件与元器件报表在同一目录下，可选中“Add to Project”复选框，使用相对路径搜索。选中“Open Exported”复选框使可在导出后直接自动打开报表。

② “Columns”选项卡。

- Drag a column to group：可以将左侧任意属性中的某一属性，如信息 Comment、Description 拖到该列表框中，则系统将以该属性信息为标准，对元件进行归类，显示在元器件报表中。
- Columns：该列表框列出了系统可提供的元件属性信息，如 Description（元件描述）、Component Kind（元件类型）等。单击想要显示的属性左侧的按钮，即可在面板左侧显示出对应属性内容。

3）设置好相应选项后，单击“Preview”按钮，即可预览元器件报表内容，如图 8-21 所示。

4）单击对话框中的“Export”按钮，可以保存该元器件报表，默认文件名为 Audio AMP.xls，是一个 Excel 文件。

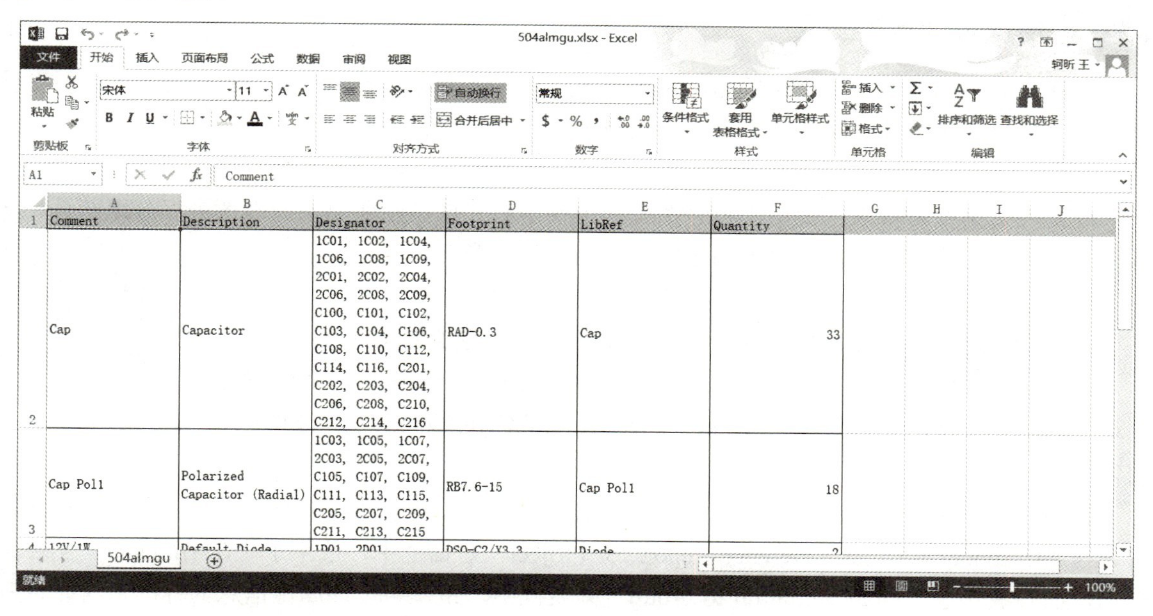

图 8-21　预览元器件报表内容

5）找到对应的文件存储地址，打开该 Excel 文件，如图 8-22 所示。

	A	B	C	D	E	F
10	Res1	Resistor	1R01, 1R02, 1R03, 1R04, 1R05, 1R06, 1R07, 1R08, 1R09, 1R10, 1R12, 1R13, 1R14, 1R15, 1R16, 1R17, 1R18, 1R19, 1R20, 1R21, 1R22, 2R01, 2R02, 2R03, 2R04, 2R05, 2R06, 2R07, 2R08, 2R09, 2R10, 2R12, 2R13, 2R14, 2R15, 2R16, 2R17, 2R18, 2R19, 2R20, 2R21, 2R22	AXIAL-0.3	Res1	42
11	Res Adj1	Variable Resistor	1R11, 2R11	AXIAL-0.7	Res Adj1	2
12	LME49830TB	Mono High Fidelity 200 Volt MOSFET Power Amplifier Input Stage with Mute	1U01, 2U01	TB15A	LME49830TB	2
13	MUR1560	Default Diode	D101, D102, D103, D104, D201, D202, D203, D204	DSO-C2/X3.3	Diode	8
14	5A	Fuse	F101	PIN-W2/E2.8	Fuse 1	1
15	Plug AC Female	IEC Mains Power Outlet, EN60 320-2-2 F Class I, PC Flange Rear Mount, Chassis Socket	J101	IEC7-2H3	Plug AC Female	1
	Power Key	Single-Pole, Single-Throw	K101	SPST-2	SW-SPST	1

Audio AMP

图 8-22 元器件报表

8.2.3 层次设计报表生成

层次设计中由于涉及多个原理图，因此生成的报表将主要反映各原理图之间的关系。层次设计报表主要包括元器件交叉参考报表、层次报表以及端口交叉参考。

1. 元器件交叉参考报表

元器件交叉参考报表主要用于将整个工程中的所有元件按照所属的原理图进行分组统计，同样相当于一份元器件清单，该报表的生成与元器件报表类似。

【例 8-4】 生成元器件交叉参考报表

例 8-4

1）打开工程 Audio AMP.PrjPCB 以及工程中的任一原理图文件。

2）执行“报告”→“Component Cross Reference”命令，则系统弹出“Component Cross Reference Report for Project[Audio AMP.PrjPcb]”对话框，如图 8-23 所示。

该对话框用于对生成的元器件交叉参考报表进行设置，与图 8-20 所示的对话框基本相同。只是在“Component Cross Reference Report for Project”对话框中，选中了“Document”（文件）选项，而且放在了“Drag a column to group”列表框中，系统将以该属性信息为标准，对元件进行归类显示。

3）设置好相应选项后，单击“Preview”按钮，即可预览元器件报表，如图 8-24 所示。

4）单击对话框中的“Export”按钮，可以将该报表进行保存。

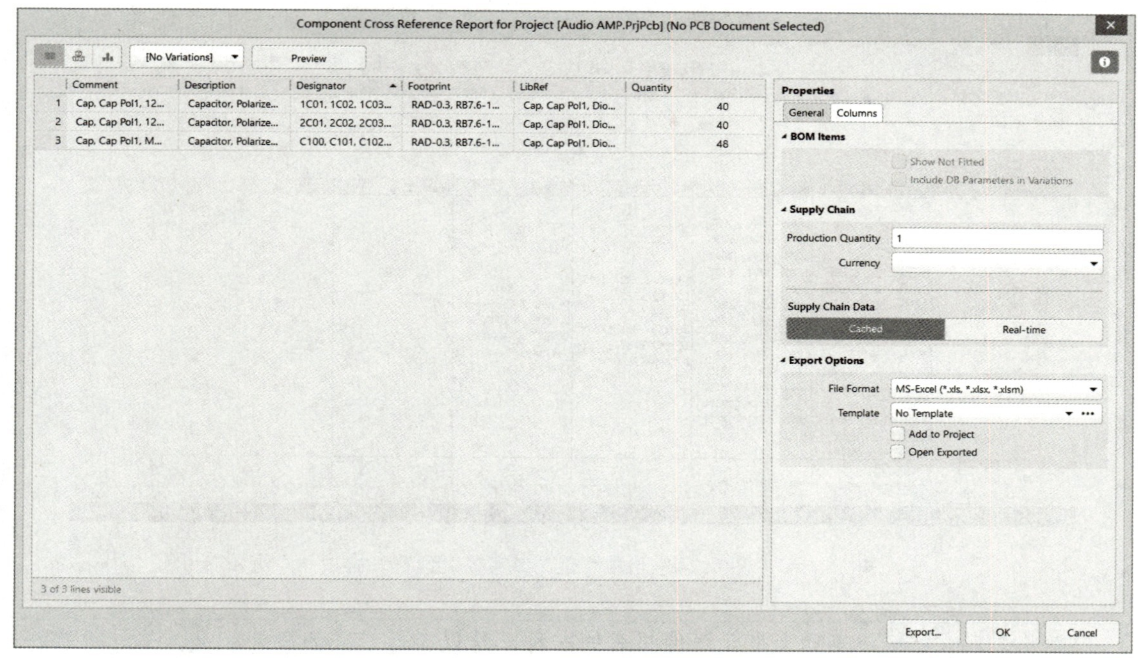

a)

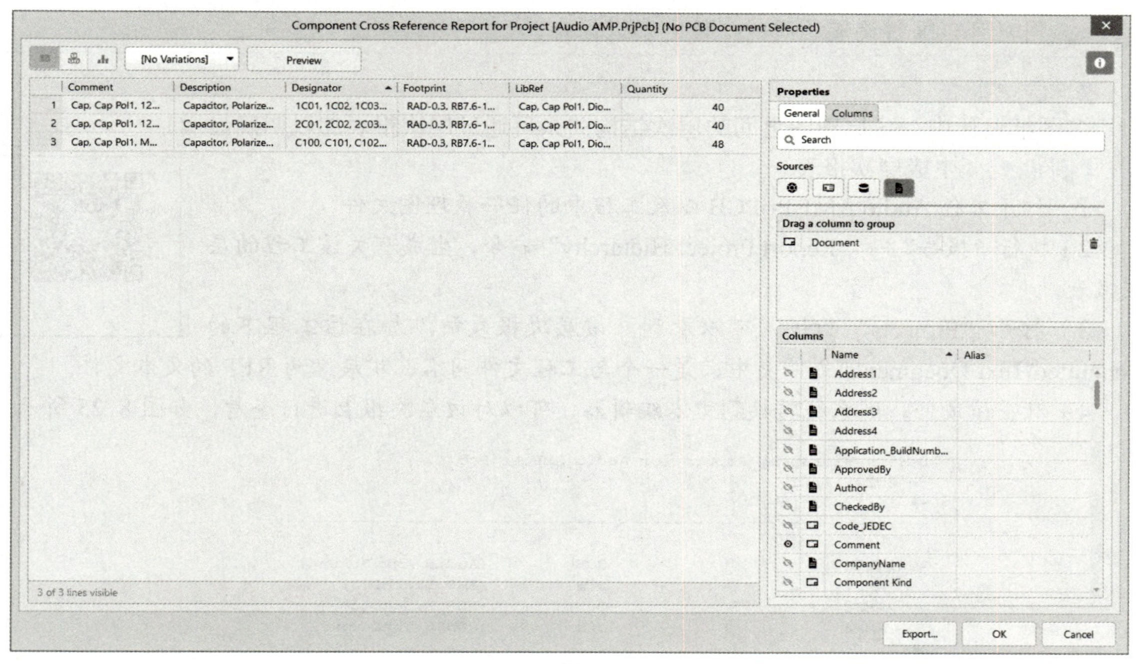

b)

图 8-23 “Component Cross Reference Report For Project[Audio AMP.PrjPcb]”对话框

a) “Properties”选项组中为“General”选项卡 b) “Properties”选项组中为“Columns”选项卡

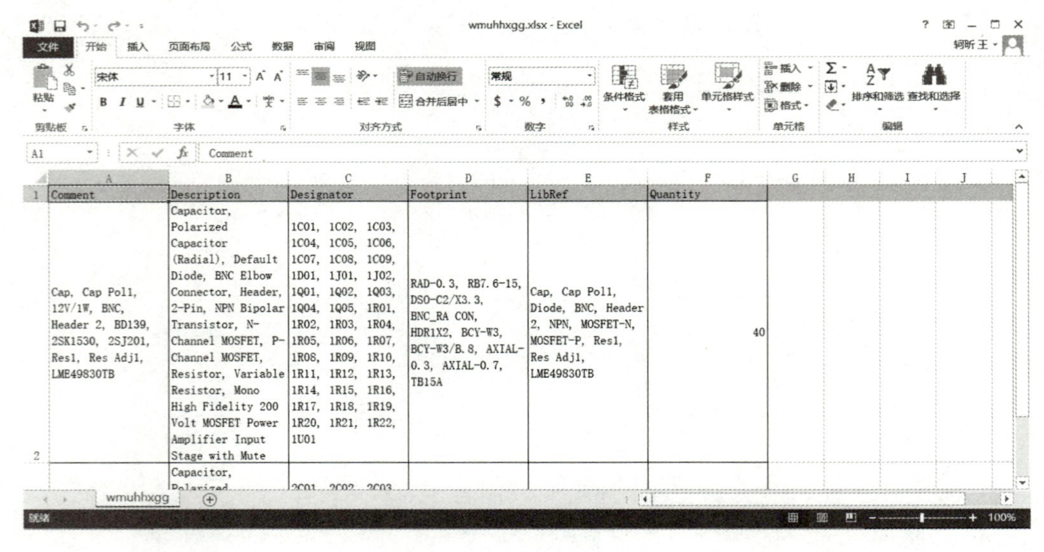

Comment	Description	Designator	Footprint	LibRef	Quantity
Cap, Cap Pol1, 12V/1W, BNC, Header 2, BD139, 2SK1530, 2SJ201, Res1, Res Adj1, LME49830TB	Capacitor, Polarized Capacitor (Radial), Default Diode, BNC Elbow Connector, Header, 2-Pin, NPN Bipolar Transistor, N-Channel MOSFET, P-Channel MOSFET, Resistor, Variable Resistor, Mono High Fidelity 200 Volt MOSFET Power Amplifier Input Stage with Mute	1C01, 1C02, 1C03, 1C04, 1C05, 1C06, 1C07, 1C08, 1C09, 1D01, 1J01, 1J02, 1Q01, 1Q02, 1Q03, 1Q04, 1Q05, 1R01, 1R02, 1R03, 1R04, 1R05, 1R06, 1R07, 1R08, 1R09, 1R10, 1R11, 1R12, 1R13, 1R14, 1R15, 1R16, 1R17, 1R18, 1R19, 1R20, 1R21, 1R22, 1U01	RAD-0.3, RB7.6-15, DSO-C2/X3.3, BNC_RA CON, HDR1X2, BCY-W3, BCY-W3/B.8, AXIAL-0.3, AXIAL-0.7, TB15A	Cap, Cap Pol1, Diode, BNC, Header 2, NPN, MOSFET-N, MOSFET-P, Res1, Res Adj1, LME49830TB	40
	Capacitor, Polarized	2C01, 2C02, 2C03,			

图 8-24　元器件交叉参考报表预览

> 元器件交叉参考报表实际上是元器件报表的一种，是以元件所属的原理图文件为标准进行分类统计的一份元器件清单。因此，系统默认保存时，采用了同一个文件名，两者只能保存其一，用户可以通过设置不同的文件名加以保存。

2. 层次报表

多图纸设计中，各原理图之间的层次结构关系可通过层次报表加以明确显示。

【例 8-5】 生成层次报表

例 8-5

1）打开工程 Audio AMP.PrjPCB 以及工程中的任一原理图文件。

2）执行“报告”→“Report Project Hierarchy”命令，生成有关该工程的层次报表。

3）打开“Projects”面板，可以看到，该层次报表被添加在该工程下的 Generated\Text Documents\文件夹中，是一个与工程文件同名、扩展名为.REP 的文本文件。

4）双击该文件，则系统转换到文本编辑器，可以对该层次报表进行查看，如图 8-25 所示。

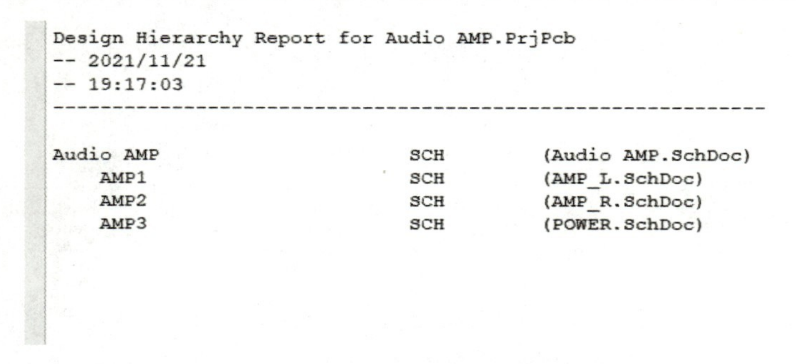

```
Design Hierarchy Report for Audio AMP.PrjPcb
-- 2021/11/21
-- 19:17:03
------------------------------------------------------------

Audio AMP                      SCH          (Audio AMP.SchDoc)
    AMP1                       SCH          (AMP_L.SchDoc)
    AMP2                       SCH          (AMP_R.SchDoc)
    AMP3                       SCH          (POWER.SchDoc)
```

图 8-25　查看层次报表

由图 8-25 可以看出，生成的层次报表中，使用缩进的格式明确地列出了工程 Audio

AMP.PrjPCB 中各个原理图之间的层次关系，原理图文件名越靠左，说明该文件的层次越高。

3. 端口交叉参考

端口交叉参考并不是一个独立的报表文件，而是作为一种标识，被添加在子原理图的输入/输出端口旁边，用于指示端口的引用关系。

【例 8-6】 给工程 Audio AMP.PrjPCB 添加端口交叉参考

1）打开工程 Audio AMP.PrjPCB 及有关的原理图。

2）执行“工程”→“Compile PCB Project Audio AMP.PrjPcb”命令，编译工程。

3）在原理图编辑环境中，执行“报告”→“端口交叉参考”命令，弹出图 8-26 所示的菜单。

4）执行“Add To Project”命令，系统即为工程中的原理图添加了端口交叉参考，如图 8-27 所示。

Add To Project
从工程中移除...(P)

图 8-26 “端口交叉参考”菜单

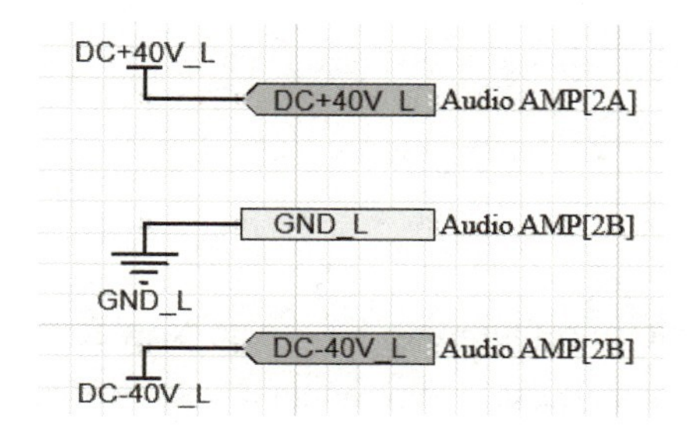

图 8-27 添加端口交叉参考

📖 端口交叉参考与其他报表文件的生成不同，需先对工程编译，才能进行有关的操作。

8.3 工作文件输出

对于各种报表文件，可按照实际需要分别生成并输出。为了进一步简化操作过程，Altium Designer 还提供了一个方便实用的输出工作文件编辑器，可对报表文件进行批量的输出，只需进行一次输出设置，就能完成所有报表文件的输出，包括网络表、元器件报表、元器件交叉参考报表等。

例 8-7

【例 8-7】 报表文件的批量输出

1）打开工程 Audio AMP.PrjPCB 以及工程中的任一原理图文件。

2）执行“文件”→“新的”→“Output Job 文件”命令，或者单击“工程”按钮，在弹出的菜单中执行“添加新...的到工程”→“Output Job File”命令，则系统在当前工程下，新建了一个默认名为 Job1.OutJob 的输出工作文件，同时进入输出工作文件编辑窗口，如图 8-28 所示。

该窗口中，列出了 9 类可输出工作文件，有 Netlist Outputs（网表输出）、Simulator Outputs（模拟输出）、Documentation Outputs（设计输出）、Assembly Outputs（装配输出）、Fabrication Outputs（制造输出）、Report Outputs（报表输出）、Validation Outputs（验证输出）、Export Outputs（格式输出）和 PostProcess Outputs（后处理输出）。

本例主要完成各种元器件报表的一次性批量输出。

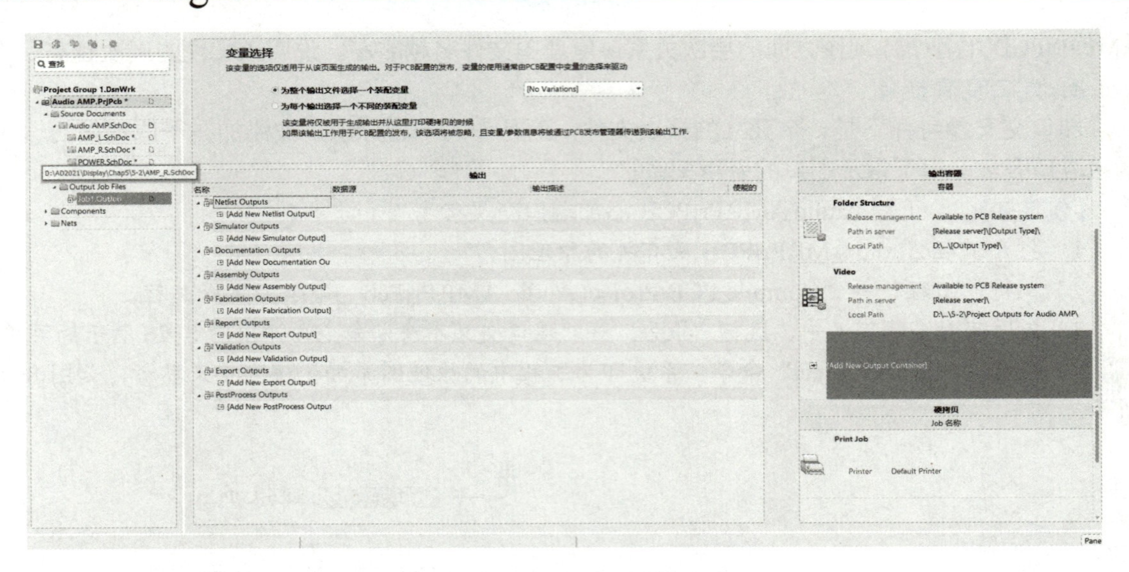

图 8-28　输出工作文件编辑窗口

3）选择“Report Outputs”→“Add New Report Output”选项，弹出图 8-29 所示的菜单，依次选择 Bill of Materials、Component Cross Reference Report、Report Project Hierarchy 和 Report Single Pin Nets 中的“Project”选项。

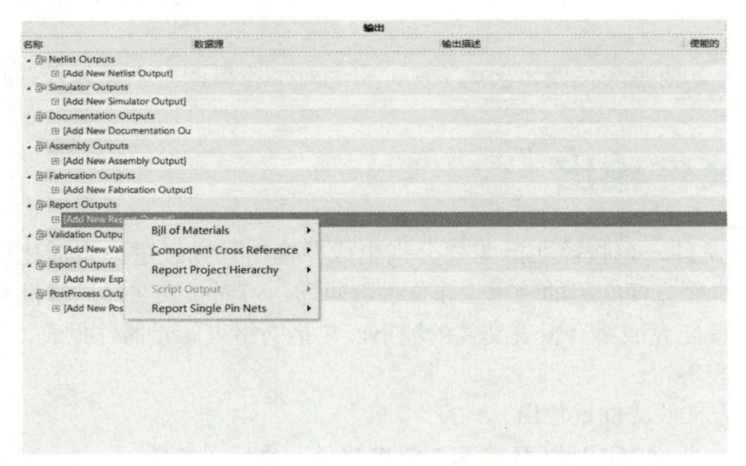

图 8-29　“Add New Report Output”弹出菜单

为了明确起见，把当前工程 Audio AMP.PrjPCB 中已经存在的各种报表文件从工程中删除掉，使当前工程下的 Generated 文件夹不存在。

4）单击“输出容器”选项组“Add New Output Container”前的➡按钮，弹出图 8-30 所示的菜单，选择“New Folder Structure”选项，并单击各个输出报表“使能的”列的单选按钮，如图 8-31 所示。单击“New Folder Structure”选项中的“生成内容”选项，此时报表文件开始批量生成，并在窗口中一一显示。打开“Projects”面板，新生成的各种报表文件已被添加在工程下新产

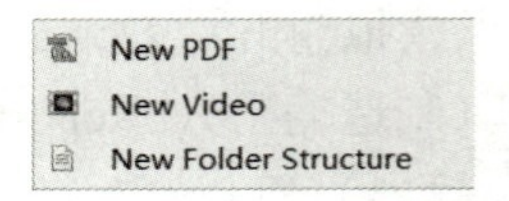

图 8-30　输出菜单

生的 Generated 文件夹中，包括 Bill of Materials-Audio AMP.xls、Component Cross Reference Report.xls 和两个名为 Audio AMP.REP 的报表文件，共 4 个报表文件，如图 8-32 所示。

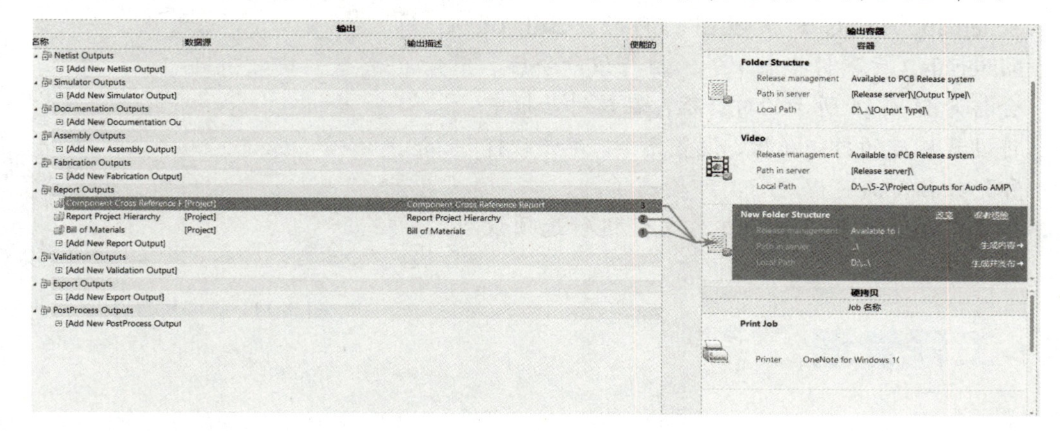

图 8-31　选择输出工作文件

此外，在输出工作文件编辑器中，用户还可以对输出工作文件进行一系列的编辑操作。在某一可输出工作文件上右击，即可弹出图 8-33 所示的右键快捷菜单。

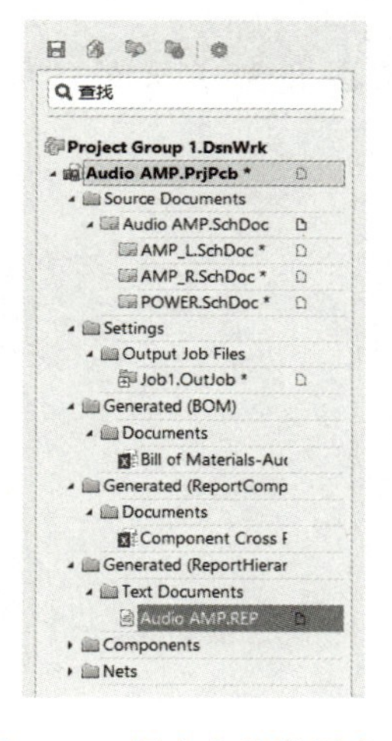

图 8-32　报表文件批量生成

图 8-33　右键快捷菜单

右键快捷菜单中提供了与输出工作文件有关的一些操作命令。

- 剪切：剪除选中的输出工作文件。
- 复制（C）：复制选中的输出工作文件。
- 粘贴：粘贴剪贴板上的输出工作文件。
- 复制（I）：在当前位置直接复制一个输出工作文件。
- 删除：删除选中的输出工作文件。

📖 同为删除操作，“删除”命令与“剪切”命令有所不同。执行“删除”命令后，会将选中的输出工作文件从管理窗口中删除，而使用“剪切”命令剪切掉一个输出工作文件后，还可以使用“粘贴”命令恢复。

- 页面设置：用于进行打印输出的有关设置。该命令只对部分输出工作文件有效，例如，Schematic Prints（原理图打印）、Bill of Materials（元器件报表）等。执行该命令后，会打开图 8-34 所示的对话框，在该对话框中可设置相应的打印属性，设置完毕，单击“打印”按钮，就可以进行打印输出了。
- 配置：用于对报表输出工作文件进行选项设置。

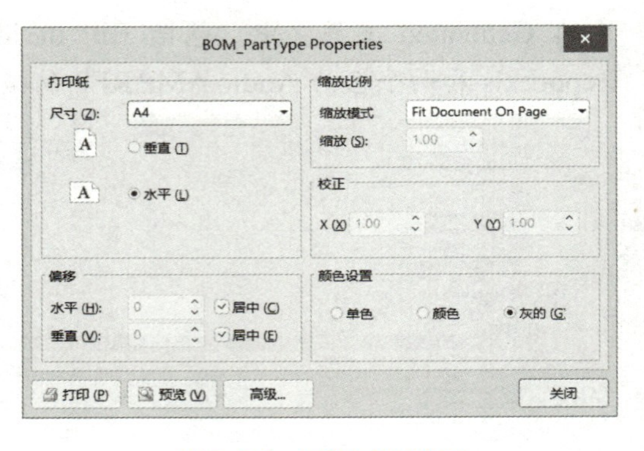

图 8-34　打印属性设置

8.4　工程管理

在 Altium Designer 中，随着设计的逐步深入，其每一项设计工程中都将包含多种设计文件，如源文件、库文件、报表文件、制造文件等。为了便于存放和管理，系统提供了专用的存档功能，可轻松地将工程压缩并打包。

【例 8-8】　将工程 Audio AMP.PrjPCB 打包存档

例 8-8

1）打开工程 Audio AMP.PrjPCB。

2）执行“工程”→“项目打包”命令，则系统弹出图 8-35 所示的“项目打包”对话框。

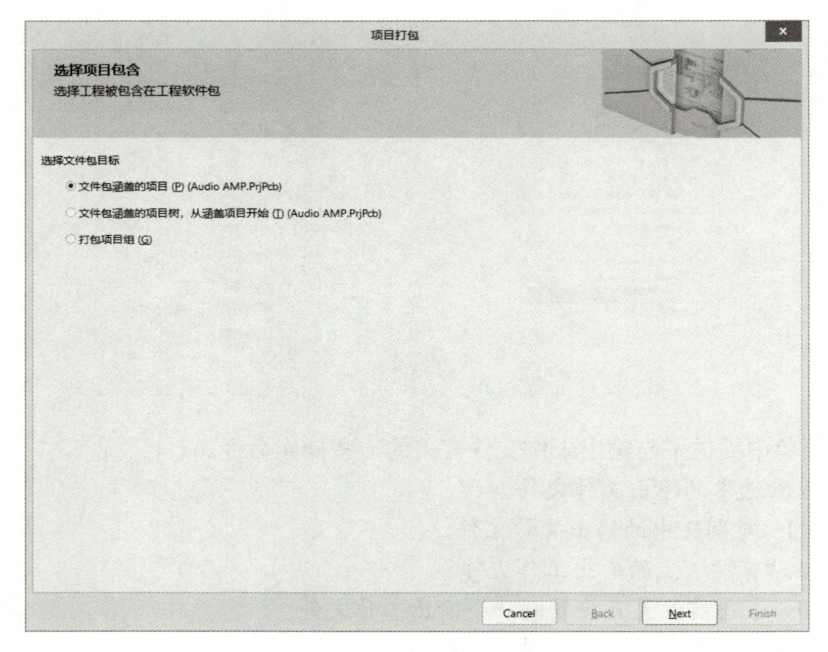

图 8-35　“项目打包”对话框

“项目打包”对话框提供了 3 种打包方式。

- 文件包涵盖的项目（Audio AMP.PrjPcb）：即打包当前工程，括号内是工程名称。

- 文件包涵盖的项目树，从涵盖项目开始（Audio AMP.PrjPcb）：即从当前工程开始，打包项目树。
- “打包项目组”：即打包工作区。

3）选择系统默认的第 1 种打包方式，单击“Next”按钮，进入图 8-36 所示的“项目打包”→“Zip 文件选项”对话框进行打包选项设置。

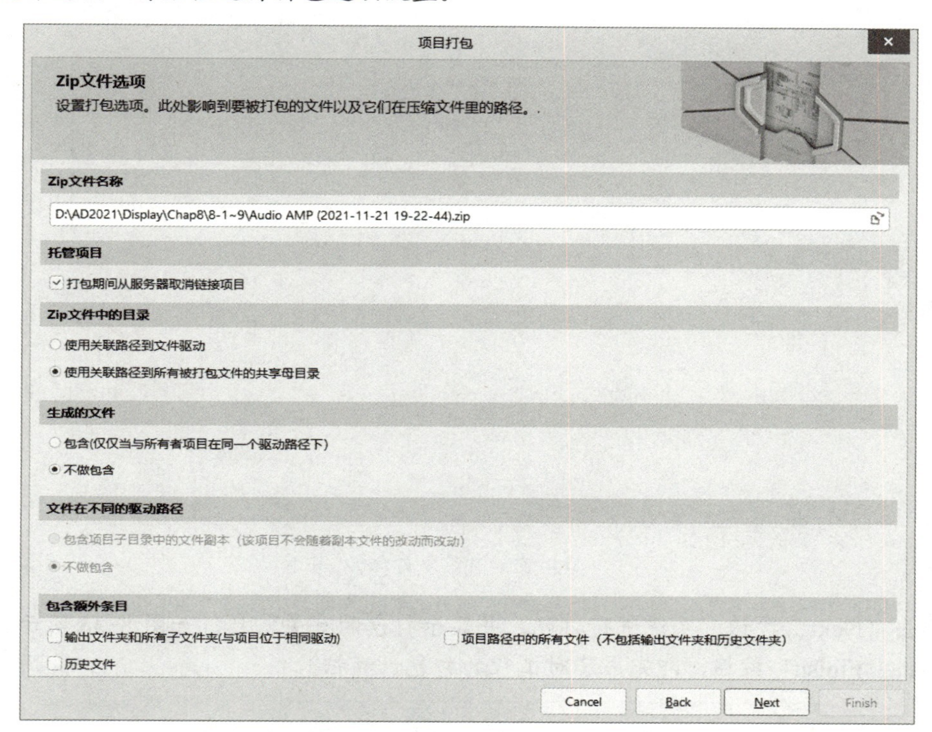

图 8-36　打包选项设置

① Zip 文件名称：设置打包文件的名称及保存路径，系统默认为工程文件的保存路径。

② Zip 文件中的目录：选择设置打包文件的目录结构。

- 使用关联路径到文件驱动：使用文件在驱动器中的相对路径作为目录结构。
- 使用关联路径到所有被打包文件的共享母目录：使用设计文件上下级相对目录关系作为打包文件的目录结构。

③ 生成的文件：选择设置包含的信息。

- 包含（仅仅当与所有者项目在同一驱动路径下）：包含工程所在的驱动器信息。
- 不做包含。

④ 文件在不同的驱动路径：不在该工程路径下的文件。

- 包含项目子目录中的文件副本（该项目不会随着副本文件的改动而改动）：包含工程不会随着副本文件的改动而改动。
- 不做包含。

⑤ 包含额外条目：选择包含的附加项，如子文件夹、EDIF 文件等。

这里，采用系统的默认设置。

4）单击“Next”按钮，进入图 8-37 所示的“项目打包”→“选择文件包含”对话框。系统默认工程中的所有设计文件都处于选中状态。

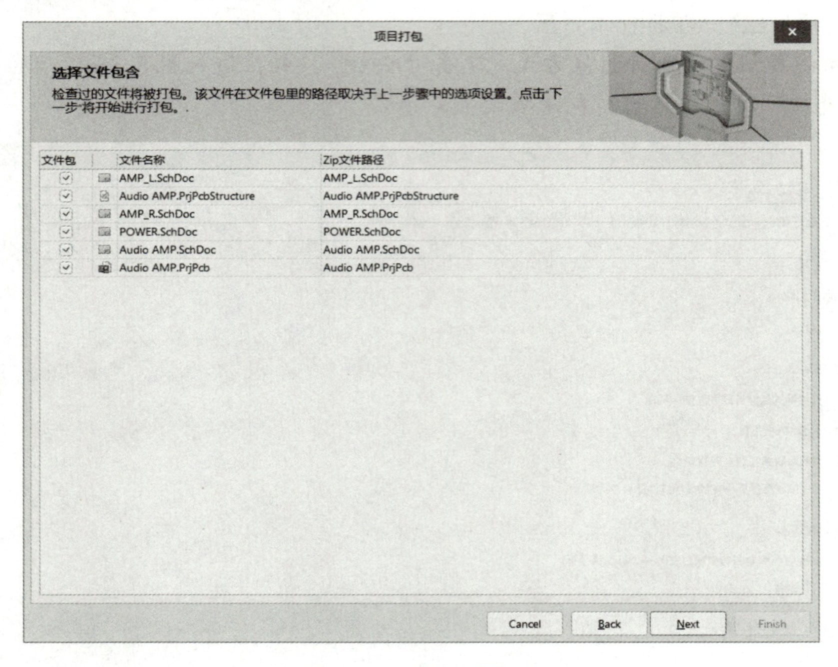

图 8-37 选择文件包含

5）单击“Next”按钮，系统进行打包，并显示打包的有关信息，如图 8-38 所示。

6）单击“Finish”按钮，即完成了对工程的打包、存档。

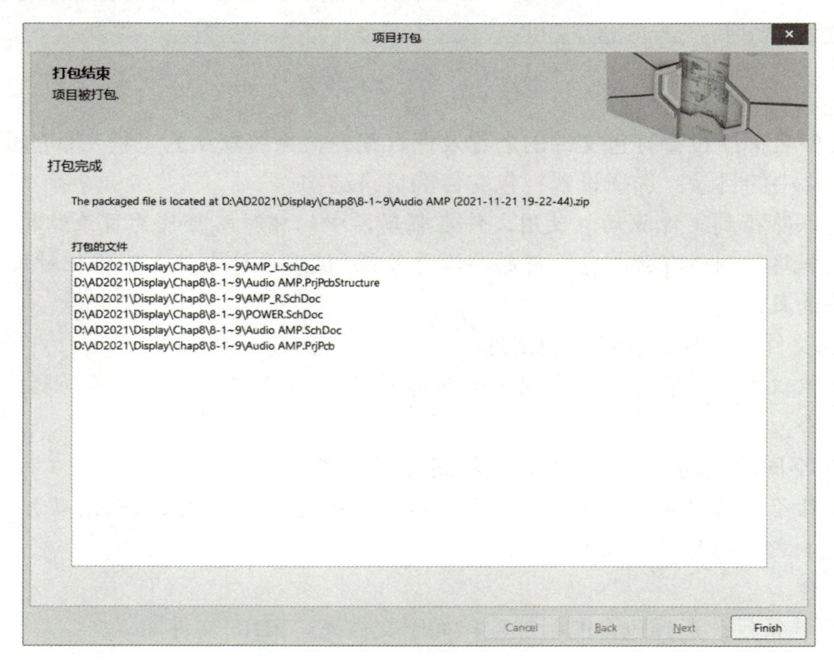

图 8-38 工程打包

8.5 智能 PDF 文件生成

Altium Designer 中内置了智能的 PDF 生成器，用以生成完全可移植、可导航的 PDF 文件。设计者可以把整个工程或选定的某些设计文件打包成 PDF 文档，使用 PDF 阅读器即可查看、阅读，充分实现了设计数据的共享。

【例 8-9】 使用智能 PDF 建立 PDF 文档

例 8-9

本例将使用智能 PDF，为工程 Audio AMP.PrjPCB 建立可移植的 PDF 文档。

1）打开工程 Audio AMP.PrjPCB 及有关原理图。

2）执行“文件”→“智能 PDF”命令，启动智能 PDF 生成向导，如图 8-39 所示。

3）单击“Next”按钮，进入图 8-40 所示的“选择导出目标”界面。可设置是将当前项目输出为 PDF，还是只将当前文档输出为 PDF，系统默认为“当前项目（Audio AMP.PrjPcb）”。同时可设置输出 PDF 文件的名称及保存路径。

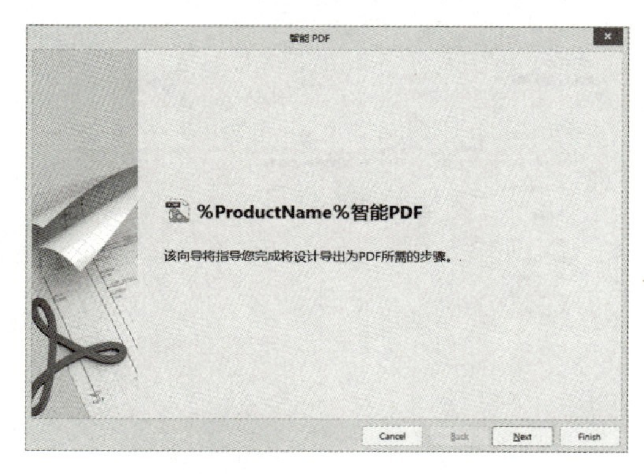

图 8-39　智能 PDF 生成向导

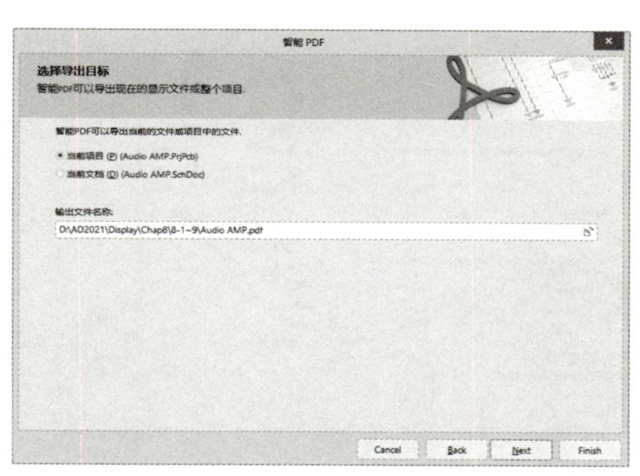

图 8-40　选择导出目标

4）单击“Next”按钮，进入图 8-41 所示的“导出项目文件”界面，用于选择要导出的文件，系统默认为全部选择，用户也可以选择其中的一个。

5）单击“Next”按钮，进入图 8-42 所示的“导出 BOM 表”界面，用于选择设置是否导出 BOM 表，并可设置相应模板。

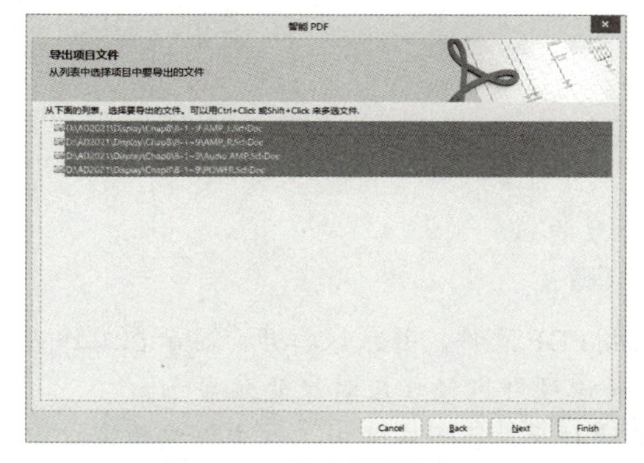

图 8-41　导出项目文件

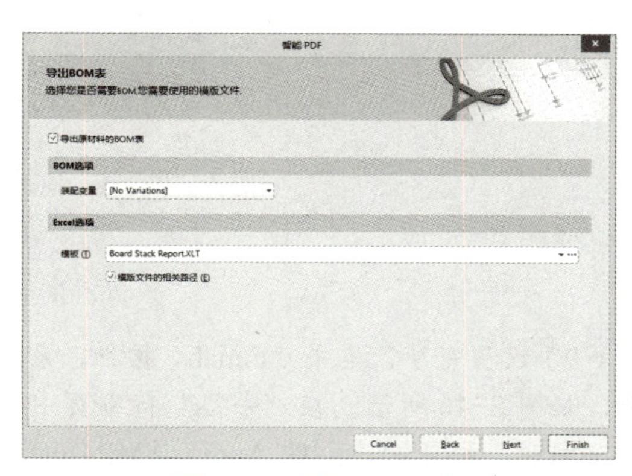

图 8-42　导出 BOM 表

6）单击“Next”按钮，进入图 8-43 所示的“添加打印设置”界面。

- 缩放：用于设置在 PDF 浏览器“书签”窗口中选中元件或网络时，相应对象显示的变焦程度可通过滑块进行控制。
- 附加信息：设置 PDF 文件中的附加书签。

> 生成的附加书签用来提供完全的设计导航，可以在原理图页面和 PCB 图上浏览、显示元件、端口、网络、引脚等。单击 PDF 原理图页面上的元件、引脚等可以直接跳转到其在 PDF 中对应的其他部分。例如，双击 PDF 第三张图中 AMP3 模块中的 GND_L，即可直接跳转至第四张图，显示 GND_L 所在的具体电路。

- 包含的原理图：用于设置生成 PDF 文件包含的原理图信息，如 No ERC 标号、探针等。

7）单击“Next”按钮，进入图 8-44 所示的“结构设置”界面。选中“使用物理结构”复选框后，可选择需要显示的物理名称。

8）单击“Next”按钮，进入图 8-45 所示的对话框，可设置生成 PDF 文件后是否默认打开以及是否保存设置到批量输出文件 Audio AMP.OutJob。

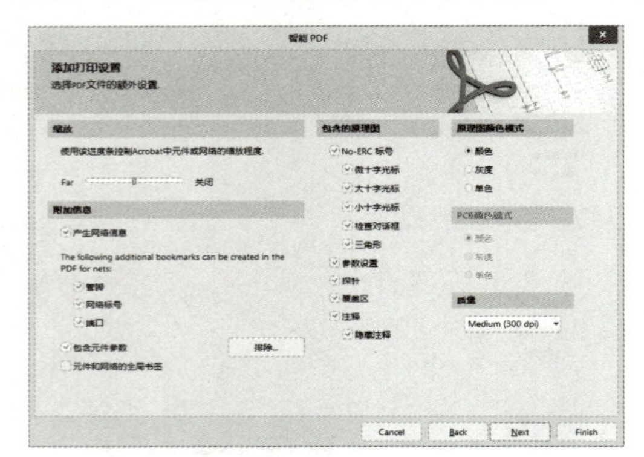

图 8-43　添加打印设置

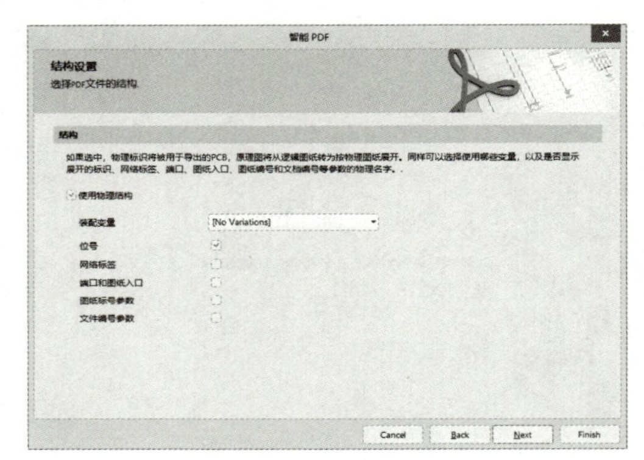

图 8-44　结构设置

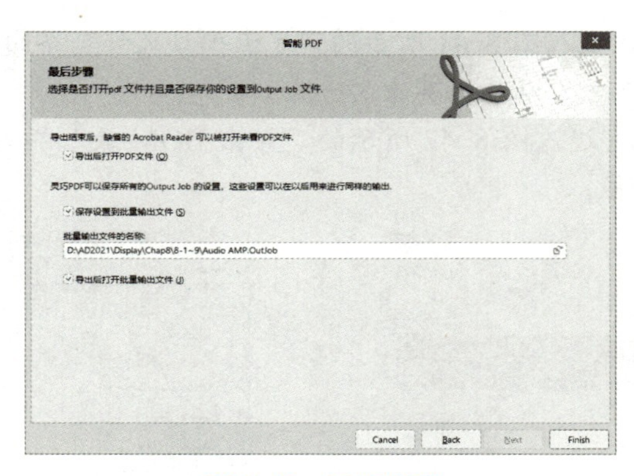

图 8-45　最后步骤

9）设置完毕，单击“Finish”按钮，系统开始生成 PDF 文件，并默认打开，显示在工作窗口中，如图 8-46 所示。在“书签”标签页中，单击某一选项即可使相应对象变焦显示。

同时，批量输出文件 Audio AMP.OutJob 也被默认打开，显示在输出工作文件编辑窗口中，如图 8-47 所示，相应设置可直接用于以后的批量工作文件输出。

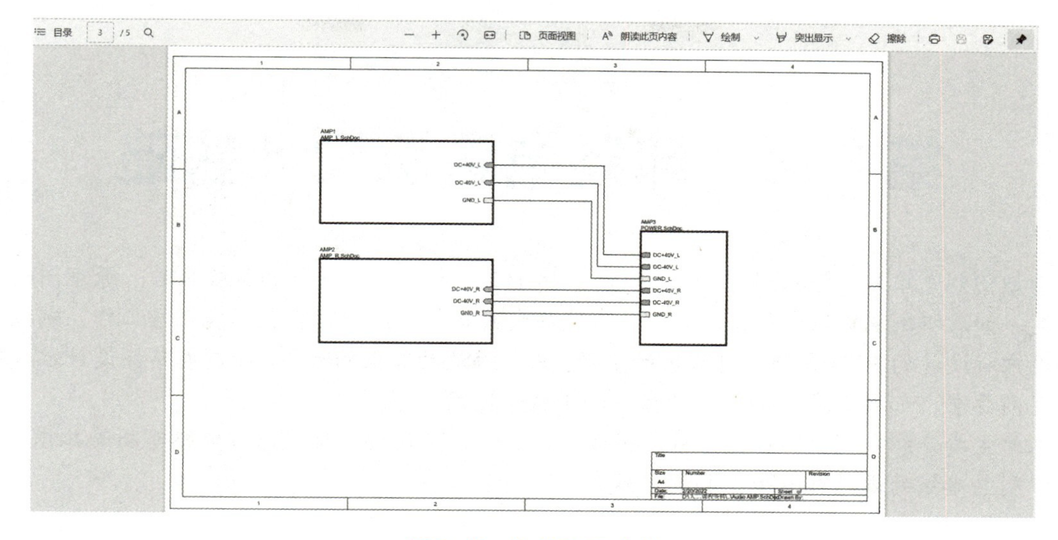

图 8-46　生成 PDF 文件

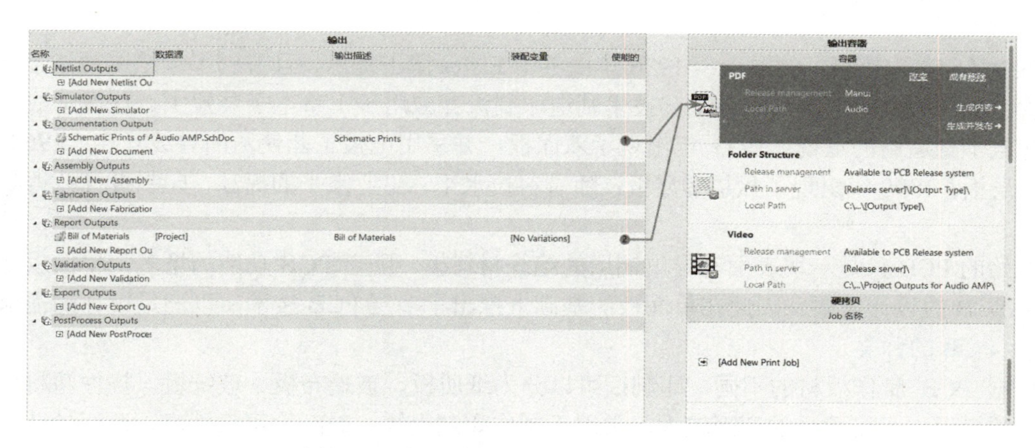

图 8-47　批量输出文件 Audio AMP.OutJob

8.6　思考与练习

1. 概念题

1）工程编译的作用是什么？编译之前应进行哪些相关设置？

2）简述“Navigator”面板的主要功能。

3）层次设计报表主要有哪几种？

2. 操作题

1）练习进行工程编译的选项设置，并对 Amplify.SchDoc 运算放大器基本应用电路原理图进行工程编译，查错并修改。

2）对操作题 1）中所绘制的运算放大器基本应用电路原理图，使用输出工作文件编辑器批量输出该工程的元器件报表和元器件交叉参考报表。

第 9 章　印制电路板设计基础

设计印制电路板（Printed Circuit Board，PCB）是整个工程设计的最终目的。原理图设计得再完美，如果印制电路板设计得不合理，性能将大打折扣，严重时甚至不能正常工作。制板商要参照用户所设计的 PCB 来进行电路板的生产。为了满足功能上的需要，印制电路板设计往往有很多的规则要求，如要考虑到实际中的散热和干扰等问题。

本章主要介绍印制电路板的结构、PCB 设计流程、PCB 设计环境以及电路布局等知识，使读者对印制电路板的设计有一个全面的了解。

9.1　印制电路板的结构和种类

PCB（印制电路板）的概念于 1936 年由英国 Eisler 博士提出，且首创了铜箔腐蚀法工艺；在第二次世界大战中，美国利用该工艺技术制造印制板并应用于军事电子装置中，获得了成功，从而引起电子制造商的重视；1953 年出现了双面板，并采用电镀工艺使两面导线互连；1960 年出现了多层板；1990 年出现了积层多层板；随着科技水平、工业水平的提高，印制板行业得到了蓬勃发展。

原始的 PCB 只是一块表面有导电铜层的绝缘材料板，随着 PCB 功能的增多，单面板已经无法满足 PCB 的设计需要。因此在单面板的基础上推出了多层 PCB 技术，以满足设计的需求。

1．PCB 的种类

根据 PCB 制作板材的不同，印制板可以分为纸质板、玻璃布板、玻纤板、挠性塑料板。其中挠性塑料板由于可承受的变形较大，常用于制作印制电缆；玻纤板可靠性高、透明性较好，常用作实验电路板，易于检查；纸质板的价格便宜，适用于大批量生产要求不高的产品。

2．PCB 的结构

根据印制电路板结构的复杂程度，可以分成单面板、双面板和多层板 3 种。

（1）单面板

单面板是指仅有一面敷铜的电路板，用户只能在该板的一面布置元器件和布线。单面板由于只能使用一面，在布线时有很多限制，因此功能有限，现在已经很少采用。

（2）双面板

双面板包括顶层和底层，其中，顶层一般为元器件面，底层一般为焊层面。但是现在也有贴片元器件焊接在焊层上。双面板的两面都有敷铜，均可以布线。两面的导线也可以互相连接，但是需要一种特殊的连接方式，即过孔。双面板的布线面积比单面板更大，布线也可以上下相互交错，因此它比较适合更复杂的电路。

（3）多层板

多层板是指包含了多个工作层的电路板，大大增加了可布线的面积。一般 4 层及以上的 PCB 可称为多层板。除了顶层和底层之外，还包括了中间层、内部电源层和接地层。随着电子技术的高速发展，电路板的制作水平越来越高，工艺越来越复杂，多层电路板的应用也越来越广泛。

多层板用数片双面板，并在每层板间放进一层绝缘层后压合在一起，多层板的层数一般都是偶数，而且由于压合得很紧密，所以肉眼一般不易查看出它的实际层次。

9.2 印制电路板设计流程

利用 Altium Designer 来设计印制电路板时，如果需要设计的印制电路板比较简单，可以不参照印制电路板设计流程而直接设计印制电路板，然后手动连接相应的导线，从而完成设计。但对于设计复杂的印制电路板时，可按照设计流程进行设计，如图 9-1 所示。

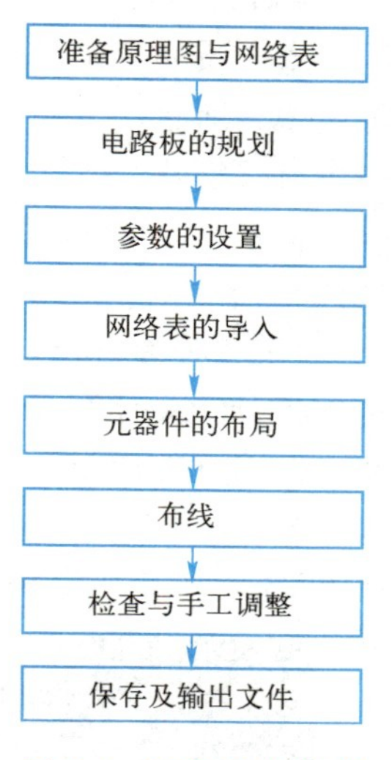

图 9-1　PCB 设计流程

1. 准备原理图与网络表

原理图与网络表的设计和生成是电路板设计的前期工作，但有时候也可以不用绘制原理图，而直接进行印制电路板的设计。

2. 电路板的规划

电路板的规划包括了电路板的规格、功能、成本限制、工作环境等诸多要素。在这一步要确定板材的物理尺寸、元器件的封装和电路板的层次，这是极其重要的工作，只有决定了这些，才能确定电路板的具体框架。

3. 参数的设置

参数的设置会影响印制电路板的布局和布线的效果。需要设置的参数包括元器件的布置参数、板层参数、布线参数等。

4. 网络表的导入

网络表是印制电路板自动布线的灵魂，是原理图和印制电路板之间连接的纽带。在导入网络表的时候，要尽量随时保持原理图和印制电路板的一致，减少出错的可能。

5. 元器件的布局

网络表导入后，所有元器件都会重叠在工作区的零点处，需要把这些元器件分开，按照相关规则进行排列。元器件布局可由系统自动完成，也可以手动完成。

6. 布线

布线的方式也有两种，即手动布线和自动布线。Altium Designer 的自动布线采用了 Altium 公司的 Situs 技术，通过生成拓扑图的方式来解决自动布线时遇到的困难。Altium Designer 自动布线的功能十分强大，只要把相关参数设置得当，元器件位置布置合理，自动布线的成功率几乎为 100%。不过自动布线也有布线有误的情况，一般都要手工调整。

7. 检查与手工调整

可以检查的项目包括线间距、连接性、电源层等，如果在检查中出现了错误，则必须手工对布线进行调整。

8. 保存及输出文件

在完成印制电路板的布线之后退出设计之前，要保存印制电路板文件。需要时，可以利用图形输出设备来输出电路的布线图。如果是多层板，还可以进行分层打印。

9.3 新建 PCB 文件

在完成产品的原理图设计，进行了电气规则检查 ERC，并生成了相关的网络表、元器件报表的基础上，就可以进入 Altium Designer 的 PCB 设计环境进行印制电路板的设计了。

Altium Designer 的 PCB 设计环境与前期的版本相比，并没有太多质的变化，依然是集成在 Altium Designer 的整体设计环境中。新建一个 PCB 文件的方法有多种，可通过执行相关命令自行创建。

【例 9-1】 使用菜单命令创建新的 PCB 文件

例 9-1

1）启动 Altium Designer，在集成设计环境中执行“文件”→“新的”→“PCB”命令，如图 9-2 所示。

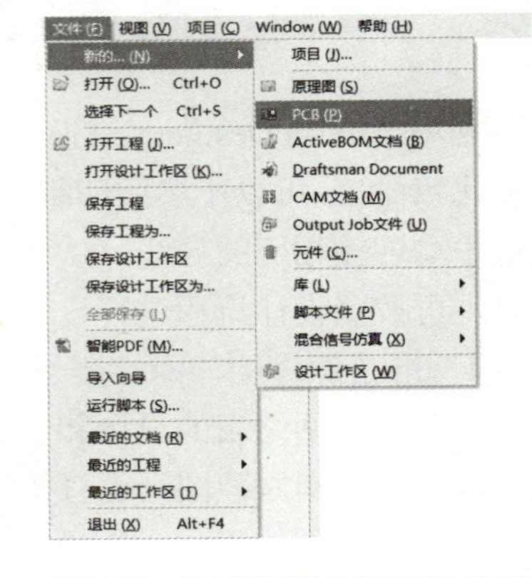

图 9-2 使用菜单新建 PCB 文件

2）系统在当前工程中新建了一个默认名为 PCB1.PcbDoc 的 PCB 文件（见图 9-3），同时启动了 PCB Editor，进入了 PCB 设计环境中。

图 9-3 新建一个 PCB 文件

9.4 PCB 设计环境

在创建了一个新的 PCB 文件，或者打开一个现有的 PCB 文件之后，也就启动了 Altium Designer 的 PCB 编辑器，进入了 PCB 的设计环境，如图 9-4 所示。

布线工具栏
标准工具栏
过滤工具栏
应用工具栏
编辑窗口
状态栏
板层标签

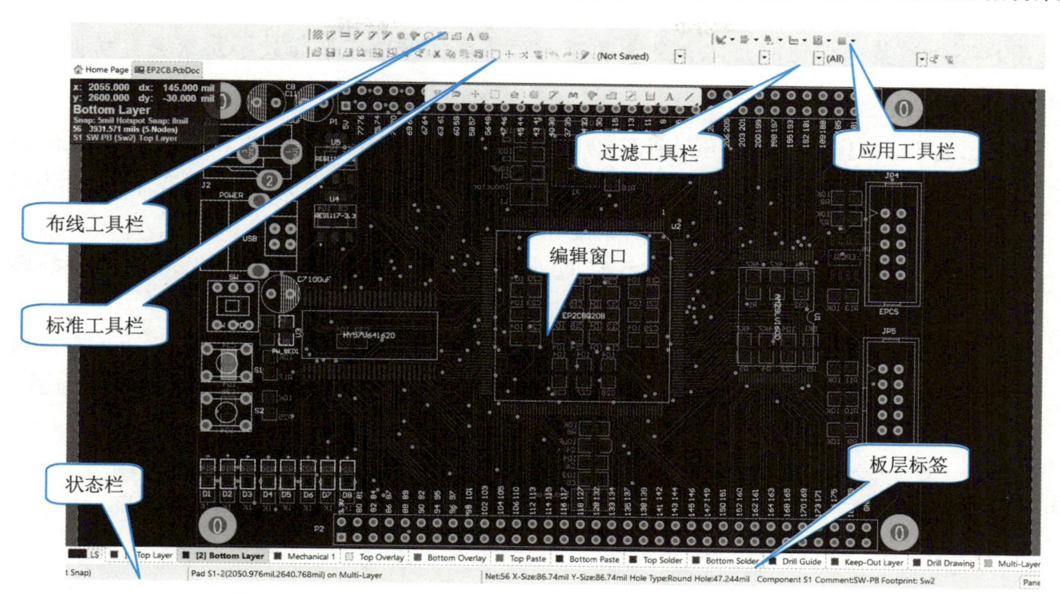

图 9-4　PCB 设计环境

Altium Designer 的 PCB 设计环境与前期版本设计环境的布局以及操作方式十分类似，设计环境的主要组成部分如下。

1. 菜单栏

与所有的 EDA 设计软件一样，Altium Designer 的菜单栏包含了各种基本的 PCB 操作命令，如图 9-5 所示。通过选择菜单栏内的相应命令，可为用户提供设计环境个性化设置、PCB 设计、帮助等功能。

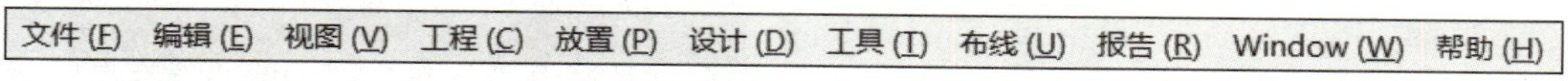

文件 (F) 编辑 (E) 视图 (V) 工程 (C) 放置 (P) 设计 (D) 工具 (T) 布线 (U) 报告 (R) Window (W) 帮助 (H)

图 9-5　菜单栏

📖 虽然在 PCB 设计过程中，可以通过使用菜单栏中相应的菜单命令，或图标按钮完成各项基本操作，但还是建议用户尽可能地掌握一些快捷键操作，这将会极大地提高 PCB 设计速度。

2. 工具栏

工具栏是 Altium Designer 为方便用户操作、提高 PCB 设计速度而专门设计的快捷按钮组。在 PCB 设计环境中系统默认的工具栏有 5 组，可以在“视图”→“工具栏”命令中选择显示或者不显示。在 PCB 设计中常用的工具栏如下。

- PCB 标准工具栏：为用户提供了一些基本操作命令，如文件打开、存储、打印、缩放、快速定位、浏览元件等，如图 9-6 所示。

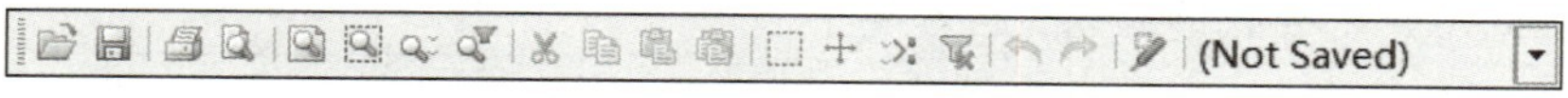

(Not Saved)

图 9-6　PCB 标准工具栏

📖 如果用户不知道某一按钮的具体含义和功能，可将鼠标停留在按钮处，系统会自动提示该按钮的功能。

- 应用工具栏：Altium Designer 所提供的中文版将此项翻译为应用工具栏，一般认为称之为实用工具栏更合适，如图 9-7 所示。该工具栏中每个按钮都另有下拉工具栏或菜单栏，分别提供了不同类型的绘图和实用操作，如放置走线、放置原点、调准、查找选择、放置尺寸、放置 Room 空间、网格设置等，用户可直接使用相关的按钮进行 PCB 设计。
- 布线工具栏：提供了在 PCB 设计中常用图元的快捷放置命令，这是在交互式布线时最常用到的工具栏。这些命令包括放置焊盘、过孔、元件、铜膜导线、覆铜等，如图 9-8 所示。

图 9-7　应用工具栏

图 9-8　布线工具栏

- 过滤器工具栏：根据用户正在设计的 PCB 中的网络标号、元件号或者属性等作为过滤参数，对全部 PCB 进行过滤显示，使符合设置条件的图元在编辑窗口内高亮显示，如图 9-9 所示。例如，在图 9-10 中就高亮显示了使用过滤器工具栏过滤出的 VCC_5 网络。

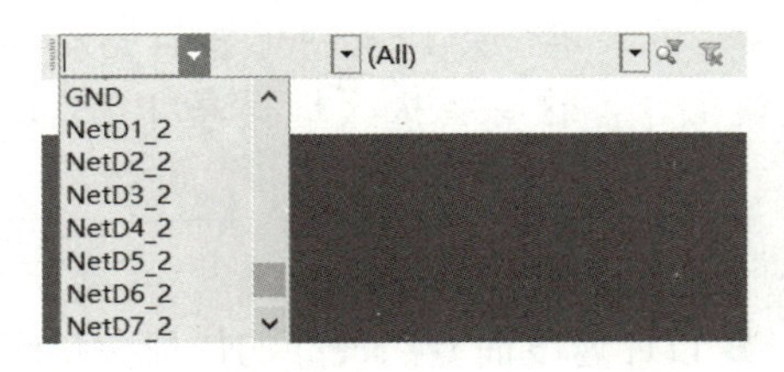

图 9-9　过滤器工具栏

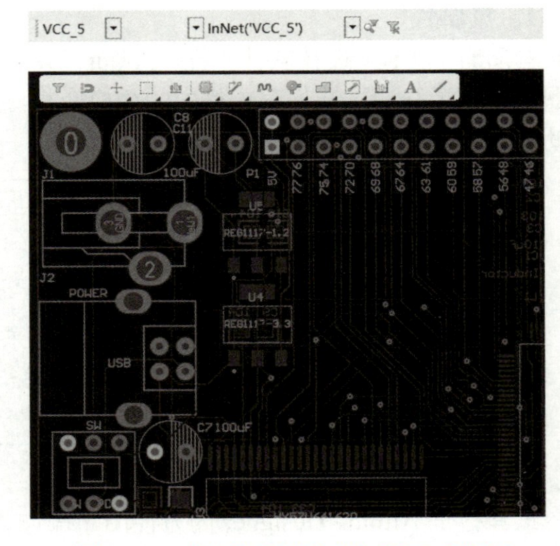

图 9-10　高亮显示过滤出的 VCC_5 网络

📖 过滤器是一个比较实用的工具栏，除了能够以网络标号、元器件作为条件进行过滤外，还可以在此工具栏最后的选项栏中以特定的规则进行过滤。在复杂的大规模 PCB 中使用此工具能够快速定位到用户所要找的结果。

3. 编辑窗口

编辑窗口是进行 PCB 设计的工作平台，它像一张画板，用于进行元件的布局和布线的有关操作。在编辑窗口中使用鼠标的左右按键及滚轮可以灵活地查看、放大、拖动 PCB 图，方便用户进行编辑。

4. 板层标签

板层标签位于编辑窗口的下方，用于切换 PCB 当前显示的板层，所选中板层的颜色将显示在最前端，如图 9-11 所示，表示此板层被激活，用户的操作均在当前板层进行。

LS | [1] Top Layer | [2] Bottom Layer | Mechanical 1 | Top Overlay | Bottom Overlay | Top Paste | Bottom Paste | Top Solder | Bottom Solder | Drill Guide | Keep-Out Layer | Drill Drawing | Multi-Layer

图 9-11　板层标签

用户可使用鼠标进行板层间的切换，当将鼠标指针移动到板层标签前端 LS 的 LS 处停留，可以看到系统提示单击“LS”可进行板层的管理，包括板层激活设置以及板层激活显示等。

5. 状态栏

编辑窗口的最下方是系统状态栏，用于显示光标指向的坐标值、所指向元件的网络位置、所在板层和有关的参数以及编辑器当前的工作状态等，如图 9-12 所示。

X:3175mil Y:2145mil　Grid: 5mil　(Hotspot Snap) | Track (3076mil,2042.982mil)(3638mil,2604.982mil) on Bottom Layer | Track: (Net: 87 Width:9mil Length:794.788mil)

图 9-12　状态栏

执行“视图”→“工具栏”→“自定义”命令，设计者可以在打开的“Customizing PCB Editor”对话框中设置菜单命令和工具栏的排列组合，以定制个性化的设计环境。

9.5　将原理图信息同步到 PCB

印制电路板的设计就是根据原理图，通过元件放置、导线连接以及覆铜等操作来完成原理图电气连接的一个计算机辅助设计过程。在熟悉了 Altium Designer 的 PCB 编辑环境和特点后，就可以进行 PCB 的具体设计了。

首先应完成原理图设计，并由此产生用于 PCB 设计的电气连接网络表；之后，进入 PCB 设计环境，根据任务要求对 PCB 的相关参数、电路板大小形状进行设置和规划，并使用系统提供的各种图元放置工具和布线工具完成 PCB 的具体实现，并最终输出可供印制板厂商加工的设计文件。

下面逐步介绍 Altium Designer 中印制电路板的设计过程。要将原理图中的设计信息转换到即将准备设计的 PCB 文件中，应完成如下几项准备工作。

- 对工程中所绘制的电路原理图进行编译检查，验证设计，确保电气连接的正确性和元器件封装的正确性。
- 确认与电路原理图和 PCB 文件相关联的所有元件库均已加载，保证原理图文件中所指定的封装形式在可用库文件中都能找到并可以使用。
- 新建的空白 PCB 文件应在当前设计的工程中。

📖 Altium Designer 是一个系统设计工具，在这个系统中设计完毕的原理图可以轻松同步到 PCB 设计环境中。由于系统实现了双向同步设计，因此从原理图到 PCB 的设计转换过程中，网络表的生成不再是必需的了，但用户可以根据网络表对电路原理图进行进一步的检查。

Altium Designer 提供了在原理图编辑环境和印制电路板编辑环境之间的双向信息同步能力，在原理图中使用“设计”→“Update PCB Document”命令，或者在 PCB 编辑器中使用“设计”→“Import Changes From”命令均可完成原理图信息和 PCB 设计文件的同步。这两种命令的操作过程基本相同，都是通过启动工程变更指令（ECO）来完成的，可将原理图中的网络连接关系顺利同步到 PCB 设计环境中。

例 9-2

【例 9-2】 将原理图信息同步到 PCB 设计环境中

打开已有 dianyuan.PrjPcb 工程，本例中将该原理图的有关信息同步到 PCB 设计环境中。

1）打开工程 dianyuan.PrjPcb，并打开工程中的原理图文件 dianyuan.SchDoc，进入原理图编辑环境，如图 9-13 所示。

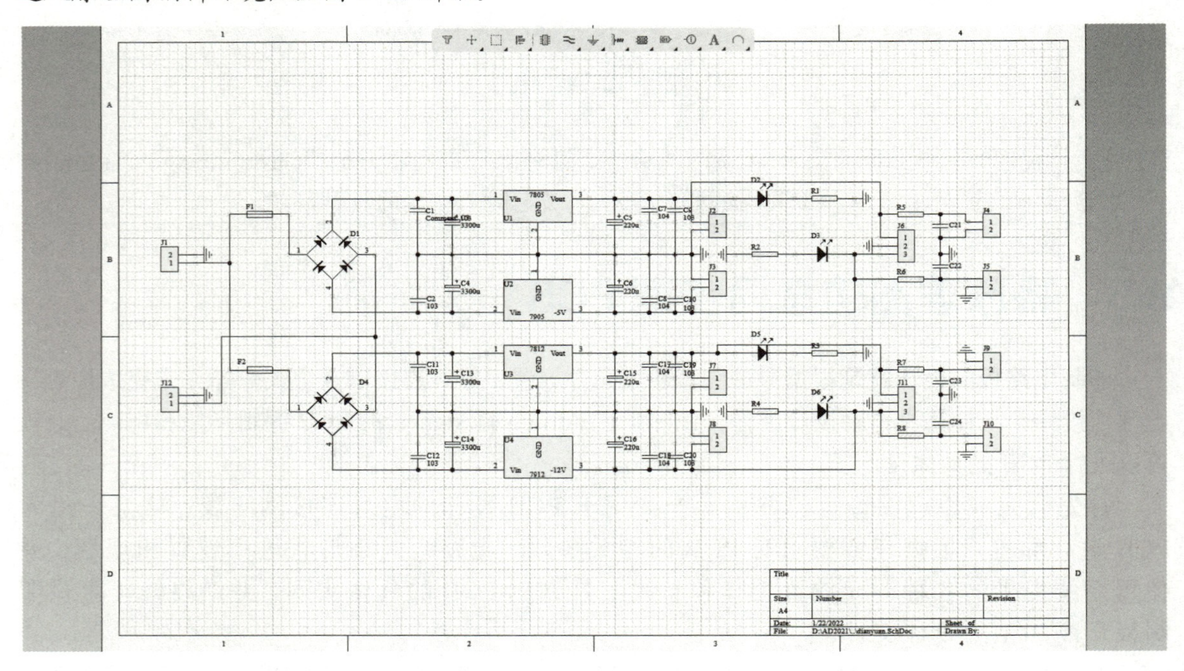

图 9-13　原理图 dianyuan.SchDoc

2）执行“工程”→“Compile PCB Project dianyuan.PrjPcb”命令，对原理图进行编译。编译后的结果在“Messages”面板中有明确的显示，若“Messages”面板显示为空白，表明所绘制的电路图已通过电气检查。

3）建立一个空白的 PCB 文件，保存在工程文件夹下。根据产品要求，该 PCB 的尺寸大小为 15cm × 10cm，转换为英制是 5905mil × 3940mil。执行“编辑”→“原点”→“设置”命令设置原点，并执行“视图”→“栅格”→“设置全局捕捉栅格”命令，设置栅格为 5mm。通过“视图”

→“板子规划模式”命令进入 PCB 编辑模式，再执行“设计”→“编辑板子顶点”命令实现产品要求，如图 9-14 所示。

图 9-14　新建的 PCB 文件

📖 用户可以根据需要自定义准备保存的 PCB 文件名。建立的 PCB 文件应在现有的 dianyuan.PrjPCB 工程中，才能开始同步工作。

4）在原理图环境中，执行“设计”→“Update PCB Document PCB1.PcbDoc”命令，系统打开“工程变更指令”对话框。该对话框内显示了参与 PCB 设计而受影响的元器件、网络、Room 以及受影响文档信息等，如图 9-15 所示。

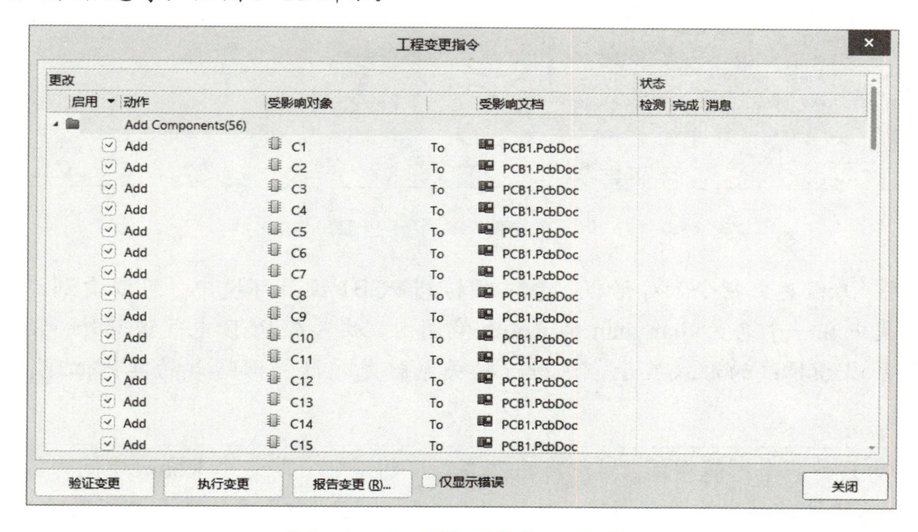

图 9-15　“工程变更指令”对话框

5）单击“工程变更指令”对话框中的“验证变更”按钮，则在“工程变更指令”对话框右侧“检测”“消息”栏中显示受影响元素检查后的结果。检查无误的信息以绿色的✓表示，检查出错的信息以红色×表示，并在“消息”栏中详细描述检测不能通过的原因，如图 9-16 所示。

☑	Add	R15	To	PCB2.PcbDoc	⊗	Footprint Not Found RESC1(
☑	Add	R16	To	PCB2.PcbDoc	⊗	Footprint Not Found RESC1(
☑	Add	R17	To	PCB2.PcbDoc	⊗	Footprint Not Found RESC1(
☑	Add	R18	To	PCB2.PcbDoc	⊗	Footprint Not Found RESC1(
☑	Add	R19	To	PCB2.PcbDoc	⊗	Footprint Not Found RESC1(
☑	Add	R20	To	PCB2.PcbDoc	⊗	Footprint Not Found RESC1(
☑	Add	T1	To	PCB2.PcbDoc	✓	
☑	Add	Y1	To	PCB2.PcbDoc	⊗	Footprint Not Found BCY-W

图 9-16　检查受影响对象结果

📖 图 9-16 中元件封装检查不正确，是由于没有装载可用的集成库，导致无法找到正确的元件封装。

6）根据检查结果重新更改原理图中存在的问题，直到检查结果全部通过为止。单击“执行变更”按钮，将元器件、网络表装载到 PCB 文件中，如图 9-17 所示，实现了将原理图信息同步到 PCB 设计文件中。

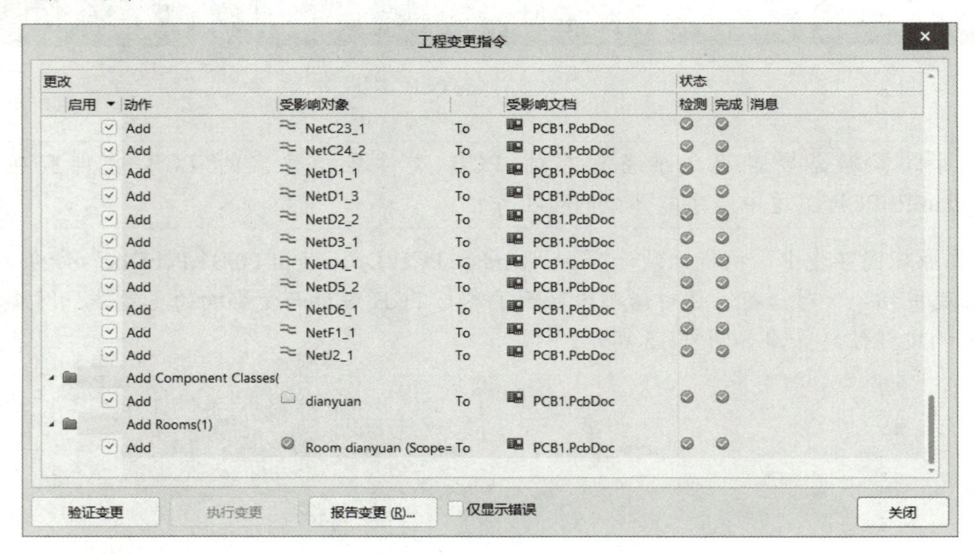

图 9-17　将原理图信息同步到 PCB1 设计文件

7）关闭“工程变更指令”对话框，系统跳转到 PCB1 设计环境中，可以看到，装载的元器件和网络表集中在一个名为 dianyuan 的 Room 空间内，放置在 PCB 电气边界外。装载的元器件间的连接关系以预拉线的形式显示，这种连接关系就是元器件网络表的具体体现，如图 9-18 所示。

📖 Room 空间只是一个逻辑空间，用于将元件进行分组放置，同一个 Room 空间内的所有元件将作为一个整体被移动、放置或编辑。执行“设计”→“Room”命令，会打开系统提供的 Room 空间操作命令菜单。

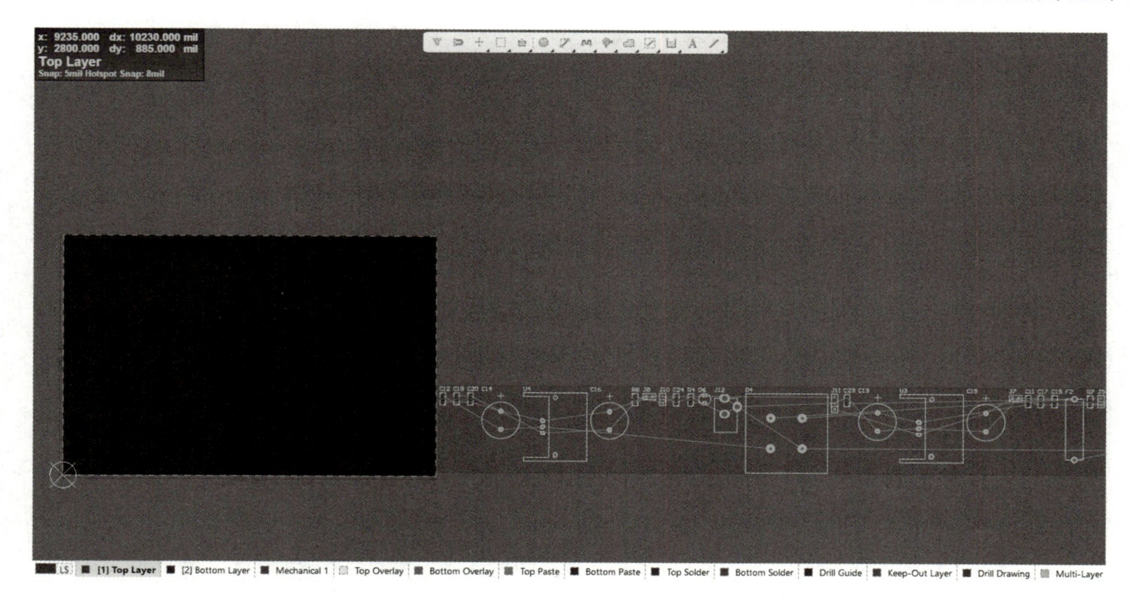

图 9-18 装载的元器件和网络表

9.6 网络表的编辑

在 Altium Designer 的 PCB 编辑器内提供了多项网络表编辑功能，如图 9-19 所示。使设计者能够在需要的时候，方便地对网络表进行编辑及优化。

例如，在将原理图中的网络与元件封装同步到 PCB 编辑环境中之后，由于设计需要，在 PCB 设计中要增加一个连接器或者某一个元件，就需要为增加的元件建立起网络连接，甚至需要建立一个或多个新的网络。这些工作，就可以使用相应的编辑命令来完成。

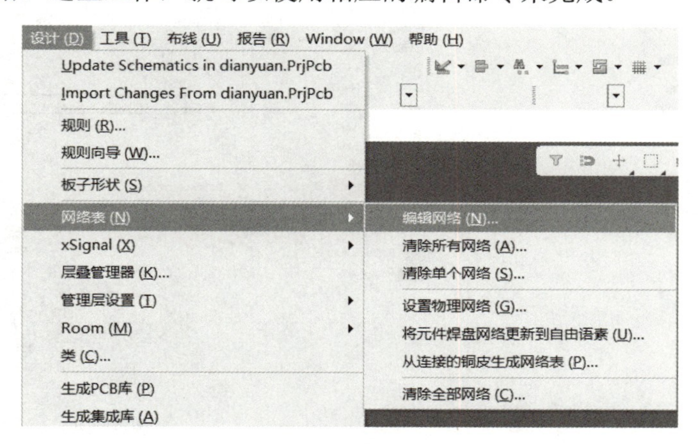

图 9-19 网络表编辑菜单

【例 9-3】 为添加的元件建立网络连接

本例将为在 PCB 文件中新添加的一个电容元件 C130 建立网络连接，如图 9-20 所示。

1）执行“设计”→“网络表”→“编辑网络”命令，打开“网表管理器”对话框，如图 9-21

所示。

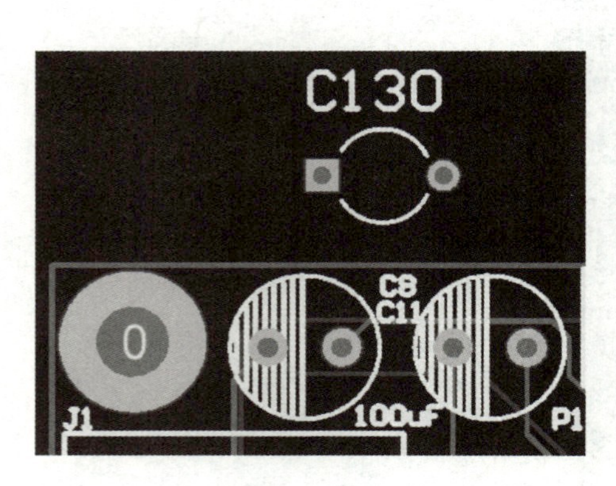

图 9-20　新添加的元件

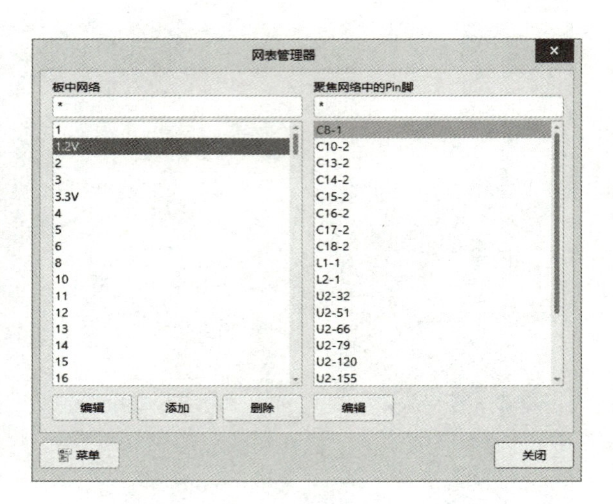

图 9-21　“网表管理器”对话框

2）在“板中网络”列表框中，列出了当前 PCB 文件中所有的网络名称，选择其中的 1.2V，此时右侧的“聚焦网络中的 Pin 脚”列表框列出了该网络内连接的所有元件引脚。

3）单击“板中网络”列表框下面的“编辑”按钮，打开“编辑网络”对话框，如图 9-22 所示。

4）在“其他网络的管脚”列表框中选中 C130-1，单击>按钮，加入到右侧的“该网络的管脚”列表框中，如图 9-22 星号标记处所示。

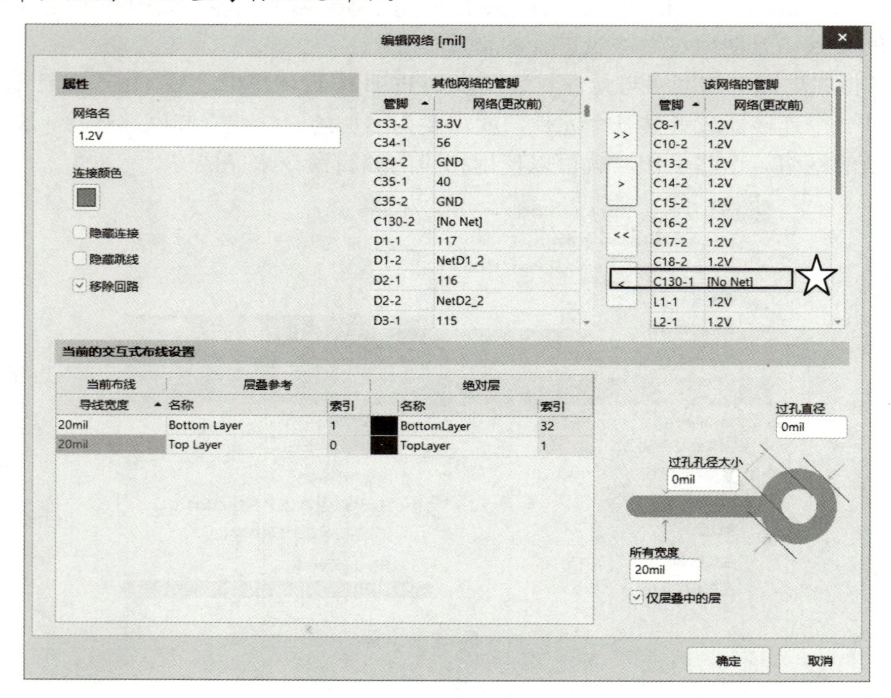

图 9-22　“编辑网络”对话框

5）单击“确定”按钮关闭“编辑网络”对话框，返回“网表管理器”对话框，此时 C130 的

1 引脚已加入到网络 1.2V 中，如图 9-23 所示。

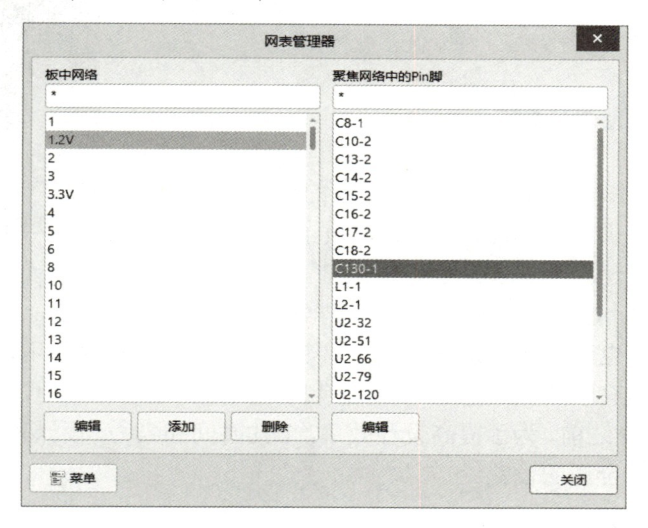

图 9-23　修改后的“网表管理器”对话框

单击“板中网络”列表框下的“添加”按钮，再次打开“编辑网络”对话框。在该对话框中建立一个名为 NetC130_2 的新网络，并将元件引脚 C130-2 和 D1-1 加入到该网络中，如图 9-24 所示。

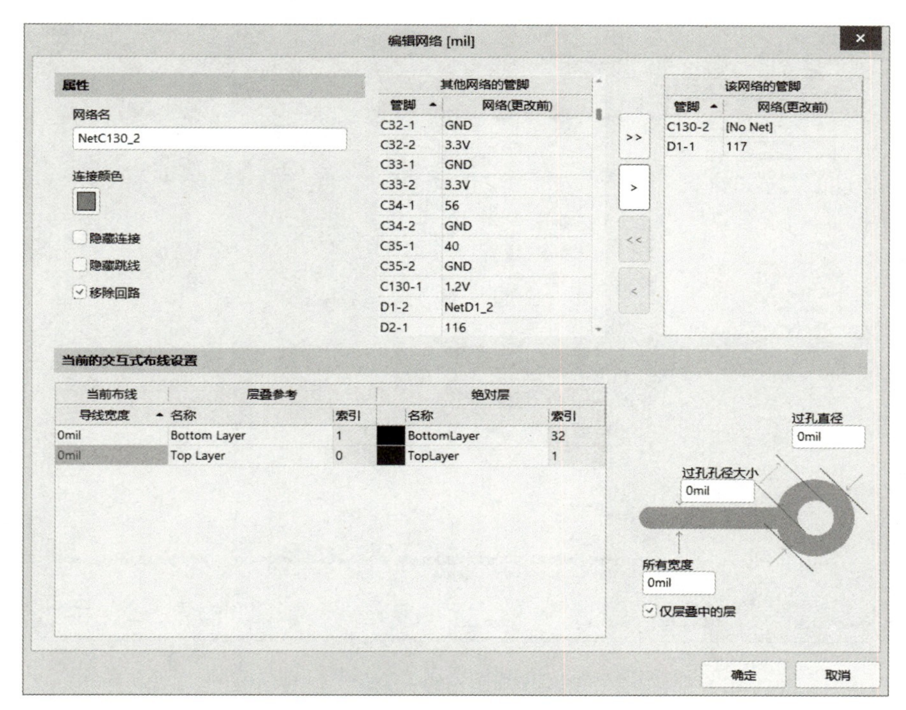

图 9-24　新建一个网络

6）单击“确定”按钮返回“网表管理器”对话框，然后关闭该对话框。此时编辑窗口中的元件 C130 已经建立起了相应的网络连接，以预拉线的形式显示出来，如图 9-25 所示。

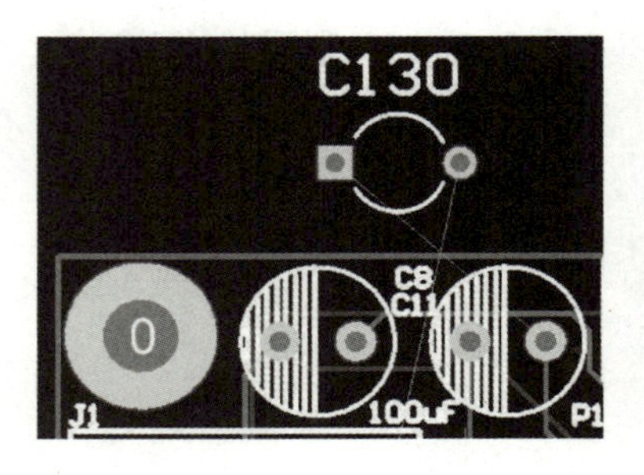

图 9-25　建立网络连接

9.7　布局规则设置

Altium Designer 的 PCB 编辑器是一个完全的规则驱动编辑环境。系统为设计者提供了多种设计规则，涵盖了 PCB 设计流程中的各个方面，从电气、布局、布线到高频、信号完整性分析等。在具体的 PCB 设计过程中，设计者可以根据产品要求重新定义相关的设计规则，也可以使用系统默认的规则。如果设计者直接使用设计规则的系统默认值而不加任何修改，也是有可能完成整个 PCB 设计的，只是在后续调整中，工作量会很大。因此，在进行 PCB 的具体设计之前，为了提高设计效率，节约时间和人力，设计者应该根据设计的要求，对相关的设计规则进行合理的设置。

9.7.1　打开规则设置

在 Altium Designer 的 PCB 编辑器中，执行“设计”→“规则”命令，即可打开“PCB 规则及约束编辑器”对话框，如图 9-26 所示。该对话框中包含了许多的 PCB 设计规则和约束条件。

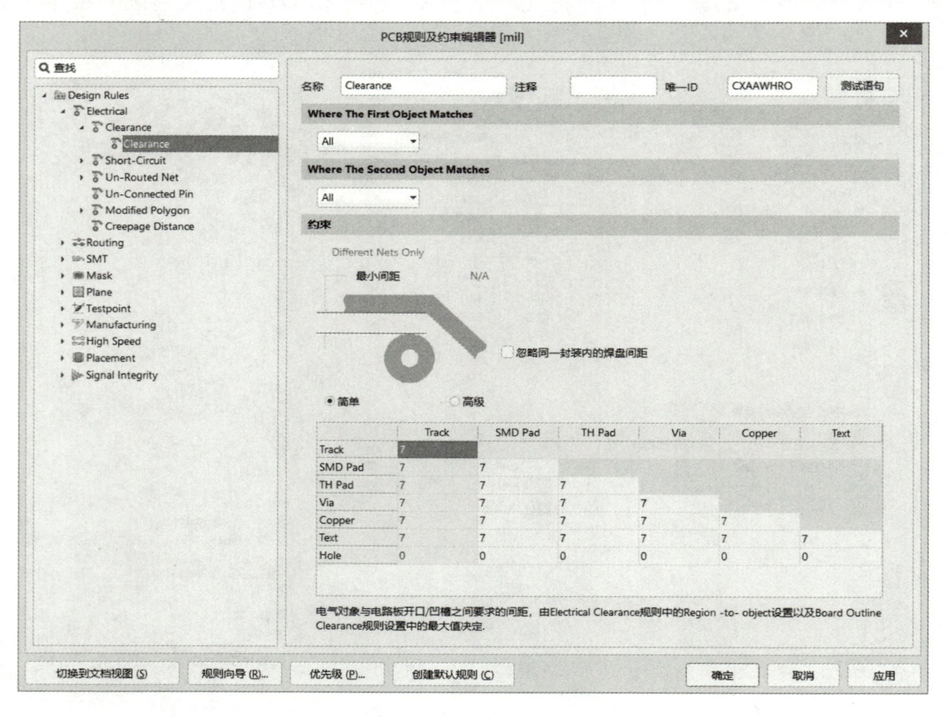

图 9-26　“PCB 规则及约束编辑器”对话框

在“PCB 规则及约束编辑器”对话框的左侧，列出了系统提供的 10 大类设计规则（Design Rules），包括 Electrical（电气规则）、Routing（布线规则）、SMT（表贴式元件规则）、Mask（屏蔽层规则）、Plane（内层规则）、Testpoint（测试点规则）、Manufacturing（制板规则）、High Speed

（高频电路规则）、Placement（布局规则）和 Signal Integrity（信号完整性分析规则）。在上述的每一类规则中，又分别包含若干项具体的子规则。设计者可以单击各规则类前的 ▸ 按钮展开子规则，查看具体详细的设计规则。图 9-26 所示的就是 Electrical 大类中的 Clearance 子规则设置窗口。

进行 PCB 布局之前，设计者应该养成良好的习惯，首先应对 Placement（布局规则）进行设置。单击“Placement”前的 ▸ 按钮，可以看到需要设置的布局子规则有 6 项，如图 9-27 所示。

9.7.2 Room Definition 规则设置

Room Definition 规则主要用来设置 Room 空间的尺寸以及它在 PCB 中所在的工作层面。

选中“Room Definition”子规则选项，在子规则选项上右击，弹出图 9-28 所示的操作菜单，允许设计者增加一个新的“Room Definition”子规则，或者删除现有的不合理的子规则。

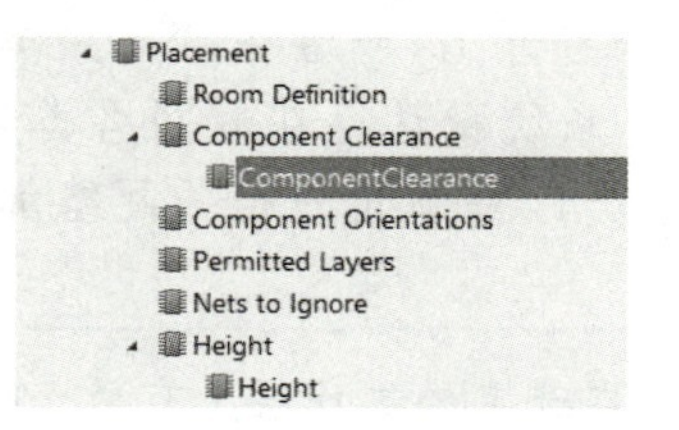

图 9-27　Placement 布局规则中的子规则

图 9-28　规则操作菜单

在规则操作菜单中执行“新规则”命令后，系统会在“Room Definition”子规则中建立一个新规则，同时，“Room Definition”选项的前面出现 ▸ 按钮，单击 ▸ 按钮展开，可以看到已经新建了一个“Room Definition”子规则，单击即可在对话框的右侧打开图 9-29 所示的窗口。

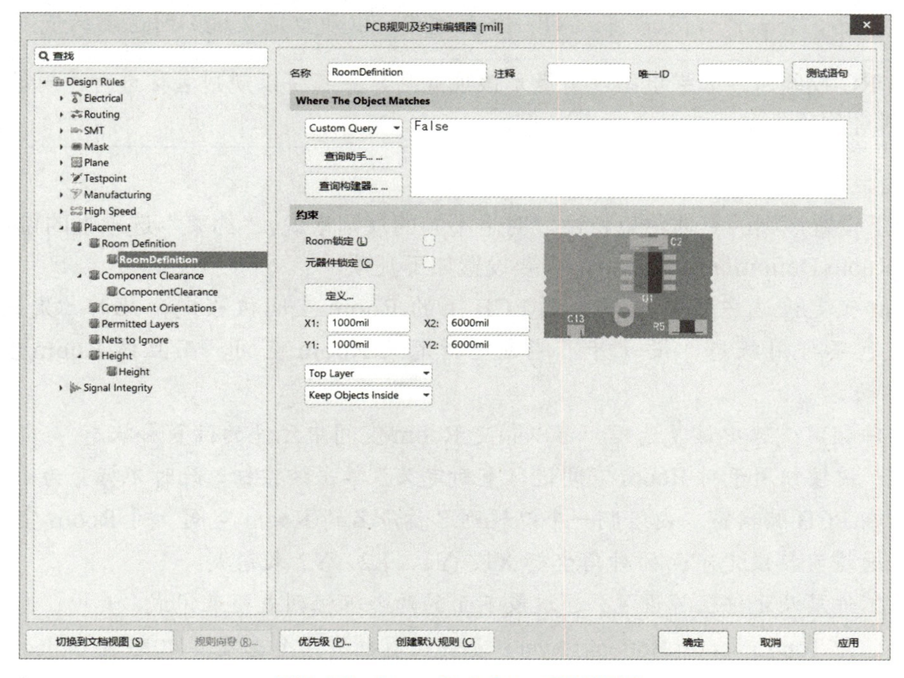

图 9-29　Room Definition 规则设置

Room Definition 规则设置主要由两部分组成。

（1）“名称”及“Where The Object Matches”选项组

主要用于设置规则的具体名称以及适用的范围。在 PCB 各项规则的设置窗口中，这部分是基本相同的。单击“Where The Object Matches”选项组中的第一个下拉按钮 ▾，有 6 个选项供设计者选择，以设置规则匹配对象的范围。

- All：选择该选项，意味着当前设定的规则在整个 PCB 上有效。
- Component：选择该选项，意味着当前设定的规则在某个选定的网络上有效，此时在右侧的文本框内可设置网络名称。
- Component Class：选择该选项，意味着当前设定的规则可在全部网络或几个网络上有效。

📖 网络类（Net Class）是多个网络的集合，它的编辑管理在“网表管理器”对话框中进行（执行“设计”→“网络表”→“编辑网络”命令打开），或者在“对象类资源管理器”中进行（执行“设计”→“对象类”命令打开）。系统默认存在的网络类为 All Nets，不能进行编辑修改。设计者可以自行定义新的网络类，将不同的相关网络加入到某一自定义的网络类中。

- Footprint：选择该选项，意味着当前设定的规则在选定的工作层上有效，此时在右侧的文本框内可设置工作层名称。
- Package：选择该选项，意味着当前设定的规则在选定的网络和工作层上有效，此时在右侧的两个文本框内可分别设置网络名称及工作层名称。
- Custom Query：选择该选项，即激活“查询助手”按钮，单击“查询助手”按钮，可以启动“Query Helper”对话框来编辑一个表达式，以便自定义规则所适用的范围。

📖 在进行 DRC 校验时，如果电路没有满足该项规则，系统将以规则名称进行违规显示，因此，对于规则名称的设置，应尽量通俗易懂。

（2）“约束”选项组

主要用于设置规则的具体约束特性。对于不同的规则来说，“约束”选项组的设置内容是不同的。在“Room Definition”规则中，需要设置如下几项。

- Room 锁定：选中该复选框，则 PCB 上的 Room 空间被锁定，此时“定义”按钮变成灰色不可用状态，设计者不能再重新定义 Room 空间，而且该 Room 空间也不能被移动。
- 元器件锁定：选中该复选框，可以锁定 Room 空间中元件的位置和状态。
- 定义：该按钮用于对 Room 空间进行重新定义。单击该按钮，此时光标变为十字形，设计者可在 PCB 编辑窗口内绘制一个以规则名称命名的 Room 空间。对 Room 空间的定义也可以通过直接设定下面的对角坐标 X1、Y1、X2、Y2 来完成。
- 所在工作层及元件位置设置：通过最下面的两个下拉列表框来完成。其中，工作层有两个选项，即 Top Layer 和 Bottem Layer。元件位置也有两个选项，即 Keep Objects Inside（位于 Room 空间内）和 Keep Objects Outside（位于 Room 空间外）。

9.7.3 Component Clearance 规则设置

Component Clearance 规则主要用来设置布局时元件封装之间的最小间距，即安全间距。单击“Component Clearance”选项下面的子规则，子规则的具体内容如图 9-30 所示。

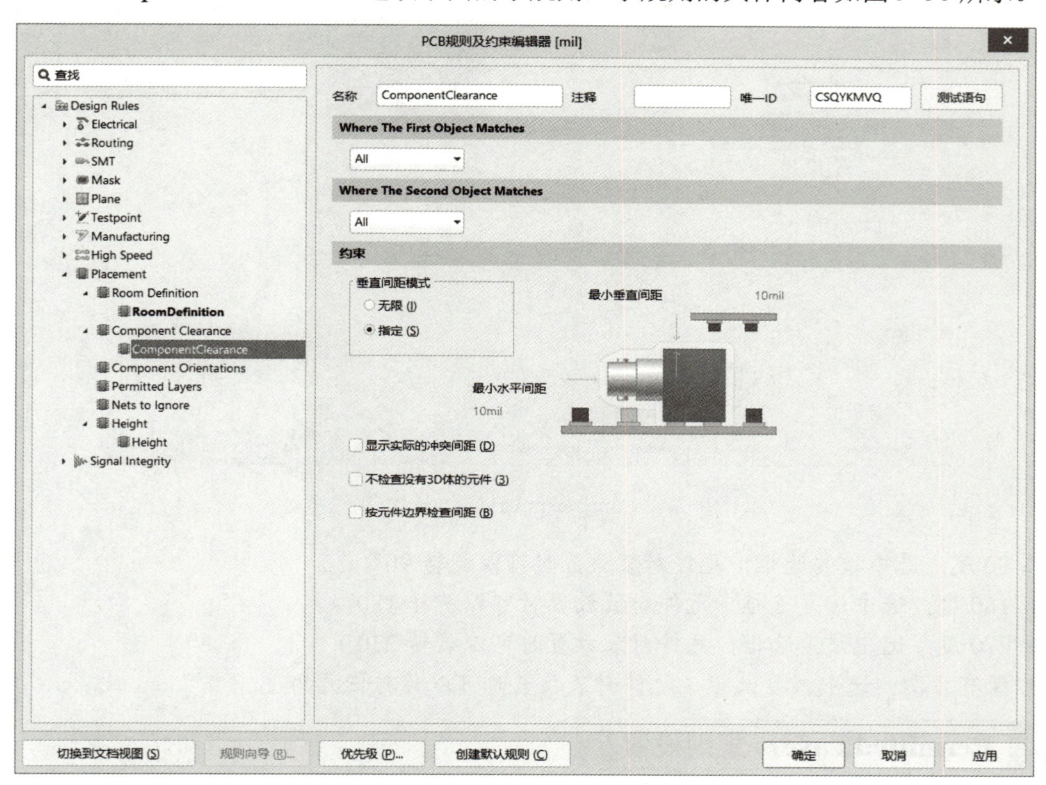

图 9-30 Component Clearance 规则设置

由于间距是相对于两个对象而言的，因此，必须要对两个规则匹配对象的范围进行设置。每个对象需要进行设置的内容与方法可参考 9.7.2 节的相关内容。

在“约束”选项组，设计者可以首先选择元器件垂直间距的约束条件。假如设计中不用顾及元器件在垂直方向的空间，则选择“无限”选项，这样对元器件之间的水平间距进行设置即可。系统默认的元器件封装间的最小水平间距是 10mil。

9.7.4 Component Orientations 规则设置

Component Orientations 规则主要用于设置元件封装在 PCB 上的放置方向。选中“Component Orientations”选项，并在该选项上右击，在弹出的快捷菜单中选择“新规则”命令，则在“Component Orientations”选项中建立一个新的子规则，单击新建的 Component Orientations 子规则即可进行相应设置，如图 9-31 所示。

“约束”选项组提供了如下 5 种放置方向。

- 0 度：选中该复选框，元件封装放置时不用旋转。

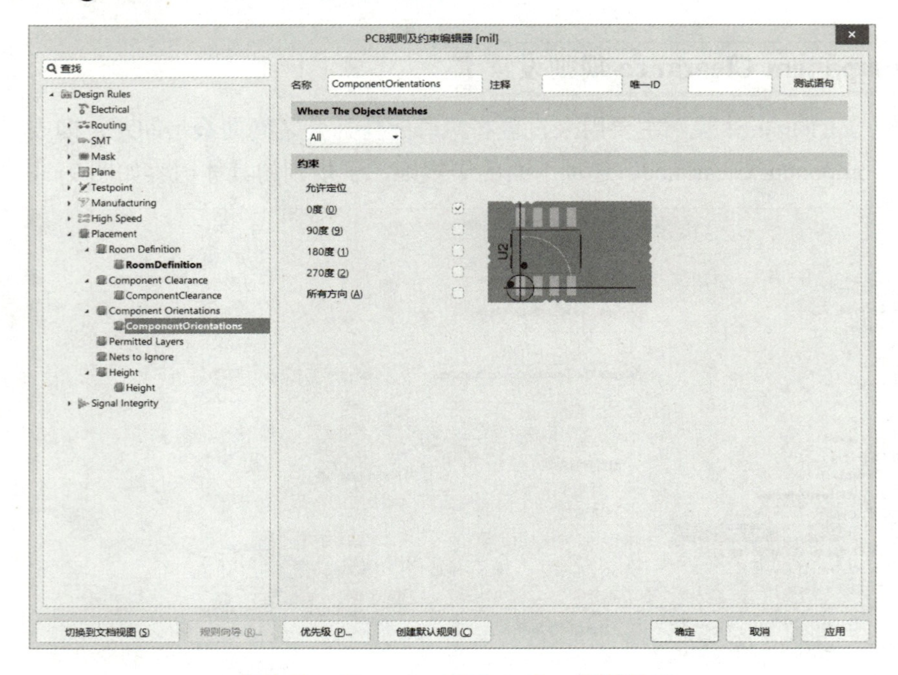

图 9-31　Component Orientations 规则设置

- 90 度：选中该复选框，元件封装放置时可以旋转 90°　。
- 180 度：选中该复选框，元件封装放置时可以旋转 180°　。
- 270 度：选中该复选框，元件封装放置时可以旋转 270°　。
- 所有方向：选中该复选框，元件封装放置时可以旋转任意角度。

9.7.5 Permitted Layers 规则设置

Permitted Layers 规则主要用于设置元件封装能够放置的工作层面。选中“Permitted Layers”选项，并在该选项上右击，在弹出的快捷菜单中选择“新规则”命令，则在“Permitted Layers”选项中建立一个新的子规则，单击新建的子规则即可进行设置，如图 9-32 所示。在“约束”选项组，允许元件放置的工作层有两个选项，即“顶层”和“底层”。

一般来说，插针式元件封装都放置在 PCB 的顶层，即 Top Layer，而表贴式的元件封装可以放置在顶层，也可以放置在底层。

9.7.6 Nets To Ignore 规则设置

Nets To Ignore 规则主要用于设置布局时可以忽略的网络。忽略一些电气网络（如电源网络、地线网络）在一定程度上可以提高布局的质量和速度。

选中“Nets To Ignore”选项，并在该选项上右击，在弹出的快捷菜单中选择“新规则”命令，则在“Nets To Ignore”选项中建立一个新的子规则，单击新建的子规则即可进行设置，如图 9-33 所示。该规则的“约束”选项组没有任何设置选项，需要的约束可直接通过上面的规则匹配对象适用范围的设置来完成。

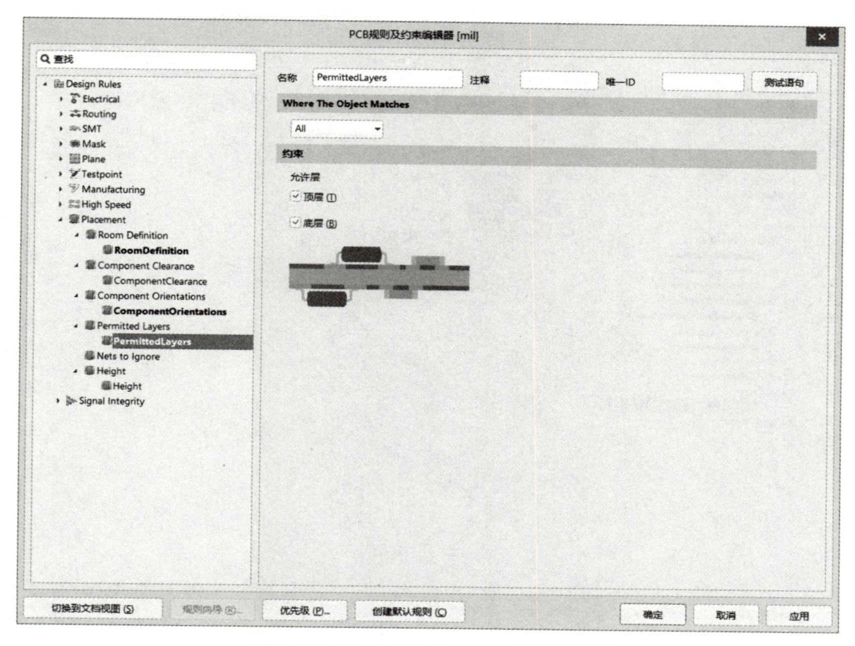

图 9-32　Permitted Layers 规则设置

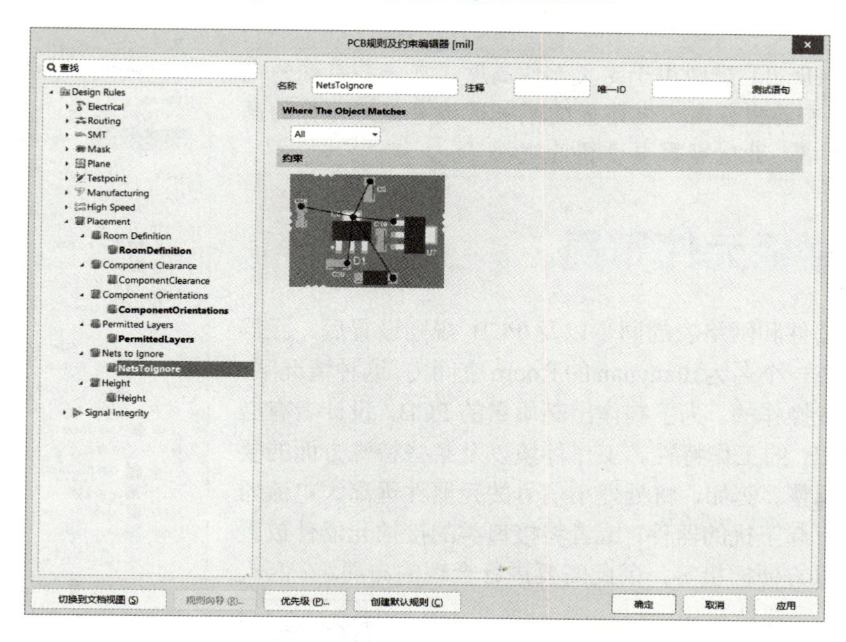

图 9-33　Nets To Ignore 规则设置

9.7.7　Height 规则设置

Height 规则主要用于设置元件封装的高度范围。在“约束”选项组可以设置元件封装的“最小的”“最大的”以及“优先的”高度，如图 9-34 所示。

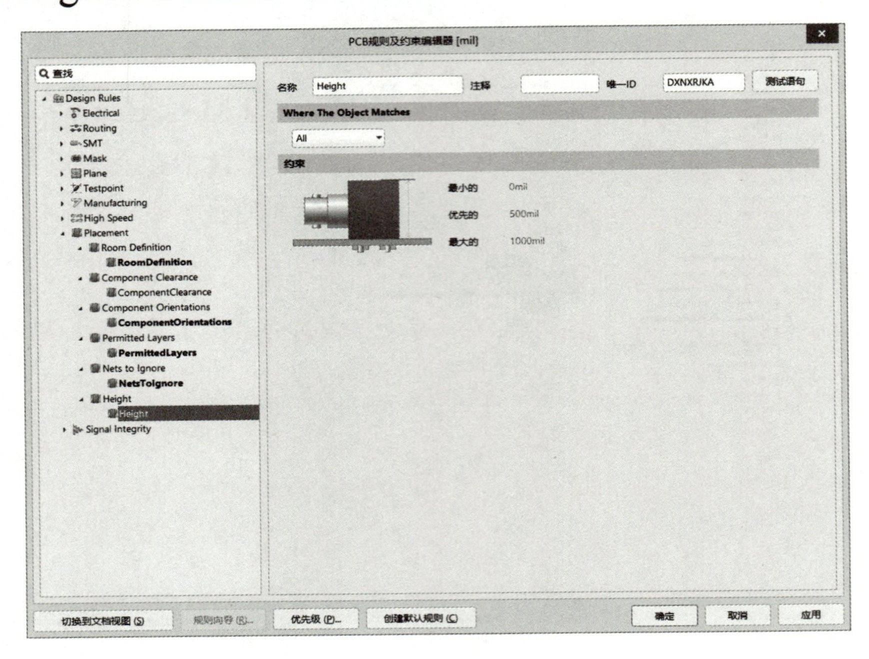

图 9-34　Height 规则设置

一般来说，Height 规则用于定义元件高度，在一些特殊的电路板上进行布局操作时，电路板的某一区域可能对元件的高度要求很严格，此时就需要设置此规则了。

9.8　电路板元件布局

完成了元器件和网络表的同步以及 PCB 规则设置后，元器件被混乱地放在一个名为dianyuan的 Room 空间内。这种情况下，是无法进行布线操作的。为了制作出高质量的 PCB，设计者有必要根据整个 PCB 的工作特性、工作环境以及某些特殊方面的要求，进行手工调整。例如，将处理小信号的元器件远离大电流器件或晶振等易引起干扰的器件，或者将接口类的接插元器件放置在板子周围，以方便插接等，因此需要进行合理的布局。

【例 9-4】　元器件布局

例 9-4

例9-2中已将原理图的有关信息同步到了 PCB 设计环境中。本例要完成元器件的布局。

1）在 PCB 设计环境中右击，在弹出的快捷菜单中执行“视图”→“面板”→“View Configuration”（视图配置）命令，在打开的“View Configuration”对话框中关闭没有使用或者不需要的工作层，如图 9-35 所示。

2）在 PCB 设计环境中执行“工具”→“器件摆放”→“排

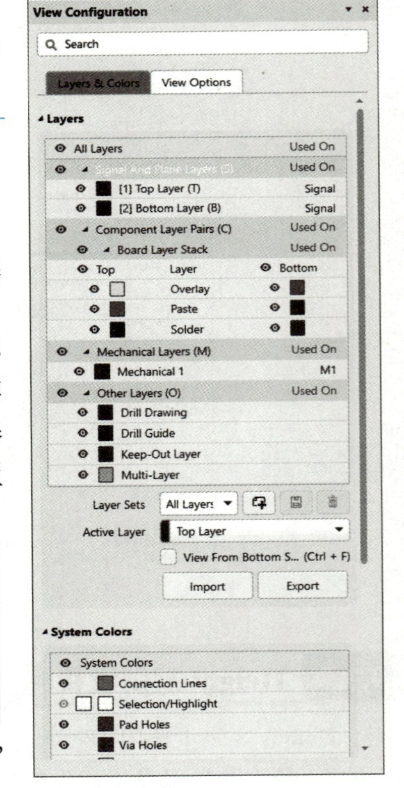

图 9-35　设置工作层

列板子外的器件”命令，系统开始根据默认规则进行元器件的自动布局，如图 9-36 所示。

3）在图 9-36 所示的布局基础上，根据信号流动方向，以及将接口类元器件放置在 PCB 边缘的原则对元器件进行重新布局。

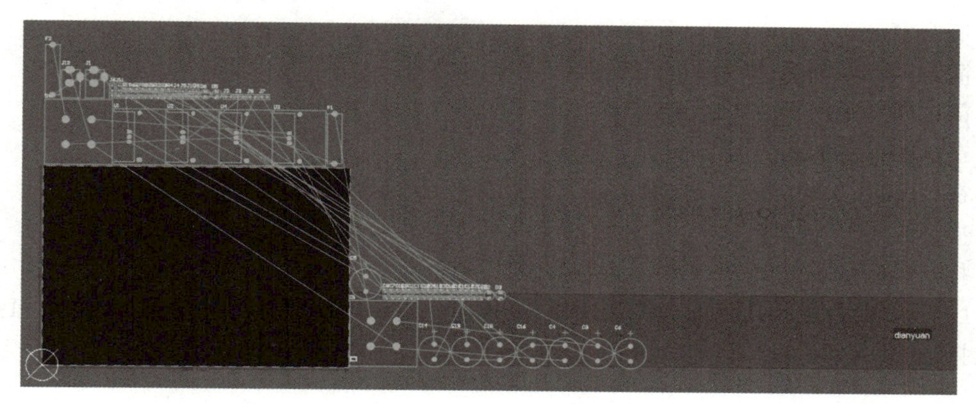

图 9-36　元器件的自动布局

4）元器件的重新布局过程很简单，只需使用鼠标单击需要移动的元器件，拖拽到所需位置放手即可。

📖 当需要调整元器件的方向时，使用鼠标选择元器件并按住鼠标左键不放，再逐次按下〈Space〉键进行元器件的旋转操作。

5）元器件布局完成后，将每个元器件的器件标识符通过拖拽的方法放置在靠近元器件的适当位置，方便阅读和查找。

6）通过上述操作后，元器件新的布局如图 9-37 所示。很显然，现在的布局已变得合理很多，而且清晰易读。

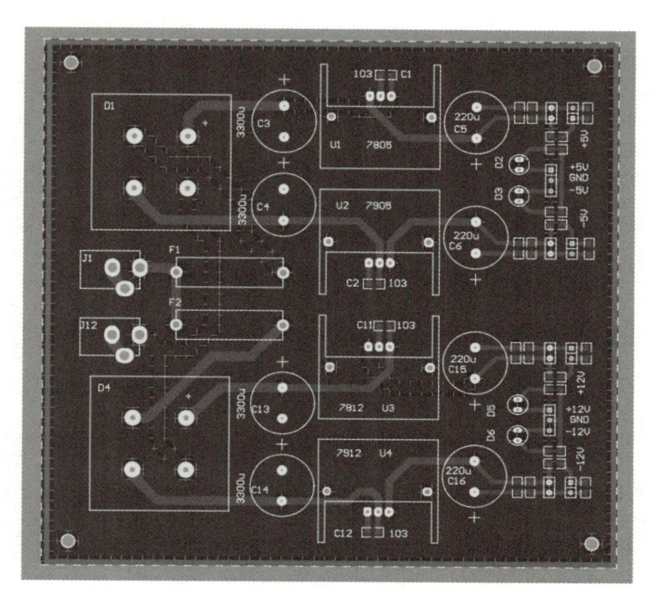

图 9-37　完成手动布局

9.9 思考与练习

1. 概念题

1）简述印制电路板的结构。

2）简述印制电路板的设计流程。

3）在 Altium Designer 中，设计环境主要包括哪几项？

4）在 Altium Designer 中，如何将原理图信息同步到 PCB 环境中？

2. 操作题

1）打开一个现有的 PCB 文件，查看其设计环境。

2）LT1568 芯片应用电路原理图如图 9-38 所示，对该电路原理图进行 PCB 设计，包括网络与元件封装的装入等。

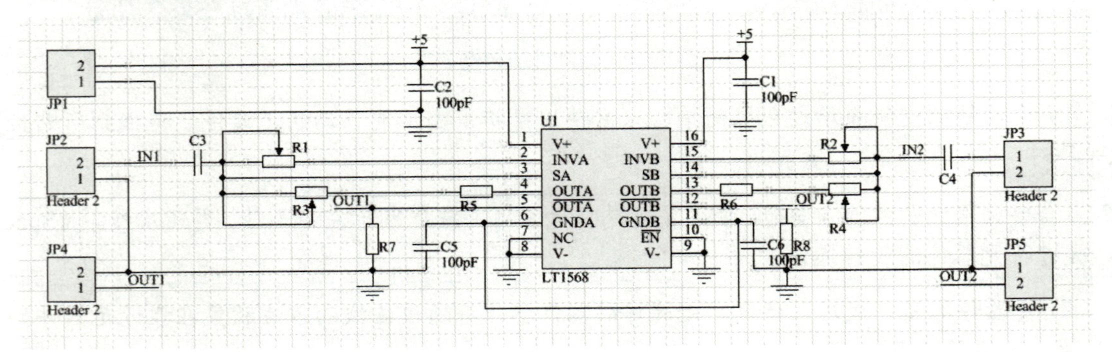

图 9-38　LT1568 芯片应用电路原理图

第 10 章　印制电路板布线工具的使用

在完成电路板的布局工作以后，就可以开始布线操作了。在 PCB 的设计中，布线是完成产品设计的重要步骤，其要求最高、技术最细、工作量最大。在 PCB 上放置元器件、导线、焊盘、字符串等图元是开展 PCB 设计需要掌握的最基本技能。本章将通过具体实例来介绍基本布线工具。通过本章的学习，大家能够了解基本布线工具的具体操作。

Altium Designer 为用户提供了丰富的图元放置和调整工具，如放置导线、焊盘、过孔、字符串、尺寸标注，或者绘制直线、圆弧等，这些操作可通过使用布线工具栏和应用工具栏所提供的快捷操作或命令来完成。此外，还可以使用图 10-1 所示的“放置”菜单进行图元放置，不过这种方式效率较低。

图 10-1　“放置”菜单

10.1　放置焊盘

在 PCB 设计过程中，放置焊盘是 PCB 设计中最基础的操作之一。特别是对于一些特殊形状的焊盘，还需要用户自己定义焊盘的类型并进行放置。

例 10-1

【例 10-1】 放置焊盘操作

1）在 PCB 设计环境中，执行“放置”→“焊盘”命令，或者单击布线工具栏中的按钮，此时光标变成十字形，并带有一个焊盘。

2）移动鼠标指针到 PCB 的合适位置，单击鼠标即可完成放置。此时 PCB 编辑器仍处于放置焊盘的命令状态，移动鼠标指针到新的位置，即可进行连续放置，如图 10-2 所示。右击或按〈Esc〉键可退出放置状态。

图 10-2　放置焊盘

📖 也可以使用快捷键的方式放置焊盘，连续按下〈P〉键，即可激活焊盘放置功能。

3）双击已放置的焊盘，或者在放置过程中按〈Tab〉键，可以打开图 10-3 所示的“Pad”（焊盘）属性（Properties）面板。

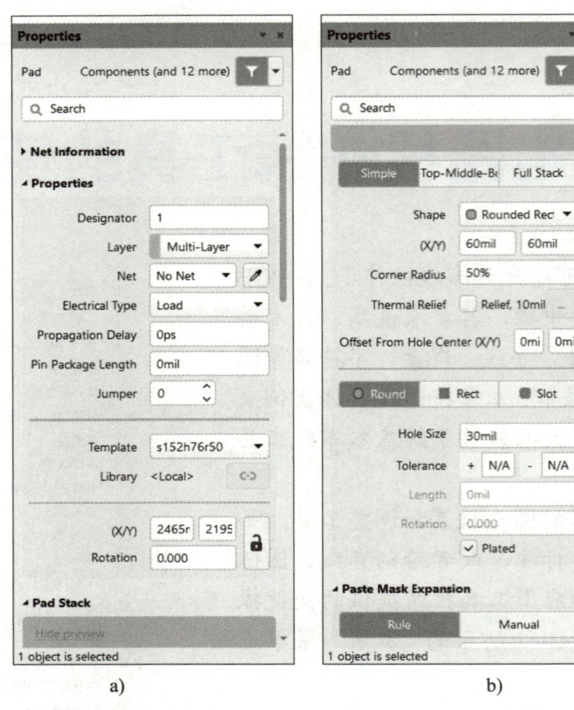

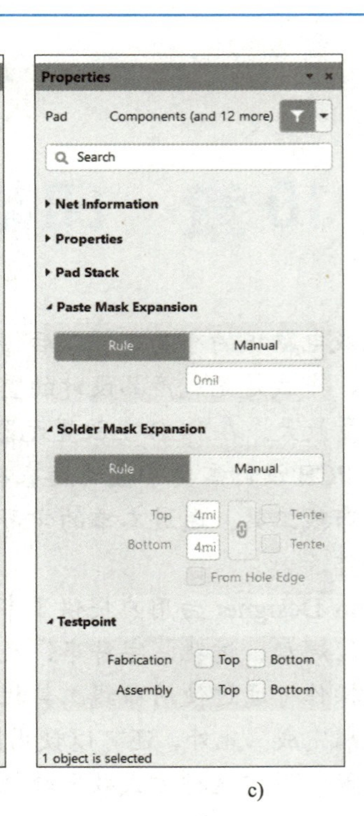

a) b) c)

图 10-3 “Pad”属性面板

a) 基础参数 b) 焊盘形装、孔径、尺寸 c) 阻焊层及焊锡高层设置

在 Pad 属性面板中，可以对焊盘的属性进行设置或修改，主要内容如下。

（1）“Properties”选项组

- 该选项组有 Designator（标识）、Layer（层）、Electrical Type（电气类型）等选项。
- Designator 是焊盘在 PCB 上的元器件序号，用于在网络表中唯一标注该焊盘，一般是元件的引脚。
- Layer 用于设置焊盘所需放置的工作层面。一般，需要钻孔的焊盘应设置为 Multi-Layer，而对于焊接表贴式元件不需要钻孔的焊盘则设置为元件所在的工作层面，如 Top Layer 或者 Bottom Layer。
- Electrical Type 用于设置焊盘的电气类型，有 3 项选择：Load（中间点）、Source（源点）和 Terminator（终止点），主要对应于自动布线时的不同拓扑逻辑。
- Rotation：设置焊盘旋转角度.

（2）“Pad Stack”选项组

- 该选项组用于选择设置焊盘以及焊盘孔径的尺寸和形状，设置焊盘有 3 种模式。
- Simple：选中该模式，意味着 PCB 各层的焊盘尺寸及形状都是相同的，具体尺寸和形状可以通过“Shape”“X/Y”“Corner Radius”等选项进行设置。其中，“Shape”选项有 4 种，分别是 Round（圆形）、Rectangle（矩形）、Rounded Rectangle（圆角矩形）和 Octagonal（八角形）。
- Top-Middle-Bottom：选中该模式，意味着顶层、中间层和底层的焊盘尺寸及形状可以各不相同，可分别进行设置，如图 10-4 所示。
- Full Stack：选中该模式，将激活所有使用层的焊盘设置，对所有层的焊盘尺寸及形状进行详细设置，本例使用的工程只有顶层和底层，选中后只有顶层和底层，如图 10-5 所示。

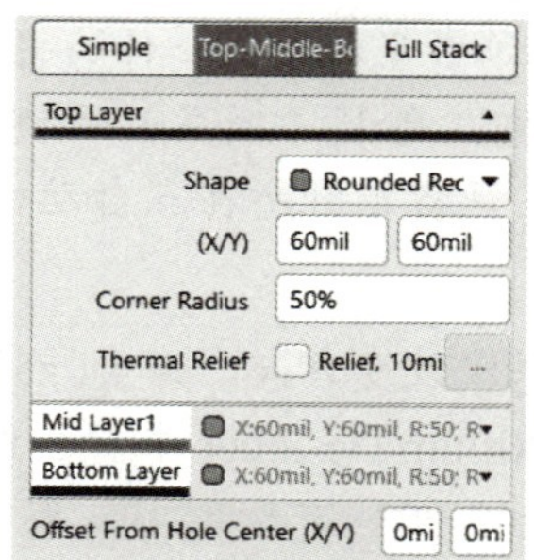
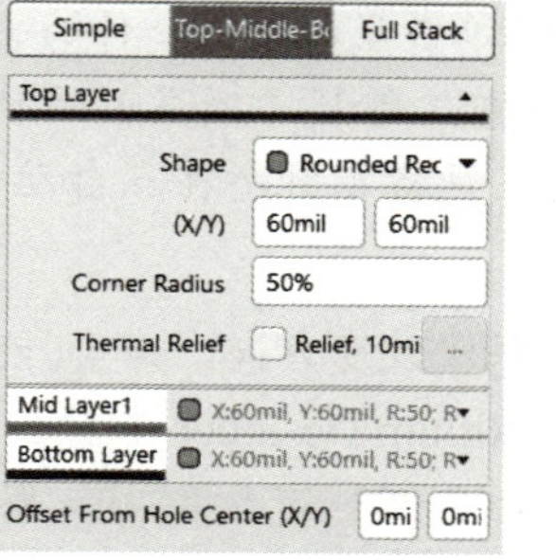

图 10-4　Top-Middle-Bottom 模式

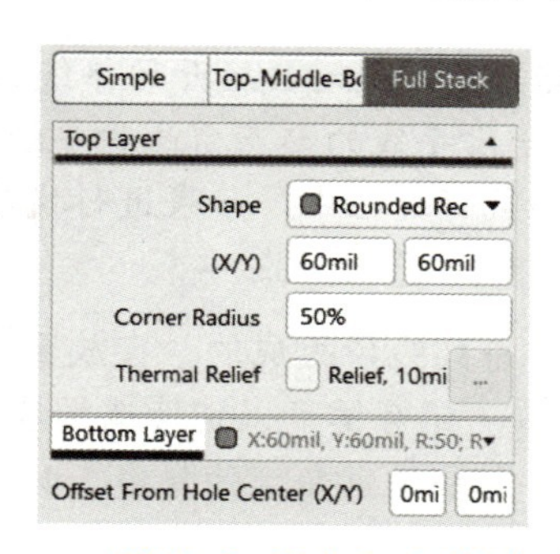

图 10-5　Full Stack 模式

在“Pad Stack”选项组中还可以设置焊盘的孔径，相关选项如下。

- Hole Size：即内孔直径。
- 内孔的形状：有 Round（圆形）、Rect（矩形）和 Slot（槽）3 种类型可供选择。若选中“Plated”复选框，则焊盘孔内壁将进行镀金设置。

（3）“Testpoint”选项组

- 该选项组用于设置焊盘测试点所在的工作层面，通过选择 Top（顶层）或者 Bottom（底层）复选框加以确定。

10.2　放置导线

放置导线操作在 PCB 设计中使用最为频繁，在进行手工布线或者布线调整时，最主要的工作就是放置和调整导线。导线通常放置在信号层，用来实现不同元件焊盘间的电气连接。

1. 导线的放置

在布线过程中，应选择正确的工作层面放置导线。选择需要布线的工作层面，可以单击板层标签中的相应工作层名称切换到导线要放置的工作层，也可以按数字小键盘上的〈*〉键或者〈+〉键和〈-〉键在所有信号层之间循环更换。每按一次按键，就由当前层转到下一布线层。

📖 〈*〉键、〈+〉键和〈-〉键循环切换工作层面的区别在于：按下〈*〉键仅在可布线层进行切换，而按下〈+〉键或者〈-〉键，可在所有显示的 PCB 层间进行切换。

【例 10-2】　放置导线

例 10-2

1）设定当前的工作层为顶层，执行“放置”→“走线”命令，或者单击布线工具栏中的按钮都可以激活导线放置命令。此时光标变成十字形，在具有网络连接的元器件起点处或网络起点处单击鼠标确定即可，如图 10-6 所示。

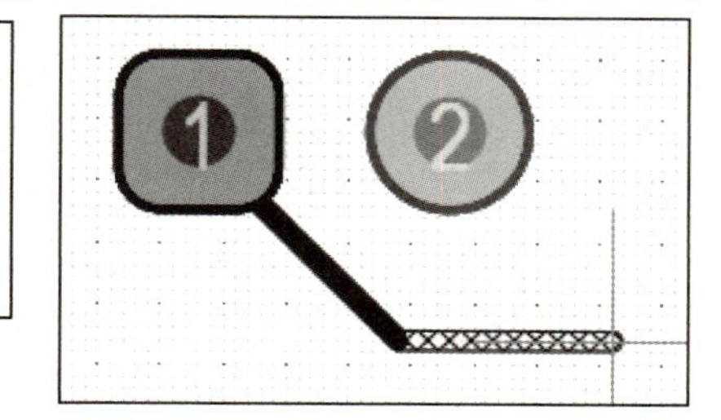

图 10-6　放置导线

📖 以焊盘、过孔、导线等实体为起始端画线时，若十字光标放置在合适的位置处，会出现一个八角形亮环，表明可以进行导线端点的确定操作。如果没有出现八角形提示亮环而被确定为导线起点，则所放置的导线与焊盘、过孔或原有导线之间将不会建立电气连接关系。

2）确定起点后，拖动鼠标开始导线的放置。在拐角处单击鼠标确认，作为当前线段的终点，同时也作为下一段导线的起点。此时导线显示的颜色为当前工作层（顶层）的颜色。

3）在拖动鼠标过程中，如果进行换层操作，系统会在鼠标指针所在点自动出现一个过孔，此时单击鼠标即可放置过孔。

📖 导线是由一系列线段组成的。在放置导线的过程中，每次改变方向，即会开始新导线。按下〈Shift+Space〉组合键可以切换选择导线拐角的模式。Altium Designer 中有 5 种导线拐角模式供选择，分别是任意角度的斜线、45° 直线、45° 弧线、90° 直线和 90° 弧线。

4）继续拖动鼠标，在终点处单击，完成导线的放置。此时，光标仍为十字形，系统仍处于导线放置状态，可在新的起点继续单击放置导线。右击或按〈Esc〉键可退出放置状态。

2. 导线的属性设置

在放置导线的过程中，按〈Tab〉键，可以打开“Interactive Routing”属性（Properties）面板，如图 10-7 所示。可通过该面板对正在进行放置的导线进行设置。

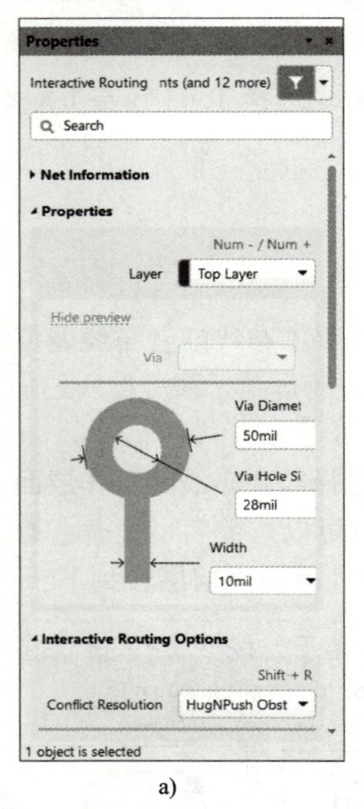

a)

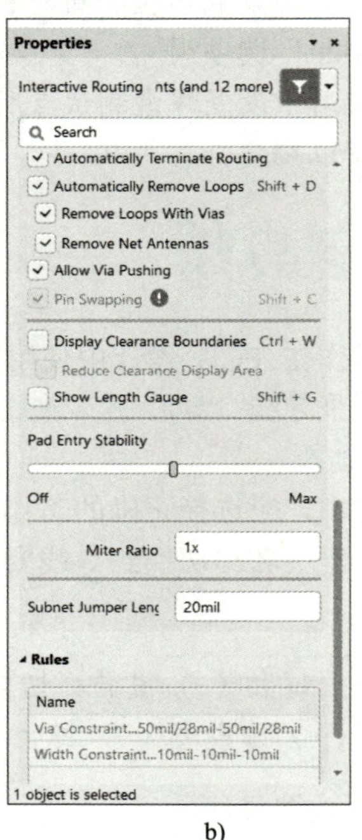

b)

图 10-7 “Interactive Routing”属性面板

a) 基础设置以及布线、过孔设置 b) 宽度规则及过孔规则设置

在“Interactive Routing”属性面板中，可以直接设置导线宽度、所在层面、过孔直径和过孔孔径大小等。此外，还有宽度规则设置项、过孔规则设置项和菜单项。

- Width Constraint...10mil-10mil-10mil：单击该按钮，可以进入导线宽度规则的设置对话框，进行具体设置。
- Via Constraint...50mil/28mil-50mil/28mil：单击该按钮，可以进入过孔规则的设置对话框，进行具体设置。

📖 如果修改的导线宽度、孔径等各项参数超出了相应规则的设定范围，则所作修改会被自动忽略，系统仍以原有参数布线。

10.3 放置圆及圆弧导线

圆弧可以作为特殊形状的导线布置在信号层，也可以用来定义边界或绘制一些特殊图形。在PCB 编辑器中，系统为用户提供了图 10-8 所示的 4 种放置圆及圆弧的方法，分别是圆弧（中心）、圆弧（边沿）、圆弧（任意角度）和圆。所谓中心法放置圆弧就是以圆弧中心为起点进行绘制，而所谓边沿法放置圆弧就是通过确定圆弧的起点和终点来放置一个圆弧。

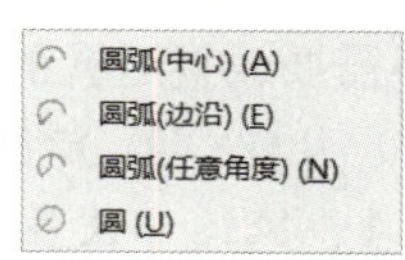

图 10-8　放置圆弧菜单命令

【例 10-3】　边沿法绘制圆弧

例 10-3

1）执行“放置”→“圆弧”→“圆弧（任意角度）”命令，或者单击应用工具栏中的按钮，此时光标变成十字形，进入放置状态。

2）移动鼠标指针，在合适位置处单击鼠标，确定圆弧边沿的起点，拖动鼠标，调整圆弧的半径大小，如图 10-9 所示。

3）单击鼠标确定圆弧半径大小后，回到圆弧上，如图 10-10 所示。

4）拖动鼠标指针到适当位置处，单击确定圆弧的终点，如图 10-11 所示。

5）此时，拖动圆弧上的小方块，可以对该圆弧的半径和起点、终点位置进行调整，而拖动圆弧中心的小十字，则可以移动整个圆弧。

6）调整完毕，再次单击鼠标确定，完成圆弧的放置，如图 10-12 所示。

7）双击所放置的圆弧，打开图 10-13 所示的“Arc”属性（Properties）面板。在该面板内，可以详细设置圆弧的有关属性。

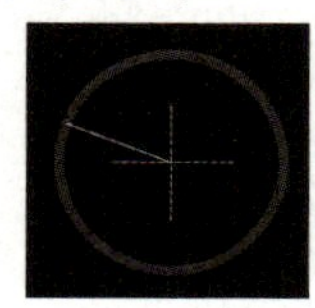

图 10-9　确定起点、半径

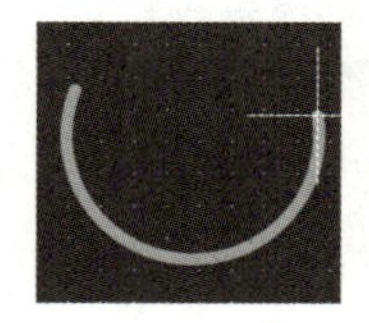

图 10-10　画任意圆弧

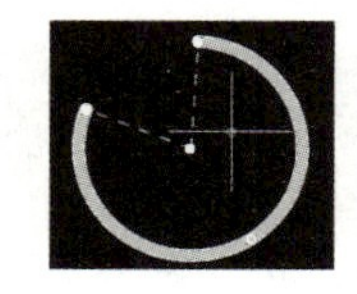

图 10-11　确定圆弧终点

图 10-12　完成圆弧放置

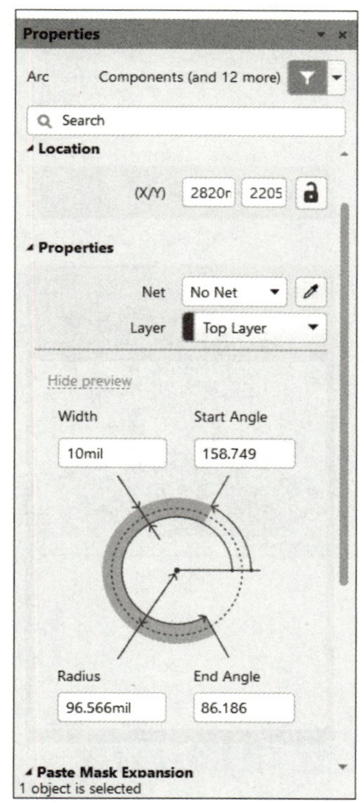

图 10-13　“Arc”属性面板

10.4 放置过孔

过孔用来连接不同工作层上的导线，主要用于双面板和多层板的设计中，对于普通的单面板，是不需要放置过孔的。

例 10-4

【例 10-4】 放置过孔操作

1）执行“放置”→“过孔”命令，或者单击布线工具栏中的按钮，此时光标变成十字形，并带有一个过孔，移动鼠标指针到合适位置处，单击即可完成放置。

放置过孔的快捷操作方式是〈P+V〉键。

2）双击所放置的过孔，或者在放置过程中按〈Tab〉键，可以打开图 10-14 所示的“Via”属性（Properties）面板。

过孔的放置以及过孔属性的设置与焊盘基本相同，需要注意的是，过孔的孔径宜小不宜大，但过小的孔径也会增加 PCB 的制板难度。

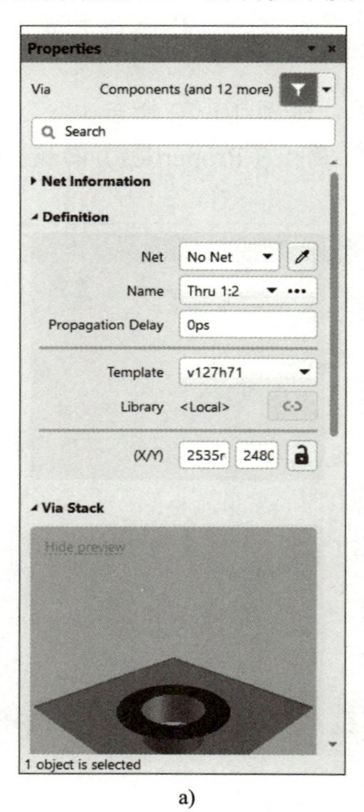

a)

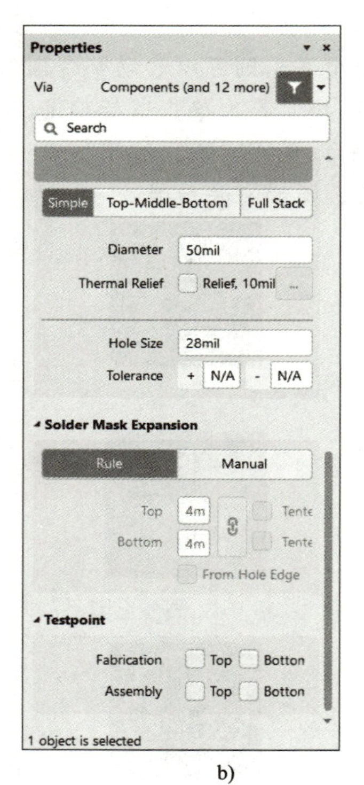

b)

图 10-14 “Via”属性面板
a) 过孔基础设置及 3D 视图 b) 过孔形装、尺寸等设置

10.5 放置矩形填充

矩形填充是一个可以放置在任何层面的矩形实心区域。放置在信号层时，就成为一块矩形的

铺铜区域，可作为屏蔽层或者用来承担较大的电流，以提高 PCB 的抗干扰能力；放置在非信号层，例如，放置在禁止布线层时，它就构成一个禁入区域，自动布局和自动布线都将避开这个区域；而放置在多层板的电源层、助焊层、阻焊层时，该区域就会成为一个空白区域，即不铺电源或者不加助焊剂、阻焊剂等；放置在丝印层时，则成为印刷的图形标记。

【例 10-5】 放置矩形填充

例 10-5

1）执行“放置”→“填充”命令，或者单击布线工具栏中的■按钮，此时光标变成十字形，进入放置状态。

2）移动鼠标指针，在 PCB 中单击鼠标左键确定矩形填充起始点，确定矩形填充的一个顶点，拖动鼠标，调整矩形填充的尺寸大小，如图 10-15 所示。

3）单击鼠标，确定矩形填充的对角顶点，如图 10-16 所示。

4）此时拖动小方块或小十字，可以调整矩形填充的大小、位置、旋转角度等，如图 10-17 所示。

图 10-15 确定一个顶点

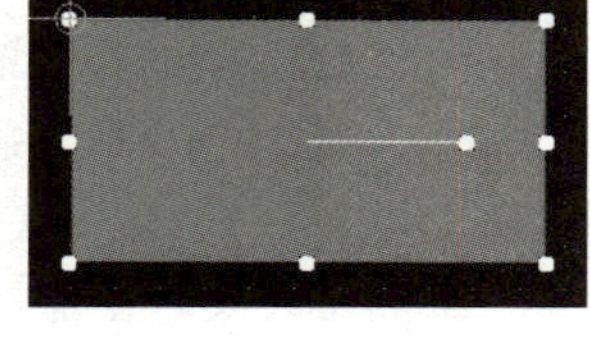

图 10-16 确定对角顶点

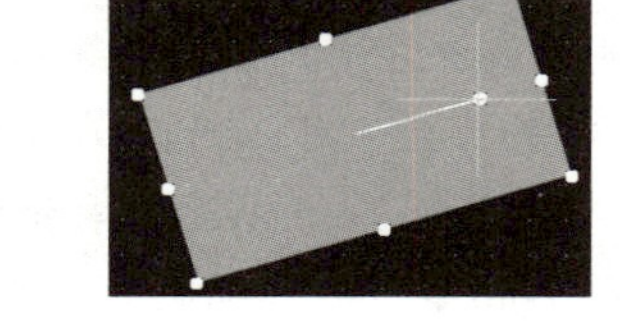

图 10-17 调整矩形填充

5）调整完毕，再次单击鼠标确定，完成矩形填充的放置。

6）双击所放置的矩形填充，打开图 10-18 所示的“Fill”属性（Properties）面板。在该面板内，可以详细设置矩形填充的有关属性。

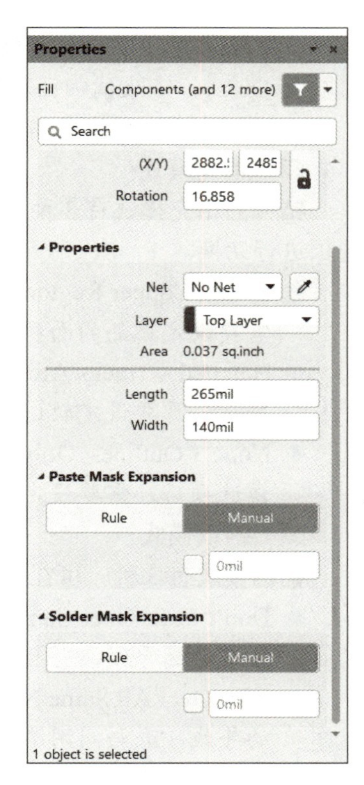

图 10-18 “Fill”属性面板

📖 对于放置在信号层的矩形填充，应设置相应的网络名称，以便与地网络连接。除放置矩形填充外，还可以放置多边形的填充区，通过执行“放置”→“实心区域”命令即可，放置过程及作用与矩形填充基本相同，不同的是它的形状可以是多边的，比矩形填充更加灵活。

10.6 放置铺铜

铺铜的放置是 PCB 设计中的一项重要操作，一般在完成了元件布局和布线之后进行，在 PCB 上没有放置元件和导线的地方都用铜膜来填充，以增强电路板工作时的抗干扰性能。铺铜只能放置在信号层，可以连接到网络，也可以独立存在。

与前面所放置的各种图元不同，铺铜在放置之前需要对即将进行的铺铜进行相关属性的设置。

执行“放置”→“多边形铺铜挖空”命令，或者单击布线工具栏中的按钮，选中铺铜区域，双击铺铜的虚线，系统弹出“Polygon Pour”属性（Properties）面板，如图 10-19 所示。

> 📖 如果不设置铺铜区域的网络连接属性，则完成的铺铜区域不与任何电路连接。系统要么根据规则设定予以去除，要么成为一片铺铜孤岛，不起任何电气屏蔽作用。

该面板中的设置内容如下。

（1）“Properties”选项组

用于设定铺铜块的名称、所在的工作层、铺铜面积以及是否选择锁定铺铜等。

- Net：用于进行与铺铜有关的网络设置。系统默认为不与任何网络连接（No Net），一般设计中通常将铺铜连接到信号地上（GND），即进行地线铺铜。
- Layer：用于确定铺铜所在的层。系统默认铺铜在当前选中的层，可以修改为其他层，例如，图 10-19 中将选择顶层（TopLayer）来铺铜。
- Name：对所铺的铜进行命名，在较大的设计中有时会涉及在同一层的不同区域独立铺铜，因此可以通过命名进行区分。
- Area：选中的铺铜面积。
- (X/Y)：修改铺铜区域几何中心的坐标；锁定铺铜即单击按钮，则锁定铺铜区域，这样就不能再拖动铺铜了。

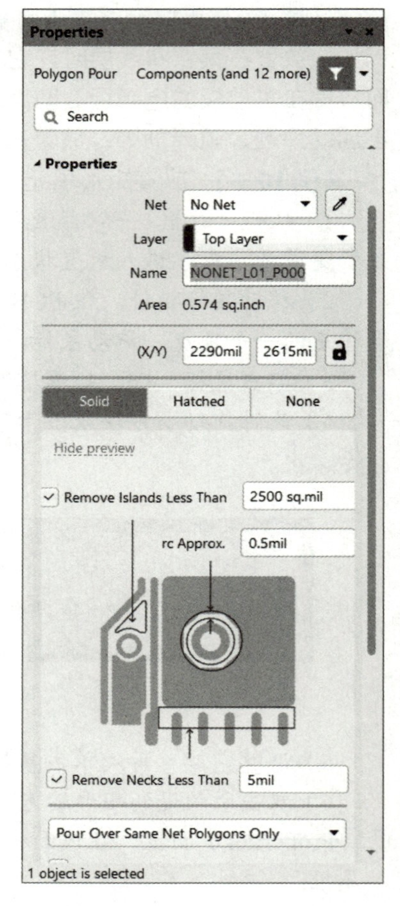

图 10-19　Polygon Pour 属性面板

（2）填充模式

铺铜的填充模式有 3 种，可单击“Solid”“Hatched”“None”选项进行切换。

- Solid（Copper Regions）：实心填充模式，即铺铜区域内为全铜敷设。选择实心填充模式后，需要设定孤岛的面积限制值以及删除凹槽的宽度限制值。
- Hatched（Tracks/Arcs）：影线化填充模式，即向铺铜区域内填入网格状的铺铜。选择该选项后，需要设定轨迹宽度、栅格尺寸、包围焊盘宽度以及网格的孵化模式等。
- None（Outlines Only）：无填充模式，即只保留铺铜区域的边界，内部不进行填充。选择该选项后，需要设定铺铜边界轨迹宽度以及包围焊盘的形状等。

（3）铺铜模式

铺铜模式有 3 种，可在“Pour Over Same Net Polygons Only”下拉列表框中选择。

- Don’t Pour Over Same Net Objects：选中该选项时，铺铜的内部填充不会覆盖具有相同网络名称的导线，并且只与同网络的焊盘相连。
- Pour Over All Same Net Objects：选中该选项时，铺铜的内部填充将覆盖具有相同网络名称的导线，并与同网络的所有图元相连，如焊盘、过孔等。
- Pour Over Same Net Polygons Only：选中该选项时，铺铜将只覆盖具有相同网络名称的多边形填充，不会覆盖具有相同网络名称的导线。

铺铜与不被覆盖的图元之间会存在一个安全间距，此间距的大小取决于在安全间距规则中所设置的具体值。

（4）Remove dead copper（死铜移除）

用于设置是否删除死铜。死铜是指没有连接到指定网络图元上的封闭区域内的小区域铺铜，或者是不符合设定要求的小区域铺铜。若使能该复选框，则可以将这些铺铜去除，使 PCB 更为美观。

例 10-6

【例 10-6】 放置铺铜

本例中将对图 10-20 所示的 PCB 进行铺铜操作。

1）执行“放置”→“多边形铺铜挖空”命令，或者单击布线工具栏中的按钮，在打开的面板中进行铺铜属性的有关设置。本实例中采用实心填充模式、在 TopLayer 上进行铺铜，铺铜连接网络为 GND、要求去除死铜，覆铜与元器件及其他网络的间距设定为 15mil。

2）设置完毕后，返回编辑窗口中，此时光标变成十字形。

3）单击确定铺铜的起点，移动鼠标指针到适当位置处，依次确定铺铜边界的各个顶点，如图 10-21 所示。

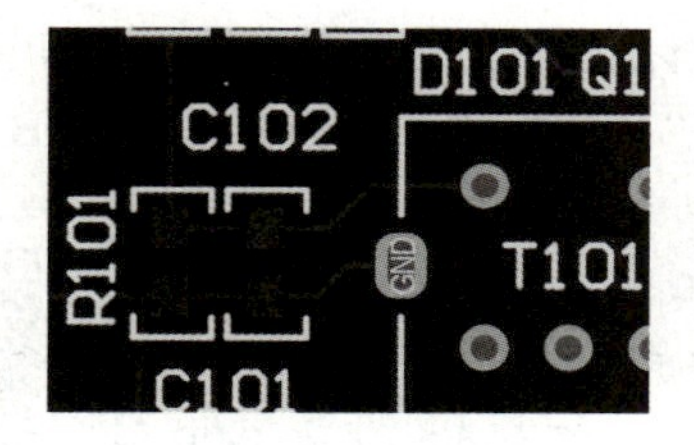

图 10-20　铺铜前的 PCB

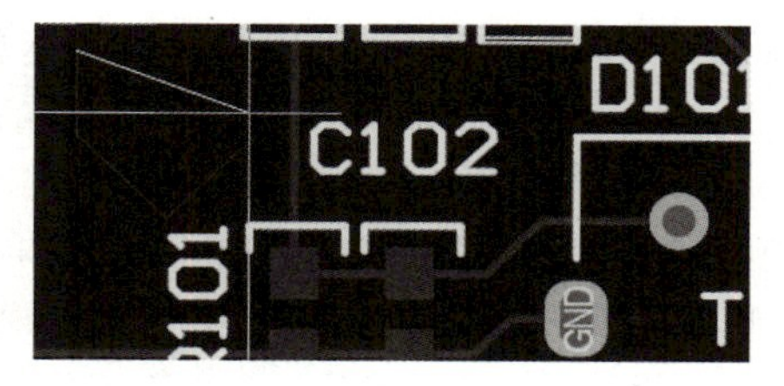

图 10-21　确定铺铜区域各个顶点

4）在终点处右击，退出铺铜命令状态。同时系统会自动将起点与终点连接起来，形成一个封闭的区域。

5）此时系统显示的是可更改大小、形状的铺铜区域，等待设计者最后的确认。拖动铺铜区域或者区域周围的小方块，可以移动铺铜区域或者改变其形状和大小。

6）放开鼠标左键，系统将按照调整重新铺铜。图 10-22 所示是最终完成的铺铜结果。

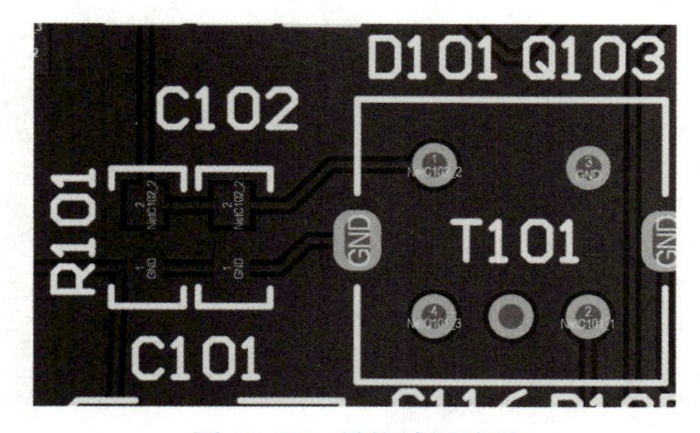

图 10-22　最终铺铜结果

铺铜与填充有很大的区别。填充是填充整个设定区域，完全覆盖了原有的电气连接关系，而铺铜则可以自动避开同层上已有的网络布线、焊盘、过孔和其他图元，保持原有的电气连接关系。

10.7 放置直线

本节介绍的直线一般多指与电气网络无关的线，可以放置在不同的工作层，例如，在机械层绘制 PCB 的外形轮廓，在禁止布线层绘制电气边界，在丝印层绘制说明图形等。

执行“放置”→“线条”命令，或者单击应用工具栏中的 ⁄ 按钮，都可以进行直线的放置操作，具体过程以及属性的设置与 10.2 节的放置导线基本相同。

📖 直线与铜膜导线的最大区别在于，直线不具有网络标识，而且它的属性也不受制于设计规则。

10.8 放置字符串

字符串主要用于标注一些说明文字，以增加 PCB 的可读性，所以设计时应将所有的字符串放置在 PCB 的丝印层上。

在 Altium Designer 中，包括原理图编辑环境和 PCB 编辑环境，都可以使用 True Type 字体。该字体系统基于 Unicode 字符串，支持中文、日文等多种语言及符号，可用于各种文本的标注，并实现了全面的 Gerber/ODB++输出和打印。这意味着设计者可以按照自己的语言和需要，选择希望使用的字体符号，直接放置在 PCB 上，或者使用 ECO 从原理图文件注释到 PCB 文件中。

【例 10-7】 放置字符串

例 10-7

1）执行“放置”→“字符串”命令，或者单击布线工具栏中的 A 按钮，光标变成十字形，并带有一个 String 的字符串，如图 10-23 所示。

2）移动鼠标指针到合适位置处，单击鼠标即可完成放置。重复操作，可在 PCB 上连续放置其他字符串。放置字符串完毕后，右击或按〈Esc〉键退出放置状态。

3）在放置字符串的过程中，按〈Tab〉键，或双击放置好的字符串，将打开“Text”属性（Properties）面板。在该面板中可设置字符串的文本内容、工作层、字体以及各项位置参数等，如图 10-24 所示。

图 10-23 放置字符串的命令状态

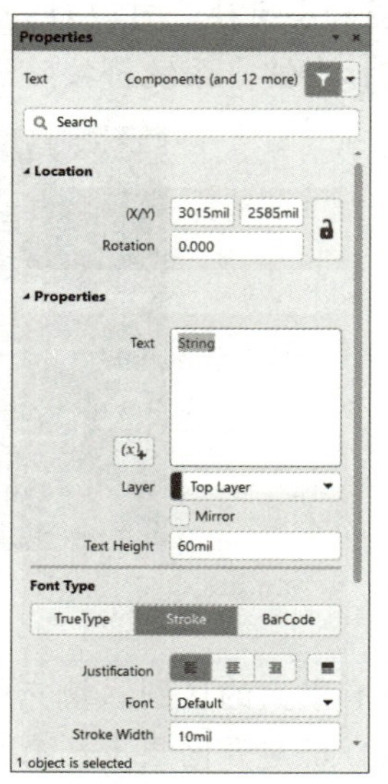

图 10-24 “Text”属性面板

4）在“Text”属性面板中，选中“True Type”选项后，在“Font”下拉列表中即列出了各种 True Type 字体的名称，设计者可选择使用，并可以进行加粗、斜体以及文本转换等设置。

在“优选项”对话框的“True Type Fonts”选项卡中，设计者如果选中了“嵌入 True Type 字体到 PCB 文档”复选框，即可在所设计的 PCB 文件中嵌入 True Type 字体，以便在没有指定字体的系统中使用。

10.9 放置尺寸标注

为了方便后续的 PCB 设计并满足制板需要，用户在设计中应对 PCB 尺寸或者某些特殊对象的尺寸进行必要的标注。

Altium Designer 为用户提供了多种形式的尺寸标注，如图 10-25 所示，可分别应用于不同的标注对象，放置操作基本相同。下面以放置直线尺寸标注为例加以说明。

【例 10-8】 放置直线尺寸标注

例 10-8

1）执行“放置”→“尺寸”→“线性尺寸”命令，或者单击“放置尺寸”下拉工具栏中的按钮，可进行线性尺寸标注。此时光标变成十字形，并带有一个尺寸为 0.00 的标注点。

2）移动十字光标到需要尺寸标注的起始点，单击确定起点位置。此后随着鼠标指针的移动，尺寸开始实时跟随光标移动的距离而变动。移动鼠标指针到尺寸标注终点位置处，如图 10-26 所示。

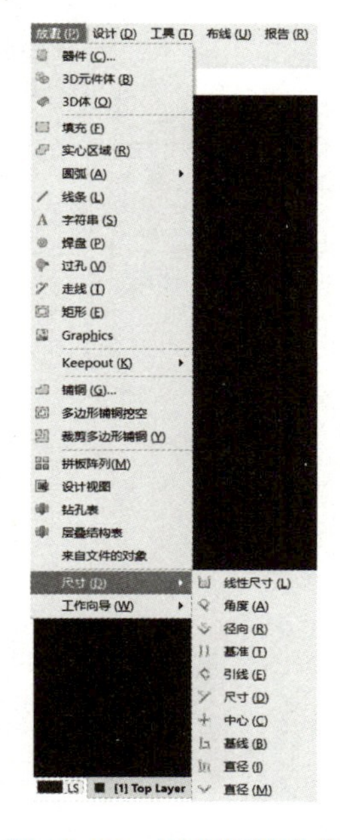

图 10-25 尺寸标注命令

图 10-26 放置直线尺寸标注

3）单击鼠标左键确定尺寸标准终点位置。此时，上下移动，可以调整标注引出线的长度。

4）再次单击鼠标确定尺寸标注引出线的长度，即完成了该直线尺寸标注的放置，可以继续放置其他的直线尺寸标注，也可以右击或按〈Esc〉键退出放置状态。

5）双击所放置的尺寸标注，或者在放置过程中按〈Tab〉键，可打开图 10-27 所示的“Linear Dimension”属性（Properties）面板，可详细设置各项属性及参数，包括所在的层面、显示格式、位置、单位、精确度、字体等。

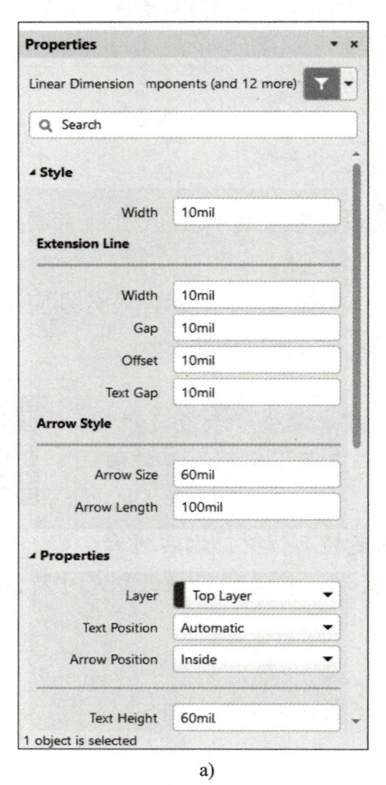

a)

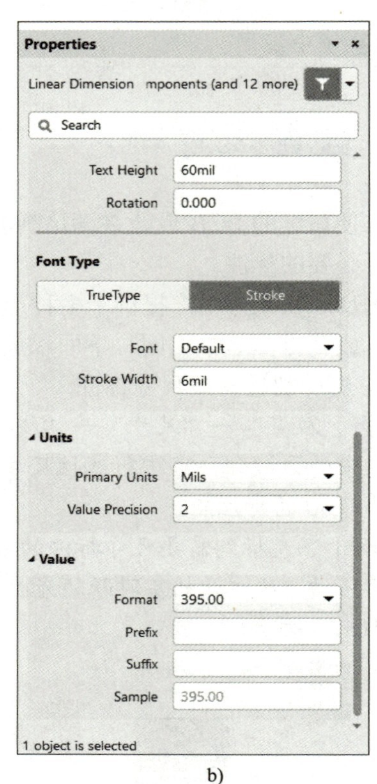

b)

图 10-27 Linear Dimension 属性面板

a) 直线尺寸标注符号间隔、箭头等设置 b) 直线尺寸标注字符、标注内容等设置

10.10 思考与练习

1. 概念题

1）铺铜的放置与其他各种图元的放置有何不同？

2）印制电路板各层的焊盘形状有几种？

3）简述放置导线的操作步骤。

2. 操作题

1）新建一个 PCB 文件，练习放置焊盘、放置导线和放置过孔。

2）新建一个 PCB 文件，练习放置矩形填充、放置铺铜、放置字符串和放置尺寸标注。

第 11 章　印制电路板的布线设计

在 PCB 的设计中，其首要任务就是在 PCB 上布通所有的导线，建立起电路所需的所有电气连接，这在高密度 PCB 设计中很具有挑战性。PCB 布线可分为单面布线、双面布线和多层布线。Altium Designer 的 PCB 布线方式有自动布线和手动布线两种方式。采用自动布线时，系统会自动完成所有布线操作；手动布线方式则要根据飞线的实际情况手工进行导线连接。实际布线时，可以先用手动布线的方式完成一些重要的导线连接，再进行自动布线，最后用手动布线的方式修改自动布线时的不合理连接。

本章将从具体实例来介绍布线的规则、自动布线和手动布线等。通过本章的学习，大家能够了解整个制板过程和具体操作。

11.1　自动布线规则设置

完成了 PCB 元件布局规则的设置之后，还需要对自动布线规则进行设置。在启动自动布线器，进行自动布线之前，同样需要对相关的布线规则进行合理的设置，即针对不同的操作对象去定义灵活的设计约束，以获得更高的布线效率和布通率。

自动布线的规则是在 Altium Designer 的 PCB 编辑器中进行设置的，执行“设计”→“规则”命令，如图 11-1 所示，即可打开“PCB 规则及约束编辑器”对话框。也可以在 PCB 设计环境中右击，在弹出的快捷菜单中选择“设计”→“规则”命令，打开“PCB 规则及约束编辑器”对话框。

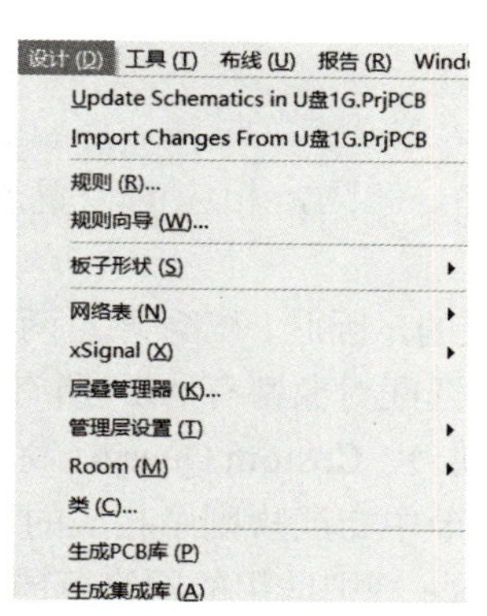

图 11-1　“设计菜单”

打开后的“PCB 规则及约束编辑器”对话框如图 11-2 所示，其中包含了许多 PCB 设计规则和约束条件。

在“PCB 规则及约束编辑器”对话框的左侧列表中，显示了 10 大类设计规则（Design Rules），其中与布线有关的主要是 Electrical Rules（电气规则）和 Routing（布线规则）。

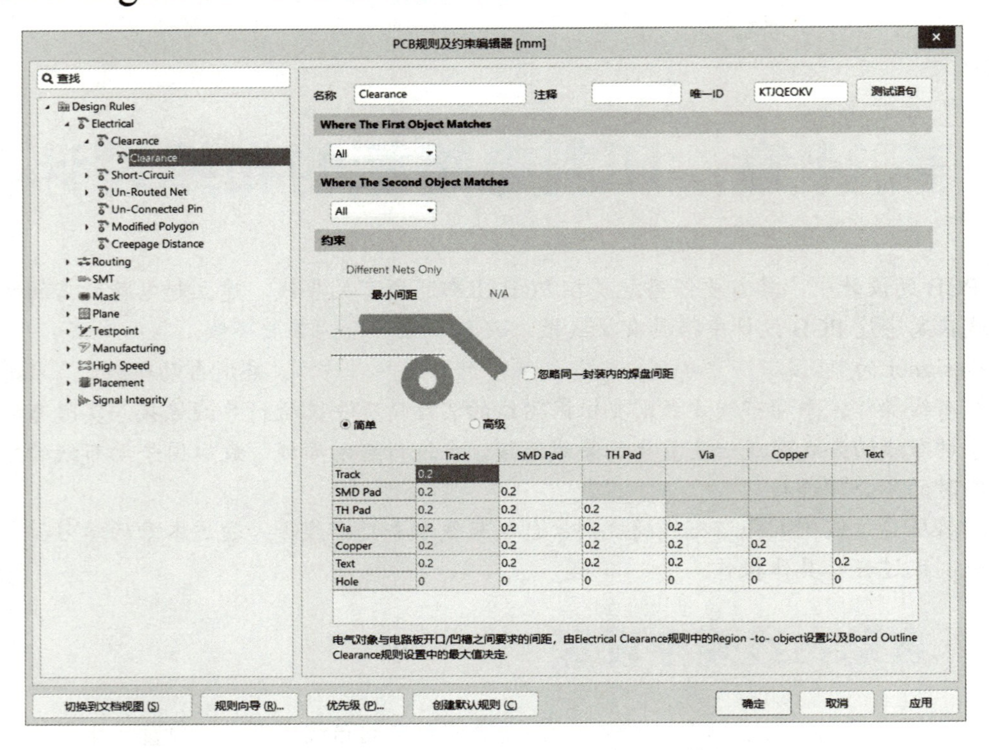

图 11-2 “PCB 规则及约束编辑器”对话框

11.1.1 电气规则设置

打开“PCB 规则及约束编辑器”对话框，在左侧列表中，单击“Electrical Rules”（电气规则）前的 ▸ 按钮，可以看到需要设置的电气子规则有 6 项，如图 11-3 所示。

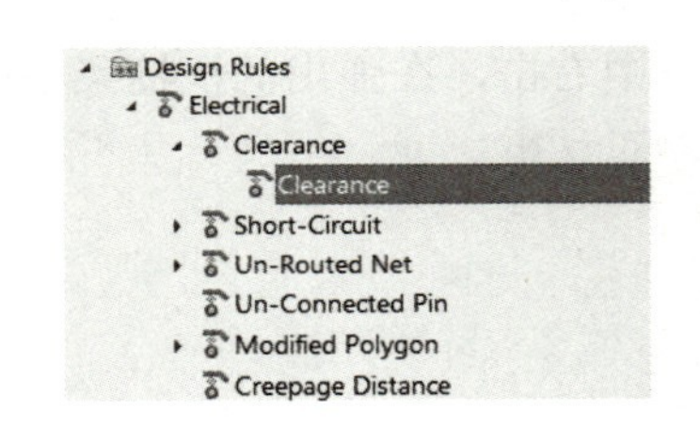

图 11-3 电气子规则

1. Clearance 子规则

Clearance 规则主要用来设置 PCB 设计中导线、焊盘、过孔以及铺铜等导电对象之间的最小安全间隔，相应的设置选项如图 11-4 所示。

由于间隔是相对于两个对象而言的，因此，必须要对两个规则匹配对象的范围进行设置。每个规则匹配对象都有 All（所有）、Net（网络）、Net Class（网络类）、Layer（层）、Net And Layer（网络和层）、Custom Query（高级的查询）可选项，这些可选项所对应的功能及约束条件，可以参考 9.7 节中布局规则中相应的设置。

“约束”选项组需要设置 Clearance 规则适用的网络范围，有 5 个选项。

- Different Nets Only：仅在不同的网络之间适用。
- Same Net Only：仅在同一网络中适用。
- Any Net：适用于所有的网络。
- Different Differential pair：适用于不同的差分对。
- Same Differential pair：适用于相同的差分对。

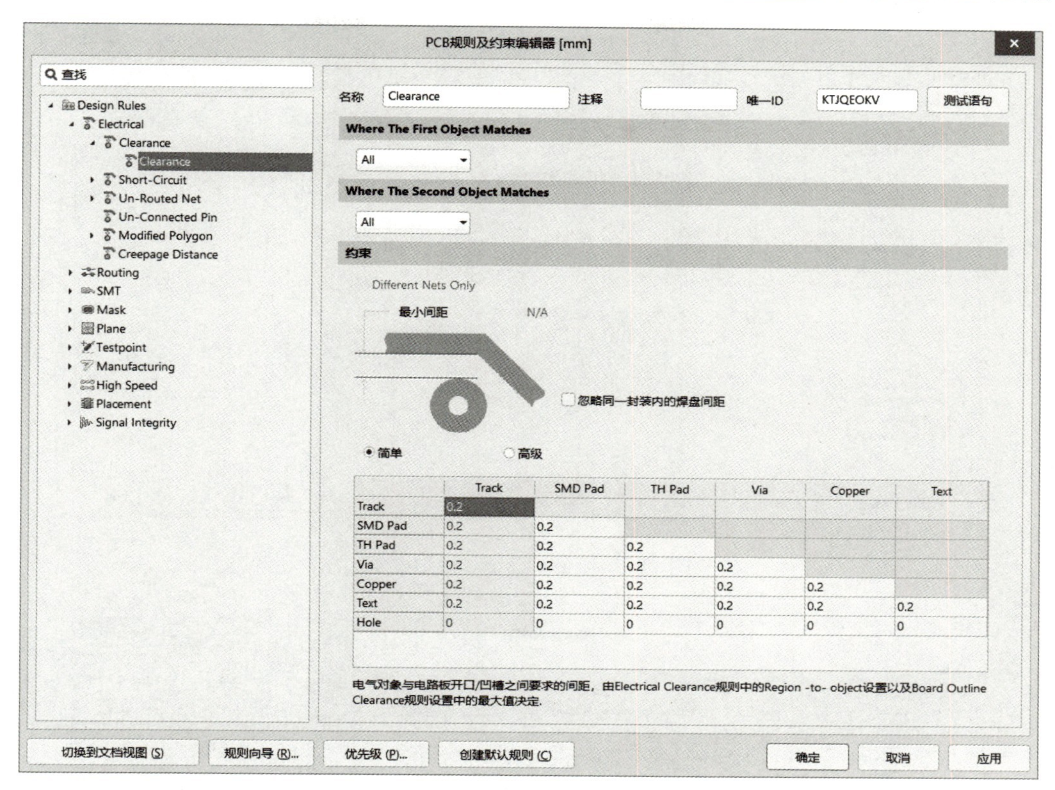

图 11-4　Clearance 规则设置

“最小间隔”应根据实际设计情况加以设定。系统默认的安全间距为 8mil，对一般的数字电路设计来说基本满足设计要求。如果 PCB 面积允许，安全间距的设置应尽可能大一些。一般来说，对象之间的间隔值越大，制作完毕的 PCB 面积就会越大，成本也会越高；反过来间隔过小，又极有可能产生干扰或短路。

2．Short-Circuit 子规则

Short-Circuit 规则主要用于设置 PCB 上不同网络间的导线是否允许短路，如图 11-5 所示。

Short-Circuit 规则针对两个匹配对象间进行设置，两个规则匹配对象分别由用户在 All、Net、Net Class、Layer、Net And Layer、Custom Query 选项内设置。在“约束”选项组，只有一个“允许短路”复选框，若选中该复选框，则意味着允许上面所设置的两个匹配对象中的导线短路，若不选中该复选框，则不允许。系统默认为不选中该复选框。

> 通常情况 Short-Circuit 规则应设置为禁止短路，除非有特殊的要求（例如，需要将几个地网络短接到一点），才能允许短路。

3．Un-Routed Net 子规则

Un-Routed Net 规则主要用于检查 PCB 中用户指定范围内的网络是否自动布线成功，对于没有布通或者未布线的网络，将使其仍保持飞线连接状态。该规则不需要设置其他约束，只需创建规则，为其命名并设定适用范围即可，如图 11-6 所示。

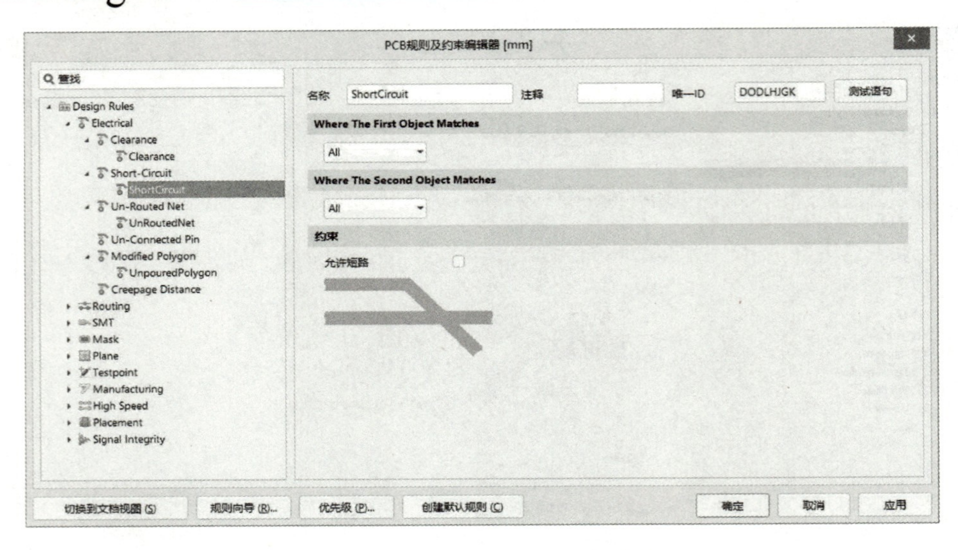

图 11-5　Short-Circuit 规则设置

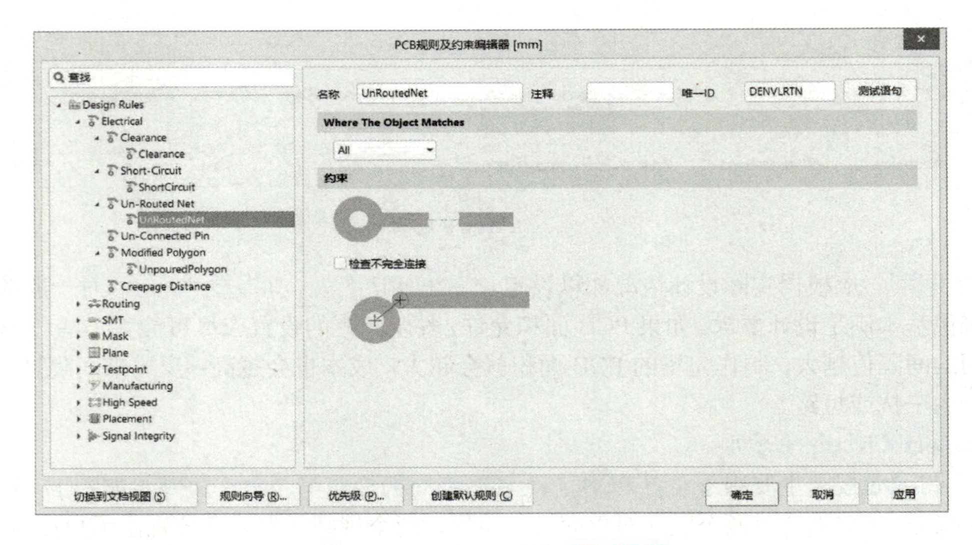

图 11-6　Un-Routed Net 规则设置

📖 该规则在 PCB 布线时是用不到的，只在进行 DRC 校验时使用。若本规则设置的网络没有布线，将显示违规。

4．Un-Connected Pin 子规则

Un-Connected Pin 规则主要用于检查指定范围内的元件引脚是否均已连接到网络，对于未连接的引脚，给予警告提示，显示为高亮状态。该规则也不需要设置其他的约束，只需创建规则，为其命名并设定适用范围即可，如图 11-7 所示。

📖 系统默认状态下未加该规则。由于电路中通常都会存在一些不连接的元件引脚，如引脚悬空等。因此，该规则可以不设置，由设计者来保证引脚连接与否的正确性。

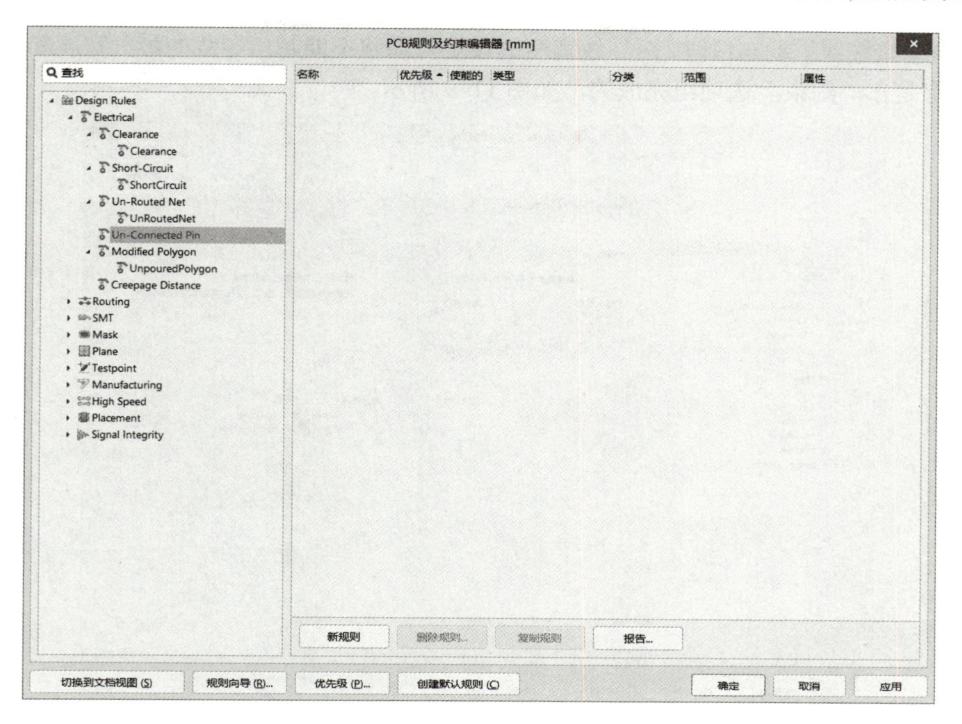

图 11-7　Un-Connected Pin 规则设置

5. Modified Polygon 子规则

Modified Polygon 规则检测仍被搁置或已修改但尚未浇注的多边形，有两个选项。

- 允许隐藏显示：如果启用，则属于该设计规则范围且当前已搁置的所有多边形将不会被标记为违规。
- 允许修改：如果启用，则属于此设计规则范围内且当前已修改但尚未浇注的所有多边形将不会被标记为违规。

6. Creepage Distance 子规则

两个导电部件之间，或一个导电部件与设备及易接触表面之间沿绝缘材料表面测量的最短空间距离。沿绝缘表面放电的距离即泄漏距离也称爬电距离，简称爬距。对最小爬电距离做出限制，是为了防止在绝缘材料表面产生局部恶化传导路径的布线，这样的布线会使得电子在绝缘表面或附近放电。

11.1.2 布线规则设置

Routing（布线规则）是自动布线器进行自动布线时所依据的重要规则，设置是否合理将直接影响到自动布线质量的好坏和布通率的高低。

单击“Routing”前的 ▸ 按钮，展开布线规则，可以看到有 8 项子规则，如图 11-8 所示。

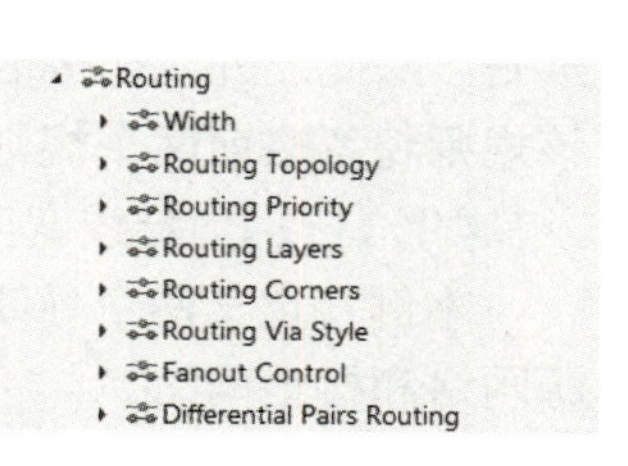

图 11-8　布线子规则

其中的 Width 子规则主要用于设置 PCB 布线时允许采用的导线宽度，有最大宽度、最小宽度和首选宽度之分。最大宽度和最小宽度确定了导线的宽度范围，而首选宽度则为导线放置时系统默认采用的宽度值。在自动布线或手动布线时，对导线宽度的设定与调整不能超出导线的最大宽度和最小宽度。这些设置都是在“约束”选项组完成的，如图 11-9 所示。

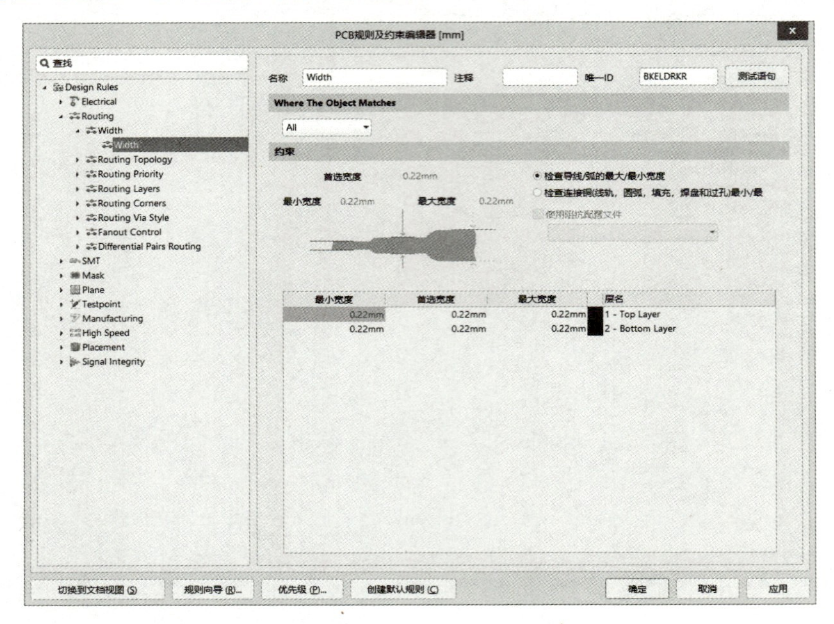

图 11-9　Width 规则设置

“约束”选项组中有两个复选框，含义如下。

- “特征阻抗驱动宽度”：选中该复选框后，将显示铜膜导线的特征阻抗值，设计者可以对最大、最小以及优选阻抗进行设置。
- “仅层叠中的层”：选中该复选框后，意味着当前的宽度规则仅应用于在图层堆栈中所设置的工作层，否则将适用于所有的电路板层。系统默认为选中。

11.1.3 导线宽度规则及优先级的设置

同 Altium 的前期版本一样，Altium Designer 的设计规则系统有着强大的功能。例如，针对不同的目标对象，在规则中可以定义同类型的多重规则，系统将使用预定义等级来决定将哪一个规则具体应用到哪一个对象上。在 Width 规则定义中，设计者可以定义一个适用于整个 PCB 的导线宽度约束规则（即所有的导线都必须是这个宽度），但由于希望接地网络的导线与一般的连接导线不同，需要尽量地粗一些，因此，设计者还需要定义一个宽度约束规则，该规则将忽略前一个规则。除此之外，在接地网络上往往根据某些特殊的连接还需要定义第三个宽度约束规则，此时该规则将忽略前两个规则。所定义的规则将根据优先级别顺序显示。

【例 11-1】 导线宽度规则及优先级的设置

本例将定义两个导线宽度规则，一个适用于整个 PCB，另一个则适用于电源网络和接地网络。

例 11-1

1）在打开的 Width 子规则设置选项中，首先设置第一个宽度规则。根据制板需要，将导线的最小宽度、首选宽度和最大宽度的宽度值均设为 8mil，在

“名称”文本框中输入“All”以便记忆。规则匹配对象范围设置为“All”，单击“应用”按钮，完成第一个导线宽度规则设置，如图 11-10 所示。

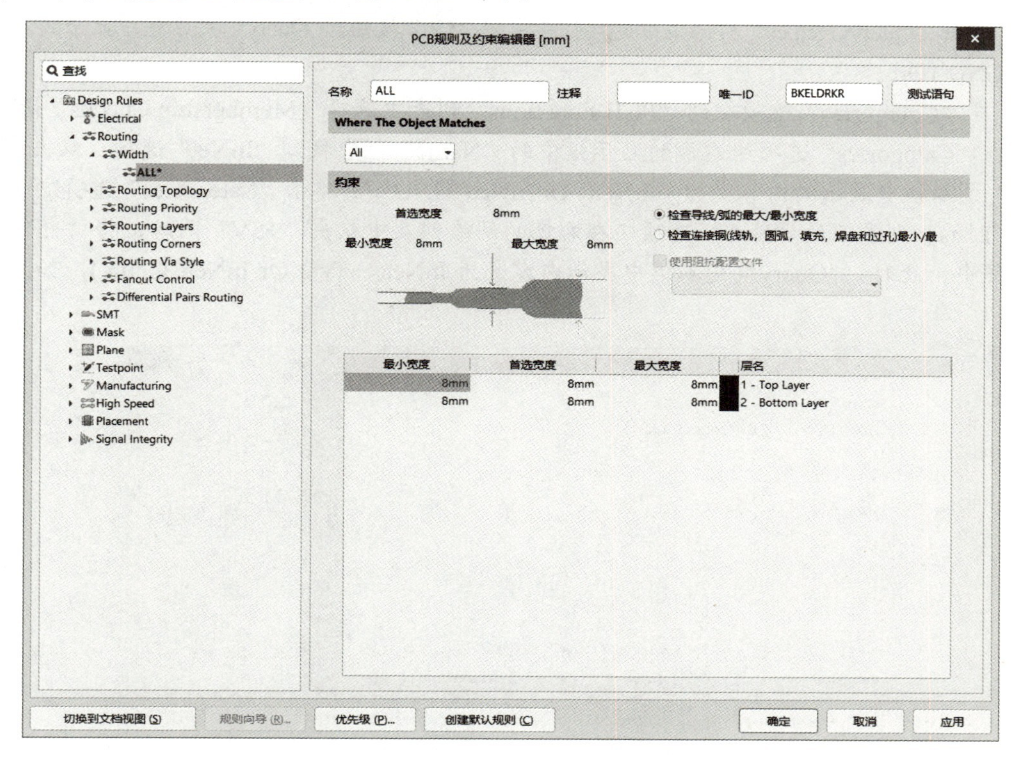

图 11-10　第一个导线宽度规则设置

2）在左侧列表中，选中“Width”选项并右击，在弹出的快捷菜单中选择“新规则”命令，增加一个新的导线宽度规则，规则名默认名为 Width，如图 11-11 所示。

3）单击新建的“Width”导线宽度规则，对话框右侧显示对应的规则设置选项。在“名称”文本框中输入“GND”为规则名称，在“Where The Object Matches”选项组中定义规则匹配对象为 Net，并单击第二个列表框的下拉按钮▾，在下拉列表框中选择“GND”选项，如图 11-12 所示。

图 11-11　建立新的导线宽度规则

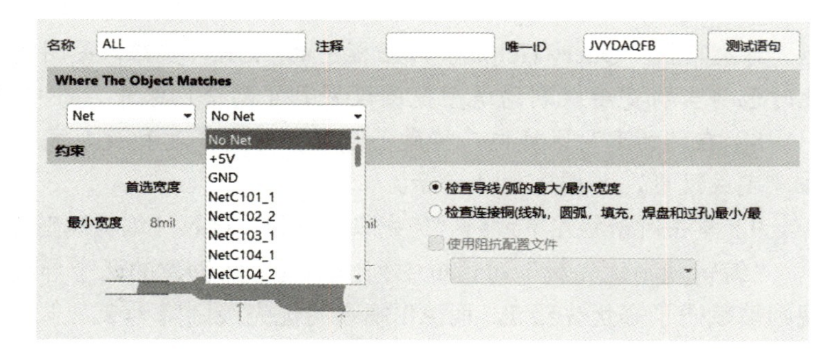

图 11-12　第二个导线宽度规则设置

4）再选中“Where The Object Matches”选项组下拉列表中的“Custom Query”选项，此时会

激活“查询助手”按钮。单击此按钮，启动“Query Helper”对话框。此时，在“Query Helper”对话框的“Query”文本框中显示的内容为“InNet('GND')”。

5）单击“Query Helper”对话框中部按钮栏中的“Or”按钮，“Query”文本框中显示的内容变为“InNet('GND') Or”。

6）在“Categories”选项组的“PCB Functions”列表中选择“Membership Checks”选项，完成之后在“Categories”选项组右侧的显示框中的“Name”栏中找到“InNet”选项。双击该选项，“Query”文本框中显示的内容变为“InNet() Or InNet('GND')”。单击“Categories”选项组中“PCB Objects Lists”列表下的“Nets”选项，在右侧的网络列表中双击“+5V”网络，将“+5V”网络加入条件中。此时，“Query”文本框中显示内容变为 InNet('+5V') Or InNet('GND')，如图 11-13 所示。

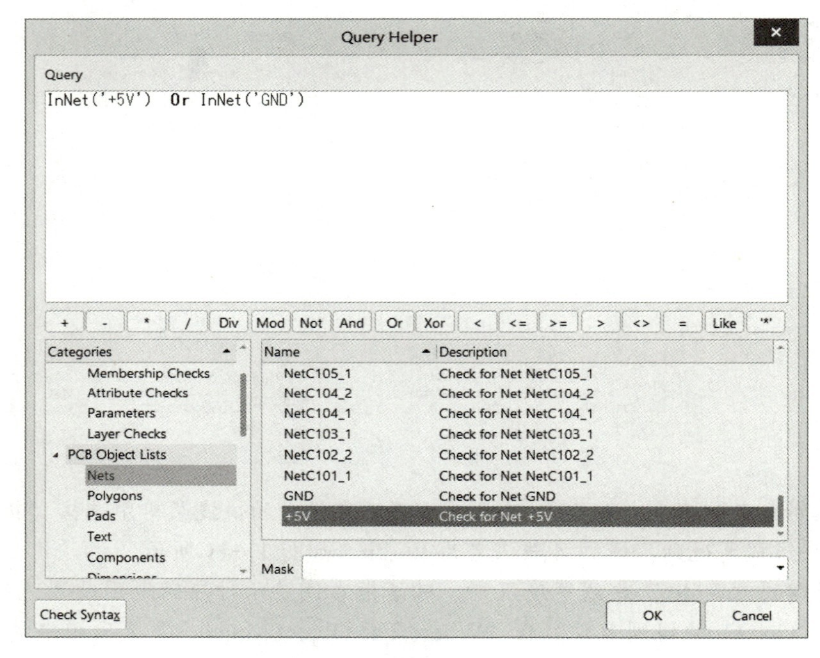

图 11-13　设置规则适用的网络

7）单击“Check Syntax”按钮，进行语法检查，之后单击“OK”按钮，关闭正确信息提示框。再次单击“Query Helper”对话框中的“OK”按钮，关闭该对话框，返回规则设置对话框中。此时已将当前宽度规则的适用范围设置到了两个网络中，即电源网络和接地网络。

8）在“约束”区域内，将最小宽度、首选宽度和最大宽度的值设为 20mil，单击“应用”按钮，完成设置，如图 11-14 所示。

9）单击对话框左下方的“优先级”按钮，进入“编辑规则优先级”对话框，如图 11-15 所示。

“编辑规则优先级”对话框中列出了刚才所创建的两个导线宽度规则，其中，新创建的 GND 规则被赋予了高优先级 1，而 All 规则的优先级则降为 2。

📖 同类的规则中，新建规则总是被系统默认赋予最高的优先级别（通常为 1）。单击对话框下面的“增加优先级”按钮或“降低优先级”按钮，即可更改所列规则的优先级别。

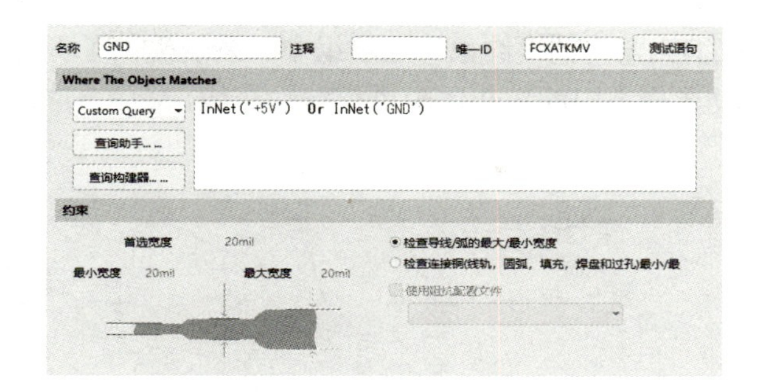

图 11-14　完成第二个导线宽度规则设置

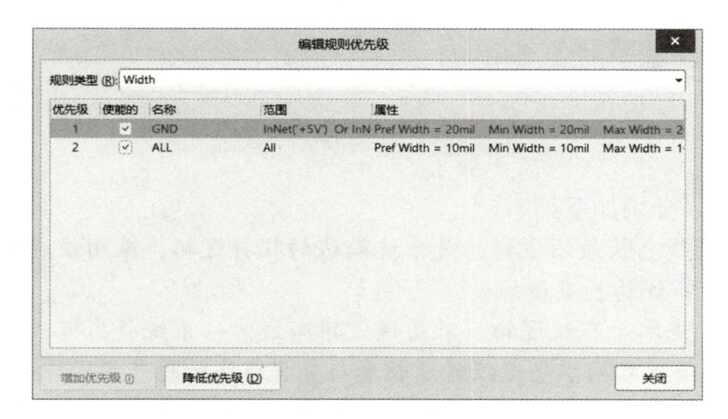

图 11-15　“编辑规则优先级”对话框

11.1.4 布线拓扑子规则设置

Routing Topology（布线拓扑）规则主要用于设置自动布线时导线的拓扑网络逻辑，即同一网络内各节点间的走线方式。拓扑网络的设置有助于自动布线的布通率，Routing Topology 规则设置的相关选项如图 11-16 所示。

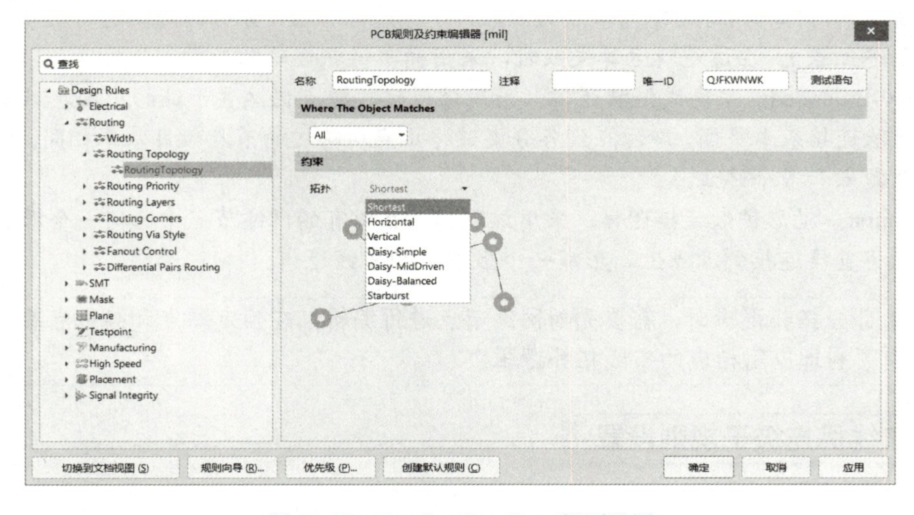

图 11-16　Routing Topology 规则设置

在“PCB 规则及约束编辑器”的“约束”选项组中，系统提供了多种可选的拓扑逻辑，设计者可根据 PCB 的复杂程度选择不同的拓扑逻辑进行自动布线，相关的拓扑逻辑如图 11-17 所示。

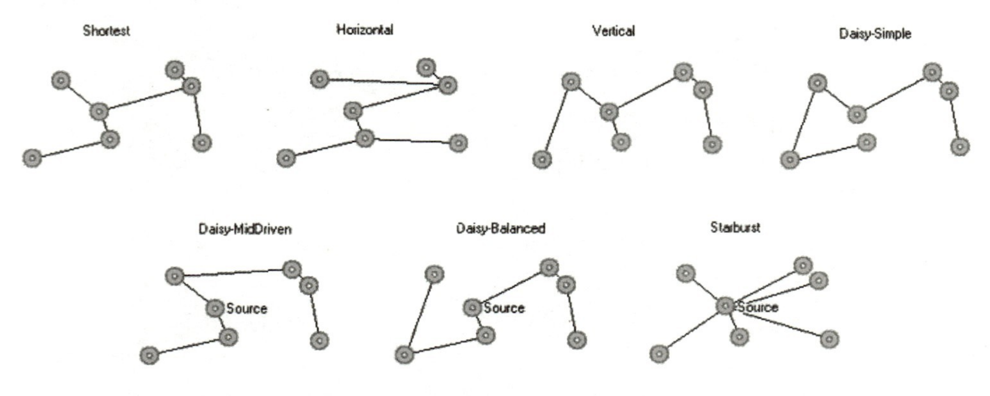

图 11-17　拓扑逻辑

拓扑逻辑有 7 种，分别如下。

- Shortest：连接线总长最短逻辑，是系统默认的拓扑逻辑。采用该逻辑，系统将保证各网络节点之间的布线总长度最短。
- Horizontal：优先水平布线逻辑。采用该逻辑布线时，系统将尽可能地选择水平方向的走线，网络内各节点之间水平连线的总长度与竖直连线的总长度的比值控制在 5∶1 左右。若元件布局时，水平方向上的空间较大，可考虑采用该拓扑逻辑进行布线。
- Vertical：优先竖直布线逻辑。与上一种逻辑相反，采用该逻辑布线时，系统将尽可能地选择竖直方向的走线。
- Daisy-Simple：简单链状连接逻辑。采用该逻辑，系统布线时会将网络内的所有节点链接起来成为一串，在源点（Source）和终止点（Terminator）确定的前提下，其中间各点（Load）的走线以总长度最短为原则。
- Daisy-MidDriven：中间驱动链状逻辑，也称链状逻辑，只是其寻优运算方式有所不同。采用该逻辑，将以网络的中间节点为源点，寻找最短路径，分别向两端进行链状连接（需要两个终止点）。在该逻辑运算失败时，采用简单链状逻辑作为替补。
- Daisy-Balanced：平衡式链状逻辑。采用该逻辑，源点仍然置于链的中间，只是要求两侧的链状连接基本平衡，即源点到各分支链终止点所跨过的节点数目基本相同。该逻辑需要一个源点和多个终止点。
- Starburst：星形扩散连接逻辑。采用该逻辑，在所有的网络节点中选定一个源点，其余各节点将直接连接到源点上，形成一个散射状的布线逻辑。

使用以上部分拓扑逻辑时，需要先对网络节点进行编辑，在确定源点和终止点后，才能在自动布线中顺利地应用相应的布线拓扑逻辑。

11.1.5 布线优先级子规则设置

Routing Priority（布线优先级）规则主要用于设置 PCB 网络表中布通网络布线的先后顺序，

设定完毕后，优先级别高的网络先进行布线，优先级别低的网络后进行布线，规则设置的相关选项如图 11-18 所示。

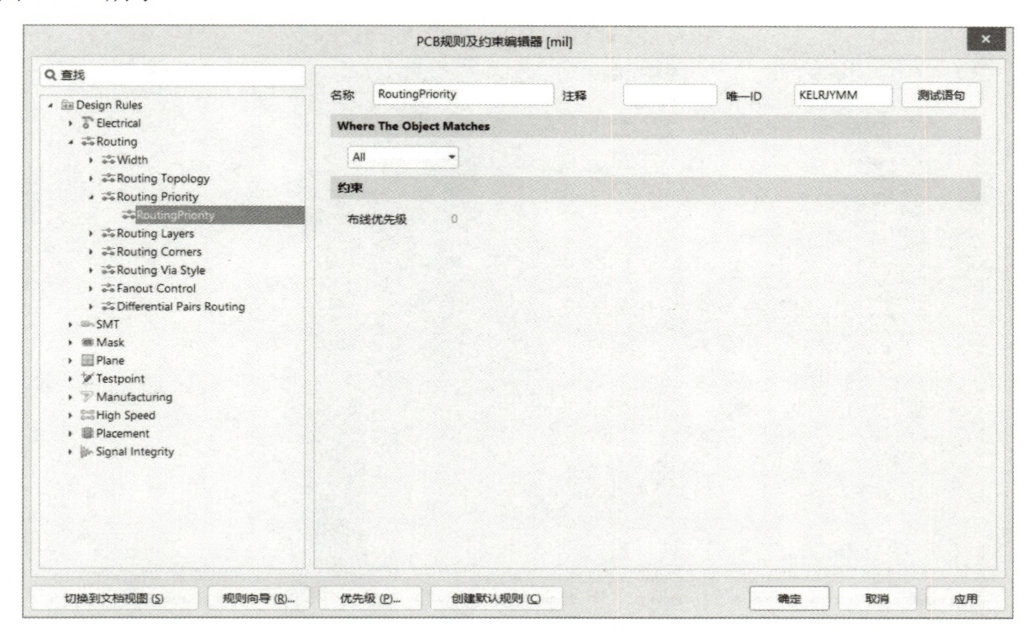

图 11-18　Routing Priority 规则设置

在“Where The Object Matches”选项组中，选择“All”则不对网络进行优先级设置。需要进行优先级设定时，可在 Net、Net Class、Layer、Net And Layer、Custom Query 中根据需要进行选择设置。

在规则的“约束”选项组中，只有“布线优先级”一个选项，用于设置指定网络的布线优先级，级别取值范围为 0～100，数字越大，相应的优先级别就越高，系统默认的布线优先级为 0。

11.1.6 布线层子规则设置

Routing Layers（布线层）规则主要用于设置在自动布线过程中允许进行布线的工作层，一般情况下用在多层板中，规则设置相关选项如图 11-19 所示。

在“约束”选项组内列出了在 PCB 制板时设计者在“层叠管理器”对话框中定义的所有层，根据布线需要，若某层可以进行布线，则选中相应布线层左侧的复选框即可。

同样，在“Where The Object Matches”选项组内，可以设置特定的电气网络在指定的层面进行布线。选择“All”则不对网络进行设置。需要进行电气网络设定时，可在 Net、Net Class、Layer、Net And Layer、Custom Query 中根据需要进行设置。

11.1.7 布线拐角子规则设置

Routing Corners（布线拐角）规则主要用于设置自动布线时的导线拐角模式，通常情况下，为了提高 PCB 的电气性能，在 PCB 布线时应尽量减少直角导线的存在，规则设置的相关选项如图 11-20 所示。

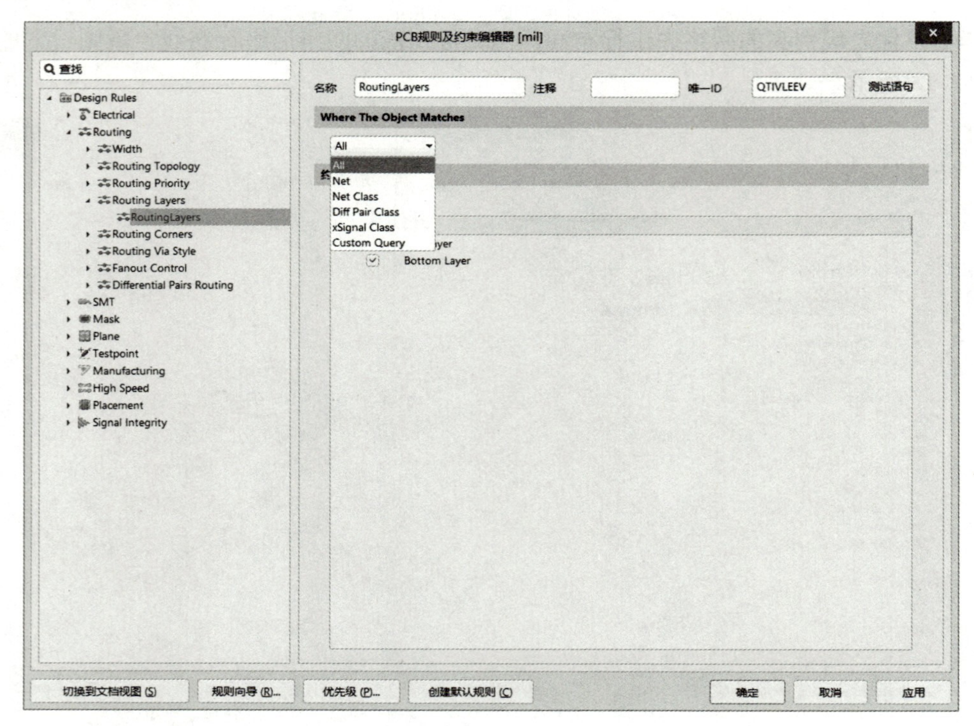

图 11-19　Routing Layers 规则设置

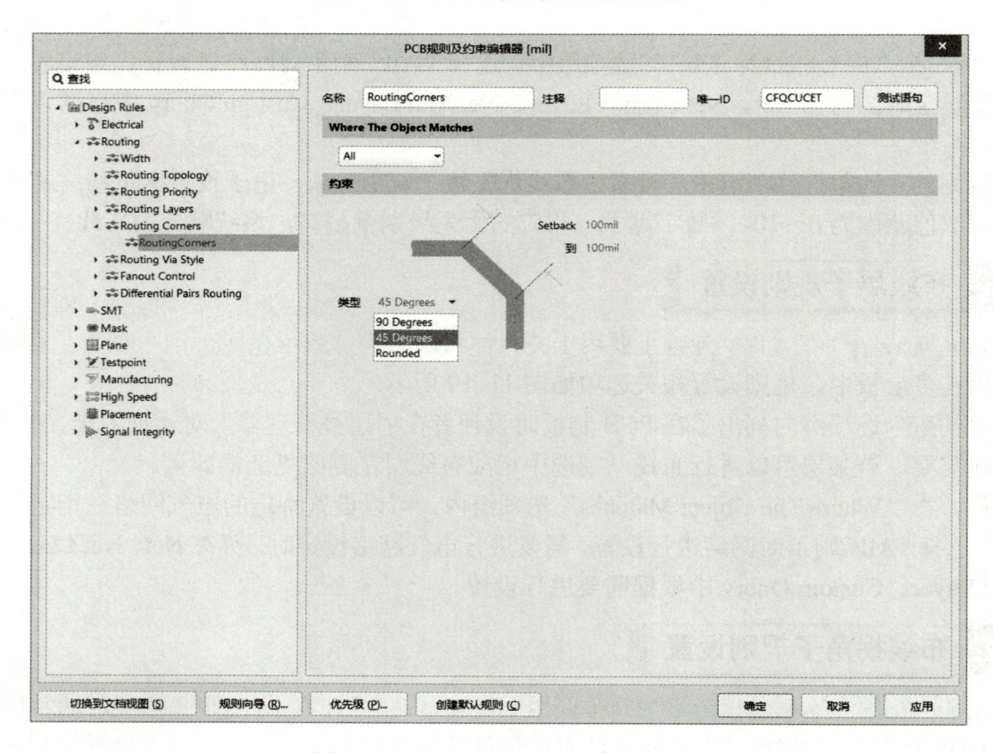

图 11-20　Routing Corners 规则设置

在“约束”区域内，系统提供了 3 种可选的拐角类型：90 Degrees、45 Degrees 和 Rounded（圆弧形），如图 11-21 所示。

其中，在 45 Degrees 和 Rounded 两种拐角类型中，需要设置拐角尺寸的范围，在“Setback”文本框中输入拐角的最小值，在“到”文本框中输入拐角的最大值。一般来说，为了保持整个电路板的导线拐角大小一致，这两个文本框中应输入相同的数值。

📖 整个 PCB 布线时，应采用统一的拐角类型，避免给人以杂乱无章的感觉。因此，该规则适用对象的范围应选择“All”。

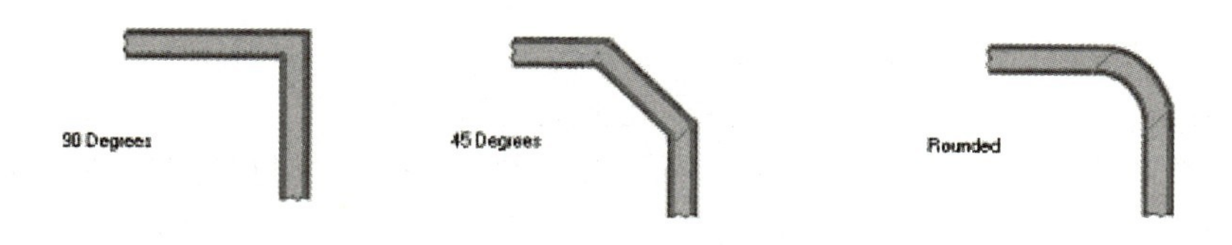

图 11-21　拐角类型

11.1.8 过孔子规则设置

Routing Via Style（过孔）规则主要用于设置自动布线时采用的过孔尺寸，规则设置的相关选项如图 11-22 所示。

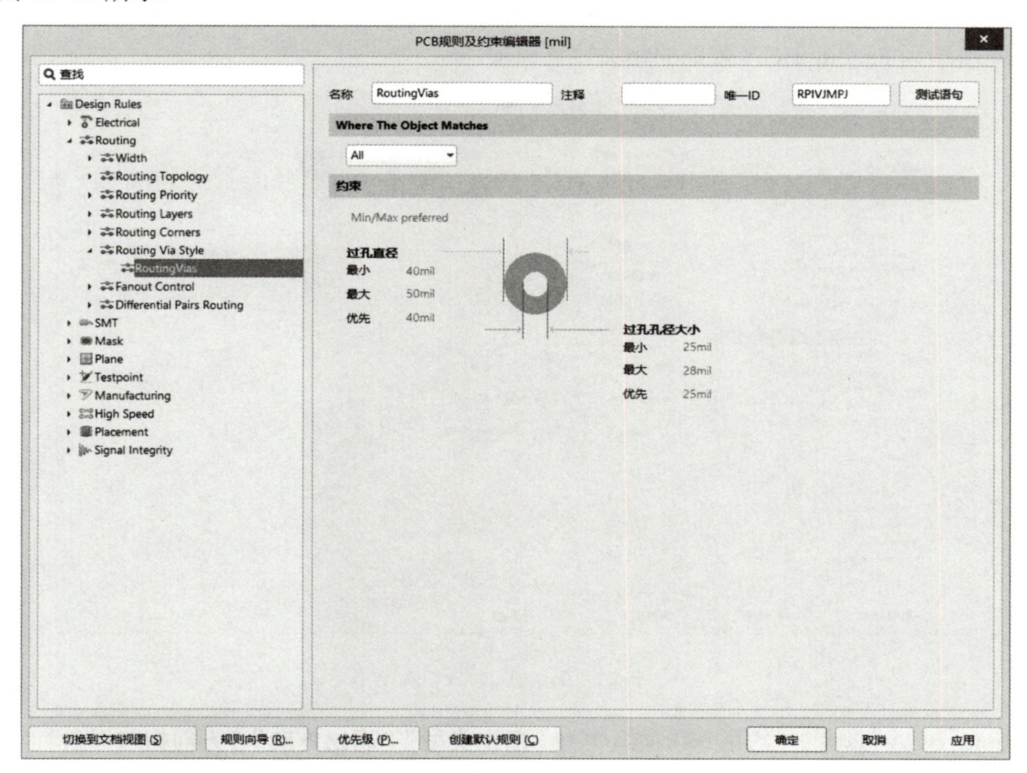

图 11-22　Routing Via Style 规则设置

可在“约束”选项组中定义过孔直径以及过孔孔径大小，过孔直径及过孔孔径大小分别有最大、最小和优先 3 个选项。最大和最小是设置的极限值，而优先将作为系统放置过孔时使用的默认尺寸。

📖 过孔直径与过孔孔径大小的差值不宜太小，一般应在 10mil 以上，否则不便于制板加工。

11.1.9 扇出布线子规则设置

Fanout Control（扇出布线）规则是一项针对表贴式元件进行扇出式布线的规则。所谓扇出式布线，就是把表贴式元件的焊盘通过导线引出并加以过孔，使其可以在其他层上继续走线。扇出布线大大提高了系统自动布线成功的概率。

Altium Designer 在扇出布线规则中提供了几种默认的扇出规则，分别对应于不同封装的元件，包括 BGA（封装的表贴元件）、LCC（封装的表贴元件）、SOIC（封装的表贴元件）、Small（引脚数小于 5 的表贴封装元件）和 Default（所有元件）选项，如图 11-23 所示。

名称	优先级	使能的	类型	分类	范围	属性
Fanout_BGA	1	✓	Fanout Control	Routing	IsBGA	Style - Auto Direction -
Fanout_LCC	2	✓	Fanout Control	Routing	IsLCC	Style - Auto Direction -
Fanout_SOIC	3	✓	Fanout Control	Routing	IsSOIC	Style - Auto Direction -
Fanout_Small	4	✓	Fanout Control	Routing	(CompPinCount < 5)	Style - Auto Direction -
Fanout_Default	5	✓	Fanout Control	Routing	All	Style - Auto Direction -

图 11-23 Fanout Control 规则

系统列出的这几种扇出规则，除了规则适用的范围不同以外，其余的设置内容基本相同。图 11-24 所示为 Fanout_BGA 规则的相关设置选项。

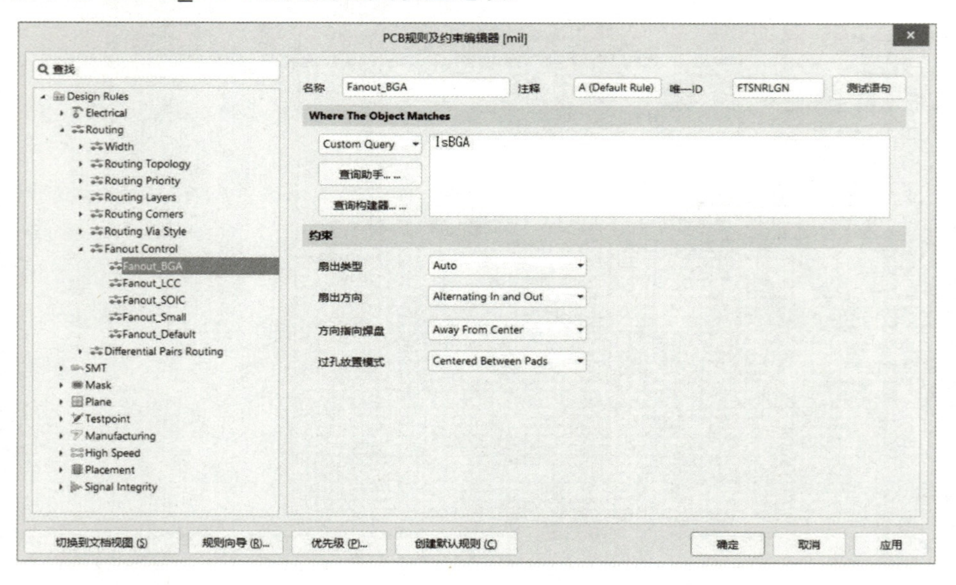

图 11-24 Fanout_BGA 规则设置

Fanout_BGA 规则的“约束”选项组中有“扇出类型”“扇出方向”“方向指向焊盘”“过孔放置模式”4 个可选设置项，其中“扇出类型”下拉列表中有 5 个选项，分别如下。

- Auto：自动扇出。
- Inline Rows：同轴排列。
- Staggered Rows：交错排列。
- BGA：BGA 形式。
- Under Pads：从焊盘下方扇出。

"扇出方向"下拉列表中有 6 个选项，分别如下。

- Disable：不设定扇出方向。
- In Only：输入方向。
- Out Only：输出方向。
- In Then Out：先进后出。
- Out Then In：先出后进。
- Alternating In and Out：交互式进出。

"方向指向焊盘"下拉列表中有 6 个选项，分别如下。

- Away From Center：偏离焊盘中心扇出。
- North-East：焊盘的东北方扇出。
- South-East：焊盘的东南方扇出。
- South-West：焊盘的西南方扇出。
- North-West：焊盘的西北方扇出。
- Towards Center：正对焊盘中心扇出。

"过孔放置模式"下拉列表中有两个选项，分别如下。

- Close To Pad（Follow Rules）：遵从规则的前提下，过孔靠近焊盘放置。
- Centered Between Pads：过孔放置在焊盘之间。

> 在 Fanout_Small 规则中，系统默认的"扇出方向"为 Out Then In，而在其余几种扇出规则中，系统默认扇出方向为 Alternating In and Out。

11.1.10 差分对布线子规则设置

Altium Designer 的 PCB 编辑器完善了差分对布线规则，为设计者提供了更好的差分对布线支持。在完整的设计规则约束下，设计者可以交互式地同时对所创建差分对中的两个网络进行布线，即使用差分对布线器从差分对中选取一个网络，对其进行布线，而该差分对中的另一个网络将遵循第一个网络的布线规则，在布线过程中，将保持指定的布线宽度和间距。Differential Pairs Routing（差分对布线）规则主要用于对一组差分对设置相应的布线规则，如图 11-25 所示。

在 Differential Pairs Routing 规则的"约束"选项组中，需要对差分对内部的两个网络之间的最小宽度、最小间隙、优选宽度、优选间隙、最大宽度、最大间隙以及最大未耦合长度进行设置，以便在差分对布线器中使用，并在 DRC 校验中进行差分对布线的验证。

> 要进行差分对布线，必须先创建需要进行差分对布线的网络。差分对既可以在原理图编辑器中创建，也可以在 PCB 编辑器中创建。

至此，对布线过程中涉及的主要规则均进行了介绍，其他规则的设置方法与这些规则基本相同。此外，Altium Designer 系统还为设计者提供了一种建立新规则的简便方法，那就是直接使用设计规则向导。

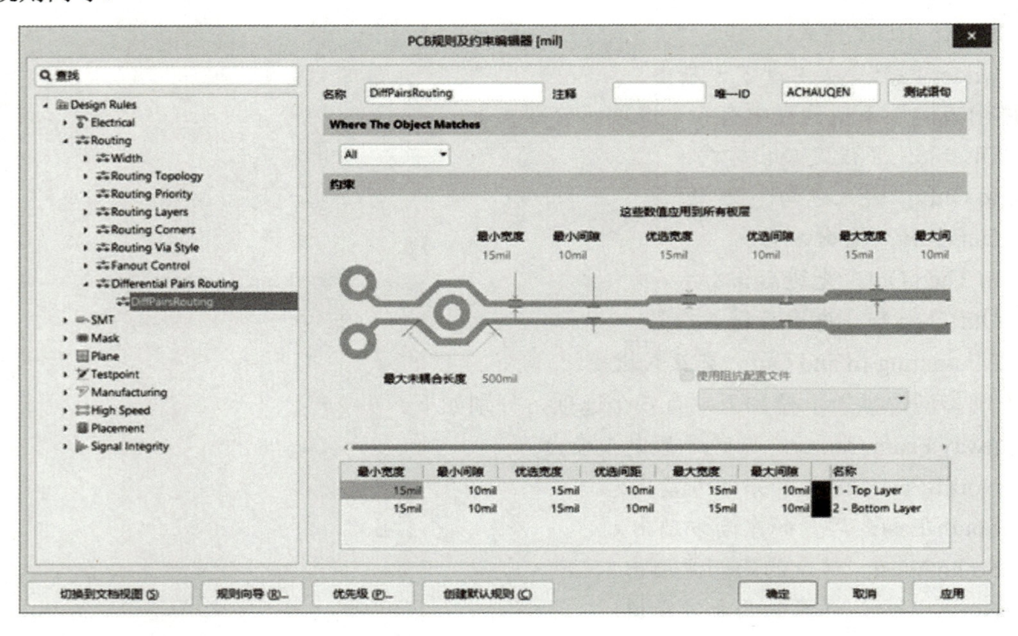

图 11-25 Differential Pairs Routing 规则设置

11.1.11 设计规则向导设置

在 PCB 编辑器内，执行“设计”→“规则向导”命令，即可启动设计规则向导，如图 11-26 所示。

启动后的设计规则向导如图 11-27 所示。

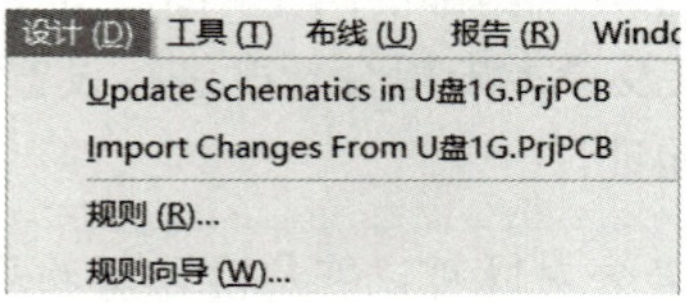

设计 (D) 工具 (T) 布线 (U) 报告 (R) Windo
Update Schematics in U盘1G.PrjPCB
Import Changes From U盘1G.PrjPCB
规则 (R)...
规则向导 (W)...

图 11-26 “规则向导”命令

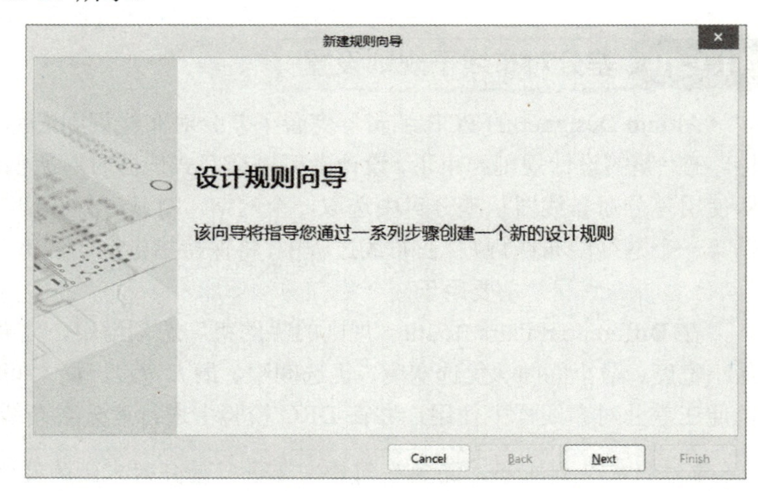

图 11-27 设计规则向导

【例 11-2】 利用设计规则向导建立 Routing Topology 规则

例 11-2

本例将为 GND 网络新建一个 Routing Topology 规则，同时介绍设计规则向导的功能及操作。

1）在图 11-27 所示的“新建规则向导”对话框中，单击“Next”按钮，进入“选择规则类型”界面。选择“Routing”规则中的“Routing Topology”子规则，在“名称”文本框内输入新建规则名称 Topology，如图 11-28 所示。

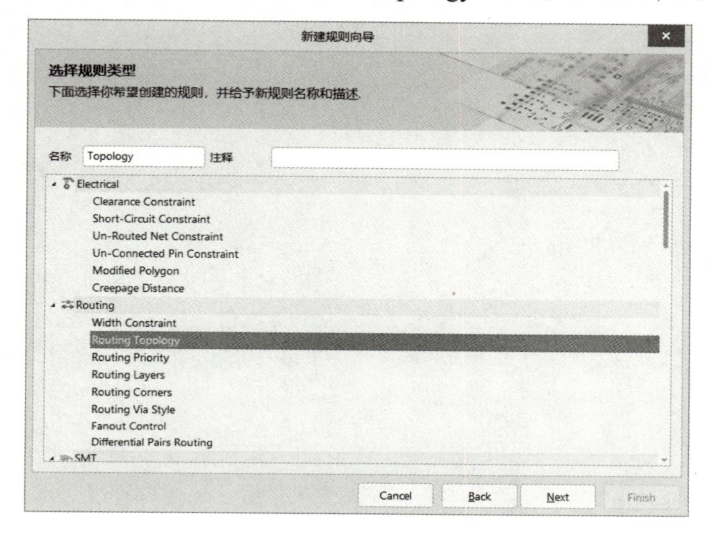

图 11-28 选择规则的类型并命名

> 新规则的名称应尽量填写，否则系统会命名为默认的名称。这样，若设置的规则较多，设计者后续查找规则时会极为不便。

2）单击“Next”按钮，进入“选择规则范围”界面，选中“1 个网络”单选按钮，如图 11-29 所示。

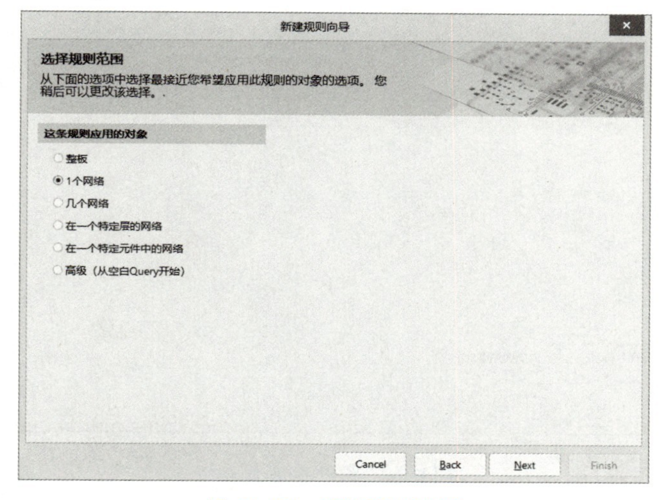

图 11-29 选择规则范围

3）单击“Next”按钮，进入“高级规则范围”界面。在“条件类型/操作符”列表中保持原有规则内容不变，仍为“Belongs to Net”。在“条件值”下拉列表中选择“GND”，右侧的“Query预览”列表中显示出了红色的“InNet（’GND’）”字样，如图 11-30 所示。

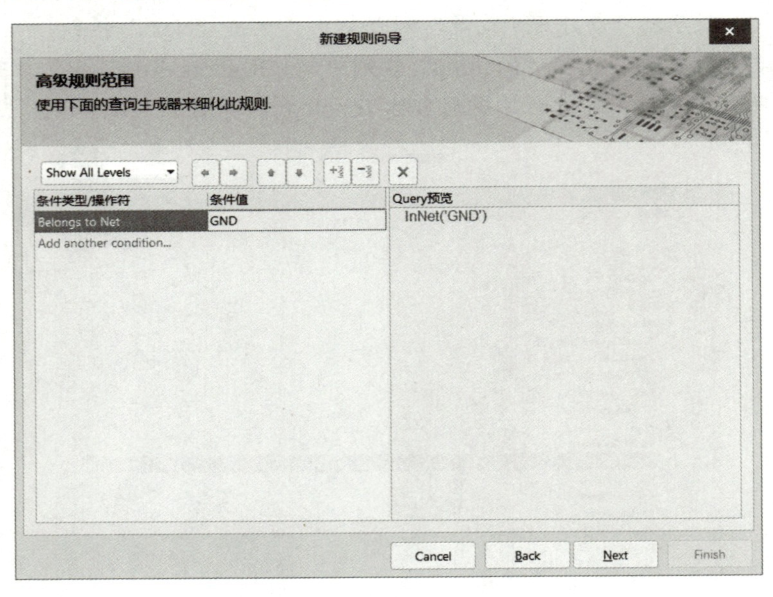

图 11-30　高级规则的适用对象

4）单击“Next”按钮，进入“选择规则优先权”界面，此时，对话框中列出了原有的 Routing Topology 规则和新建的 Topology 规则，用于设置它们之间的优先权顺序。本例不改变设置，即保持当前新建的规则为最高级别，如图 11-31 所示。

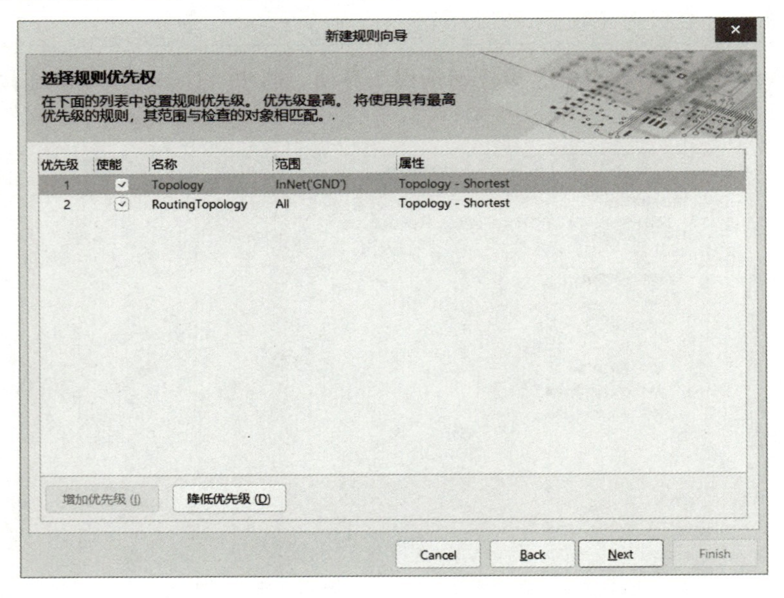

图 11-31　选择规则优先权

5）单击“Next”按钮，进入“新规则完成”界面，如图 11-32 所示。

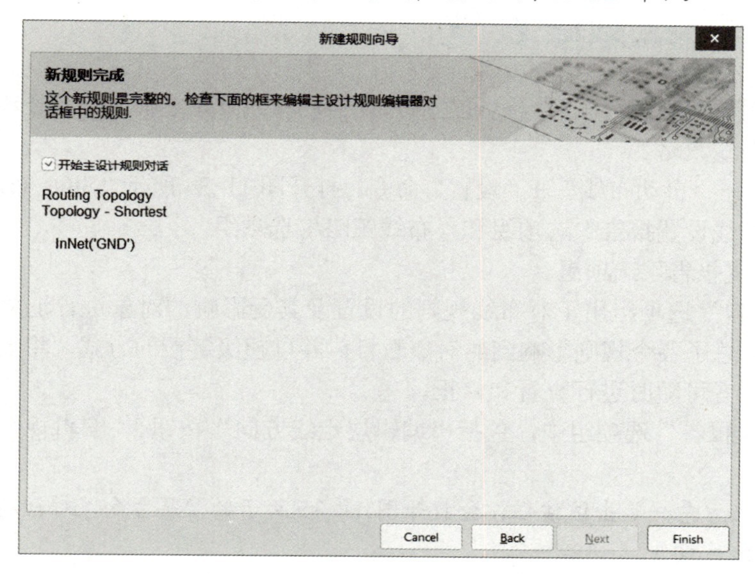

图 11-32　新规则完成

6）选中“开始主设计规则对话”复选框，单击“Finish”按钮后，系统将打开“PCB 规则及约束编辑器”，在编辑器中显示了新建的规则，如图 11-33 所示。

📖 使用设计规则向导，每次只能新建一条规则，而且只能设定该规则的适用范围和优先权，具体的约束设置还需要在“PCB 规则及约束编辑器”对话框中才能完成。

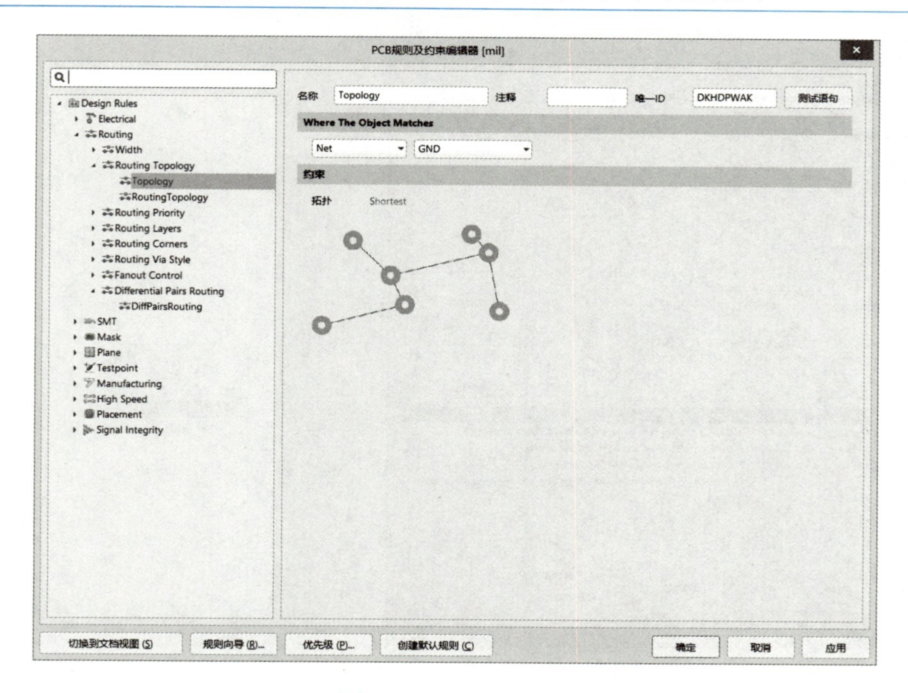

图 11-33　新建的规则

11.2 自动布线策略设置

对与布线有关的规则进行了适当设置之后，在自动布线开始之前，还需要设置 Situs 拓扑逻辑自动布线器的布线策略。

执行“布线”→“自动布线”→“设置”命令，打开图 11-34 所示“Situs 布线策略”对话框。该对话框包括“布线设置报告”选项组和“布线策略”选项组。

（1）“布线设置报告”选项组

“布线设置报告”选项组用于对布线规则的设置及其受影响的对象进行汇总报告，列出了详细的布线规则，汇总了各个规则影响到的对象数目，并以超级链接的方式，将列表链接到相应的规则设置框，设计者可随时进行查看和修正。

在“布线设置报告”选项组中，包括“编辑层走线方向”按钮、“编辑规则”按钮和“报告另存为”按钮。

- 编辑层走线方向：单击该按钮，会打开图 11-35 所示的“层方向”对话框，用于设置各信号层的走线方向。
- 编辑规则：单击该按钮，则打开“PCB 规则及约束编辑器”对话框，继续进行规则的修改或者设置。
- 报告另存为：单击该按钮，可将规则报告导出并以.htm 格式保存。

（2）“布线策略”选项组

“布线策略”选项组用于选择可用的布线策略，或编辑新的布线策略。针对不同的设计，系统提供了 6 种默认的布线策略。

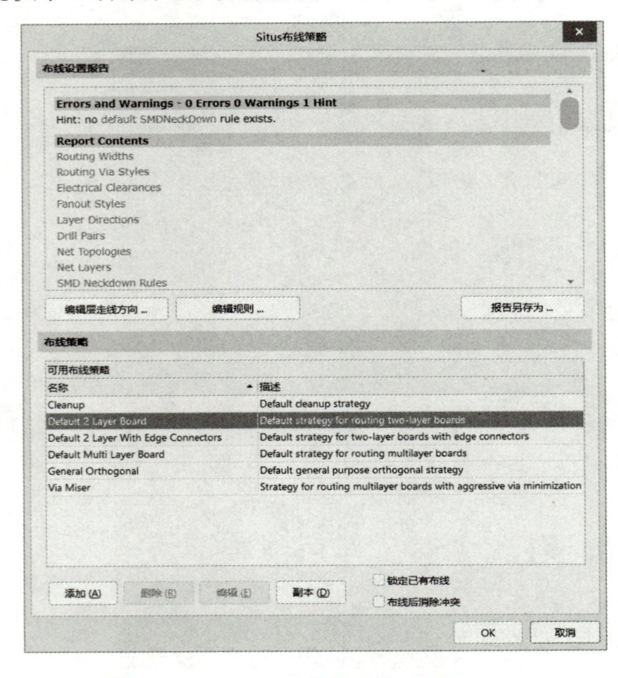

图 11-34 “Situs 布线策略”对话框

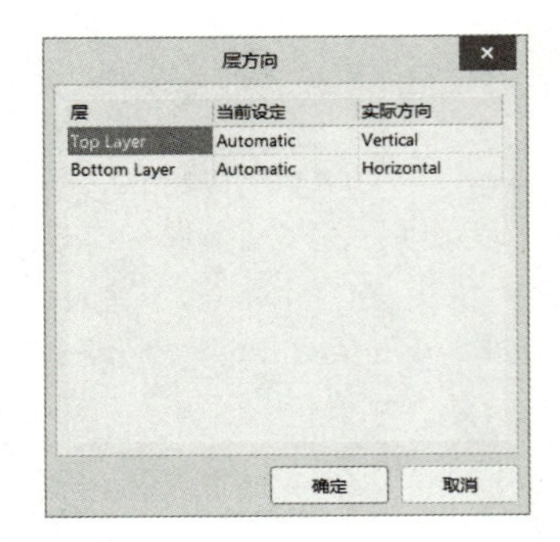

图 11-35 “层方向”对话框

- Cleanup：默认优化的布线策略。
- Default 2 Layer Board：默认的双面板布线策略。
- Default 2 Layer With Edge Connectors：默认的具有边缘连接器的双面板布线策略。
- Default Multi Layer Board：默认的多层板布线策略。
- General Orthogonal：默认的常规正交布线策略。
- Via Miser：默认的尽量减少过孔使用的多层板布线策略。

除此以外，“Situs 布线策略”对话框下方还有两个复选框，含义如下。

- 锁定已有布线：若选中该复选框，可以将 PCB 上原有的预布线锁定，在自动布线过程中不会被自动布线器重新布线。

📖 所谓预布线，是指为了满足电路板的特殊设计要求，对一些关键网络采取的预先布线措施。

- 布线后消除冲突：若选中该复选框，则重新布线后，系统可自动删除原有的布线，避免布线的重叠。

如果设计者对于系统提供的默认策略不是很满意，可以单击“添加”按钮，在弹出的“Situs 策略编辑器”对话框中，编辑新的布线策略，或设定布线的速度等，如图 11-36 所示。

选定布线策略后，单击“OK”按钮，保存设置，关闭“Situs 布线策略”对话框，就可以准备自动布线了。

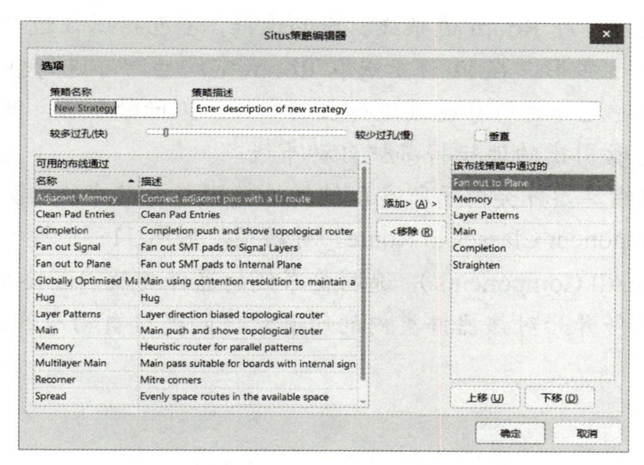

图 11-36 “Situs 策略编辑器”对话框

11.3 PCB 自动布线

自动布线是 Altium Designer 最重要的功能之一。目前的 Summer 版本的布通率较高，能为设计者带来 PCB 设计上的方便。

自动布线的命令全部集中在“自动布线”子菜单中，如图 11-37 所示。使用这些命令，设计者可以指定自动布线的不同范围，并且可以控制自动布线的有关进程，如终止、暂停、复位等。

为了便于自动布线的顺利进行，先对菜单中的各命令功能进行简单的介绍。从“自动布线”子菜单可知，Altium Designer 为设计者提供了多种指定范围内的自动布线，设计者可以根据设计需要，选择最佳的布线方式。

1. 指定范围的自动布线

- 全部：用于对整个 PCB 进行全局自动布线。
- 网络：用于对指定的网络进行自动布线。执行该命令后，光标变为十字形，在 PCB 上选取欲布线网络中的某一对象，如焊盘、飞线等，单击鼠标确定后，该网络内的所有连接将被自动布线。该网络布线完毕，光标仍为十字形，系统仍处于布线命令状态，可以继续选取网络进行自动布线，否则右击或按〈Esc〉键退出。
- 网络类：用于对指定的网络类进行自动布线。执行该命令后，系统会弹出“Choose Net Classes to Route”对话框，列出了当前文件中已有的网络类，选择要布线的网络类，单击“确定”按钮，系统即开始对该网络类内的所有网络自动布线。
- 连接：用于为两个相互连接的焊盘进行自动布线。执行该命令后，光标变为十字形，在 PCB 上选取欲布线的焊盘或者飞线，单击确定飞线后，此段导线将被自动放置。
- 区域：用于对完整包含在选定区域内的连接进行自动布线。执行该命令后，光标变成十字形，在 PCB 上选取矩形区域，系统将对完整包含在矩形区域内的连接自动布线。

> 所谓“完整包含”即连接的起始点和终止点都包含在选定区域内，“非完整包含”的连接，系统将不予进行布线操作。

- Room：用于对指定 Room 空间内的连接进行自动布线，该命令只适用于完全位于 Room 空间内部的内连接，即 Room 边界线以内的连接，不包括压在边界线上的部分。执行该命令后，光标变成十字形，在 PCB 上选取 Room 空间后即可进行自动布线。
- 元件：用于对指定元件的所有连接进行自动布线。执行命令后，单击欲布线的元件，则所有从该元件的焊盘引出的连接将都被自动布线。
- 器件类：用于对指定器件类内的所有元件的连接进行自动布线。执行该命令后，系统会弹出“Choose Component Classes to Route”对话框，如图 11-38 所示。列出了当前文件中的器件类（不包括 All Components），选取要布线的器件类及“连接布线模式”后，单击“确定”按钮，系统即开始对该器件类内的所有元件的连接自动布线。

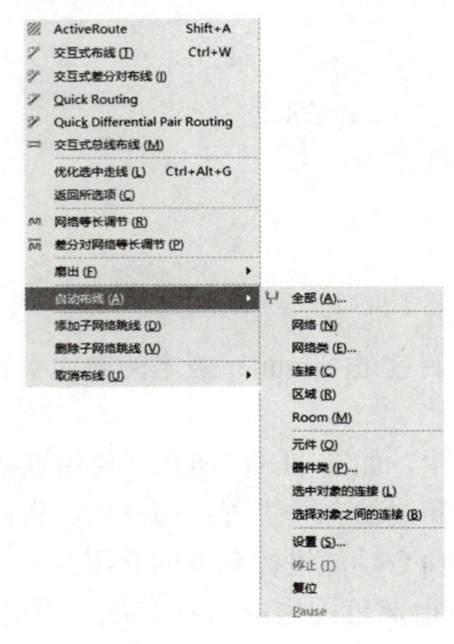

图 11-37 “自动布线”子菜单

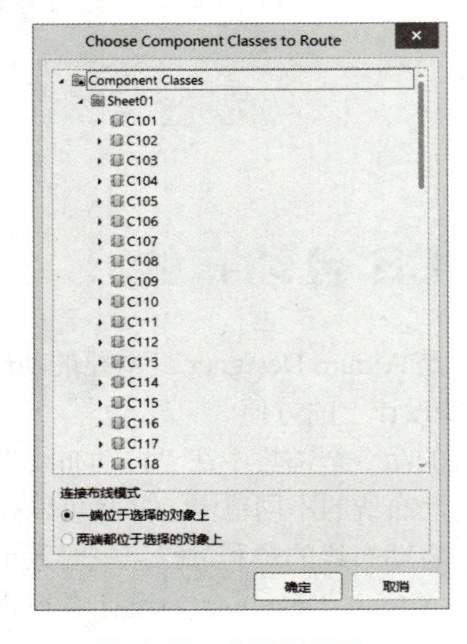

图 11-38 选择器件类

📖 器件类是多个元件的集合，其编辑管理在“对象类资源管理器”对话框中进行（执行“设计”→“对象类”命令后打开），系统默认存在的器件类是 All Components，该器件类不能被编辑修改。设计者可以使用“器件类生成器”自行建立器件类。另外在放置 Room 空间时，包含在其中的元件也自动生成一个器件类。

- 选中对象的连接：用于对指定的某一个或几个元件的所有连接进行自动布线。使用该命令前，应先选取预布线的元件。
- 选择对象之间的连接：用于对选定的多个元件间的连接进行自动布线。使用该命令前，至少应先选取两个元件。

2. 扇出操作

“扇出”子菜单如图 11-39 所示。

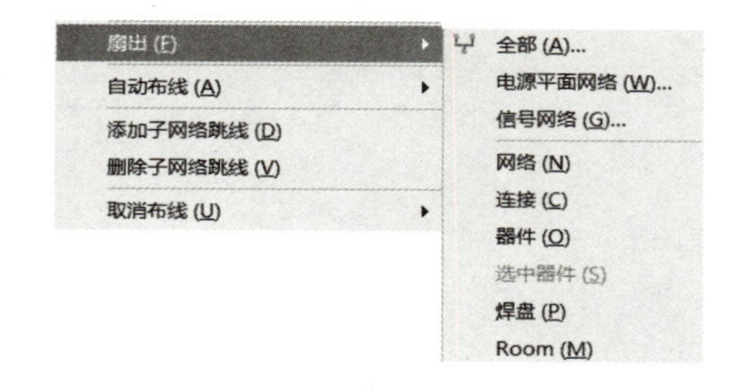

图 11-39 “扇出”子菜单

- 全部：用于对当前 PCB 中所有连接到内电层或信号层网络的表贴式元件执行扇出操作。
- 电源平面网络：用于对当前 PCB 中所有连接到内电层网络的表贴式元件执行扇出操作。
- 信号网络：用于对当前 PCB 中所有连接到信号层网络的表贴式元件执行扇出操作。
- 网络：用于对指定网络内的所有表贴式元件的焊盘进行扇出。执行该命令后，选择指定网络内的焊盘，或者在空白处单击鼠标，在弹出的“Net Name”对话框中输入网络标号，系统即自动为选定网络内的所有表贴式元件的焊盘进行扇出。

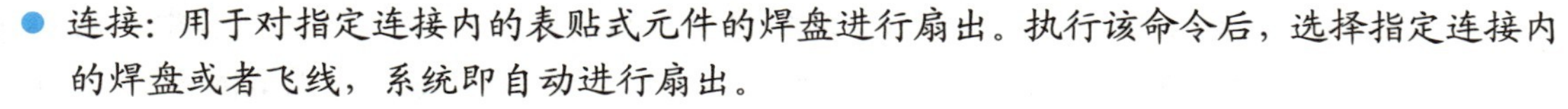

- 连接：用于对指定连接内的表贴式元件的焊盘进行扇出。执行该命令后，选择指定连接内的焊盘或者飞线，系统即自动进行扇出。
- 器件：用于对选定的表贴式元件进行扇出。
- 选中器件：执行该命令前，先选中要扇出的元件；执行该命令后，系统自动为选定的元件进行扇出。
- 焊盘：用于对指定的焊盘进行扇出。
- Room：用于对指定的 Room 空间内的所有表贴式元件进行扇出。

3. 自动布线进程控制

在“自动布线”子菜单中，还有如下几个命令，用于控制自动布线的进程。

- 停止：用于终止 PCB 的自动布线。
- 复位：重新设置自动布线的规则及参数，并再次开始自动布线。
- Pause：暂停当前的自动布线。

4. 全局自动布线

在对电路板设置好自动布线规则、选择好自动布线策略之后，就可以开始自动布线的实际操作了。可以对整个电路板全局进行自动布线，也可以只对指定的网络或元件等局部进行自动布线。

例 11-3

【例 11-3】 全局自动布线

下面以对 PCB 文件 Example.PcbDoc 进行全局自动布线为例，介绍自动布线的运行过程。

1）根据前面的介绍，在打开的“PCB 规则及约束编辑器”对话框中，对布线的有关规则进行设置。由于采用双面板布线，大部分规则采用系统的默认设置即可，仅对导线的宽度规则和布线过孔规则进行约束，设置好的规则如图 11-40 所示。

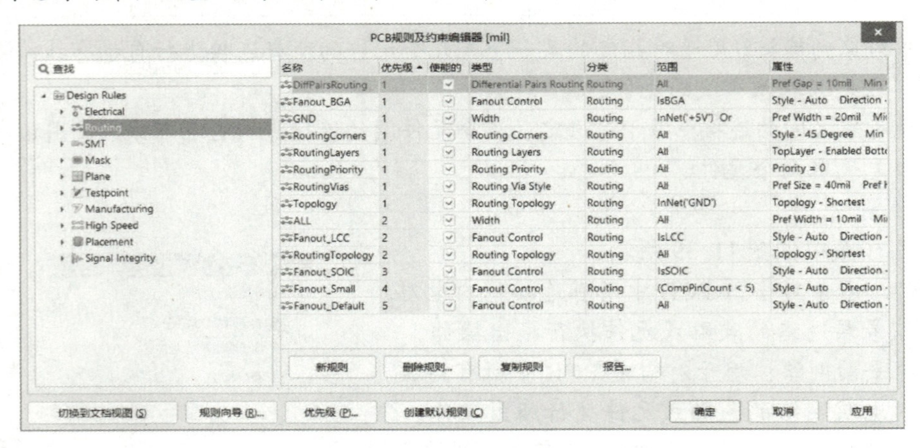

图 11-40　布线前的规则信置

2）设置完毕，单击“确定”按钮关闭对话框。

3）执行“布线”→“自动布线”→“全部”命令，则系统弹出“Situs 布线策略”对话框，选择布线策略为 Default 2 Layer Board（Default strategy for routing two-layer boards），并选中“布线后消除冲突”复选框。

4）完成以上设置后，单击“Route All”按钮，系统开始进行自动布线。布线过程中，“Messages”面板打开，逐条显示当前布线的状态信息，如图 11-41 所示。由最后一条提示信息可知，此次自动布线已全部布通。

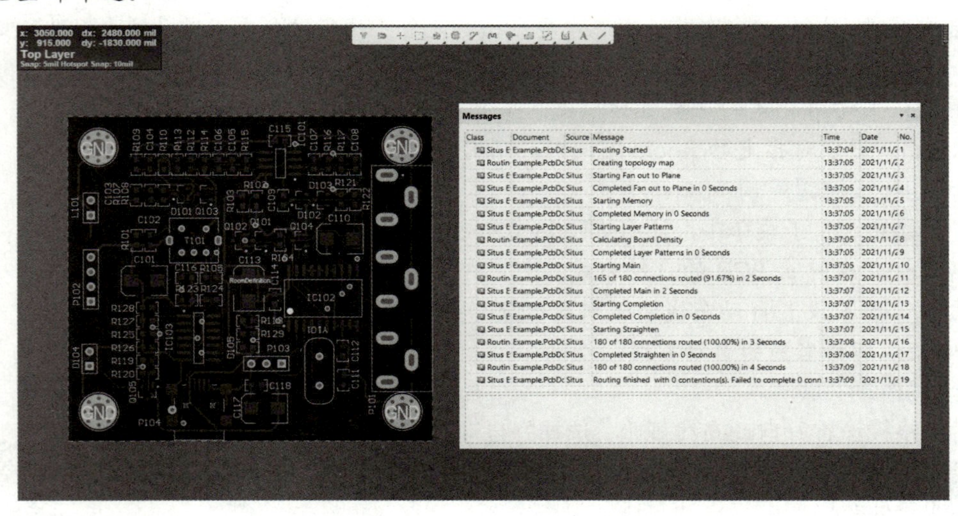

图 11-41　自动布线的状态信息

5）关闭“Messages”面板，自动布线完成后的 PCB 如图 11-42 所示。

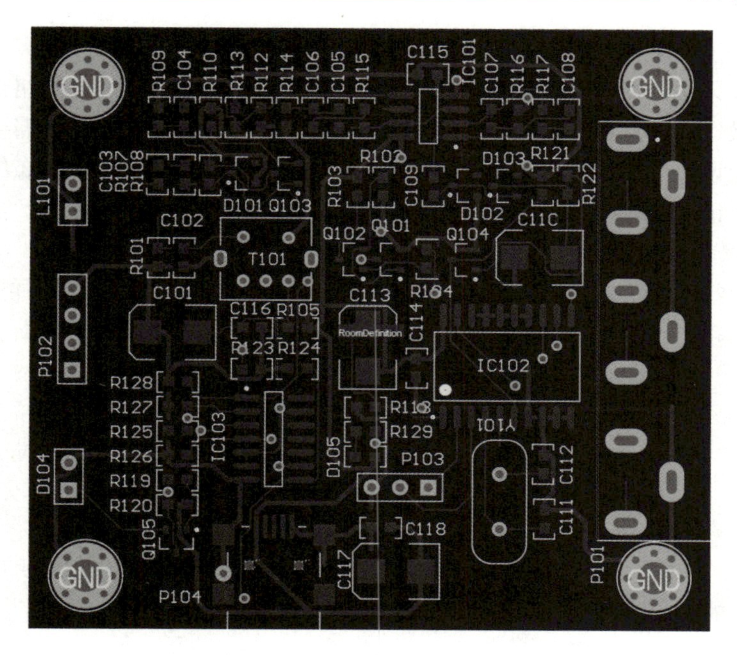

图 11-42　全局自动布线结果

📖 当元件排列比较密集或者布线规则设置过于严格时，自动布线有可能不能一次全部布通，此时可对元件布局或布线规则进行适当的调整，之后重新进行自动布线，直到获得比较满意的结果。

11.4　手工调整布线

由于自动布线仅仅是以实现电气网络的连接为目的，因此，在布线过程中，系统很少考虑 PCB 实际设计中的一些特殊要求，如散热、抗电磁干扰等，很多情况下会导致某些布线结构非常不合理，即便是完全布通的 PCB 中仍可能存在绕线过多、走线过长等现象，这就需要设计者进行手工调整了。

1．手工调整的内容

手工调整布线所涉及的内容比较多。由于实际设计中，不同的 PCB，其设计要求是不同的，而针对不同的设计要求，需要调整的内容也是不一样的。一般来说，经常需要调整如下几项：

- 修改拐角过多的布线。引脚之间的连线应尽量短是 PCB 布线的一项重要原则，而自动布线由于算法的原因，导致布线后的拐角过多，许多连线往往走了不必要的路径。
- 移动放置不合理的导线。例如，在芯片引脚之间穿过的电源线和地线、在散热器下方放置的导线等，为了避免发生短路，应尽量调整它们的位置。
- 删除不必要的过孔。自动布线过程中，系统有时会使用过多的过孔来完成布线，而过孔在产生电容的同时，往往也会因加工过程中的毛刺而产生电磁辐射，因此，应尽量减少过孔。

此外，还要调整布线的密度、加粗大电流导线的宽度、增强抗干扰的性能等，需要设计者根据 PCB 的具体工作特性和设计要求逐一进行调整，以达到尽善尽美的目的。

2．手工调整的方法

手工调整可以采用系统提供的相关菜单命令，如取消布线命令、清除网络命令等，也可以直接使用一些编辑操作，如选中、删除、复制等。值得一提的是，对于某些不需要删除但需要移动的布线，系统特为设计者提供了拖动时保持角度这一功能，以便在拖动现有布线时，能够保持相邻线段的角度，保证布线的质量。

【例 11-4】 保持角度的布线拖动

例 11-4

1）在已经完成的自动布线的基础上，在 PCB 编辑窗口空白处右击，在弹出的快捷菜单中选择“优先选项”命令，打开 PCB 编辑器的“优选项”对话框。选择“PCB Editor”→“General”选项，根据手动编辑需要，在“优选项”对话框中进行设置，如图 11-43 所示。

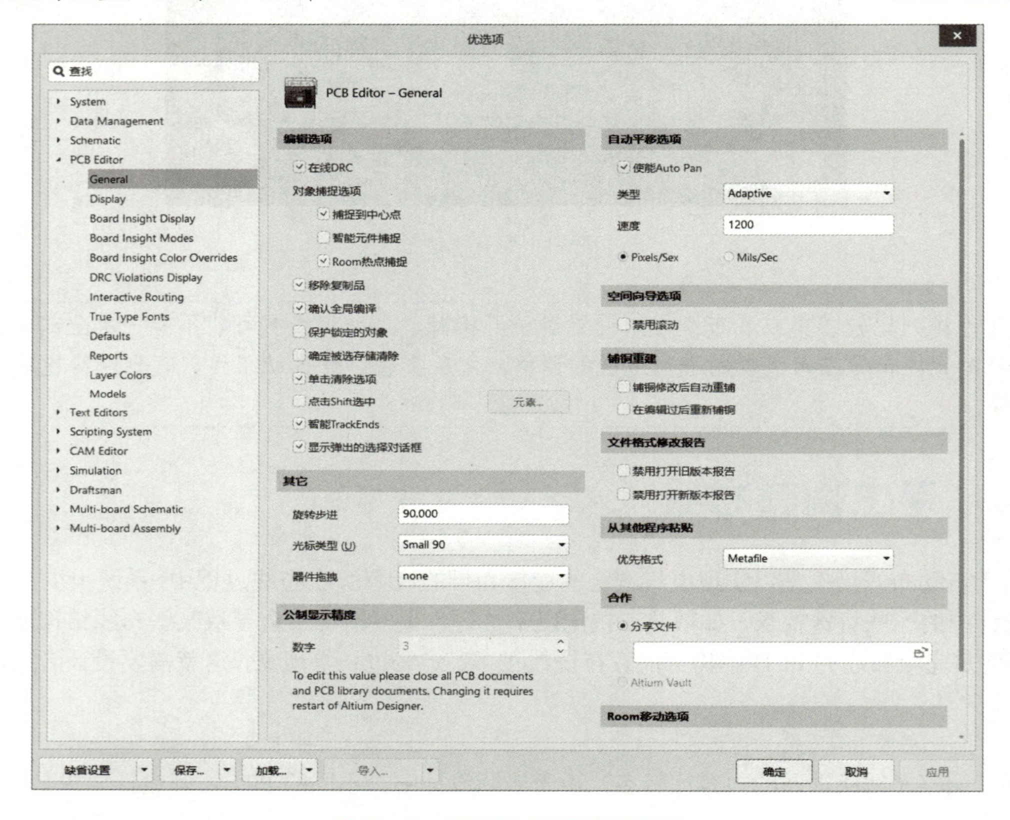

图 11-43 进行手动调整前的设置

2）完成设置后，在 PCB 编辑窗口中，选中需要拖动的导线，进行合理的调整，最终完成如图 11-44 所示的调整后的布线状况。

11.5 补泪滴和包地

在实际的 PCB 设计中，完成了主要的布局、布线之后，为了增强电路板的抗干扰性、稳定性以及耐用性，还需要做一些收尾的工作，如补泪滴、包地等。

所谓补泪滴，就是在铜膜导线与焊盘或者过孔交接的位置处，特别地将铜膜导线逐渐加宽的一种操作，由于加宽的铜膜导线形状很像是泪滴，因此该操作常被称为“补泪滴”。图 11-45 所示为焊盘连接处的导线在补泪滴后的变化。

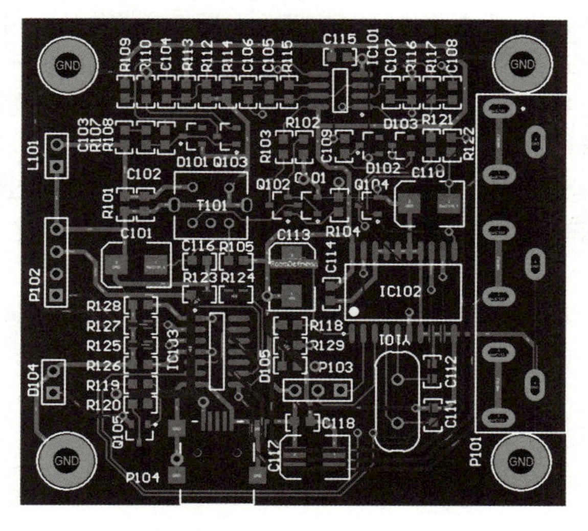

图 11-44　手动调整后的布线

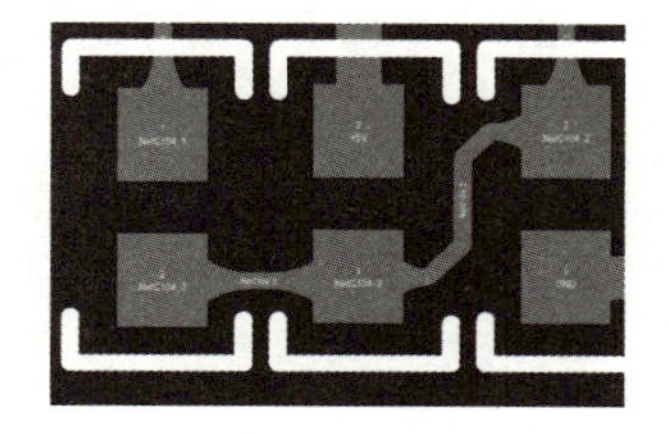

图 11-45　补泪滴

补泪滴的主要目的是防止机械制板时，焊盘或过孔因承受钻针的压力而与铜膜导线在连接处断裂，特别是在单面板中，因此连接处需要加宽铜膜导线来避免此种情况的发生。此外，补泪滴后的连接面会变得比较光滑，不易因残留化学药剂而导致对铜膜导线的腐蚀。

要进行补泪滴操作，可执行“工具”→“滴泪”命令，在打开的“泪滴”对话框中进行有关的设置，如图 11-46 所示。

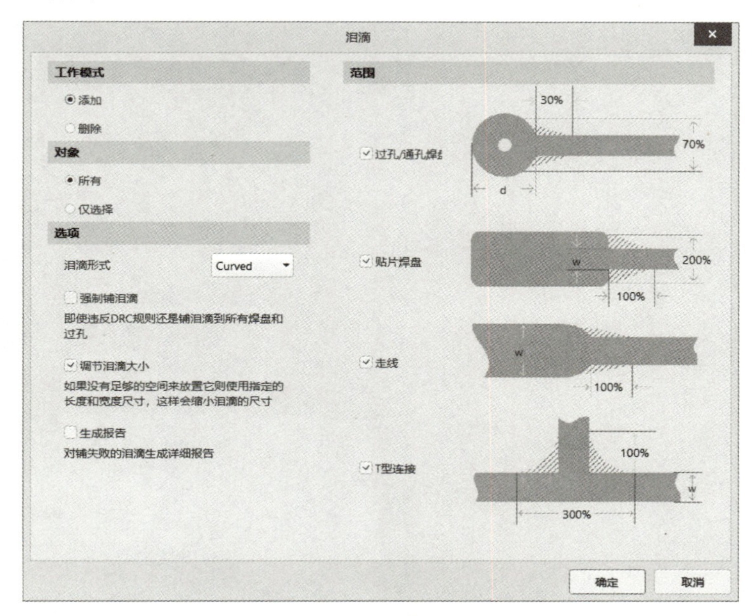

图 11-46　“泪滴”对话框

“泪滴”对话框内有 4 个选项组。

- 工作模式：该选项组有“添加”和“删除”两个单选按钮，用于设置是添加还是删除相应范围内的泪滴。
- 对象：该选项组有“所有”和“仅选择”两个单选按钮，用于设置泪滴操作的适用范围。
- 选项：该选项组有“强迫铺泪滴”“调节泪滴大小”和“生成报告”3 个复选框和“泪滴形式”选项。其中，“泪滴形式”选项用于选择泪滴的形式，即由焊盘向导线过渡的阶段是添加直线还是圆弧。“强迫铺泪滴”选项是忽略规则约束，强制为焊盘或过孔加泪滴，当然此项操作有可能导致 DRC 违规；“调节泪滴大小”选项是如果布板空间不充分时，按照设定的长度和宽度，自动减少泪滴大小；“生成报告”选项则用于设置是否建立补泪滴的报告文件。
- 范围：该选项组用于选择需要泪滴器件的类型。

11.6 思考与练习

1. 概念题

1）如何设置自动布线中的设计规则？

2）简述自动布线操作步骤。

3）为什么在自动布线后要进行手工布线修正？

2. 操作题

1）新建一个 PCB 文件，练习使用自动布线。

2）对第 9 章操作题中所绘制的 LT1568 芯片应用电路原理图进行 PCB 布线。

第 12 章　印制电路板的后续制作

在 PCB 设计的最后阶段，要通过设计规则检查来进一步确认 PCB 设计的正确性。完成了 PCB 项目的设计后，Altium Designer 的印制电路板设计系统提供了生成各种报表的功能，可以为用户提供有关设计过程及设计内容的详细资料。这些资料主要包括设计过程中的电路板状态信息、引脚信息、元件封装信息、网络信息以及布线信息等。完成了电路板的设计后，还需要生成 NC 钻孔文件，用于 PCB 数控加工，打印输出图形，以备焊接元件和各种文件的汇总。

本章将介绍 Altium Designer 在 PCB 编辑器中的交互验证设计技巧，以及不同类型文件的生成和输出操作方法，包括交互式导航工具、设计规则检查、报表文件、PCB 文件和 PCB 制造文件等。用户通过本章内容的学习，会对 Altium Designer 形成更加系统的认识。

12.1　原理图与 PCB 之间交互验证

在 Altium Designer 中原理图和 PCB 是配套出现的，原理图体现 PCB 线路设计的规则分布，而 PCB 真实显示电路板中的元器件和线路分布状况。因此，在修改原理图或 PCB 时，有必要进行验证操作，从而确保电路板的准确性、有效性。

12.1.1　PCB 设计变化在原理图上反映

在设计过程中，如果在 PCB 上进行必要的修改，例如，流水号和参考值等，同时希望将该修改也反映到原理图中去。Altium Designer 系统的同步设计工具使得用户可以很方便地实现该功能。

例 12-1

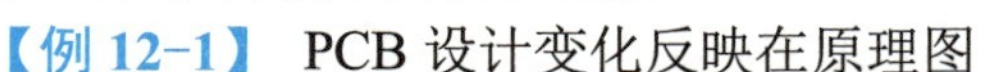

【例 12-1】 PCB 设计变化反映在原理图

1）打开工程 example.PrjPCB 的原理图和 PCB，如图 12-1 和图 12-2 所示。

图 12-1　原理图

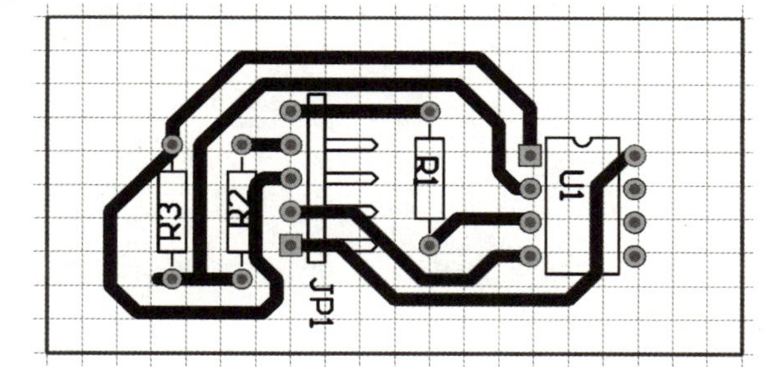

图 12-2　PCB

2）在 PCB 设计环境中，分别更改 PCB 中 R1、R2、R3 的流水号。双击电阻流水号，打开 “Component” 属性（Properties）面板，如图 12-3 所示。在该面板的 “Designator” 文本框中输入新的流水号，然后按〈Enter〉键确认操作，修改效果如图 12-4 所示。

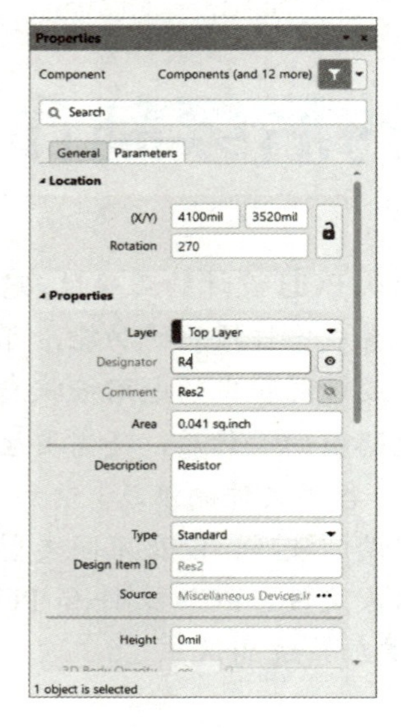

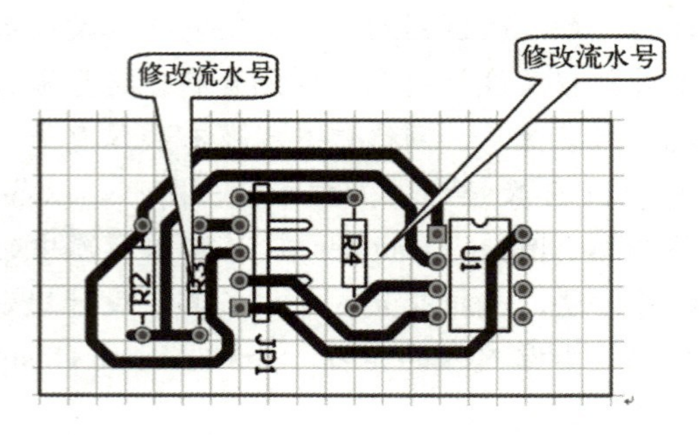

图 12-3 “Component”属性面板

图 12-4 修改电阻流水号

3）将改动后的电路板保存，以更新 PCB 中元器件的数据信息。然后进行原理图的更新，在 PCB 设计系统的窗口中执行“设计”→“Update Schematics in example.PrjPCB”命令，打开“工程变更指令”对话框，如图 12-5 所示。

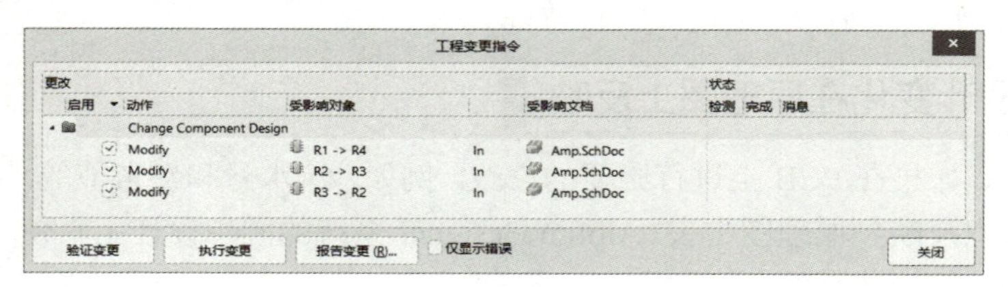

图 12-5 “工程变更指令”对话框（一）

4）依次单击“验证变更”按钮和“执行变更”按钮，即可将 PCB 的变化更新到原理图中，此时在“状态”列中显示出了检测和运行效果，如图 12-6 所示。

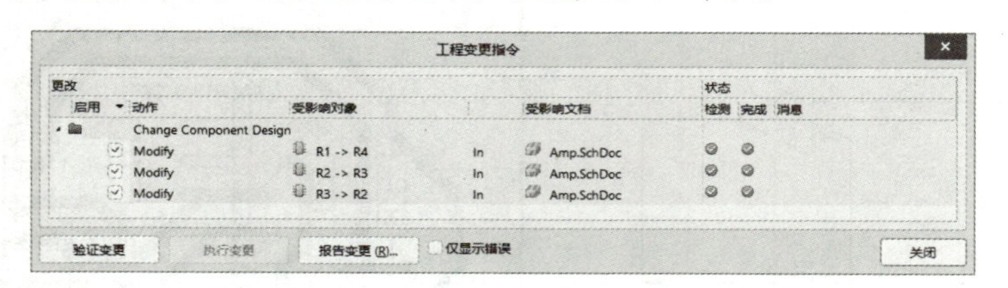

图 12-6 “工程变更指令”对话框状态效果

5）单击“关闭”按钮完成原理图的更新，更新后的原理图如图 12-7 所示。

例 12-2

12.1.2 原理图设计变化在 PCB 上反映

【例 12-2】 原理图设计变化反映在 PCB 上

由原理图到 PCB，其实就是由原理图生成 PCB。本例仍然以 example.PrjPCB 工程文件中的一个原理图和由原理图生成的 PCB 为例，在设计过程中原理图局部改动直接反映到 PCB 中。

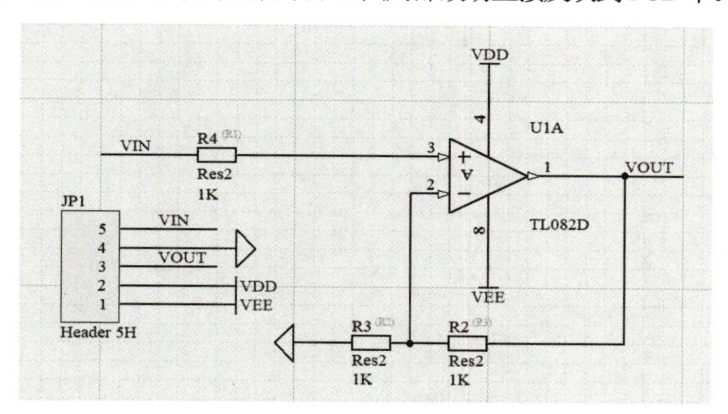

图 12-7　更新后的原理图

1）在 PCB 设计环境中，分别更改原理图中 3 个电阻的流水号，效果如图 12-8 所示。

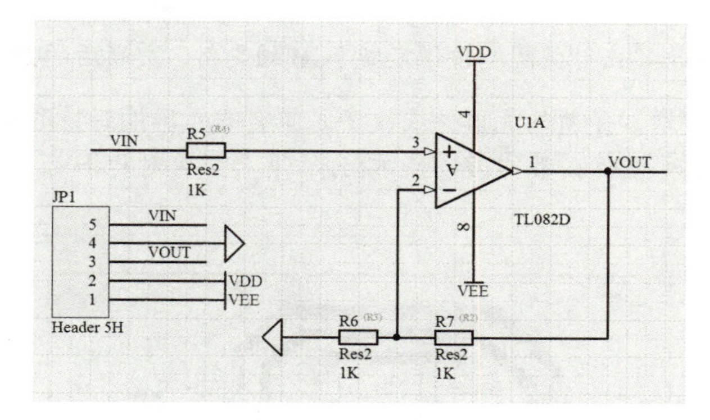

图 12-8　更改后的原理图流水号

2）将改动后的电路板保存，以更新原理图中元器件的数据信息。然后进行 PCB 的更新，在原理图设计系统的窗口中执行“设计”→“Update Schematics in example.PrjPCB”命令，打开“工程变更指令”对话框，如图 12-9 所示。

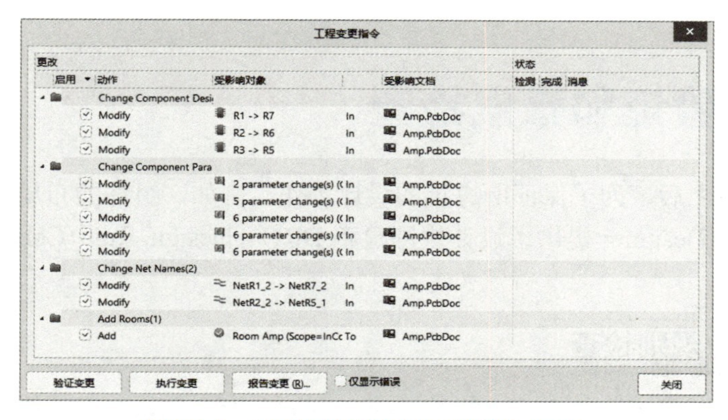

图 12-9　“工程变更指令”对话框（二）

3）依次单击“验证变更”按钮和“执行变更”按钮，即可将原理图的变化更新到 PCB 中，此时在“状态”列中显示出了检测和运行效果，如图 12-10 所示。

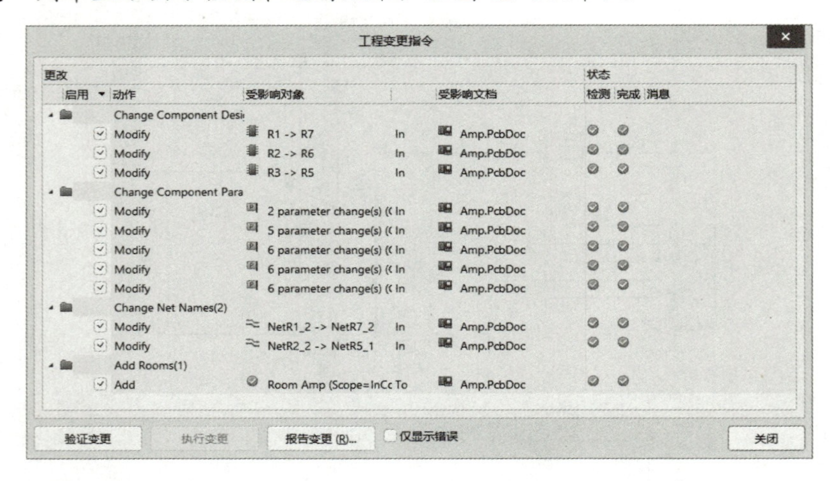

图 12-10 “工程变更指令”对话框执行变更

4）完成上述操作后，单击“关闭”按钮完成 PCB 的更新，更新后的 PCB 如图 12-11 所示。

📖 如果在原理图设计中增加了新的元器件或改变了原有的元器件封装形式，则反映到 PCB 中的变化一般是以飞线加元器件封装的形式显示出来，用户需要对 PCB 布局和布线进行重新调整、布线等操作。

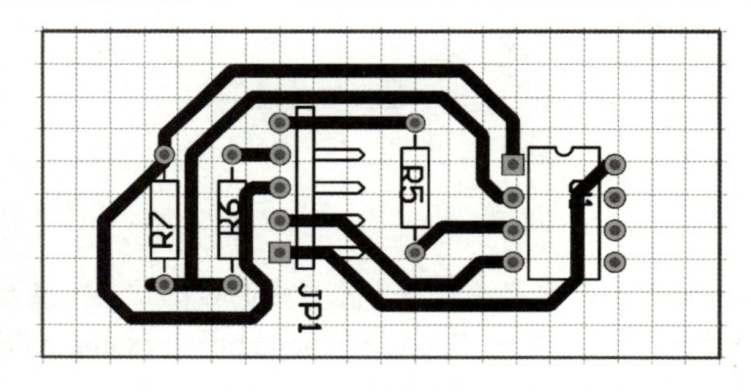

图 12-11 更新后的 PCB

12.2 PCB 验证和错误检查

电路板设计完成之后，为了保证所进行的设计工作，例如，组件的布局、布线等符合所定义的设计规则，Altium Designer 提供了设计规则检查 DRC（Design Rule Check）功能，可对 PCB 的完整性进行检查。

12.2.1 PCB 设计规则检查

设计规则检查可以测试各种违反走线的情况，例如，安全错误、未走线网络、宽度错误、长度错误、影响制造和信号完整性的错误。执行“工具”→“设计规则检查”命令，打开“设计规则检查器”对话框，启动设置规则检查 DRC，如图 12-12 所示。该对话框左边是设计项列表，右边为具体的设计内容。

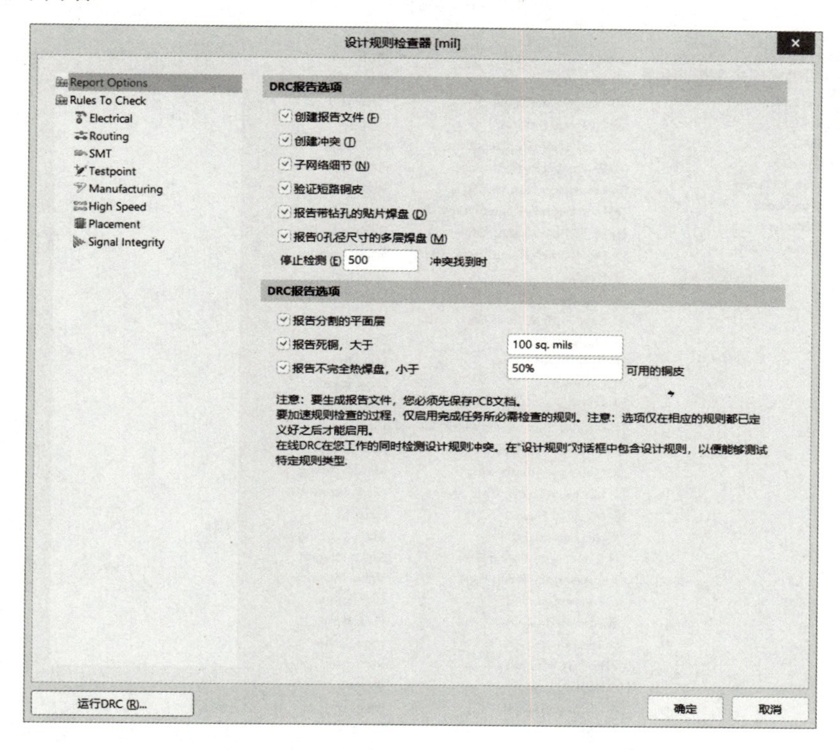

图 12-12 “设计规则检查器”对话框

（1）“Report Options”选项

“Report Option”选项用于设置生成的 DRC 报表包括哪些选项，由创建报告文件、创建冲突和验证短路铜皮等选项来决定。系统默认所有的复选框都处于启用状态。

（2）“Rules To Check”选项

“Rules To Check”选项有 8 项设计规则，分别是 Electrical（电气规则）、Routing（布线规则）、SMT（表贴式元件规则）、Testpoint（测试点规则）、Manufacturing（制板规则）、High Speed（高频电路规则）、Placement（布局规则）和 Signal Integrity（信号完整性分析规则）。这些设计规则都是在 PCB 设计规则和约束对话框里定义的设计规则。选择对话框左侧的各项规则，该规则对应的详细内容会在右侧显示出来，包括规则、类别，如图 12-13 所示。其中，“在线”列表示该规则是否在电路板设计的同时进行同步检查，即在线检查。而“批量”列表示在运行 DRC 时要进行检查的项目。

12.2.2 生成检查报告

对要进行检查的规则设置完之后，分析器将生成 Filename.drc 文件，详细列出了所设计的 PCB 和所定义的规则之间的差异。设计者通过此文件，可以更深入地了解所设计的 PCB。

在“设计规则检查器”对话框中单击“运行 DRC”按钮，将进入规则检查。系统将打开

“Messages”信息框，在这里列出了所有违反规则的信息项。其中包括所违反的设计规则的种类、所在文件、错误信息、序号等，如果没有错误则如图 12-14 所示。

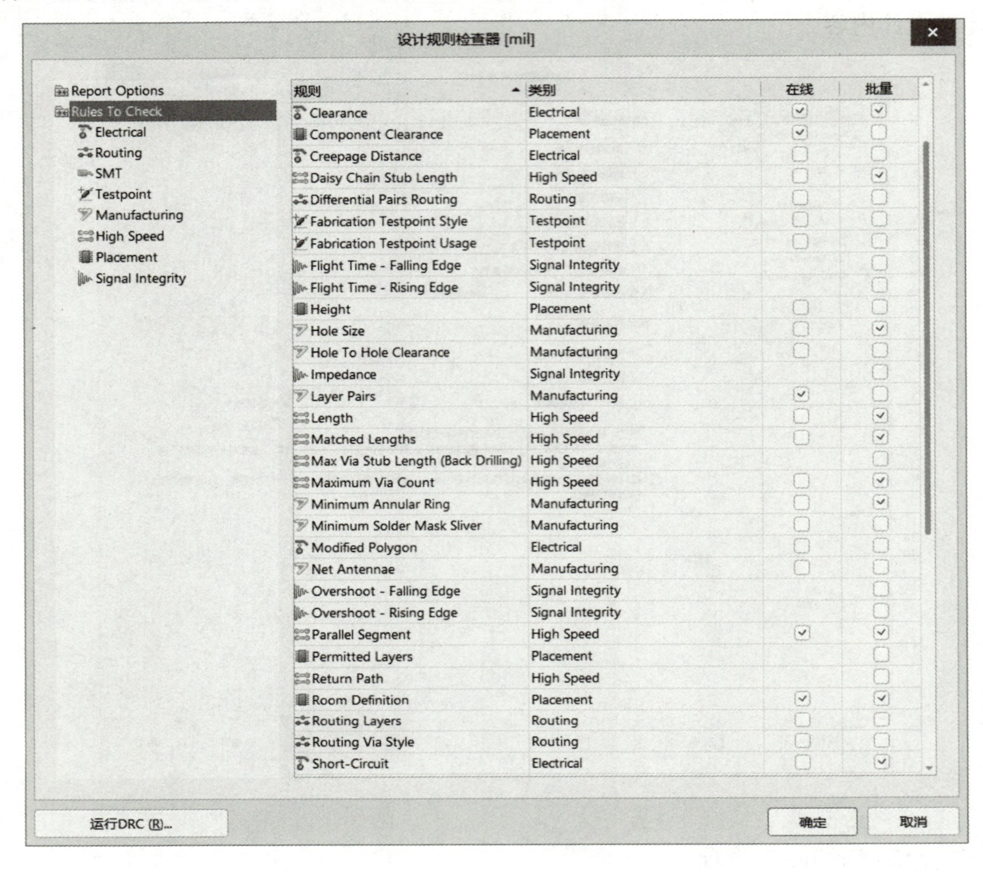

图 12-13　选择设计规则页

图 12-14　“Messages”信息框

同时在 PCB 中以绿色标志标出不符合设计规则的位置，用户可以回到 PCB 编辑状态下相应位置对错误的设计进行修改。再单击“运行 DRC”按钮，进行 DRC 直到没有错误为止。DRC 设计规则检查完成后，系统将生成设计规则检查报告，文件名扩展名.DRC，如图 12-15 所示。

设计规则检查（DRC）是一个有效的自动检查手段，既能够检查用户设计的逻辑完整性，也可以检查物理完整性。在设计任何 PCB 时该功能均应该运行，对涉及的规则进行检查，以确保设计符合安全规则，并且没有违反任何规则。

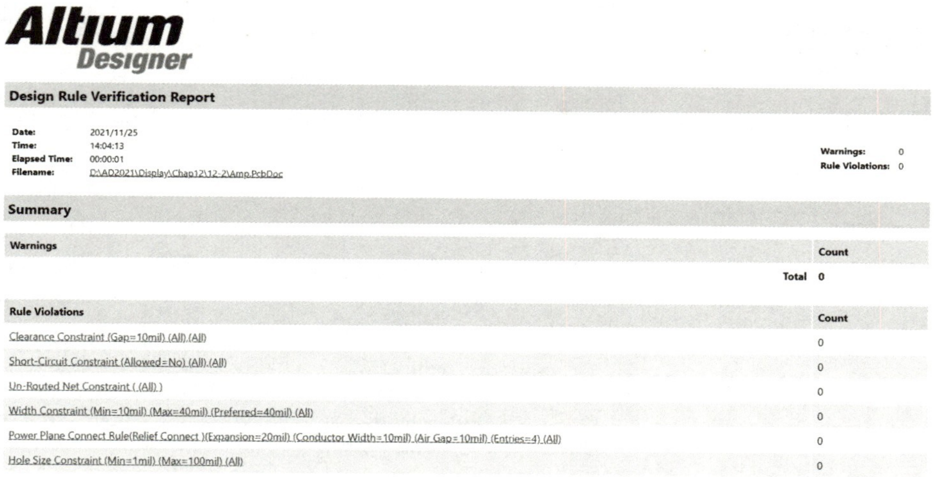

Design Rule Verification Report

Date:	2021/11/25	**Warnings:**	0
Time:	14:04:13	**Rule Violations:**	0
Elapsed Time:	00:00:01		
Filename:	D:\AD2021\Display\Chap12\12-2\Amp.PcbDoc		

Summary

Warnings	Count
Total	0

Rule Violations	Count
Clearance Constraint (Gap=10mil) (All),(All)	0
Short-Circuit Constraint (Allowed=No) (All),(All)	0
Un-Routed Net Constraint ((All))	0
Width Constraint (Min=10mil) (Max=40mil) (Preferred=40mil) (All)	0
Power Plane Connect Rule(Relief Connect)(Expansion=20mil) (Conductor Width=10mil) (Air Gap=10mil) (Entries=4) (All)	0
Hole Size Constraint (Min=1mil) (Max=100mil) (All)	0

图 12-15　设计规则检查报告

12.3　生成 PCB 报表

PCB 报表是了解印制电路板详细信息的重要资料。Altium Designer 的 PCB 设计系统提供了生成各种报表的功能，可以给用户提供有关设计过程及设计内容的详细资料。这些资料主要包括设计过程中的电路板状态信息、引脚信息、元件封装信息、网络信息以及布线信息等。此外，当完成了电路板的设计后，还需要打印输出图形，以备焊接元件和存档。PCB 设计中的报表文件主要包括网络状态报表、元器件报表、距离测量以及制作 PCB 所需要的 Gerber 光绘报表、NC 钻孔报表等。这些报表文件可在 PCB 编辑环境下，执行“报告”菜单命令来实现，如图 12-16 所示。

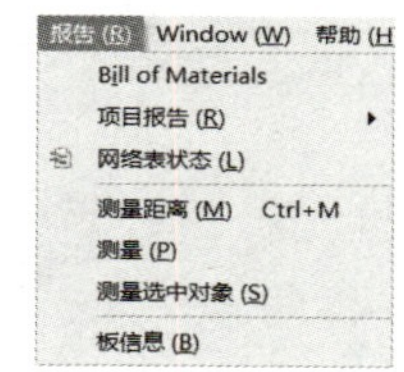

图 12-16　“报告”菜单

12.3.1　生成网络状态报表

网络状态表反映的是 PCB 中的网络信息，其中包含网络所在的电路板层和网络的长度，用于列出电路板中每一个网络导线的长度。

生成网络状态表可执行“报告”→“网络表状态”命令，进入文本编辑器产生的网络状态表，该文件以.html 为扩展名。以 PCB 文件 Amp.PcbDoc 为例，执行上述菜单命令后，系统将自动生成网络状态表，如图 12-17 所示。

12.3.2　生成元器件报表

元器件报表功能可以用来整理一个电路或一个项目中的元件，从而形成一个元件列表，以供用户查询和购买元器件。

在 PCB 设计工作窗口中，执行“报告”→“Bill of Materials”命令，打开图 12-18 所示的“Bill of Materials for PCB Document”对话框。该对话框内容与原理图生成的元器件列表完全相同，这里不再赘述。

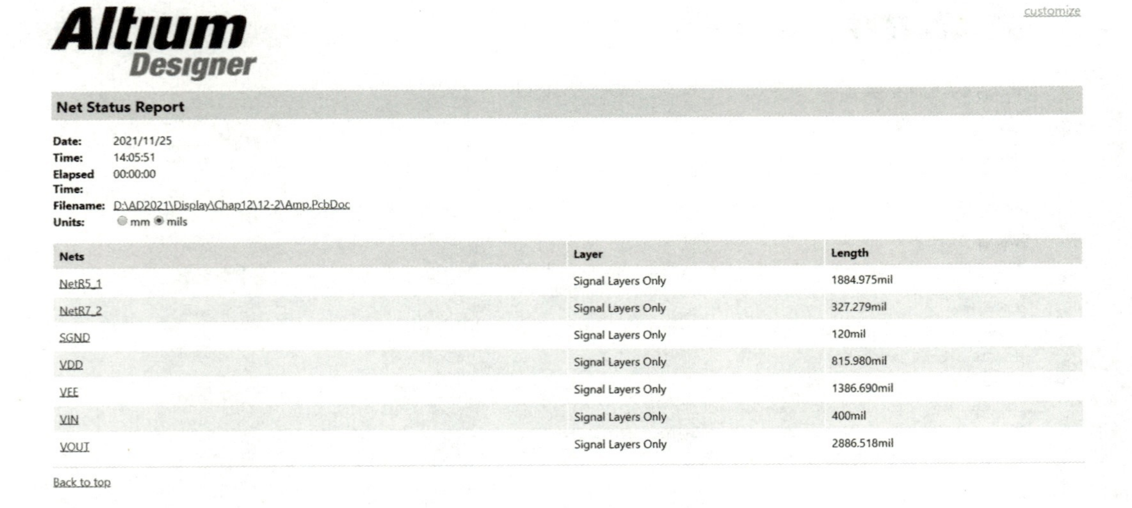

customize

Altium Designer

Net Status Report

Date: 2021/11/25
Time: 14:05:51
Elapsed Time: 00:00:00
Filename: D:\AD2021\Display\Chap12\12-2\Amp.PcbDoc
Units: mm mils

Nets	Layer	Length
NetR5_1	Signal Layers Only	1884.975mil
NetR7_2	Signal Layers Only	327.279mil
SGND	Signal Layers Only	120mil
VDD	Signal Layers Only	815.980mil
VEE	Signal Layers Only	1386.690mil
VIN	Signal Layers Only	400mil
VOUT	Signal Layers Only	2886.518mil

Back to top

图 12-17　网络状态表信息

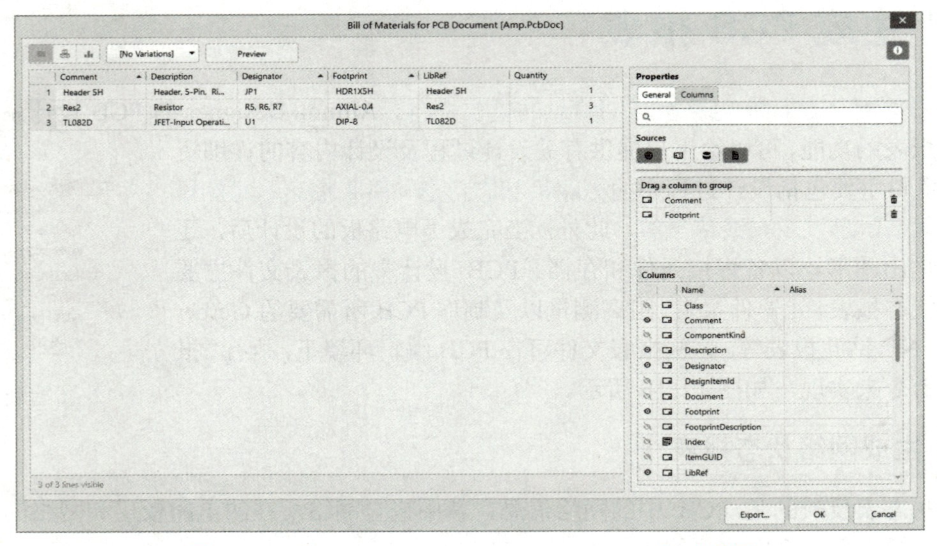

图 12-18　“Bill of Materials for PCB Document”对话框

可以将对话框中的元器件进行分类显示，例如，将鼠标指针移动至“LibRef”列上会出现按钮，单击“LibRef”列后的按钮，并在打开的下拉菜单中选择“Header 5H”封装形式，则该对话框中将仅仅显示该封装的元器件，如图 12-19 所示。

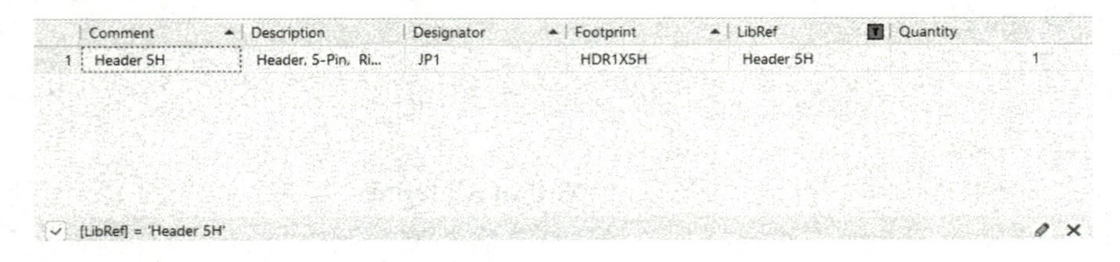

图 12-19　指定封装类型

还可以采用另一种分组控制方法，即将“Bill of Materials for PCB Document”对话框“Properties”选项组的“Columns”列表中某一项拖放到上面的“Drag a columns to group”列表中，则左侧的元件将按照某种特定的方式进行分组。例如，将“Description”拖放到“Drag a columns to group”列表中，左侧创建的元器件就会按照元器件的封装进行分组显示，可以单击每组的加号展开分组，查看每组中所包含的元器件，如图 12-20 所示。

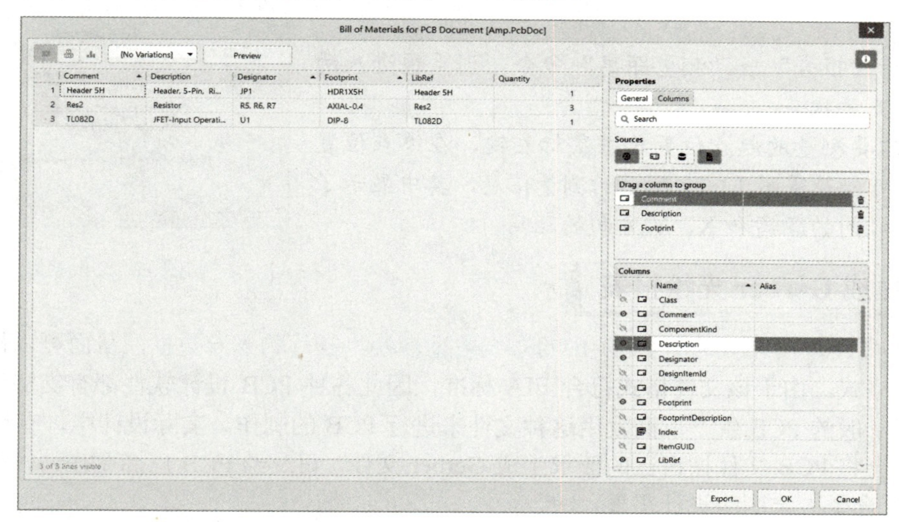

图 12-20　另一种分组控制

单击“菜单”按钮，可在其下拉菜单中选择各种输出方式，获得不同的输出列表，例如，执行“报告”命令，则打开图 12-21 所示的“报告预览”对话框，在该元器件清单上也有各种用于控制显示的按钮，从而控制清单显示的比例或者报表的输出。

	A	B	C	D	E	F	G
1	Comment	Description	Designator	Footprint	LibRef	Quantity	
2	Header 5H	Header, 5-Pin, Right Angle	JP1	HDR1X5H	Header 5H	1	
3	Res2	Resistor	R5, R6, R7	AXIAL-0.4	Res2	3	
4	TL082D	JFET-Input Operational Amplifier	U1	DIP-8	TL082D	1	
5							
6							
7							
8							
9							
10							
11							
12							
13							
14							
15							
16							
17							
18							
19							
20							
21							
22							
23							
24							
25							
26							
27							
28							

rq0pokyq

图 12-21　“报告预览”对话框

12.3.3 测量距离

例 12-3

在 PCB 的设计过程中，可以精确测量 PCB 中任意两个点之间的距离。

【例 12-3】 测量 PCB 长和宽

下面以生成 PCB 文件 Amp.PcbDoc 的 PCB 报表为例，介绍测量 PCB 长和宽的过程。

1）执行“报告”→“测量距离”命令，则系统进入两点间距离的测量状态。

2）在需要测量的起点位置单击鼠标左键，在终点位置再单击，便可以获得图 12-22 所示的测量信息，其中显示了两个测量点之间的距离和 X、Y 方向的距离。

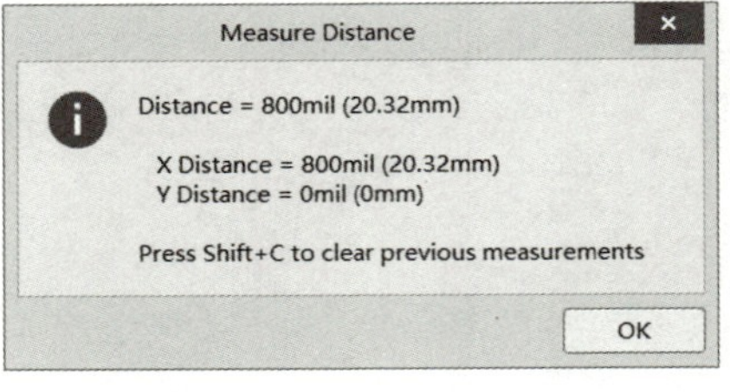

图 12-22 距离测量

12.3.4 生成 Gerber 光绘报表

Gerber 文件是一种用来把 PCB 中的布线数据转换为胶片的光绘数据，从而可以被光绘图机处理的文件格式。由于该文件格式符合 EIA 标准，因此各种 PCB 设计软件都有支持生成该文件的功能，而一般的 PCB 生产厂商就用这种文件来进行 PCB 的制作。实际设计中，有经验的 PCB 设计者通常会将 PCB 文件按自己的要求生成 Gerber 文件，再交给 PCB 厂商制作，以确保制作出来的 PCB 符合个人定制的设计需要。

【例 12-4】 生成 Gerber 光绘文件

下面以生成 PCB 文件 Amp.PcbDoc 的 PCB 报表为例，介绍生成 Gerber 光绘文件的过程。

1）执行“文件”→“制造输出”→“Gerber Files”命令，系统弹出“Gerber 设置”对话框，如图 12-23 所示。

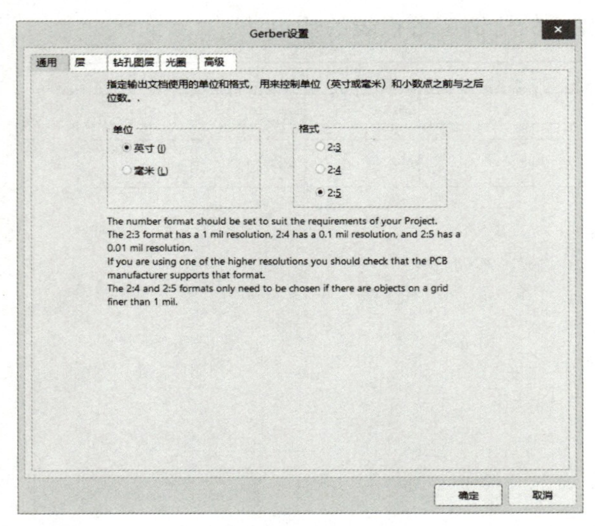

图 12-23 “Gerber 设置”对话框

例 12-4

“通用”选项卡中的选项用于设定在输出的 Gerber 文件中使用的单位和格式，其中，“格式”选项组中有 3 个选项，即 2:3、2:4 和 2:5，分别代表了文件中使用的不同数据精度。例如，2:3 就表示数据中含两位整数、三位小数，另外两个分别表示数据中含有 4 位和 5 位小数。设计者根据自己在设计中用到的单位精度来选择相应选项。设置的格式精度越高，对 PCB 制造设备的要求也就越高。

2）单击“层”选项卡，选中“出图层”选项组中的整个“出图”列，如图 12-24 所示。

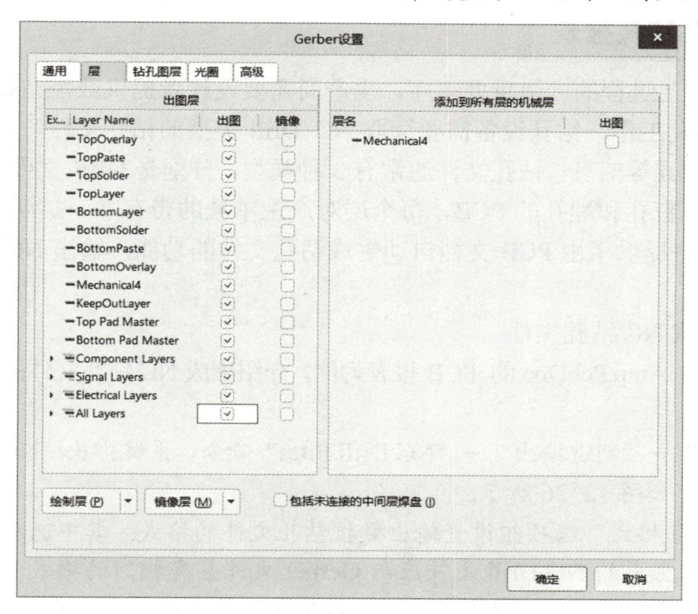

图 12-24 “层”选项卡

3）其他选项卡采用默认值，设置完毕后，单击“确定”按钮，系统即按照设置生成各个图层的 Gerber 文件，并加入“Projects”面板中当前项目的 Generated 文件夹里。同时，系统启动“CAMtastic”面板，将所有生成的 Gerber 文件集成在 CAMtastic1.CAM 图形文件中，如图 12-25 所示。设计者还可以进行 PCB 制作版图的校验、修正、编辑等工作。

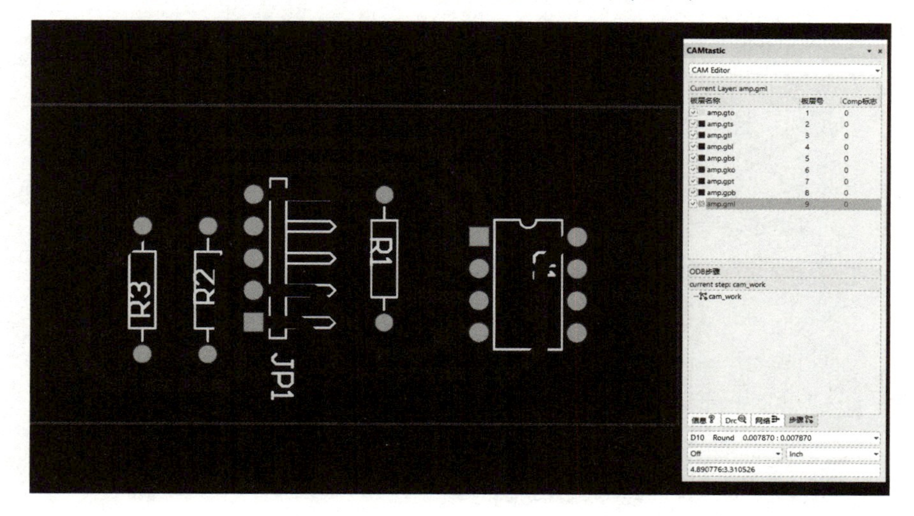

图 12-25 CAMtastic 编辑器及生成的 Gerber 文件

4）单击标准工具栏中的“保存”按钮，保存生成的文件。

📖 对应于 PCB 的不同工作层，所生成的 Gerber 文件有着不同的扩展名，如 Top Layer 对应的扩展名为.gtl，Bottom Layer 对应的扩展名为.gbl，而 Top Overlay 对应的扩展名则为.gto 等。

12.3.5 生成 NC 钻孔报表

钻孔是 PCB 加工过程的一道重要工序，生产商需要设计者提供数控钻孔文件，以控制数控钻床完成 PCB 的钻孔工作。钻孔设备需要读取 NC Drill 类型的钻孔文件，文件中包含每个孔的坐标和使用的钻孔刀具等信息。钻孔文件通常有 3 种类型，分别是.DRR 文件，.TXT 文件和.DRL 文件。对于多层带有盲孔和埋孔的 PCB，每个层对产生单独的带有唯一扩展名的钻孔文件。

Altium Designer 提供了由 PCB 文档自动生成钻孔文件的功能，输出 NC Drill 文件的具体步骤如下。

【例 12-5】 生成 NC 钻孔文件

以生成 PCB 文件 Amp.PcbDoc 的 PCB 报表为例，介绍生成 NC 钻孔文件的过程。

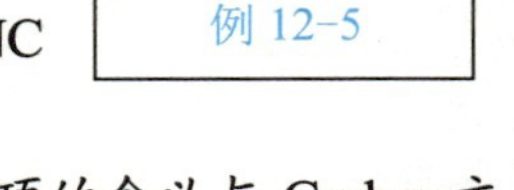

例 12-5

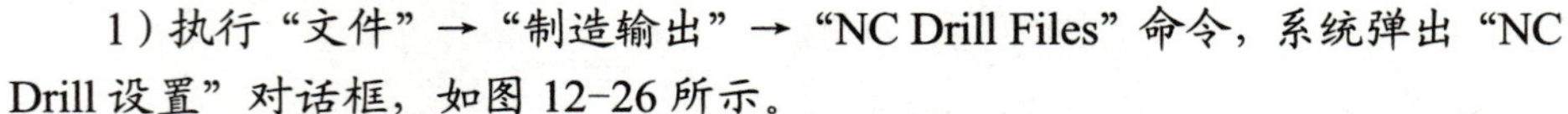

1）执行“文件”→“制造输出”→“NC Drill Files”命令，系统弹出“NC Drill 设置”对话框，如图 12-26 所示。

2）在“NC Drill 格式”选项组设置输出数控钻孔文件的格式。其中选项的含义与 Gerber 文件的相同，系统要求生成的 NG Drill 文件应与 Gerber 文件具有相同的格式和精度。

3）在“前导/尾数零”选项组中选择“摒弃前导零”单选按钮，设置压缩数据文件中多余的零字符。

4）在“坐标位置”选项组中选择“参考绝对原点”单选按钮，设置使用绝对原点；“参考相对原点”表示使用用户设置的相对原点。

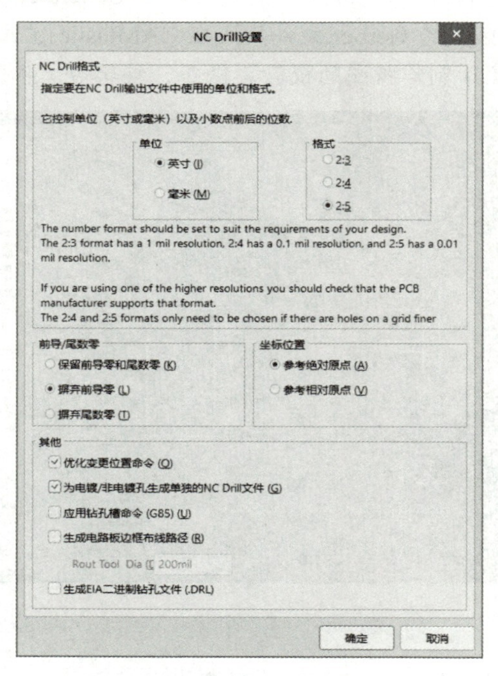

图 12-26 “NC Drill 设置”对话框

5）在“其他”选项组中选中“为电镀/非电镀孔生成单独的 NC Drill 文件”复选框，设置单独生成镀金孔和非镀金孔的钻孔文件。

6）在“NC Drill 设置”对话框中完成 NC Drill 文件参数设置后，单击“确定”按钮，打开图 12-27 所示的“导入钻孔数据”对话框。

7）在“导入钻孔数据”对话框中设置长度单位和默认孔的尺寸，单击“确定”按钮，生成钻孔 NC Drill 文件，如图 12-28 所示。

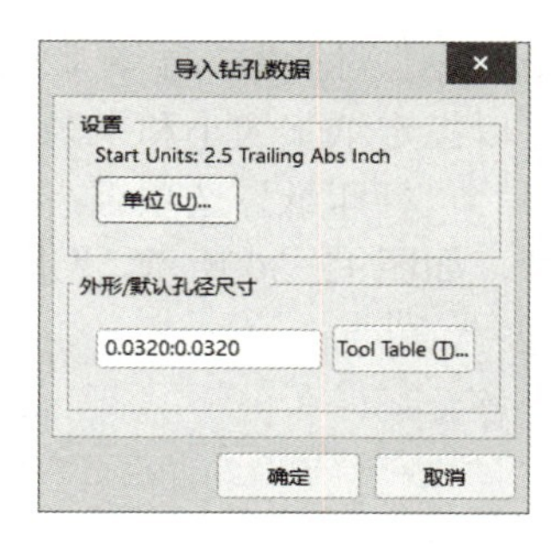

图 12-27 “导入钻孔数据”对话框

生成的钻孔文件保存在与项目文件同路径的 Generated Text Files 文件夹下。系统自动进入“CAMtastic”面板，并加载输出文件。在 CAM 中用户可进一步检查钻孔数据信息。

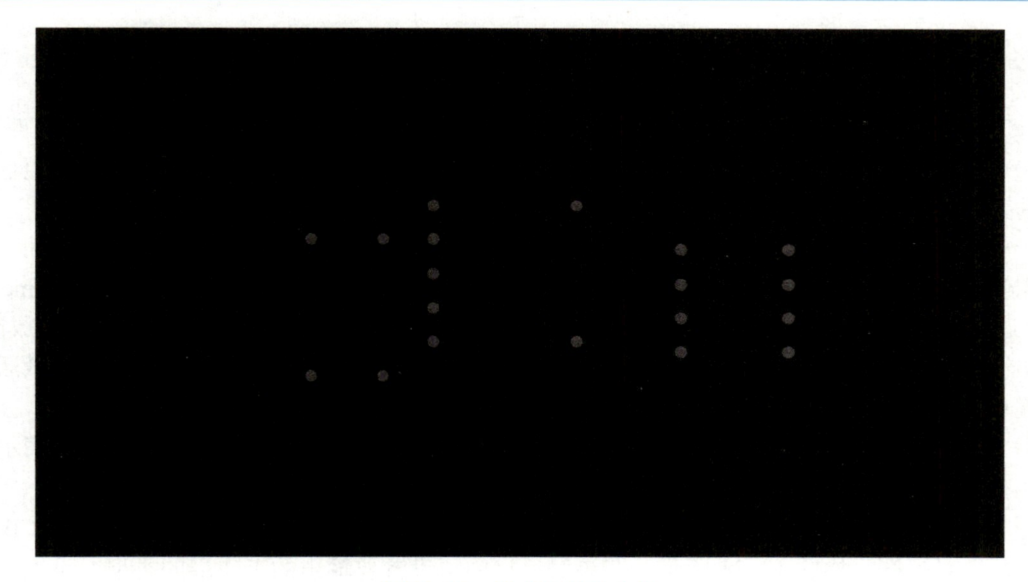

图 12-28 生成的钻孔文件

8）单击标准工具栏中的“保存”按钮，保存生成的文件。

12.4 打印输出 PCB

完成了 PCB 的设计后，需要将 PCB 输出以生成印制电路板和焊接元器件。这就需要首先设置打印机的类型、纸张的大小等，然后进行打印输出。

1. 打印预览

要执行布局窗口打印设置，首先需要进行必要的页面设置操作，即检查页面设置是否符合要求。这是因为对页面设置的改变将很可能影响布局，因此最好在打印前检查所做的改变对布局的影响。

首先激活 PCB 文件为当前文档，然后执行“文件”→“页面设置”命令，打开“Composite

Properties”对话框，如图 12-29 所示。可以在该对话框中指定页面方向（纵向或横向）和页边距，还可以指定纸张大小和来源，或者改变打印机属性。

1）“打印纸”选项组：在“打印纸”选项组中，可在“尺寸”下拉列表框中选择打印纸张的尺寸，如图 12-30 所示。“水平”和“垂直”单选按钮用来设置纸张的打印方式是水平还是垂直。

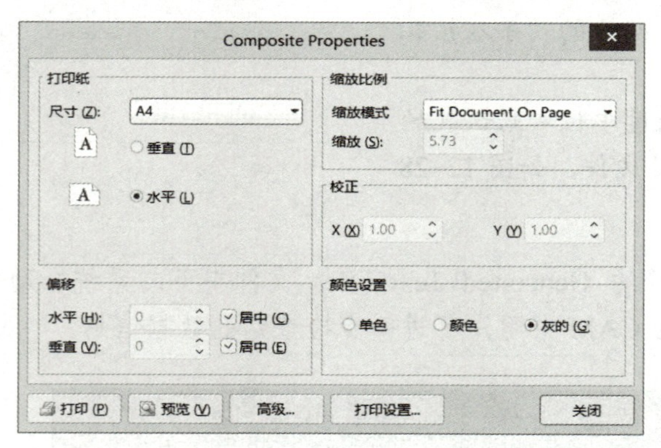

图 12-29 “Composite Properties”对话框

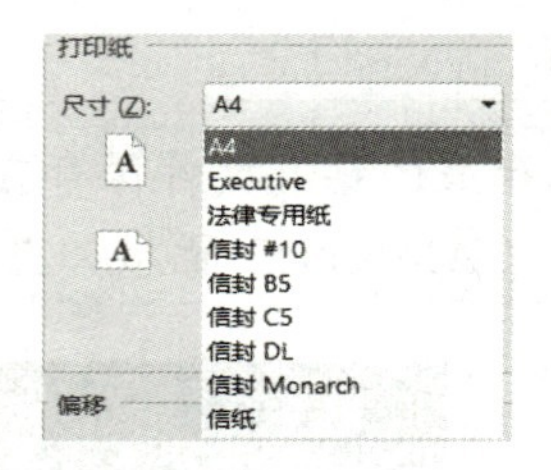

图 12-30 打印纸张的尺寸

2）“偏移”选项组：在该选项组可设置打印页面到图框的距离，单位是英寸。页边距也分水平和垂直两种。

3）“缩放比例”选项组：该选项组用于设置打印比例，可以对图纸进行一定比例的缩放，缩放的比例可以是 50%到 500%之间的任意值。在“缩放模式”下拉列表框中选择“Fit Document On Page”选项，表示充满整页的缩放比例，系统会自动根据当前打印纸的尺寸计算合适的缩放比例，使打印输出时原理图充满整页纸；如果选择“Scaled Print”选项，则“校正”选项组被激活，可以设置 X 和 Y 方向的尺寸，以确定 X 和 Y 方向的缩放比例。

4）“颜色设置”选项组：该选项组用来设置颜色。其中有 3 个单选按钮，“单色”表示将图纸单色输出；“颜色”表示将图纸彩色输出；“灰的”表示将图纸以灰度值输出。

5）“高级”按钮：单击“Composite Properties”对话框中的“高级”按钮，打开“PCB 打印输出属性”对话框，如图 12-31 所示。在该对话框中可设置要输出的工作层的类型，设置好输出层后，单击“确认”按钮即可。

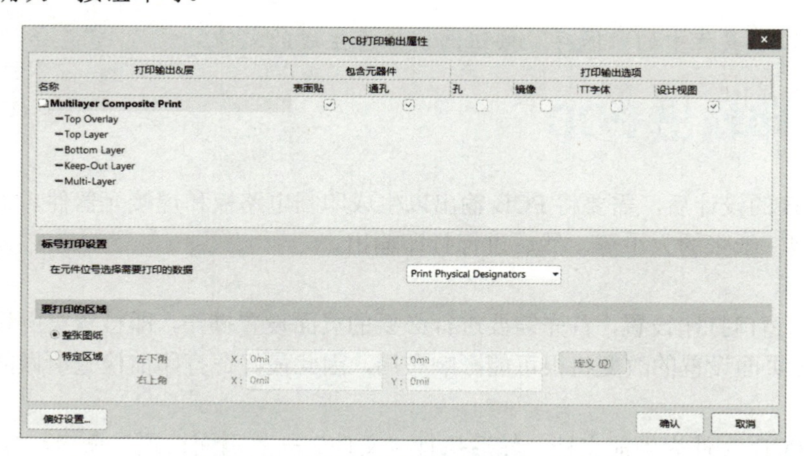

图 12-31 “PCB 打印输出属性”对话框

6）“预览”按钮：在进行页面设置和打印设置后，可以先预览一下打印时的效果，单击“Composite Properties”对话框中“预览”按钮，即可获得打印预览效果，如图 12-32 所示。

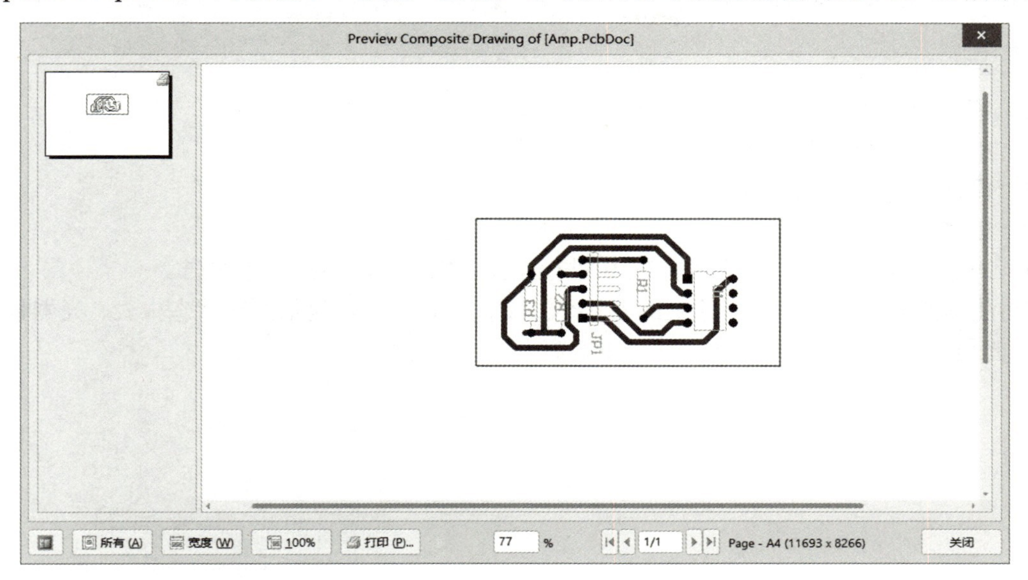

图 12-32　打印预览效果

2. 打印输出

无论是否进行页面设置，都可在布局窗口激活时打印该窗口。因此在打印时，首先确认布局窗口是当前活动窗口。

单击“预览”窗口中的“打印”按钮，或单击“Composite Properties”对话框中的“打印”按钮，都可打开“Printer Configuration for[Documentation Dutputs]”对话框，如图 12-33 所示。

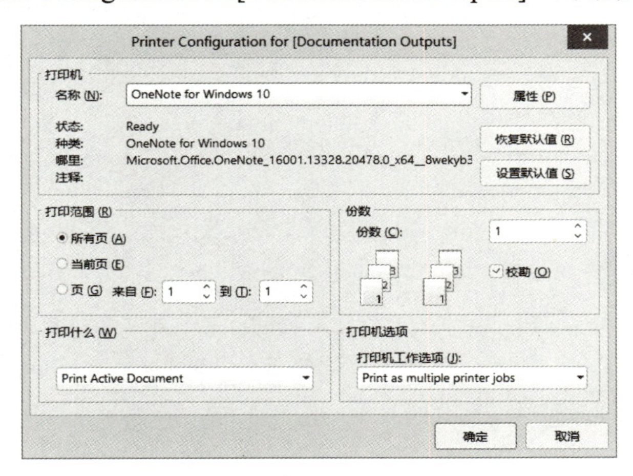

图 12-33　“Printer Configuration for[Documentation Dutputs]”对话框

📖 在对话框中可选择要打印哪些页以及打印份数，还可以指定打印机属性，同时也可以指定是否输出到一个文件中，然后单击“确定”按钮，即可打印输出 PCB 文件。

12.5 思考与练习

1. 概念题

1）简述原理图和 PCB 之间交互验证的方法。

2）概述各种 PCB 报表的生成方法。

3）简述智能建立 PDF 文档的操作过程。

2. 操作题

1）对第 9 章操作题中所绘制的 PCB 进行设计规则检查，生成检查报告。

2）生成第 9 章操作题中所绘制的 PCB 文件的 PCB 报表，包括网络状态报表、元器件报告、Gerber 光绘报表和 NC 钻孔报表，并测量距离。

第 13 章　信号完整性分析

信号完整性分析就是研究信号传输过程中的变形问题。随着电子技术的飞速发展，PCB 变得越来越复杂，功能也越来越强大。设计人员想要设计出优秀的电路板，就必须要考虑 PCB 的信号完整性。因此对 PCB 进行信号完整性分析就显得十分必要，传输延迟、信号质量、反射、串扰等是每个设计人员在进行 PCB 设计时必须考虑的问题。

Altium Designer 中提供了信号完整性分析的工具，系统自带的信号分析算法采用了验证的方法进行计算，保证了分析结果的可靠性。对电路板进行信号完整性分析，可以尽早发现电路板潜在的问题，在设计产品投入生产之前就发现高速电路设计时比较棘手的 EMC/EMI 等问题。在 Altium Designer 中集成了信号完整性工具，帮助用户利用信号完整性分析获得一次性成功并消除盲目性，以缩短研制周期和降低开发成本。

13.1　信号完整性简介

PCB 设计日趋复杂，高频时钟和快速开关逻辑意味着 PCB 设计已不仅仅是放置元件和布线。网络阻抗、传输延迟、信号质量、反射、串扰和 EMC（电磁兼容）是每个设计者必须考虑的因素，因而进行制板前的信号完整性分析更加重要。本章主要讲述如何使用 Altium Designer 进行 PCB 信号完整性分析。

Altium Designer 包含一个高级的信号完整性仿真器，能分析 PCB 设计和检查设计参数，测试过冲、下冲、阻抗和信号斜率。如果 PCB 上任何一个设计要求（设计规则指定）有问题，即可对 PCB 进行反射或串扰分析，以确定问题所在。

Altium Designer 的信号完整性分析与 PCB 设计过程为无缝连接，该模块提供了极其精确的板级分析，能检查整板的串扰、过冲/下冲、上升/下降时间和阻抗等问题。在 PCB 制造前，用最小的代价来解决高速电路设计带来的 EMC/EMI（电磁兼容/电磁抗干扰）等问题。

1）Altium Designer 信号完整性分析模块具有如下特性。

- 设置简便，可以和在 PCB 编辑器中定义设计规则一样，定义设计参数（阻抗等）。
- 通过运行 DRC（设计规则检查），快速定位不符合设计要求的网络。
- 无须特殊经验要求，可在 PCB 中直接进行信号完整性分析。
- 提供快速的反射和串扰分析。
- 利用 I/O 缓冲器宏模型，无须额外的 SPICE 或模拟仿真知识。
- 完整性分析结果采用示波器形式显示。
- 成熟的传输线特性计算和并发仿真算法。
- 用电阻和电容参数值对不同的终止策略进行假设分析，并对逻辑系列快速替换。

2）Altium Designer 信号完整性分析模块中的 I/O 缓冲器模型具有如下特性。

- 宏模型逼近，使仿真更快，更精确。

- 提供 IC 模型库，包括校验模型。
- 模型同 INCASES EMC-WORKBENCH 兼容。
- 自动模型连接。
- 支持 I/O 缓冲器模型的 IBIS2 工业标准子集。
- 利用完整性宏模型编辑器，可方便、快速地自定义模型。
- 引用数据手册或测量值。

13.2 信号完整性模型

信号完整性分析是建立在元件的模型基础之上的，这种模型就称为 Signal Integrity 模型，简称 SI 模型。

很多元件的 SI 模型与相应的原理图符号、封装模型、仿真模型等一起，被系统存放在集成库文件中，包括 IC（集成电路）、Resistor（电阻类元件）、Capacitor（电容类元件）、Connector（连接器类元件）、Diode（二极管类元件）以及 BJT（双极性晶体管类元件）等。需要进行信号完整性分析时，用户应为设计中所用到的每一个元件设置正确的 SI 模型。

为了简化设定 SI 模型的操作，并且在进行反射、串扰、振荡和不匹配阻抗等信号完整性分析时能够保证适当的精度和仿真速度，很多厂商为 IC 类的元件提供了现成的引脚模型供设计者选择使用，这就是 IBIS（Input/Output Buffer Information Specification）模型文件，扩展名为.ibs。

IBIS（Input/Output Buffer Information Specification）模型是反映芯片驱动和接收电气特性的一种国际标准。采用简单直观的文件格式提供了直流的电压和电流曲线以及一系列的上升和下降时间、驱动输出电压、封装的寄生参数等信息，但并不泄露电路内部构造的知识产权细节，因而获得了很多芯片生产厂家的支持。此外，由于该模型比较简单，仿真分析时的计算量较少，但仿真精度却与其他模型（如 SPICE 模型）相当，这种优势在 PCB 密度越来越高、需要仿真分析的设计细节越来越多的趋势下显得尤为重要。

Altium Designer 的信号完整性分析中就采用了 IC 器件的 IBIS 模型，通过对信号线路的阻抗计算，得到信号响应及失真等仿真数据来检查设计信号的可靠性。

在系统提供的集成库中已包含了大量的 IBIS 模型，用户可添加相应元件的模型，必要时还可到元件生产商网站免费下载相关联的 IBIS 模型文件。对于实在找不到的 IBIS 模型，设计者还可以采用其他的方法，例如，依据芯片引脚的功能选用相似的 IBIS 模型，或通过实验测量建立简化的 IBIS 模型等。

【例 13-1】 IBIS 模型文件的下载及添加

本例将为设计中所用到的某一元件 EPM240F100C4N 添加下载的 IBIS 模型文件，该元件在系统提供的集成库 Altera MAX Ⅱ.IntLib 中，是 Altera 公司的产品。

例 13-1

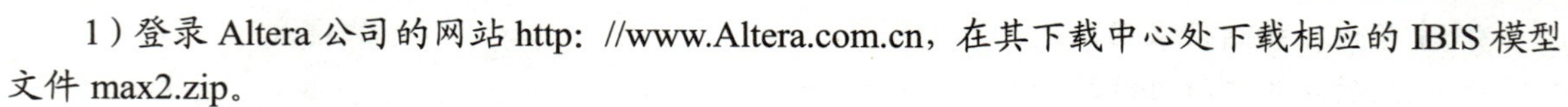

1）登录 Altera 公司的网站 http: //www.Altera.com.cn，在其下载中心处下载相应的 IBIS 模型文件 max2.zip。

2）双击所放置的元件 EPM240F100C4N，打开 “Component” 属性（Properties）面板。在 “Models” 选项组中，可以看到没有信号完整性模型。单击 “Add” 按钮，在打开的下拉菜单中选择 “Signal Integrity” 选项，即可打开 “Signal Integrity Model” 对话框，如图 13-1 和图 13-2 所示。

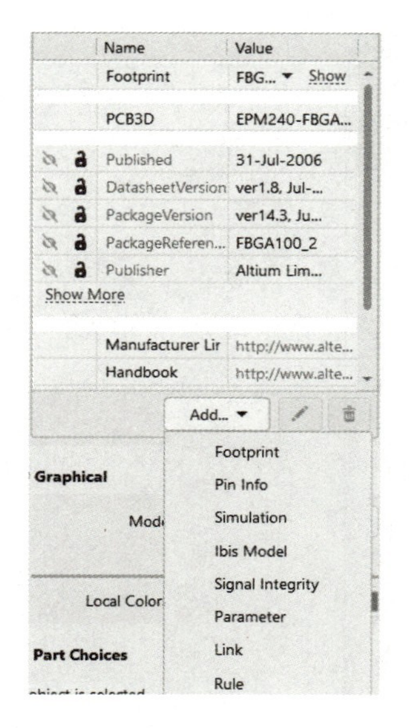

图 13-1 添加新模型

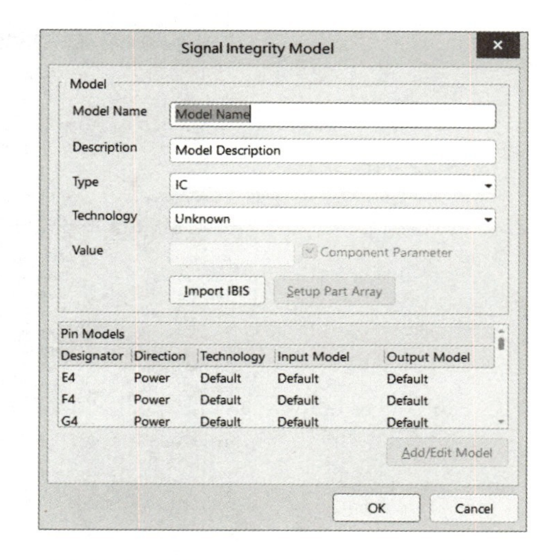

图 13-2 “Signal Integrity Model”对话框

3）单击“Signal Integrity Model”对话框中的“Import IBIS”按钮，则系统弹出“Open IBIS File”对话框，供设计者查找所需的 IBIS 模型文件 Max2.ibs，如图 13-3 所示。

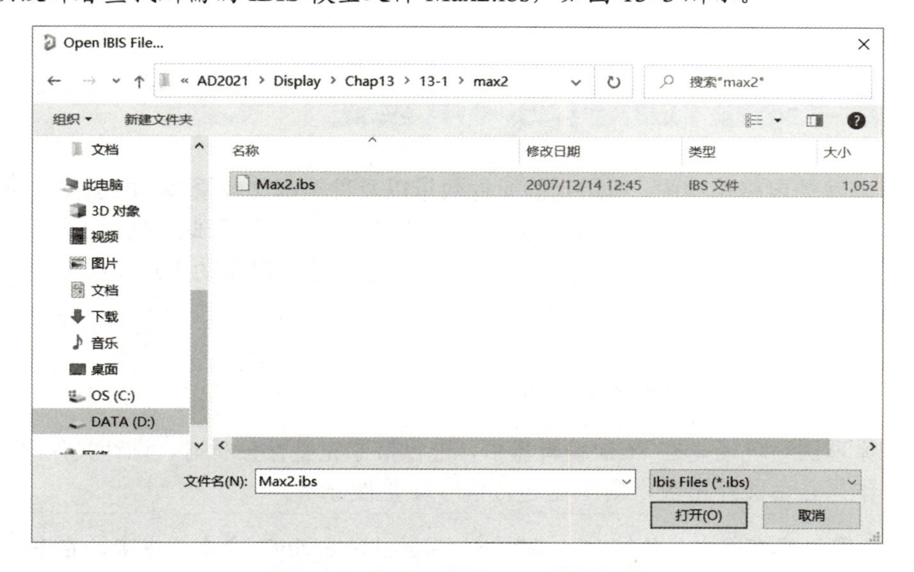

图 13-3 打开下载的 IBIS 模型文件

4）单击“打开”按钮后，该 IBIS 模型文件被成功添加，系统弹出“IBIS Converter”对话框，如图 13-4 所示。

5）单击“OK”按钮，关闭“IBIS Converter”对话框，返回原理图编辑环境。可以看到在“Component”属性（Properties）面板中，信号完整性模型已被添加。执行“设计”→“Update PCB Document”命令，可将该更新同步到 PCB 文件中。

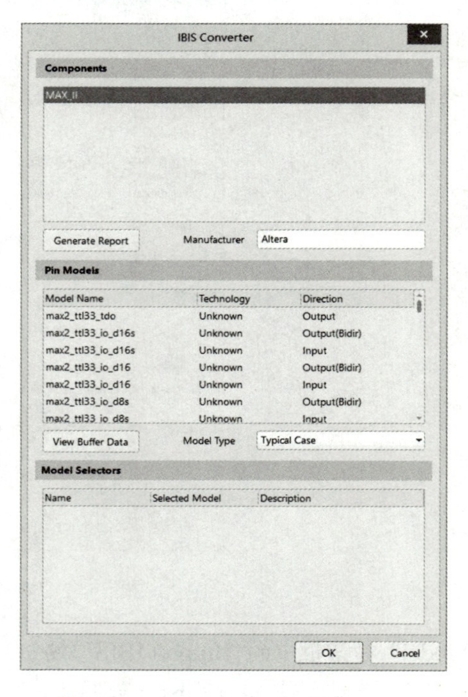

图 13-4 “IBIS Converter”对话框

13.3 信号完整性分析的环境设定

在复杂、高速的电路系统中，所用到的元件数量以及种类都比较繁多，由于各种原因的限制，在信号完整性分析之前，用户未必能逐一进行相应的 SI 模型设定。因此，执行了信号完整性分析的命令之后，系统会首先进行自动检测，给出相应的状态信息，以帮助用户完成必要的 SI 模型设定与匹配。

【例 13-2】 分析过程中的 SI 模型设定

1）打开一个要进行信号完整性分析的工程。

📖 不管是在原理图环境还是在 PCB 编辑器中，进行信号完整性分析时，设计文件必须在某一工程中。若作为自由文件出现，则不能运行信号完整性分析。

2）在原理图编辑环境中，执行“工具”→“Signal Integrity”命令，或者，在 PCB 编辑环境中，执行“工具”→“Signal Integrity”命令，开始运行信号完整性分析器，若设计文件中存在没有设定 SI 模型的元件，则系统弹出图 13-5 所示的错误或警告信息提示框。

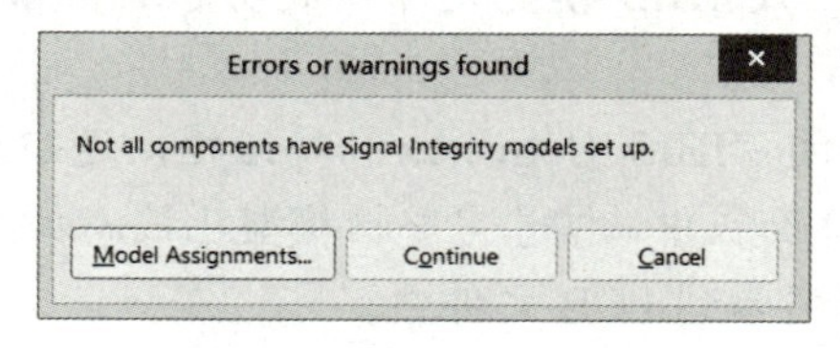

图 13-5 错误或警告信息提示框

3）单击该提示框中的“Model Assignments”按钮，打开“Signal Integrity Model Assignments for Audio AMP.SchDoc”对话框，显示每个元件的 SI 模型及其所对应的配置状态，供用户查看或修改，如图 13-6 所示。

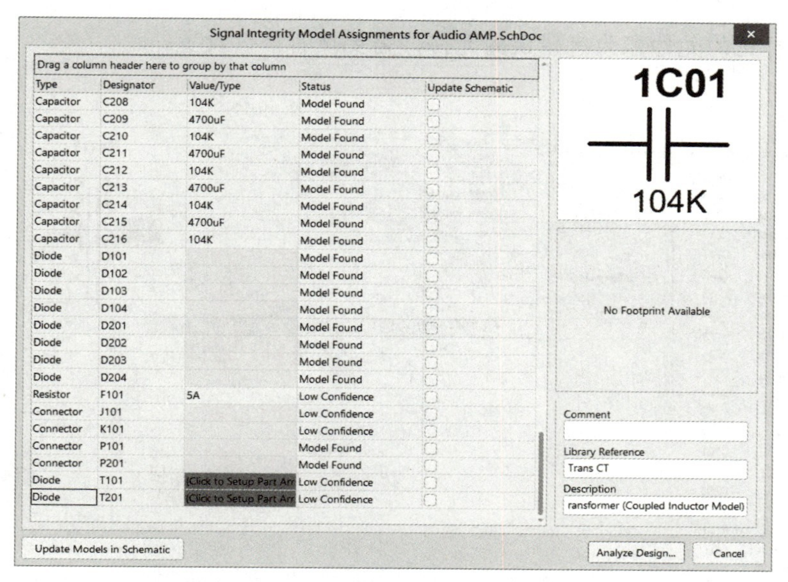

图 13-6 “Signal Integrity Model Assignments for Audio AMP.SchDoc”对话框

📖 系统为一些没有设定模型的元件添加了 SI 模型，但可信度有高、中、低之分（High Confidence、Medium Confidence、Low Confidence），显示在“Status”列中。此外，“Status”列中可显示的状态信息还有：Model Found（与元件相关联的 SI 模型已存在）、No Match（没有匹配的 SI 模型）、User Modified（用户已修改）、Model added（创建了新的模型）等。

4）双击某一元件标识，会打开相应的“Signal Integrity Model”对话框，如图 13-7 所示。用户可进行元件 SI 模型的重新设定，包括模型名称、描述、类型、技术、数值，并可编辑引脚模型、设置元器件排列或导入 IBIS 模型文件等。

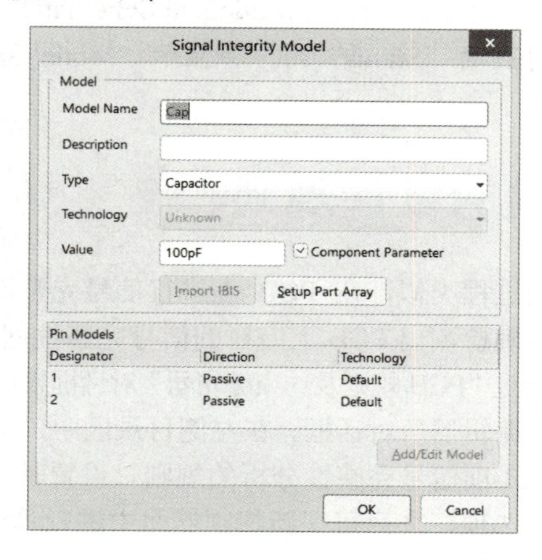

图 13-7 “Signal Integrity Model”对话框

5）在“Signal Integrity Model Assignments for Audio AMP.SchDoc”对话框中，在“Type”列或“Value/Type”列中单击，可直接进行单项的编辑。例如，选择某一元件 T101，单击其被红色高亮标记的“Value/Type”列，即可打开图 13-8 所示的“Part Array Editor”对话框。

📖 被红色高亮标记的元件即为有错误的元件，需要重新修改设置。

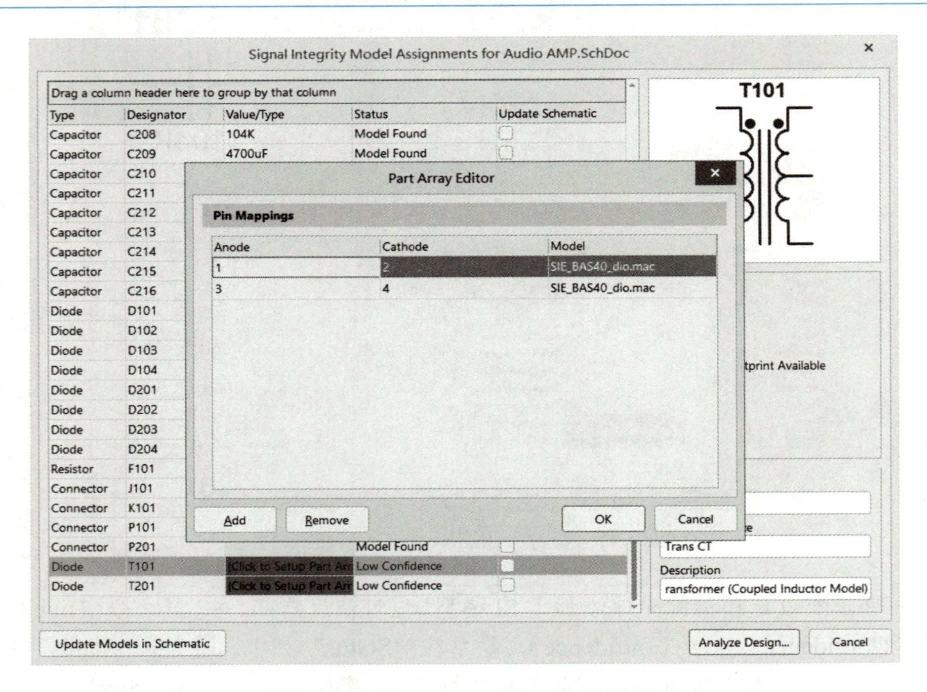

图 13-8 “Part Array Editor”对话框

6）T101 是一个带铁心变压器元件，按照图 13-8 所示进行引脚的重新排列后，单击“OK”按钮返回对话框。此时，对应的“Status”列中显示出“User Modified”的信息，同时其右侧的“Update Schematic”复选框也被选中，等待用户更新原理图。

7）单击图 13-8 对话框左下方的“Update Models in Schematic”按钮，即可将修改后的模型信息更新到原理图中，此时对应的“Status”列中会显示“Model Saved”（模型已保存）的状态信息。

13.4 信号完整性的设计规则

与自动布局和自动布线的过程类似，在 PCB 上进行信号完整性分析之前，也需要先对有关的规则加以合理设置，以便准确检测出 PCB 上潜在的信号完整性问题。

信号完整性分析的规则是通过“PCB 规则及约束编辑器”对话框来设置的。执行“设计”→“规则”命令，打开“PCB 规则及约束编辑器”对话框。在左侧目录区中，单击“Signal Integrity”前面的 ▸ 按钮展开其子选项，包括 13 项信号完整性分析的规则。设置时，在相应选项上右击，在弹出的快捷菜单中选择“新规则”选项，之后可在新规则界面中进行具体设置，如图 13-9 所示。

图 13-9　信号完整性分析的规则

1．Signal Stimulus（激励信号）

该规则主要用于设置信号完整性分析中的激励信号特性，设置界面如图 13-10 所示。

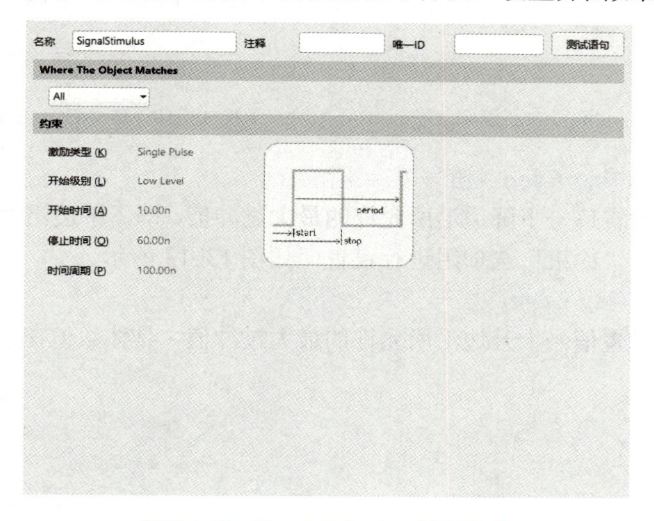

图 13-10　Signal Stimulus 规则设置

“约束”选项组中，需要设置的选项如下。

- 激励类型：激励信号类型设置，有 3 种选择：Constant Level（常数电平即直流信号）、Single Pulse（单脉冲信号）和 Periodic Pulse（周期性脉冲信号），系统默认设置为 Single Pulse。
- 开始级别：激励信号初始电平设置，有两种选择：Low Level（低电平）和 High Level（高电平）。
- 开始时间：激励信号开始时间设置。
- 停止时间：激励信号停止时间设置。

- 时间周期：激励信号周期设置。

📖 设置与时间有关的参数，如开始时间、停止时间、周期等，在输入数值的同时，要注意添加时间单位，以免设置出错。

2. Overshoot-Falling Edge（信号过冲下降沿）

该规则主要用于设置信号下降边沿所允许的最大过冲值，即低于信号基值的最大阻尼振荡，设置界面如图 13-11 所示。

“约束”选项组中，只需要设置最大过冲值的具体数值，即“最大（Volts）”的值，系统默认单位是伏特。

3. Overshoot-Rising Edge（信号过冲上升沿）

该规则与 Overshoot-Falling Edge 规则相对应，主要用于设置信号上升边沿所允许的最大过冲值，即高于信号基值的最大阻尼振荡。在“约束”选项组中，同样只需设置最大过冲值的具体数值即可，设置界面如图 13-12 所示。

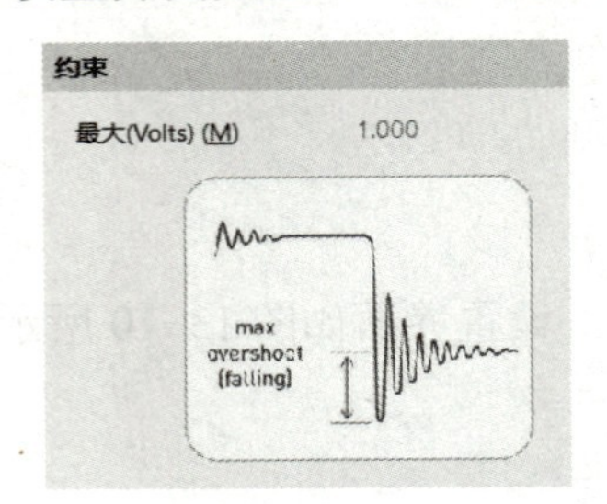

图 13-11　Overshoot-Falling Edge 规则设置

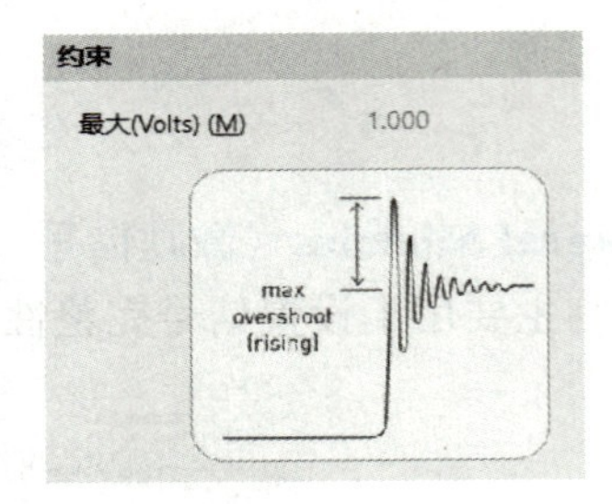

图 13-12　Overshoot-Rising Edge 规则设置

4. Undershoot-Falling Edge（信号下冲下降沿）

该规则主要用于设置信号下降边沿所允许的最大过冲值，即下降边沿上高于信号基值的最大阻尼振荡，具体数值在“约束”选项组进行设置，如图 13-13 所示。

5. Undershoot-Rising Edge（信号下冲上升沿）

该规则主要用于设置信号上升边沿所允许的最大过冲值，具体数值在“约束”选项组进行设置，如图 13-14 所示。

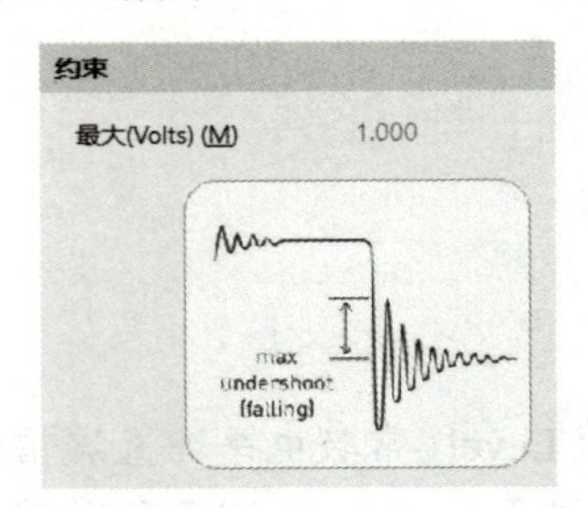

图 13-13　Undershoot-Falling Edge 规则设置

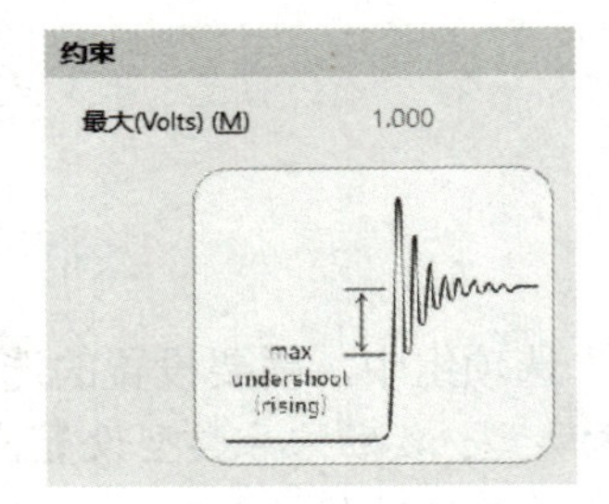

图 13-14　Undershoot-Rising Edge 规则设置

6. Impedance（阻抗）

该规则用于设置电路允许阻抗的最大值和最小值，如图 13-15 所示。

7. Signal Top Value（信号高电平）

该规则用于设置信号在高电平状态下所允许的最小稳定电压值，如图 13-16 所示。

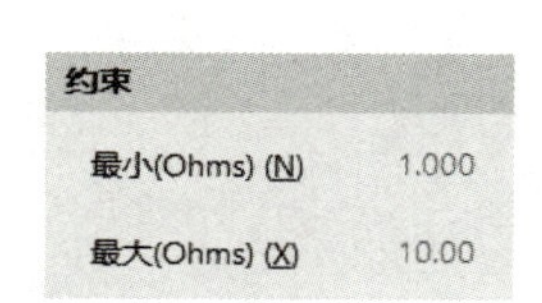

图 13-15 Impedance 规则设置

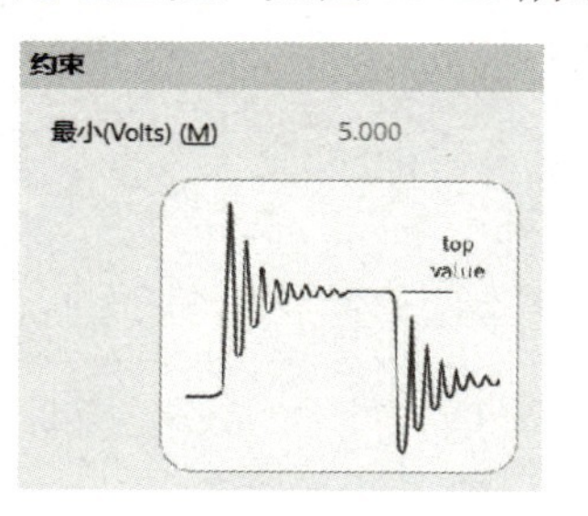

图 13-16 Signal Top Value 规则设置

8. Signal Base Value（信号基准）

该规则用于设置信号基值电压的最大值，如图 13-17 所示。

9. Flight Time-Rising Edge（飞行时间上升沿）

该规则用于设置信号上升边沿的最大延迟时间，一般指上升到信号设定值的 50%时所需要的时间，具体数值可在“约束”选项组进行设置，系统默认单位为秒，如图 13-18 所示。

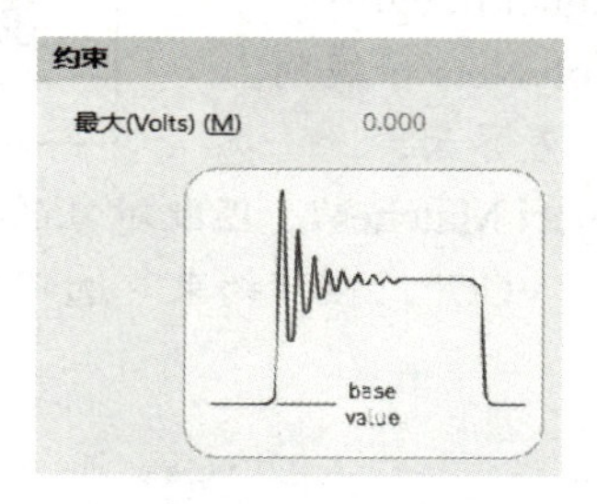

图 13-17 Signal Base Value 规则设置

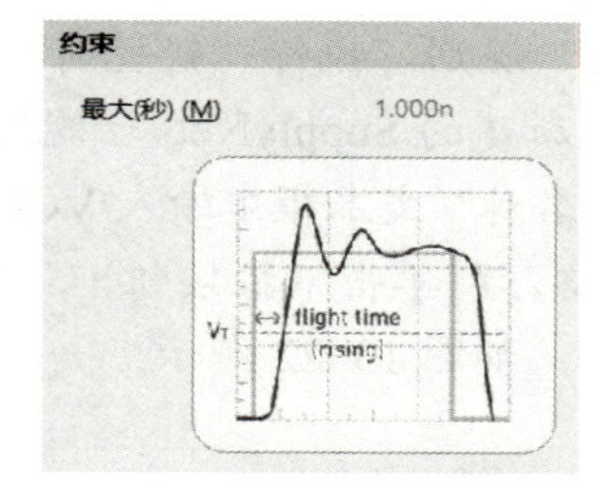

图 13-18 Flight Time-Rising Edge 规则设置

10. Flight Time- Falling Edge（飞行时间下降沿）

该规则用于设置信号下降边沿的最大延迟时间，一般指实际的输入电压到阈值电压之间的时间，具体数值在“约束”选项组进行设置，如图 13-19 所示。

11. Slope-Rising Edge（上升沿斜率）

该规则用于设置信号的上升沿从阈值电压上升到高电平电压所允许的最大延迟时间，如图 13-20 所示。

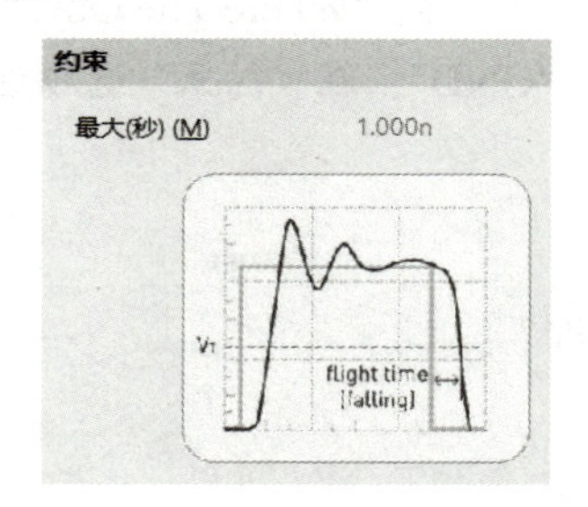

图 13-19 Flight Time- Falling Edge 规则设置

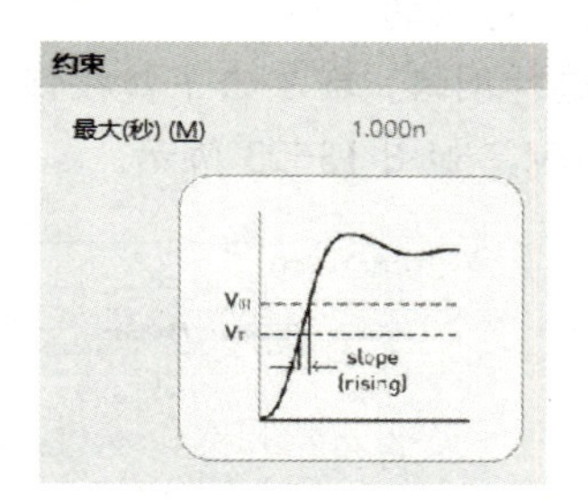

图 13-20 Slope-Rising Edge 规则设置

12. Slope- Falling Edge（下降沿斜率）

该规则用于设置信号的下降沿从阈值电压下降到低电平电压所允许的最大延迟时间，如图 13-21 所示。

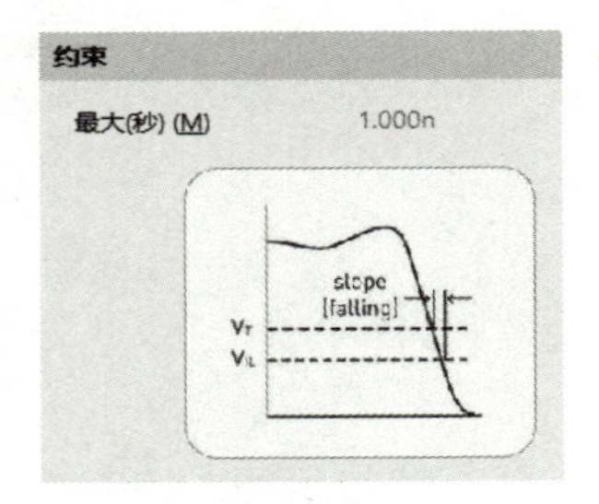

图 13-21 Slope-Falling Edge 规则设置

13. Supply Nets（电源网络）

该规则用于设置 PCB 中电源网络或地网络的电压值，是在 PCB 编辑环境下进行信号完整性分析时所必须设定的规则。

例 13-3

【例 13-3】 电源网络及地网络的设置

1）在“PCB 规则及约束编辑器”对话框中，选中“Signal Integrity”下的“Supply Nets”规则，执行“新规则”命令，新建一个 SupplyNets 子规则。

2）单击新建的 SupplyNets 子规则，打开相应的选项设置界面。

3）在“名称”文本框中输入 VCC，在“Where The Object Matches”（匹配对象的位置）选项组中选择网络，即单击下拉按钮▾，在下拉列表框中选择“VCC”。在“约束”选项组设定“电压”值为 5V，如图 13-22 所示。

图 13-22 设置电源网络

4）单击“应用”按钮，完成电源网络规则的设置。

5）再次选中 Supply Nets 规则，执行“新规则”命令，再新建一个 SupplyNets 子规则。

6）打开对应的选项设置界面，在“名称”文本框中输入 GND，在“Where The Object Matches”选项组中选择网络，即单击下拉按钮▾，在下拉列表框中选择“GND”。在“约束”选项组设定“电压”值为 0V，如图 13-23 所示。

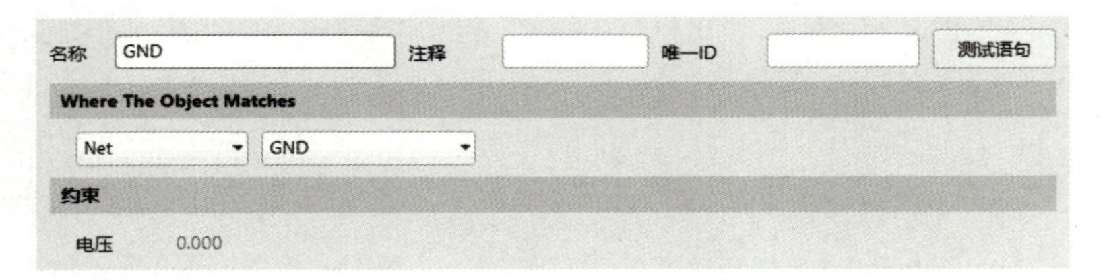

图 13-23 设置地网络

7）单击“应用”按钮，完成地网络规则的设置。

📖 在原理图编辑环境中，可通过放置 PCB 布局标志，进入选择设计规则类型对话框中；也可设定信号完整性分析的有关规则，再使用设计同步器传递到 PCB 设计文件中。

13.5 进行信号完整性分析

在初步了解了信号完整性分析的基本概念以及有关的规则后，下面介绍如何进行基本的信号完整性分析。

信号完整性分析可以分为两步进行：第一步是对所有可能需要进行分析的网络进行一次初步的分析，从中可以了解到哪些网络的信号完整性最差；第二步是筛选出一些关键信号进行进一步的分析，以达到设计优化的目的，这两步的具体实现都是在信号完整性分析器中进行的。

13.5.1 信号完整性分析器

Altium Designer 提供了一个高效的信号完整性分析器，采用成熟可靠的传输线计算方法以及 IBIS 模型进行仿真，可进行布线前和布线后的信号完整性分析，能够产生准确的仿真结果，并能以波形的形式直观地显示在图形界面下。同时，针对不同的信号完整性问题，Altium Designer 还提供了有效的终端补偿方式，以帮助设计者获得最佳的解决方案。

【例 13-4】 启动信号完整性分析器

1）在 PCB 编辑环境中，设置了信号完整性分析的有关规则之后，执行“工具”→“Signal Integrity”命令，系统开始运行信号完整性分析器，弹出图 13-5 所示的信息提示框。

2）单击该提示框中的“Model Assignments”按钮，打开图 13-6 所示的“Signal Integrity Model Assignments”对话框，根据提示，进行元件 SI 模型的设定或修改。

3）更新到原理图中之后，单击“Signal Integrity Model Assignments”对话框中的“Analyze Design”按钮，则打开图 13-24 所示的“SI Setup Options”对话框，意味着已启动了信号完整性分析器。

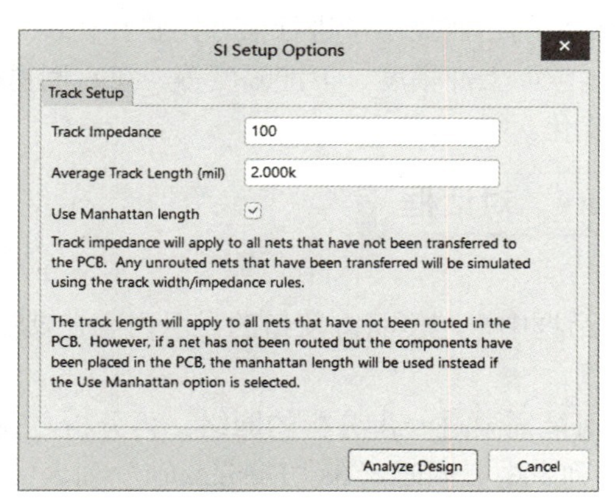

图 13-24 “SI Setup Options”对话框

“SI Setup Options”对话框中有两个选项设置，分别是“Track Impedance”和“Average Track

Length”（平均布线长度），其中，“Track Impedance”适用于没有设置布线阻抗的全部网络，设置了布线阻抗的网络则使用设定的阻抗规则进行信号完整性分析；“Average Track Length”适用于全部未布线的网络，选中“Use Manhattan Length”复选框后，将使用曼哈顿布线的长度。

📖 在图 13-5 所示的提示框中，若单击“Continue”按钮，即不管 SI 模型的设置如何，继续进行信号完整性的分析，将直接进入“SI Setup Options”对话框中，此时分析结果可能会出现较大的误差。

4）单击“SI Setup Options”对话框中的“Analyze Design”按钮，系统即开始进行信号完整性分析。分析完毕会打开图 13-25 所示的“Signal Integrity”对话框。

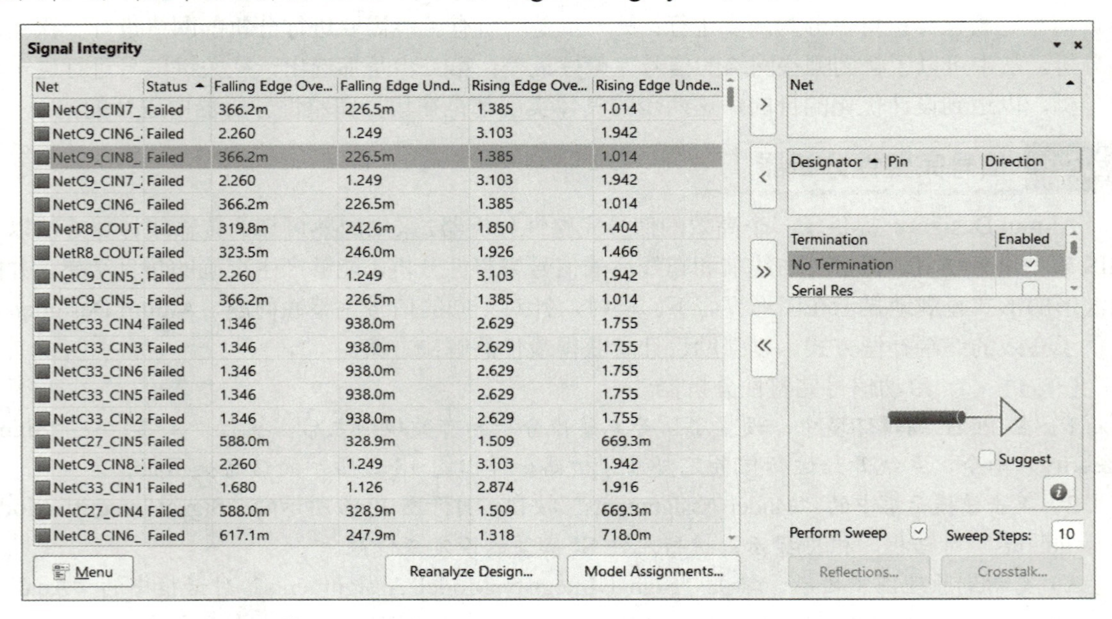

Net	Status	Falling Edge Ove...	Falling Edge Und...	Rising Edge Ove...	Rising Edge Unde...
NetC9_CIN7_	Failed	366.2m	226.5m	1.385	1.014
NetC9_CIN6_:	Failed	2.260	1.249	3.103	1.942
NetC9_CIN8_	Failed	366.2m	226.5m	1.385	1.014
NetC9_CIN7_:	Failed	2.260	1.249	3.103	1.942
NetC9_CIN6_	Failed	366.2m	226.5m	1.385	1.014
NetR8_COUT	Failed	319.8m	242.6m	1.850	1.404
NetR8_COUT:	Failed	323.5m	246.0m	1.926	1.466
NetC9_CIN5_:	Failed	2.260	1.249	3.103	1.942
NetC9_CIN5_	Failed	366.2m	226.5m	1.385	1.014
NetC33_CIN4	Failed	1.346	938.0m	2.629	1.755
NetC33_CIN3	Failed	1.346	938.0m	2.629	1.755
NetC33_CIN6	Failed	1.346	938.0m	2.629	1.755
NetC33_CIN5	Failed	1.346	938.0m	2.629	1.755
NetC33_CIN2	Failed	1.346	938.0m	2.629	1.755
NetC27_CIN5	Failed	588.0m	328.9m	1.509	669.3m
NetC9_CIN8_:	Failed	2.260	1.249	3.103	1.942
NetC33_CIN1	Failed	1.680	1.126	2.874	1.916
NetC27_CIN4	Failed	588.0m	328.9m	1.509	669.3m
NetC8_CIN6_	Failed	617.1m	247.9m	1.318	718.0m

图 13-25 “Signal Integrity”对话框

在“Signal Integrity”对话框的左侧显示了进行信号完整性初步分析的结果，包括各网络的状态以及是否通过了相应的规则，如上冲幅度、下冲幅度等。在右侧窗口中进行相应的设置，即可对设计进行进一步的分析和优化。

13.5.2 “Signal Integrity”对话框

1. 左侧显示内容

在“Signal Integrity”对话框中，左侧状态窗口的显示内容在默认状态下主要有如下几项。

（1）Net

列出了设计文件中所有可能需要进一步分析的网络。再分析之前，选中某一网络，单击 › 按钮，可添加到右侧的“Net”列表中。同时，在“Designator”列表中会显示相应网络的连接元件引脚以及信号的方向。

（2）Status

显示网络进行信号完整性分析后的状态，有以下 3 种。

- Passed：分析通过，没有问题。
- Not analyzed：不进行分析。
- Failed：分析失败。

📖 Not analyzed 状态的网络一般都是连接网络，不需要进行分析。

（3）Falling Edge Overshoot

显示过冲下降沿时间的分析结果。

（4）Falling Edge Undershoot

显示下冲下降沿时间的分析结果。

（5）Rising Edge Overshoot

显示过冲上升沿时间的分析结果。

（6）Rising Edge Undershoot

显示下冲上升沿时间的分析结果。

2．终端补偿

在右侧的“Termination”列表中，Altium Designer 系统给出了 8 种不同的终端补偿策略以消除或减小电路中由于反射和串扰所造成的信号完整性问题。

（1）No Termination

无终端补偿，如图 13-26 所示。该方式中，直接进行信号的传输，对终端不进行补偿，是系统的默认方式。

（2）Serial Res

串阻补偿，如图 13-27 所示。即在点对点的连接方式中，直接串入一个电阻以减小外来的电压波形幅值，合适的串阻补偿将使得信号正确终止，消除接收器的过冲现象。

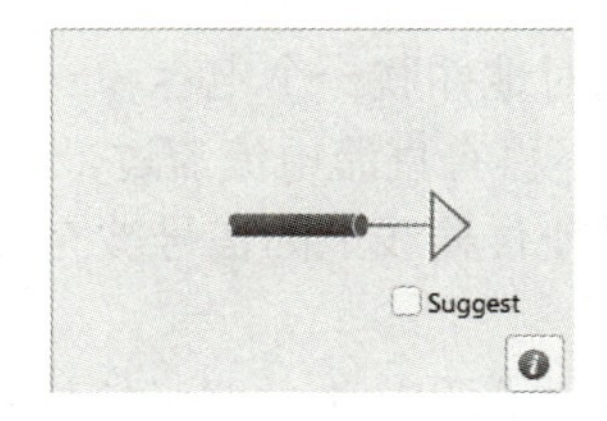

图 13-26　No Termination

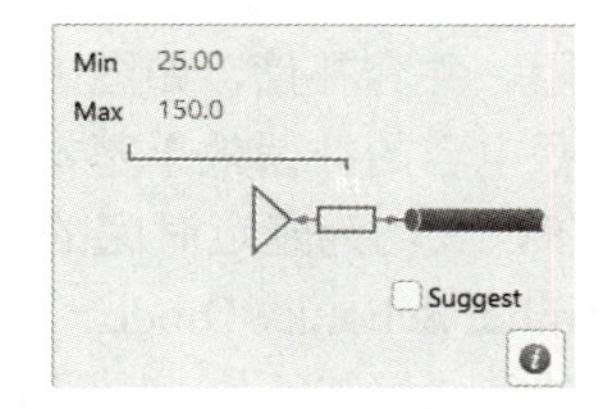

图 13-27　Serial Res

（3）Parallel Res to VCC

电源 VCC 端并阻补偿，如图 13-28 所示。对于线路的信号反射，这是一种比较好的补偿方式。在电源 VCC 输入端并联的电阻是和传输线阻抗相匹配的，只是由于不断有电流流过，因此将会增加电源的功率消耗，导致低电平电压的升高，该电压将根据电阻值的变化而变化。

（4）Parallel Res to GND

接地端并阻补偿，如图 13-29 所示。与电源 VCC 端并阻补偿方式类似，这也是终止线路信号反射的一种比较好的方法。同样，由于有电流流过，会导致高电平电压的降低。

（5）Parallel Res to VCC& GND

电源端与地端同时并阻补偿，如图 13-30 所示。该方式将电源端并阻补偿与接地端并阻补偿结合起来使用，适用于 TTL 总线系统，而对于 CMOS 总线系统则一般不建议使用。

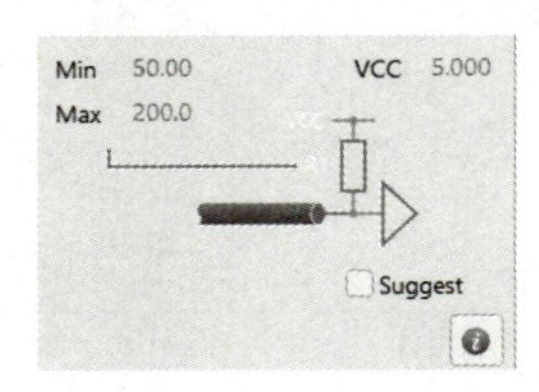

图 13-28　Parallel Res to VCC

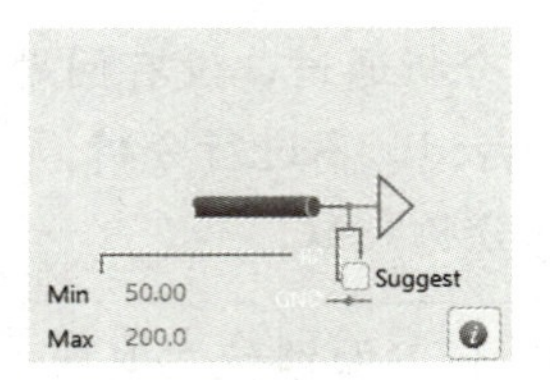

图 13-29　Parallel Res to GND

📖 电源端与地端同时并阻补偿的方式相当于在电源与地之间直接接入了一个电阻，会有较大的直流电流通过。为了防止电流过大，应仔细选择两个并联电阻的阻值。

（6）Parallel Cap to GND

地端并联电容补偿，如图 13-31 所示。在接收输入端对地并联一个电容，对于电路中信号噪声较大的情况，是一种比较有效的补偿方式。

📖 制作 PCB 时，使用地端并联电容补偿的方式可消除铜膜导线在走线的拐弯处所引起的波形畸变，但同时也会导致信号波形的上升沿或下降沿变得太平坦，以致增加上升时间或下降时间。

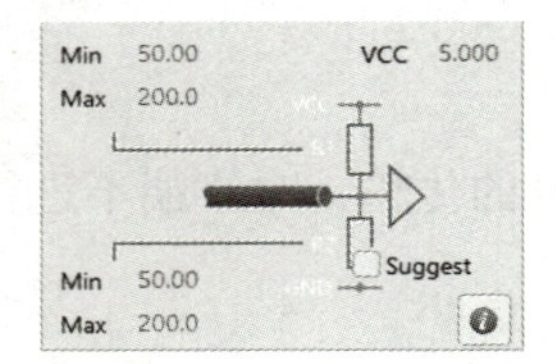

图 13-30　Parallel Res to VCC& GND

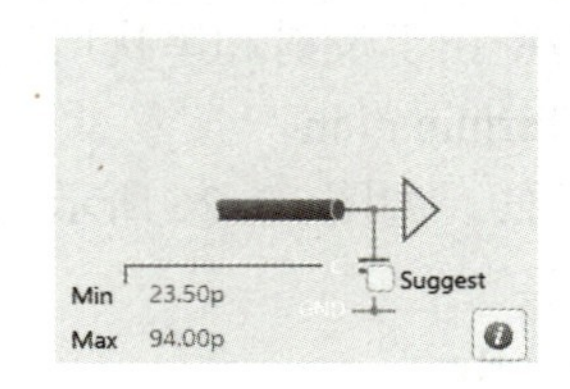

图 13-31　Parallel Cap to GND

（7）Res and Cap to GND

地端并阻、并容补偿，如图 13-32 所示。即在接收输入端对地并联一个电容和一个电阻，与地端仅仅并联电容的补偿效果基本一样，只不过在终结网络中不再有直流电流流过。一般情况下，当时间常数 RC 大约为延迟时间的 4 倍时，这种补偿方式可以使传输线上的信号被充分终止。

（8）Parallel Schottky Diode

并联肖特基二极管补偿，如图 13-33 所示。在传输线终结的电源和地端并联肖特基二极管可以减少接收端信号的过冲和下冲值。大多数标准逻辑集成电路的输入电路都采用了这种补偿方式。

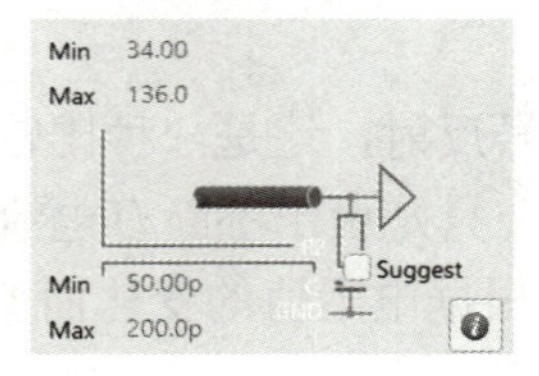

图 13-32　Res and Cap to GND

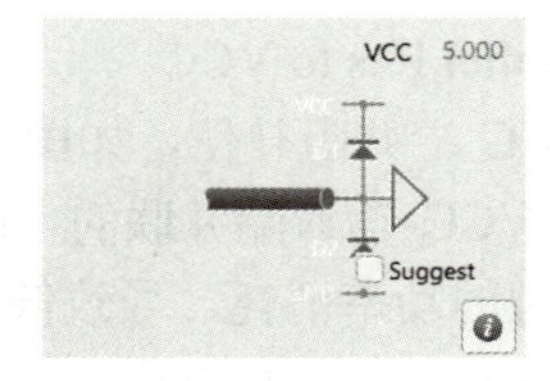

图 13-33　Parallel Schottky Diode

13.5.3 串扰分析

1. 菜单命令

对于信号完整性分析器的设置主要通过“Signal Integrity”对话框中的菜单命令来完成。单击

“Menu”按钮或在左侧窗口中右击，都会打开图 13-34 所示的命令菜单。

- Select Net：选择网络。执行该命令，会将左侧窗口中某一选中的网络添加到右侧的“Net”列表中。
- Details：详细。执行该命令，系统会打开图 13-35 所示的对话框，用于显示某一选中网络的详细分析结果，包括元件数量、导线长度以及根据所设定的分析规则得出的各项数值等。

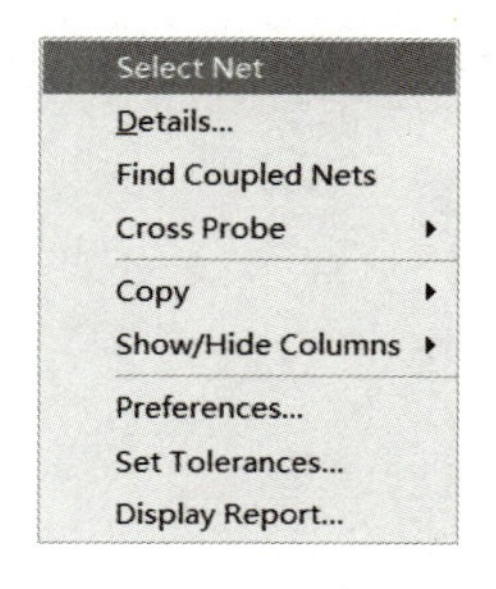

图 13-34　命令菜单

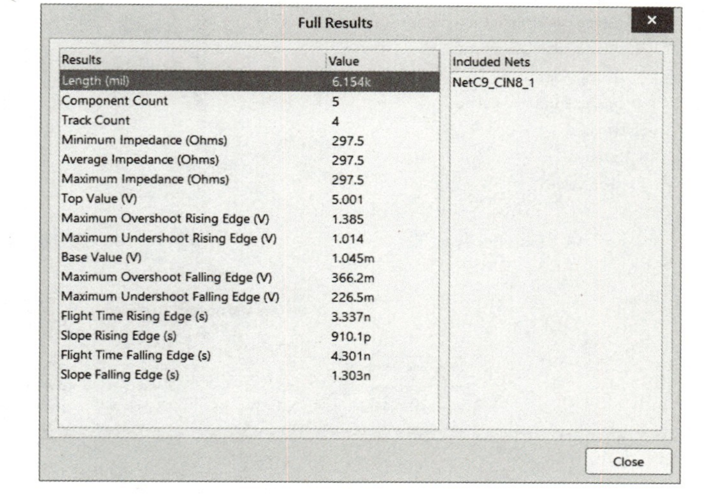

图 13-35　网络详细分析结果显示

- Find Coupled Nets：查找相关联网络。执行该命令后，所有与选中网络有关联的网络会在左侧窗口中以选中状态显示出来。
- Cross Probe：交叉探测。包括两个子命令，即“To Schematic”和“To PCB”，分别用于在原理图中或者在 PCB 文件中查找所选中的网络。
- Copy：复制。用于复制某一选中网络或全部网络。
- Show/Hide Columns：显示/隐藏纵向栏。该命令用于选择在左侧窗口中的显示内容，如图 13-36 所示。对于不需要的内容，选择隐藏即可。
- Preferences：优先设定。执行该命令，用户可以在打开的“Signal Integrity Preferences”对话框中设置信号完整性分析的相关选项。该对话框中有若干选项卡，不同的选项卡中设置内容是不同的。在信号完整性分析中，用到的主要是“Configuration”选项卡，如图 13-37 所示，可设置信号完整性分析的总时间、步长以及串扰分析时传输线间相互影响的距离。
- Set Tolerances：设置容差。执行该命令后，系统会弹出图 13-38 所示的“Set Screening Analysis Tolerances”对话框。
- Display Report：显示报告。执行该命令，系统会在当前工程的 Generated 文件夹下生成文本形式的信号完整性分析报告。在工作窗口中容差也称为公差，被用于限定一个误差范围，表示允许信号变形的最大值和最小值。将实际信号与这个范围相比较，就可以确定信号是否合乎要求。

📖 一般来说，分析后显示状态为“Failed”的网络，部分原因就是由于信号超出了公差限定的范围。因此，在进一步分析之前，应先检查公差限定得是否太过严格。

Analysis Errors
Base Value
Falling Edge Flight Time
Falling Edge Overshoot
Falling Edge Slope
Falling Edge Undershoot
Length
Impedance
Rising Edge Flight Time
Rising Edge Overshoot
Rising Edge Slope
Rising Edge Undershoot
Routed
Status
Top Value

图 13-36　显示内容设置

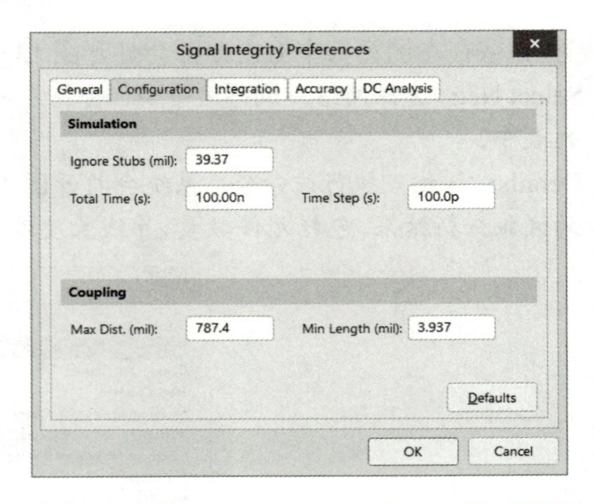

图 13-37　“Signal Integrity Preferences”对话框

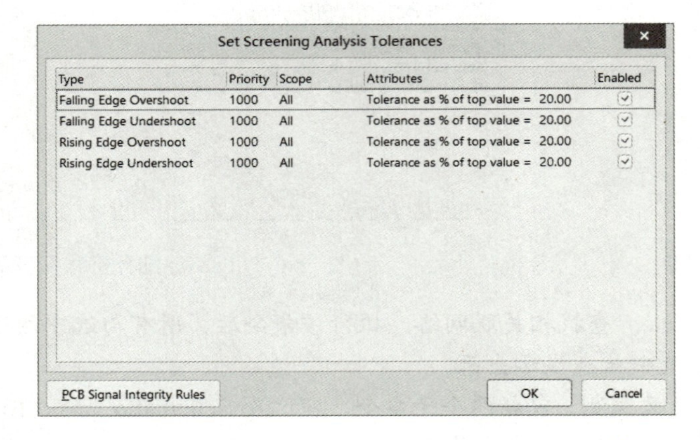

图 13-38　“Set Screening Analysis Tolerances”对话框

【例 13-5】　在规则中设置容差

在图 13-38 所示的“Set Screening Analysis Tolerances”（设置扫描分析公差）对话框中添加 1 条规则，设置下降沿的下冲值为 100mV，以便在进行信号完整性分析时，将下降沿下冲值超过 100mV 的信号选出。

1）单击“Set Screening Analysis Tolerances”（设置扫描分析公差）对话框中的“PCB Signal Integrity Rules”按钮，打开“PCB 规则及约束编辑器”对话框。

2）选中“Signal Integrity”下的“Undershoot-Falling Edge”规则，执行“新规则”命令，新建一个 UndershootFalling 子规则。

3）单击新建的 UndershootFalling 子规则，打开相应的设置对话框进行设置，如图 13-39 所示。

4）设置完毕，返回“Set Screening Analysis Tolerances”对话框，可以看到刚才所设置的规则及优先权，如图 13-40 所示。

📖 规则优先权数越小，说明优先级越高。这里的规则优先权不能直接进行修改，但是可利用相应规则右侧的复选框来禁用某个优先权较高的规则。

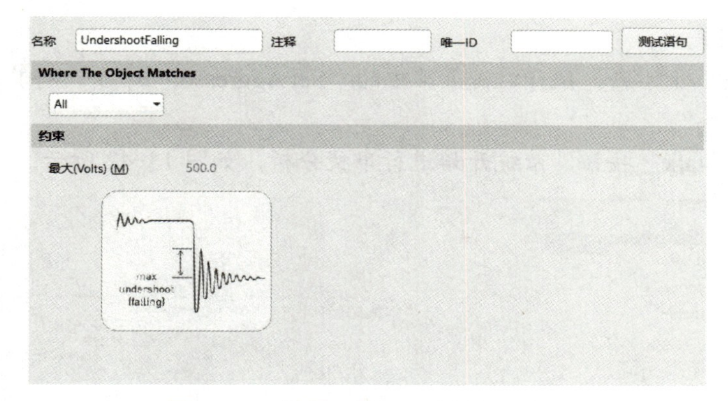

图 13-39　设置下降沿下冲的信号容差

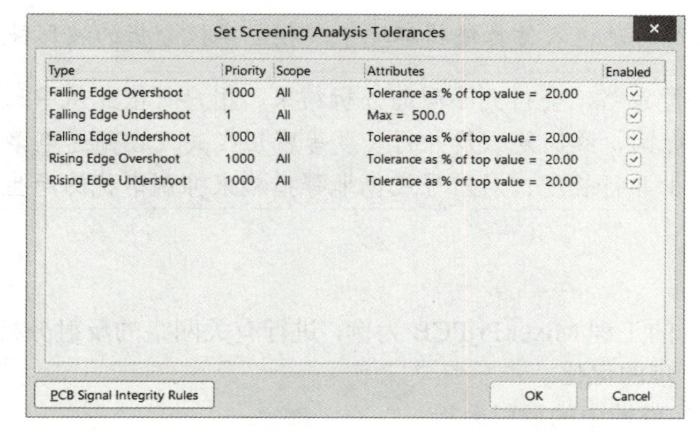

Type	Priority	Scope	Attributes	Enabled
Falling Edge Overshoot	1000	All	Tolerance as % of top value = 20.00	✓
Falling Edge Undershoot	1	All	Max = 500.0	✓
Falling Edge Undershoot	1000	All	Tolerance as % of top value = 20.00	✓
Rising Edge Overshoot	1000	All	Tolerance as % of top value = 20.00	✓
Rising Edge Undershoot	1000	All	Tolerance as % of top value = 20.00	✓

图 13-40　设置后的“Set Screening Analysis Tolerances”对话框

2. 功能按钮

除了上述的菜单命令以外，在“Signal Integrity”对话框中，还有若干个功能按钮，供用户操作使用。

- Reanalyze Design：单击该按钮，将重新进行一次信号完整性分析。
- Model Assignments：单击该按钮，系统将返回“SI Setup Options”对话框。
- Reflections：用于进行反射分析。单击该按钮，将进入仿真器的编辑环境中，并显示相应的信号反射波形。
- Crosstalk：用于对选中的网络进行串扰分析，结果同样会以波形形式显示在仿真器编辑环境中。
- Perform Sweep：选中该复选框，系统分析时会按照用户所设置的参数范围，对整个设计的信号完整性进行扫描，类似于电路原理图仿真中的参数扫描方式，扫描步数可以在“Sweep Steps”文本框中进行设置，系统默认为选中该复选框。
- Suggest：选中该复选框，有关的参数值将由系统根据实际情况自行设置，用户不能更改；若不选中，则可自由进行设定。
- ⓘ：单击该按钮，系统会对用户所选择的终端补偿策略进行简短的说明。

【例 13-6】　串扰分析的波形显示

1）在“Signal Integrity”对话框中选择两个网络，如 NetJP10 和 NetJP8，分别双击，将其移入右侧的“Net”列表中。

2）在“NetJP8”上右击，执行右键菜单中的“Set Aggressor”命令，将其设置为干扰源，如图 13-41 所示。

3）单击“Crosstalk”按钮，系统开始进行串扰分析，如图 13-42 所示。

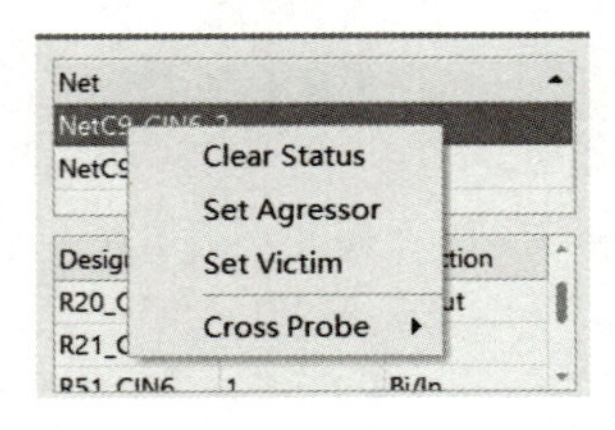

图 13-41　设置串扰源

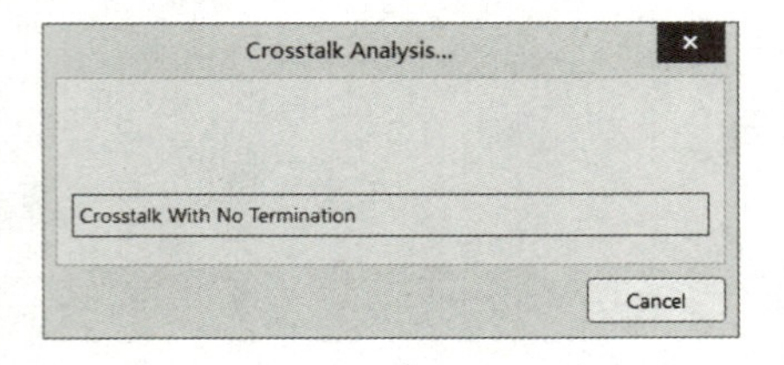

图 13-42　进行串扰分析

4）分析结束，系统自动进入仿真编辑环境中，相应串扰分析的波形被显示在窗口中。

📖 选用不同的终端补偿策略，会得到不同的分析结果，用户可依此从中选择最佳方案。串扰的大小与信号的上升时间、线间距以及并行长度等密切相关。在高速电路设计中，可采用增加走线间距、尽量减少并行长度、对信号线包地等措施来抑制串扰的产生。

13.5.4 反射分析

下面将以系统自带的工程 Mixer.PrjPCB 为例，进行有关网络的反射分析，并采用适当的端接策略，对设计进行进一步的优化。

【例 13-7】 信号完整性中的反射分析

1）打开工程 Mixer.PrjPCB 中 PCB 设计文件 Mixer_Routed.PCBDOC，进入 PCB 设计环境中。

2）执行“设计”→“规则”命令，打开“PCB 规则及约束编辑器”对话框。选中“Signal Integrity”下的“Signal Stimulus”规则，执行“新规则”命令，新建一个 SignalStimulus 子规则。

3）单击新建的 SignalStimulus 子规则，打开设置窗口，设置“激励类型”为“Periodic Pulse”，其余采用系统的默认设置，如图 13-43 所示。

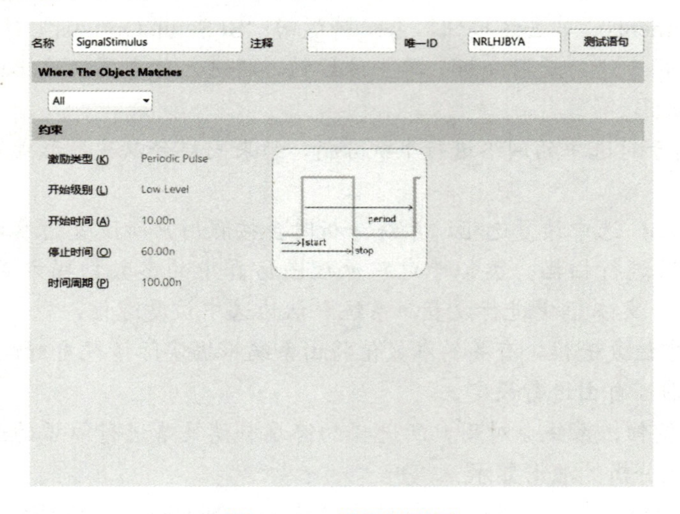

图 13-43　设置激励源

📖 激励源用于产生一个激励信号波形，通过查看相应的响应波形（特别是上升沿与下降沿），可以检测电路设计中的信号完整性问题。若不设置，进行分析时，系统将使用默认的激励源。

4）选中 “Signal Integrity” 下的 “Supply Nets” 规则，执行 “新规则” 命令，新建一个 SupplyNets 子规则。打开设置窗口，在 “Where The Object Matches” 中选择 “Net”，单击下拉按钮▾，在下拉列表框中选择+15V，在 “约束” 选项组设定 “电压” 值为 15V，如图 13-44 所示。

5）新建一个 SupplyNets 子规则，在 “约束” 选项组设定 “电压” 值为-15V。再新建一个 SupplyNets 子规则设置地网络，如图 13-45 所示。

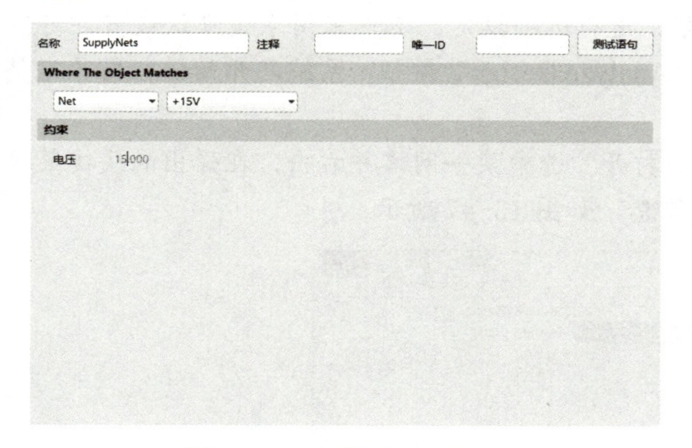

图 13-44　设置电源网络

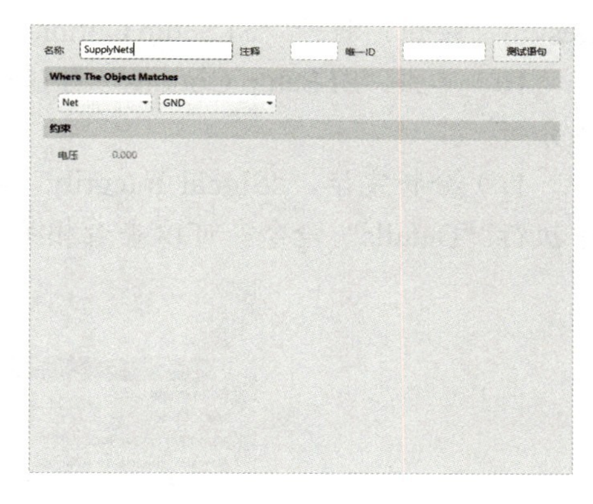

图 13-45　设置地网络

6）执行 “设计” → “层叠管理器” 命令，打开 “Layer Stack Manager” 对话框，进行 PCB 层结构及参数的有关设置，如工作层面的厚度、导线的阻抗特性等，如图 13-46 所示。本例采用系统的默认设置即可。

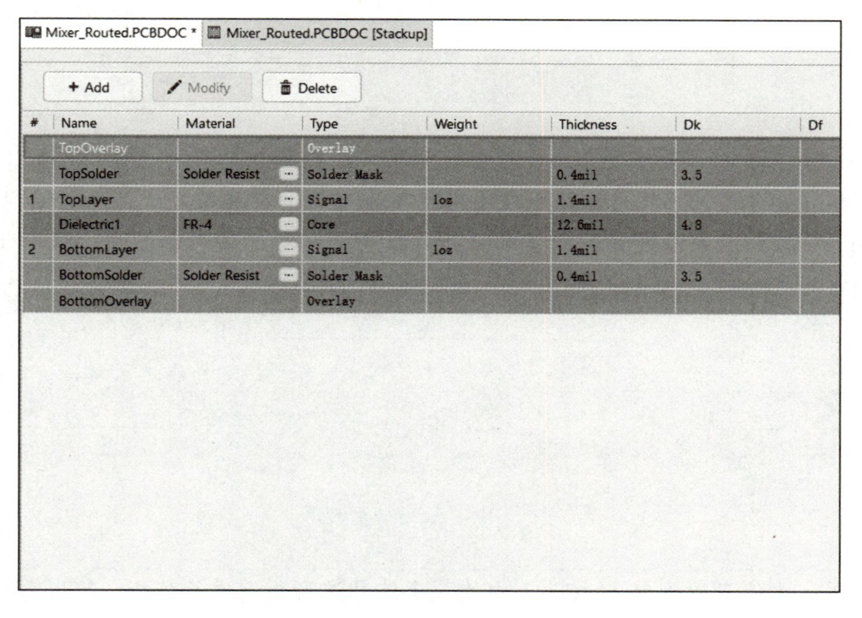

#	Name	Material	Type	Weight	Thickness	Dk	Df
	TopOverlay		Overlay				
	TopSolder	Solder Resist	Solder Mask		0.4mil	3.5	
1	TopLayer		Signal	1oz	1.4mil		
	Dielectric1	FR-4	Core		12.6mil	4.8	
2	BottomLayer		Signal	1oz	1.4mil		
	BottomSolder	Solder Resist	Solder Mask		0.4mil	3.5	
	BottomOverlay		Overlay				

图 13-46　板层参数设置

📖 PCB 的板层结构决定了 PCB 板材的电参数，这也是评定系统性能的一个标准。此外，信号完整性分析要求有连续的电源参考平面，分割电源平面将无法得到正确的分析结果。

7）执行“工具”→“Signal Integrity”命令，系统开始运行信号完整性分析器，弹出图 13-5 所示的信息提示框。

8）单击该提示框中的“Model Assignments”按钮，打开图 13-6 所示的“Signal Integrity Model Assignments”对话框，进行元件 SI 模型的设定或修改。

9）更新到原理图中之后，单击“Signal Integrity Model Assignments”对话框中的“Analyze Design”按钮，打开“SI Setup Options”对话框，进行选项设定。本例采用系统默认设置即可。

10）单击“SI Setup Options”对话框中的“Analyze Design”按钮，系统即开始进行信号完整性分析。

11）分析完毕，“Signal Integrity”对话框被打开。选中某一网络并右击，在弹出的快捷菜单中执行“Details”命令，可以查看相关的详细信息，如图 13-47 所示。

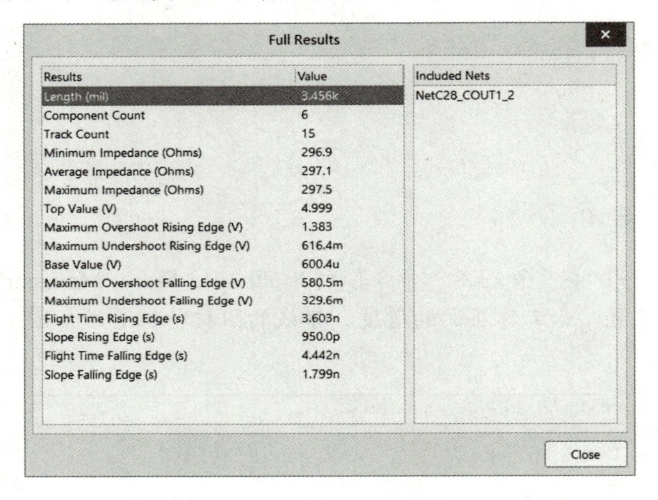

图 13-47　信号完整性的初步分析结果

12）在“Singal Integrity”对话框中双击网络 NetC5_1，将其移入右侧的“Net”列表中。单击“Reflections”按钮，系统开始运行反射分析，反射分析后的波形如图 13-48 所示。

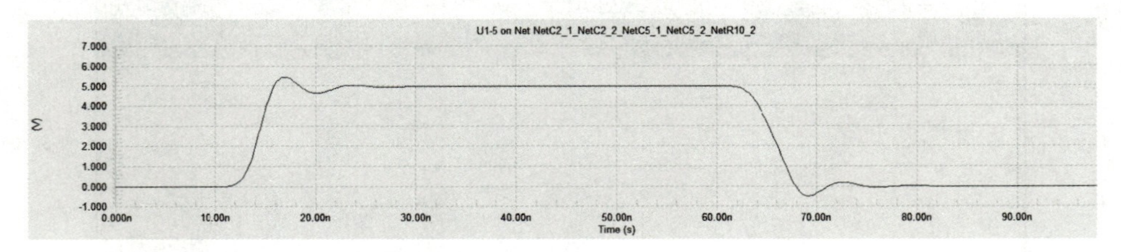

图 13-48　反射分析波形

📖 为清晰起见，本例只以网络 NetC5_1 中的一个信号波形为例进行分析。可以看到，由于阻抗不匹配而引起的反射，导致信号的上升沿和下降沿都有一定的过冲。虽然是在限定范围以内，但为了减小这种影响，可选择一定的端接策略作进一步优化。

13）单击工作窗口右下角面板中的“Panels”按钮，在弹出的菜单中选择“Signal Integrity”，返回“Signal Integrity”对话框。

14）在“Termination”列表中，选中“Serial Res”右侧的复选框，并设置电阻的阻值范围，最小为 25Ω，最大为 100Ω。选中“Perform Sweep”复选框，扫描步数采用系统的默认值 10，如图 13-49 所示。

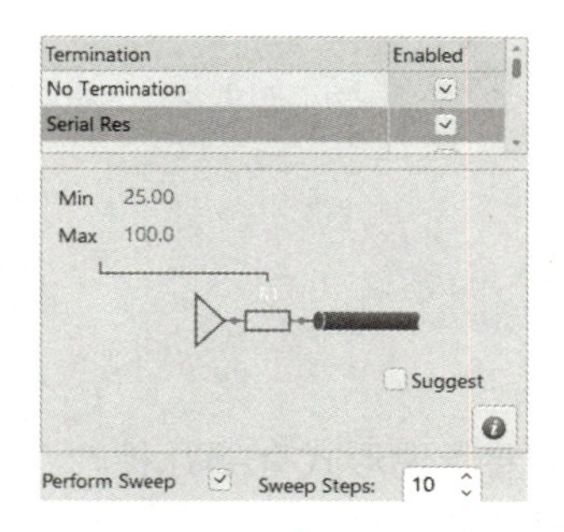

图 13-49　设置串阻补偿参数扫描

15）再单击“Reflections”按钮，分析波形如图 13-50 所示。

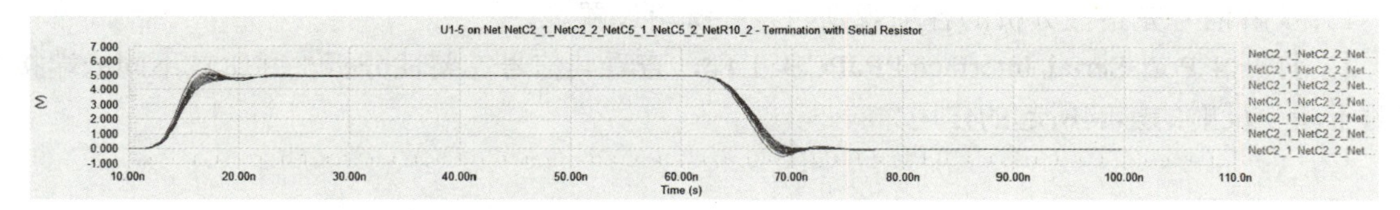

图 13-50　串接不同电阻后的反射波形

逐一单击窗口右侧列出的波形名称，显示对应的电阻值。比较串接不同电阻后的波形变化，可知串接一个阻值适当的电阻，是能够减小反射所造成的信号完整性问题的。

16）在“Signal Integrity”对话框中直接输入一个具体的串接电阻值 47Ω，不选中“Perform Sweep”复选框，以便更清楚地比较串接电阻前后的信号波形变化，如图 13-51 所示。

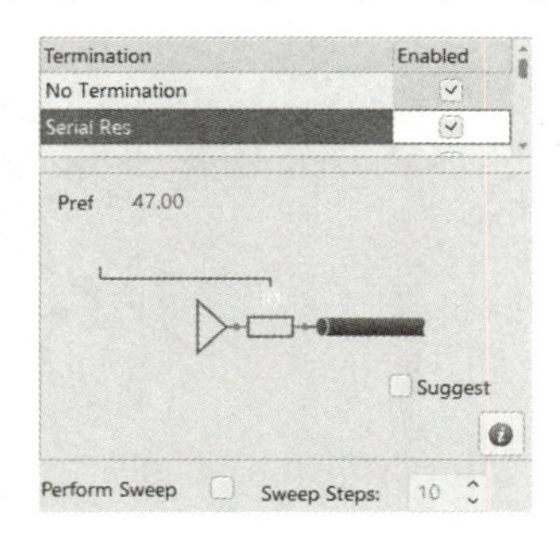

图 13-51　设置串阻补偿不扫描方式

17）单击“Reflections”按钮，反射波形如图 13-52 所示。图中有两条曲线，浅色曲线是没有串接电阻时的波形，而深色曲线是串接了 47Ω 电阻后的信号波形，波形中的过冲现象已明显减小，上升沿及下降沿变得平滑。因此，根据此阻值可以选择一个比较合适的电阻串接在 PCB 的相应网络上。

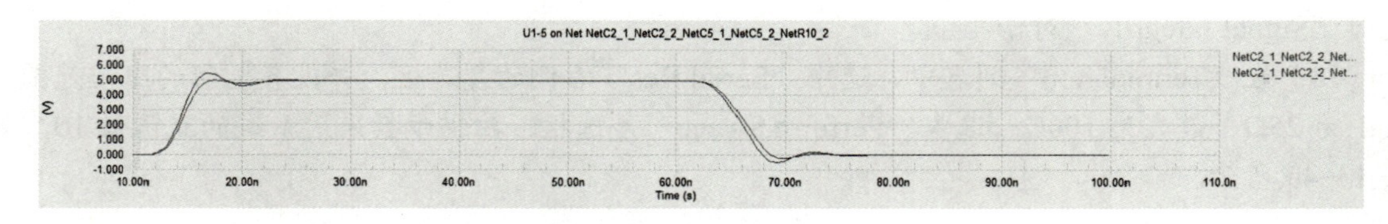

图 13-52　串接电阻前后的反射波形

13.6　思考与练习

1. 概念题

1）什么叫作信号完整性？其主要表现形式有哪几种？

2）简要介绍添加信号完整性模型的方法。

3）信号完整性设计规则有哪些？

2. 操作题

1）了解信号完整性分析的各项规则内容并练习设置。

2）打开 4 Port Serial Interface.PRJPCB 工程，查看其信号完整性分析，并比较不同的端接策略对于减少反射的影响所起的作用。

第 14 章　综合实例：U 盘电路的设计

U 盘是应用广泛的便携式存储器件，其原理简单，所用芯片数量少，价格便宜，使用方便，可以直接插入计算机的 USB 接口。

本章针对网上公布的一种 U 盘电路，介绍其电路原理图和 PCB 的绘制过程。首先制作元件 K9F080U0B、IC1114 和电源芯片 AT1201，给出元件编辑制作和添加封装的详细过程，然后利用制作的元件，设计制作一个 U 盘电路，绘制 U 盘的电路原理图。

14.1　电路工作原理说明

U 盘电路的原理图如图 14-1 所示，其中包括两个主要的芯片，即 Flash 存储器 K9F080U0B 和 USB 桥接芯片 IC1114。

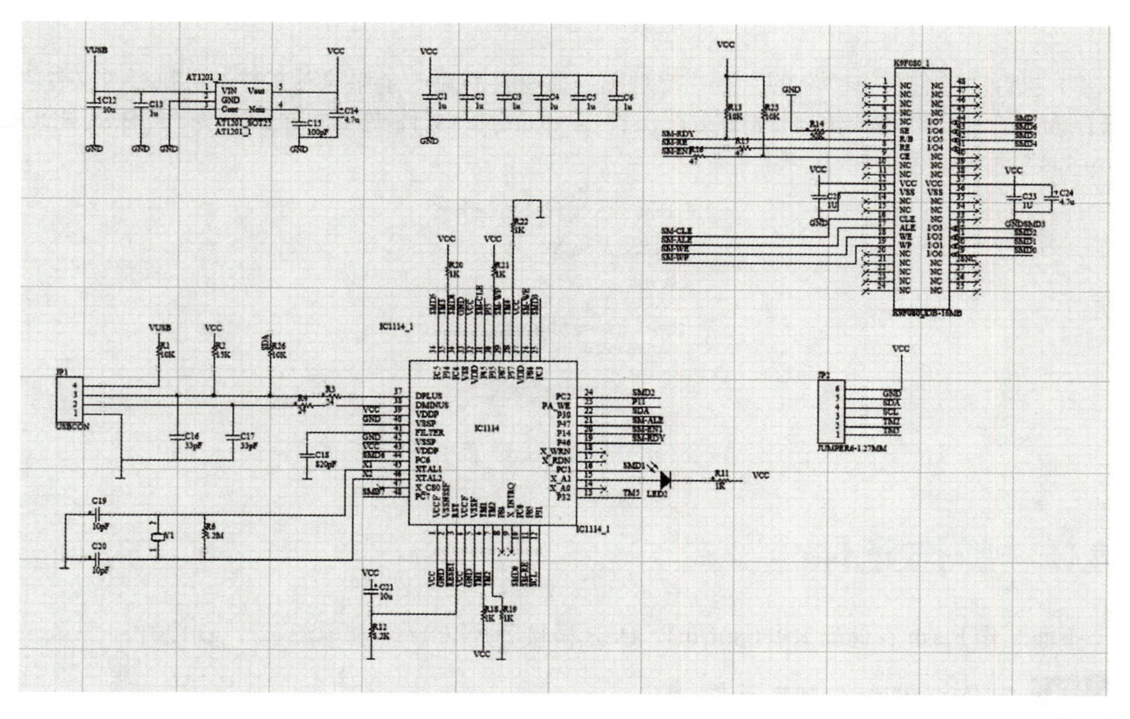

图 14-1　U 盘电路的原理图

14.2　创建项目文件

1）执行“文件”→“新的”→“项目”命令，在弹出的对话框中列出了可以创建的各种工程类型，如图 14-2 所示，选择相应选项即可，工程名称命名为 USB.PrjPcb。

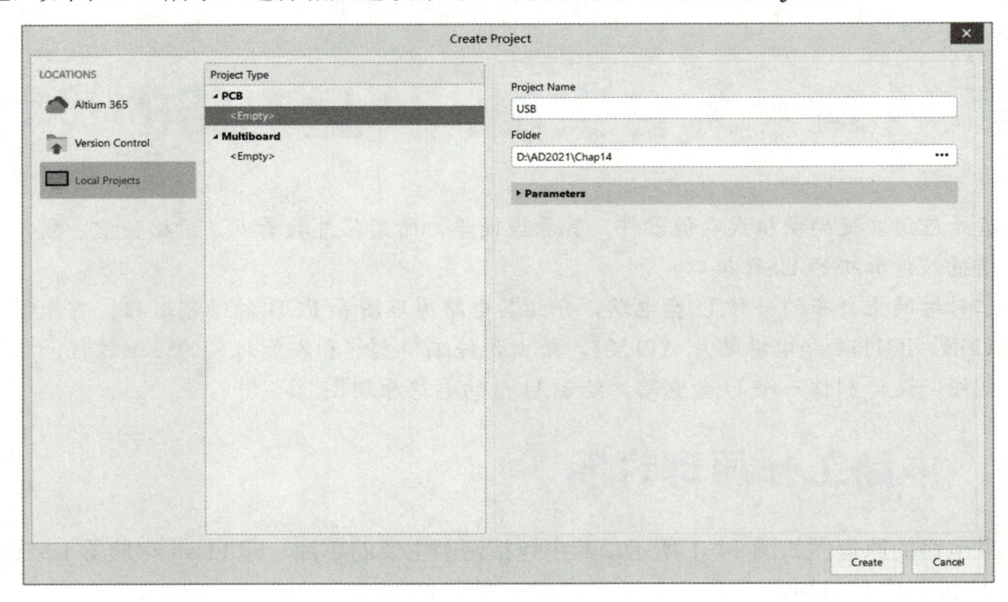

图 14-2　选择创建工程

2）执行“文件”→“新的”→“原理图”命令，新建一个原理图文件。再执行“文件”→“保存为”命令，将新建的原理图文件保存在 example 文件夹中，并命名为 USB.SCHDOC。“Projects”面板如图 14-3 所示。

图 14-3　“Projects”面板

14.3　制作元件

下面制作 Flash 存储器 K9F080U0B、USB 桥接芯片 IC1114 和电源芯片 AT1201。

14.3.1　制作 K9F080U0B 元件

执行“文件”→“新的”→“库”→“原理图库”命令，新建元件库文件，名称为 Schlib1.SchLib。

1）切换到“SCH Library”面板，执行“工具”→“新器件”命令，弹出“New Component”对话框。输入新元件名称 Flash，如图 14-4 所示。单击“确定”按钮，进入库元件编辑器界面。

2）单击原理图符号绘制工具栏 中的“放置矩形”按钮 ，绘制元件边框；绘制完后会出现一个新的矩形虚框，可以连续绘制矩形。右击或者按〈Esc〉键退出放置矩形操作。

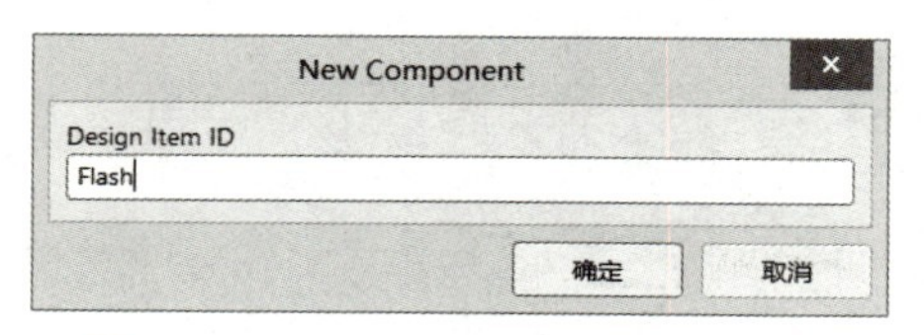

图 14-4 “New Component”对话框

3）单击“放置引脚”按钮 ，放置引脚。K9F080U0B 一共有 48 个引脚，在“Component”属性（Properties）面板的“Pins”选项卡中，单击“Add”按钮，添加引脚。在放置引脚的过程中，按〈Tab〉键会弹出图 14-5 所示的“Pin”属性（Properties）面板。在该面板中可以设置引脚标识符的起始编号及显示文字等。放置的引脚，如图 14-6 所示。

由于元件引脚较多，分别修改很麻烦，可以在引脚编辑器中修改引脚的属性，这样比较方便直观。

4）在“SCH Library”面板中，选定刚创建的 Flash 元件，然后单击右下角的“编辑”按钮，弹出图 14-7 所示的“Component”属性（Properties）面板。单击“Pins”选项卡，在该选项卡中，单击 按钮可以同时修改元件引脚的各种属性，包括标识、名、类型等。修改后的“元件管脚编辑器”对话框如图 14-8 所示。修改引脚属性后的元件如图 14-9 所示。

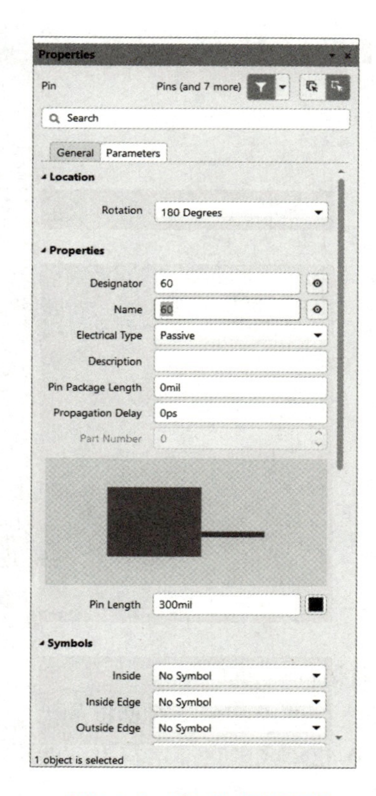

图 14-5 “Pin”属性面板

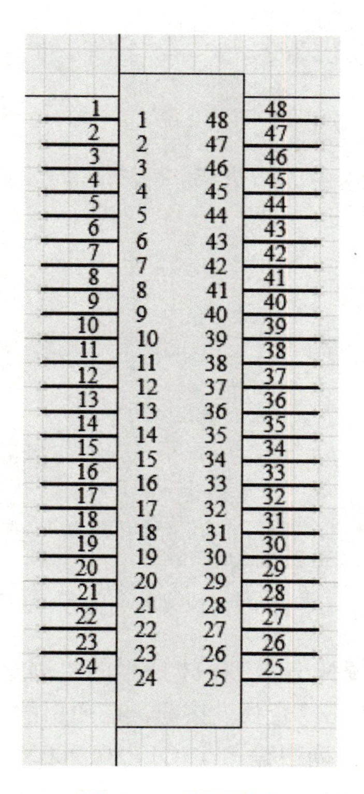

图 14-6 放置引脚

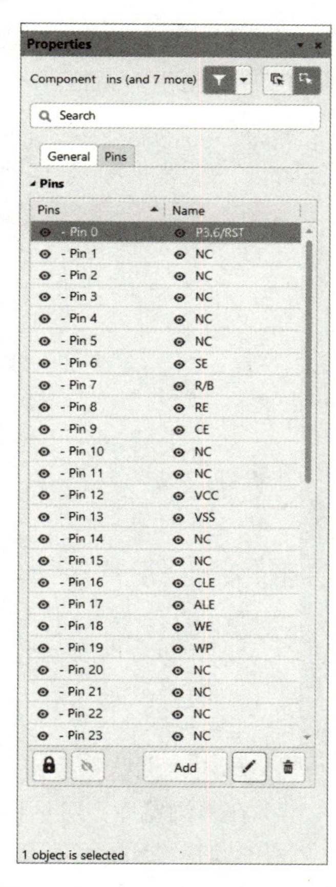

图 14-7 “Component”属性面板

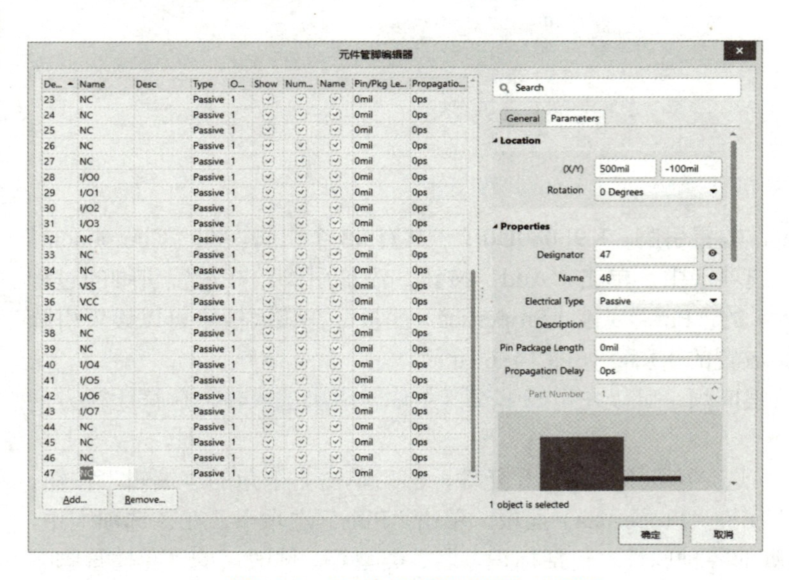

图 14-8 “元件管脚编辑器”对话框

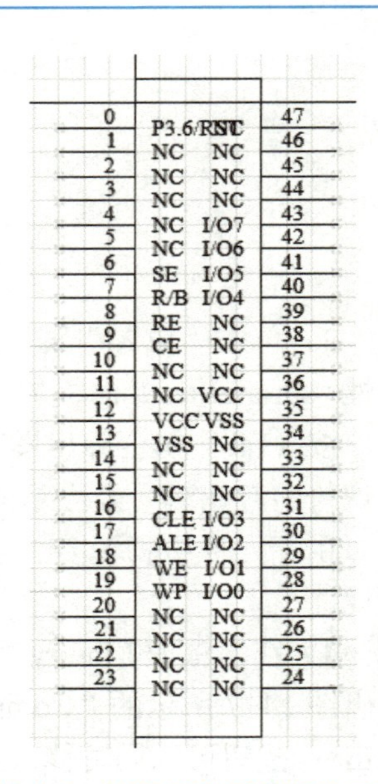

图 14-9 修改引脚属性后的元件

5）单击“Component”属性（Properties）面板中“Footprint”选项组中的“Add”按钮，打开“PCB 模型”对话框（一），如图 14-10 所示。

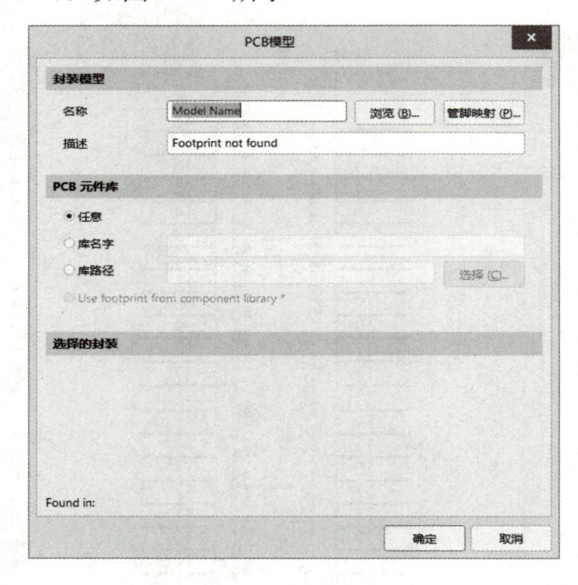

图 14-10 “PCB 模型”对话框（一）

6）单击“浏览”按钮，系统弹出图 14-11 所示的“浏览库”对话框。

7）在“浏览库”对话框中单击“查找”按钮，在弹出的“基于文件的库搜索”对话框的“字段”列中选择“Name”，在“值”列中输入 TSQFP50P900X900X120-48N 或者查询字符串，然后单击左下角的“查找”按钮开始查找，如图 14-12 所示。在搜索出来的封装类型中选择 TSQFP50P900X900X120-48N，如图 14-13 所示。

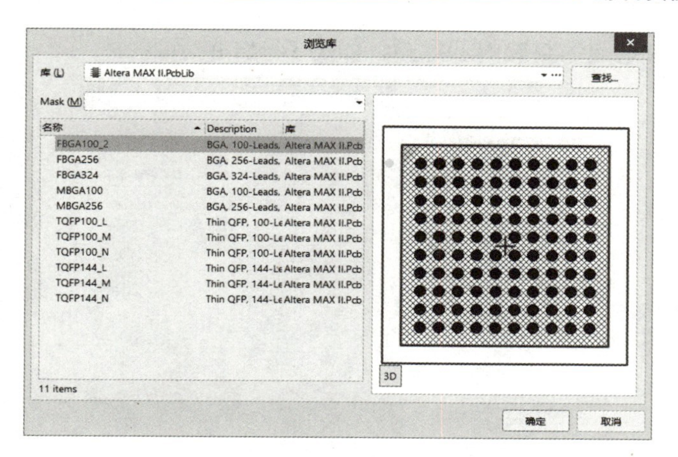

图 14-11 “浏览库”对话框

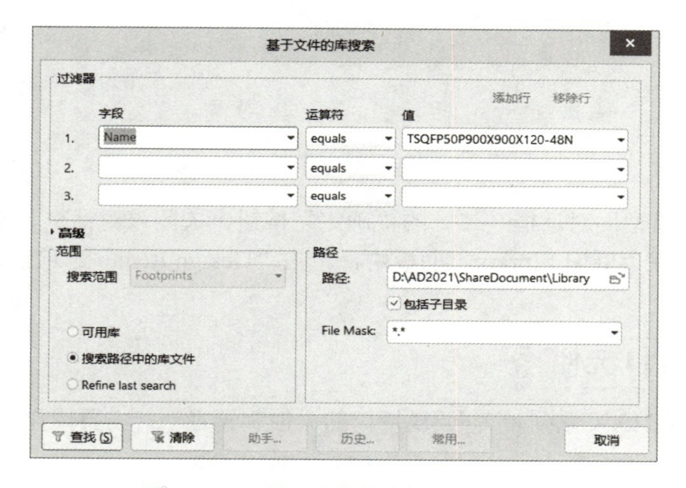

图 14-12 “基于文件的库搜索”对话框

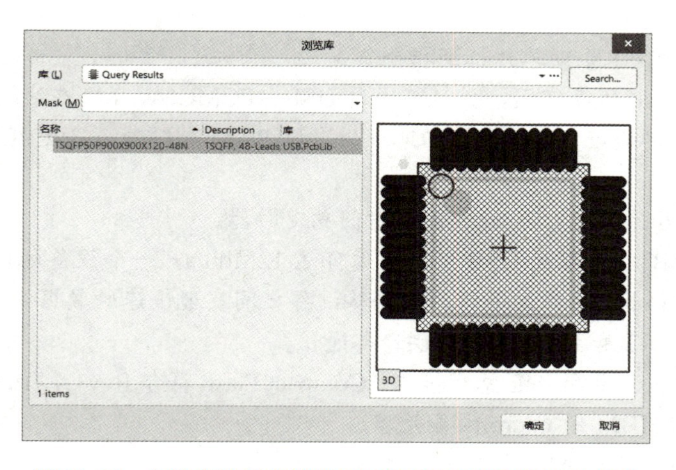

图 14-13 在搜索结果中选择 TSQFP50P900X900X120-48N

8）单击“浏览库”对话框的“确定”按钮，把选定的封装库装入以后，会在“PCB 模型”

对话框（二）中看到被选定的封装的示意图，如图 14-14 所示。

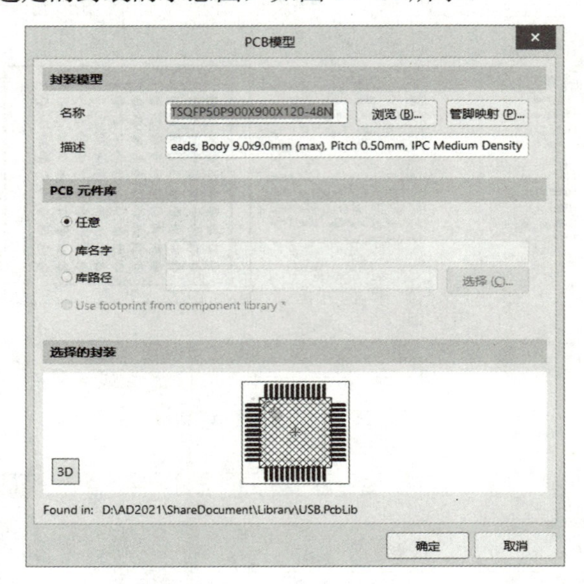

图 14-14 “PCB 模型”对话框（二）

9）单击“PCB 模型”对话框（二）的“确定”按钮，关闭该对话框。然后单击“保存”按钮，保存库元件。在“SCH Library”面板中，单击“Design Item”选项组中的“放置”按钮，将其放置到原理图中。

14.3.2 制作 IC1114 元件

IC1114 是 ICSI IC11XX 系列带有 USB 接口的微控制器之一，主要用作 Flash Disk 的控制器，具有以下特点。

- 采用 8 位高速单片机实现，每 4 个时钟周期为一个机器周期。
- 工作频率 12MHz。
- 兼容 Intel MCS-51 系列单片机的指令集。
- 内嵌 32KB Flash 程序空间，并且可通过 USB、PCMCIA、I^2C 在线编程（ISP）。
- 内建 256B 固定地址、4608B 浮动地址的数据 RAM 和额外 1KB CPU 数据 RAM 空间。
- 多种节电模式。
- 3 个可编程 16 位的定时器/计数器和看门狗定时器。
- 满足全速 USB1.1 标准的 USB 口，速度可达 12Mbit/s，一个设备地址和 4 个端点。
- 内建 ICSI 的 in-house 双向并口，在主从设备之间实现快速的数据传送。
- 主从 I^2C、UART 和 RS-232 接口供外部通信。
- 有 Compact Flash 卡和 IDE 总线接口。Compact Flash 符合 Rev1.4 True IDE Mode 标准，和大多数硬盘及 IBM 的 micro 设备兼容。
- 支持标准的 PC Card ATA 和 IDE host 接口。
- Smart Media 卡和 NAND 型 Flash 芯片接口，兼容 Revl.1 的 Smart Media 卡特性标准和 ID 号标准。

- 内建硬件 ECC（Error Correction Code）检查，用于 Smart Media 卡或 NAND 型 Flash。
- 3.0～3.6V 工作电压。
- 7mm×7mm×1.4mm 48LQFP 封装。

下面制作 IC1114 元件，其操作步骤如下。

1）打开库元件设计文档 Schlib1.SchLib，单击应用工具栏中的“新建元件”按钮，或在“SCH Library”面板中，单击“Design Item”选项组中的“添加”按钮，系统将弹出“New Component”对话框，输入 IC1114，如图 14-15 所示。

2）执行“放置”→“矩形”命令，绘制元件边框，元件边框为正方形，如图 14-16 所示。

图 14-15 “New Component”对话框

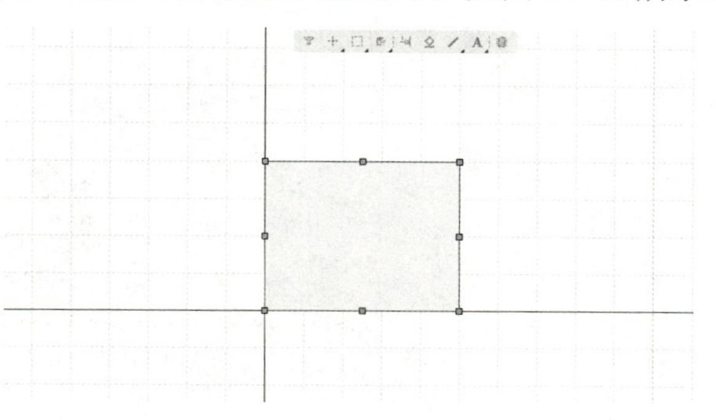

图 14-16 绘制元件边框

3）执行“放置”→“引脚”命令，添加引脚。IC1114 共有 48 个引脚，引脚放置完毕后的元件图如图 14-17 所示。

4）在“SCH Library”面板的“Design Item”选项组中，选中 IC1114，单击“编辑”按钮，系统弹出图 14-7 所示的“Component”属性（Properties）面板。单击其中的“Pins”选项卡，修改引脚属性。修改好的 IC1114 元件如图 14-18 所示。

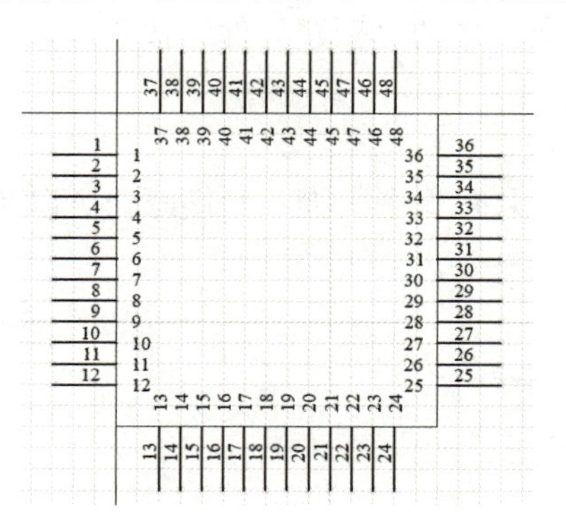

图 14-17 放置引脚

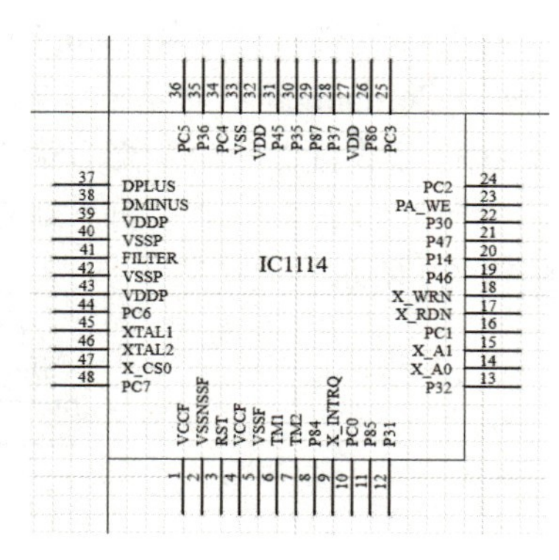

图 14-18 修改后的 IC1114 元件

> 在制作引脚较多的元件时，可以使用复制和粘贴的方法来提高工作效率。粘贴过程中，应注意引脚的方向，可按〈Space〉键来旋转引脚方向。

5）在“Component”属性（Properties）面板中，单击“Footprint”选项组中的“Add”按钮，此处，IC1114 的封装为 TSQFP50P900X900X120-48N，单击“PCB 模型”对话框的“浏览”按钮

查找该封装。添加封装完成后的“PCB 模型”对话框如图 14-19 所示。

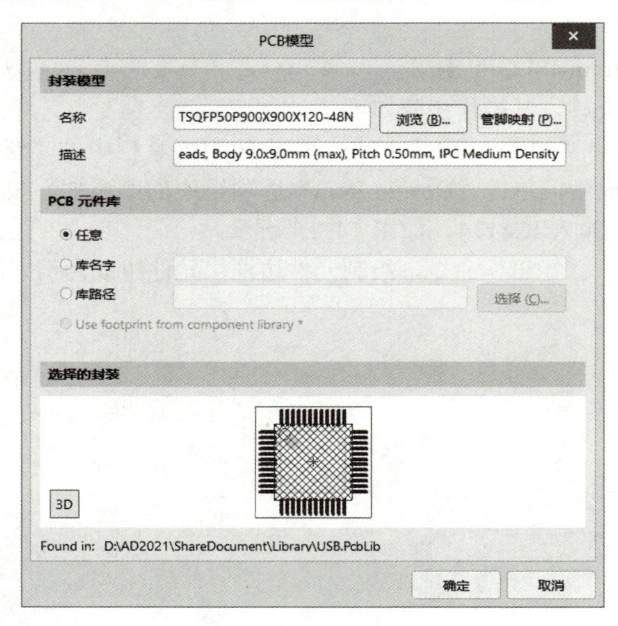

图 14-19　添加封装完成后的“PCB 模型”对话框

6）单击“PCB 模型”对话框的“确定”按钮，保存库元件。单击“SCH Library”面板中的“放置”按钮，将其放置到原理图中。

14.3.3　制作 AT1201 元件

电源芯片 AT1201 为 U 盘提供标准工作电压，其操作步骤如下。

1）打开库元件设计文档 Schlib1.SchLib，单击应用工具栏中的“新建元件”按钮，系统弹出“New Component”对话框，输入元件名称 AT1201。

2）执行“放置”→“矩形”命令，绘制元件边框。

3）执行“放置”→“引脚”命令，添加引脚。AT1201 共有 5 个引脚，制作好的 AT1201 元件如图 14-20 所示。

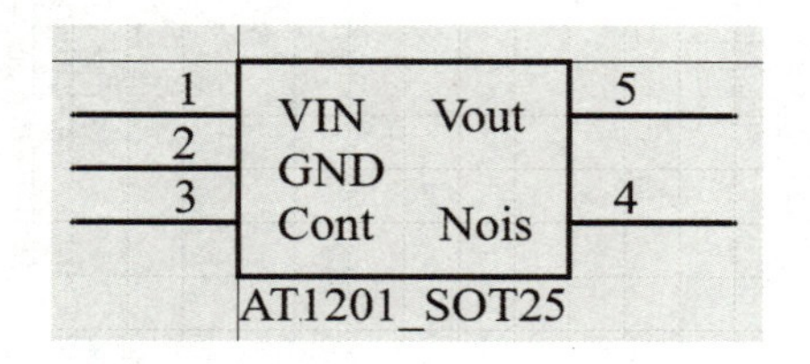

图 14-20　制作好的 AT1201 元件

4）在“Component”属性（Properties）面板中，单击“Footprint”选项组中的“Add”按钮，此处，AT1201 的封装为 SO-G5/P.95，单击“PCB 模型”对话框中的“浏览”按钮查找该封装。添加封装完成后的“PCB 模型”对话框如图 14-21 所示。

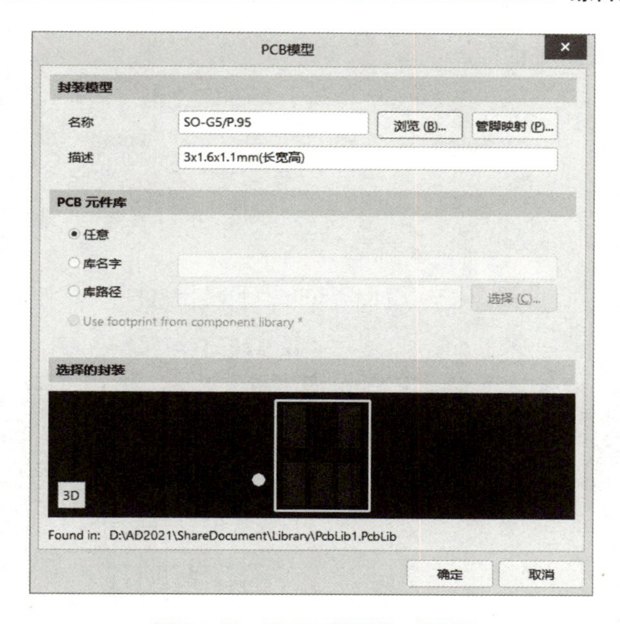

图 14-21 “PCB 模型”对话框

5）单击“PCB 模型”对话框的“确定”按钮，保存库元件。单击“SCH Library”面板中的“放置”按钮，将其放置到原理图中。

14.4 绘制原理图

电路原理图设计是印制电路板设计的基础。一般情况下，只有先设计好电路原理图，才能通过网络表文件来确定元器件的电气特性和电路连接信息，从而设计出印制电路板。为了更清晰地说明原理图的绘制过程，本节采用模块法绘制电路原理图。

14.4.1 U 盘接口电路模块设计

打开 USB.SchDoc 文件，选择“SCH Library”面板，在自建库中选择 IC1114 元件，将其放置在原理图中；再找到电容元件、电阻元件并放置好；在 Miscellaneous Devices.IntLib（常用分立元件库）中选择晶体振荡器、发光二极管 LED、连接器 Header4 等放入原理图中。接着对元件进行属性设置，然后进行布局。电路组成元件的布局如图 14-22 所示。

单击布线工具栏中的“放置线”按钮≈，将元件连接起来。单击布线工具栏中的“放置网络标号”按钮Net，在信号线上标注电气网络标号。连线后的电路原理图如图 14-23 所示。

14.4.2 滤波电容电路模块设计

1）在 Miscellaneous Devices.IntLib（常用分立元件库）中选择一个电容，修改为 1μF，放置到原理图中。

2）选中该电容，单击原理图标准工具栏上的“复制”按钮，选好放置元件的位置，然后执行“编辑”→“智能粘贴”命令，弹出“智能粘贴”对话框。选中右侧的“使能粘贴阵列”复选框，然后在下面的文本框中设置粘贴个数为 5、水平间距为 30、垂直间距为 0，如图 14-24 所示，单击“确定”按钮关闭对话框。

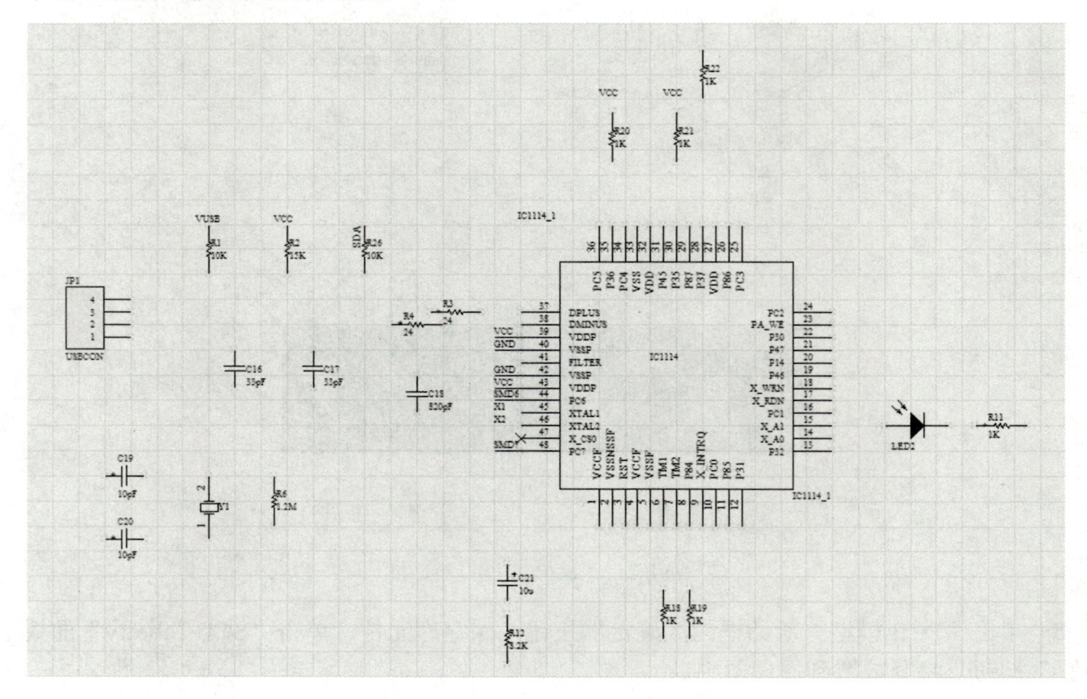

图 14-22　电路组成元件的布局

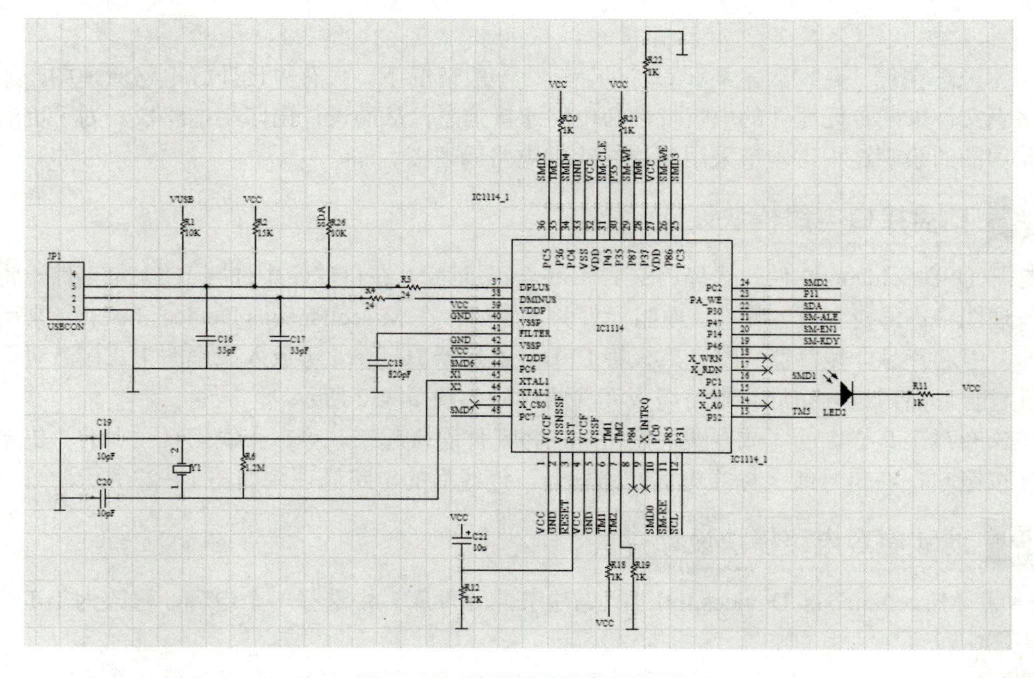

图 14-23　连线后的电路原理图

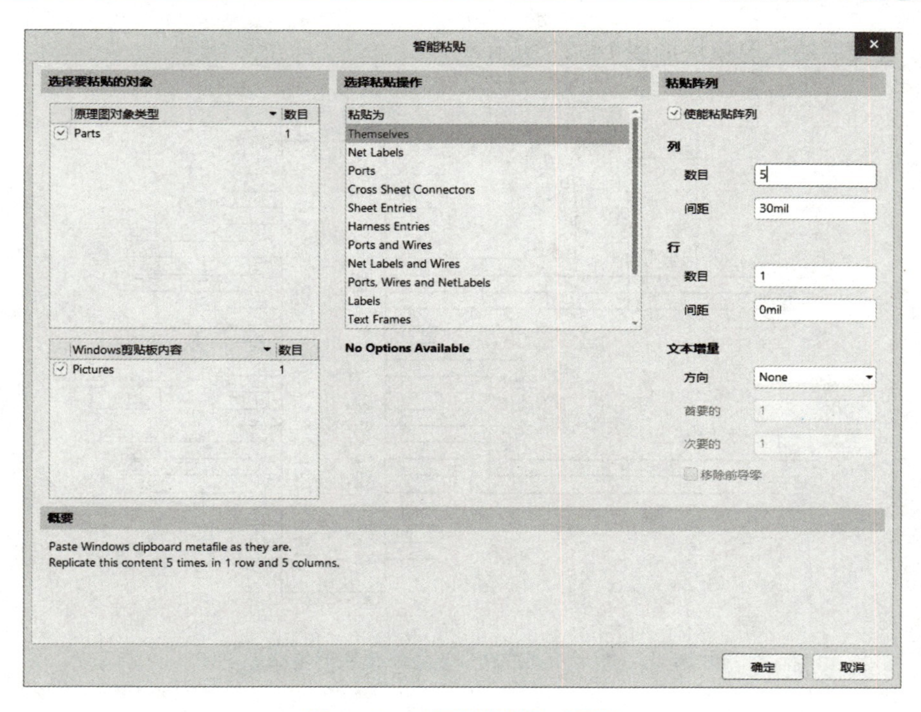

图 14-24 “智能粘贴”对话框

3）选择粘贴的起点为第一个电容右侧 30mil 的地方，单击完成 5 个电容的放置。

4）单击布线工具栏中的“放置线”按钮，执行连线操作，接上电源和地，完成滤波电容电路模块的绘制，如图 14-25 所示。

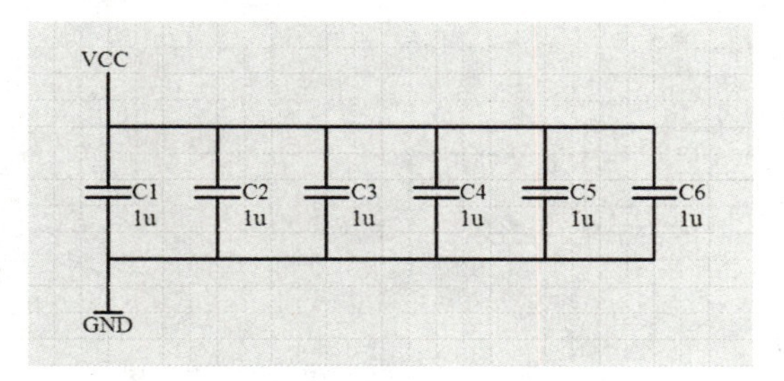

图 14-25 绘制完成的滤波电容电路模块

14.4.3 Flash 电路模块设计

1）放置好电容元件、电阻元件，并对元件进行属性设置，然后进行布局。

2）单击布线工具栏中的“放置线”按钮，进行连线。单击布线工具栏中的“放置网络标号”按钮，标注电气网络标号。至此，Flash 电路模块设计完成，其电路原理图如图 14-26 所示。

14.4.4 供电模块设计

选择“SCH Library”面板，在自建库中选择电源芯片 AT1201，在 Miscellaneous Devices.IntLib（常用分立元件库）中选择电容，放置到原理图中，然后单击布线工具栏中的“放置线”按钮，进行连线。连线后的供电模块如图 14-27 所示。

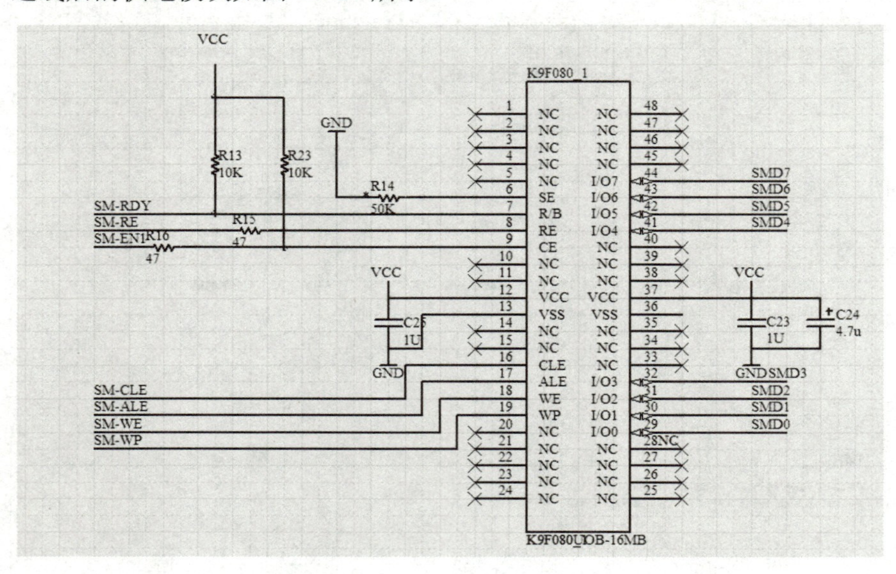

图 14-26　设计完成的 Flash 电路模块的电路原理图

14.4.5 连接器及开关设计

在 Miscellaneous Connectors.IntLib（常用接插件库）中选择连接器 Header6，并完成其电路连接，如图 14-28 所示。

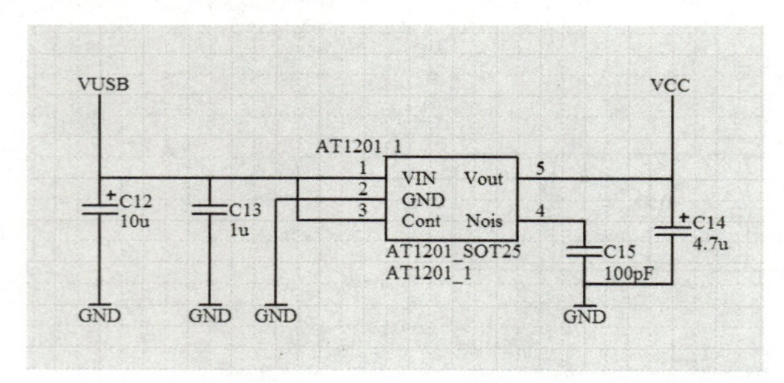

图 14-27　连线后的供电模块

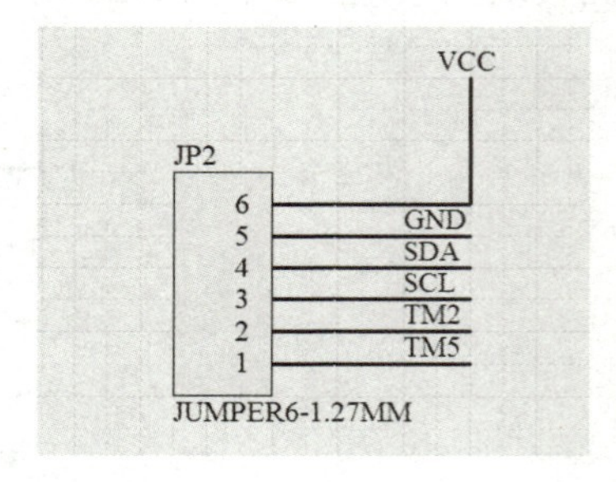

图 14-28　连接器 Header6 的电路连接

14.5 设计 PCB

完成原理图绘制后，下面进行 PCB 设计。

14.5.1 创建 PCB 文件

1）启动 Altium Designer，在集成设计环境中执行“文件”→“新的”→“PCB”命令，如图 14-29 所示。

2）系统在当前工程中新建了一个默认名为 PCB1.PcbDoc 的 PCB 文件，同时启动了 PCB 编辑器，进入了 PCB 设计环境中。

14.5.2 编辑元件封装

虽然前面已经为自己制作的元件指定了 PCB 封装形式，但对于一些特殊的元件，还可以自定义封装形式，这会给设计带来更大的灵活性。下面以 IC1114 为例制作 PCB 封装形式，其操作步骤如下。

1）执行“文件”→“新的”→“库”→“PCB 元件库”命令，建立一个新的封装文件，命名为 IC1114.PcbLib。

2）执行“工具”→“元器件向导”命令，系统将弹出图 14-30 所示的“Component Wizard”对话框。

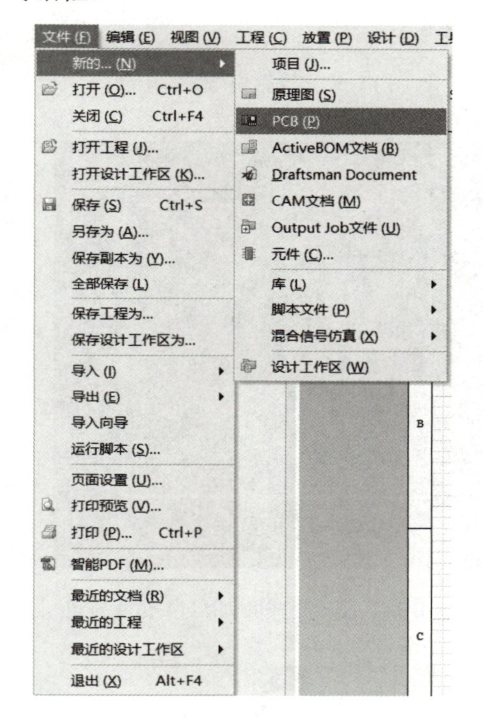

图 14-29 使用菜单新建 PCB 文件

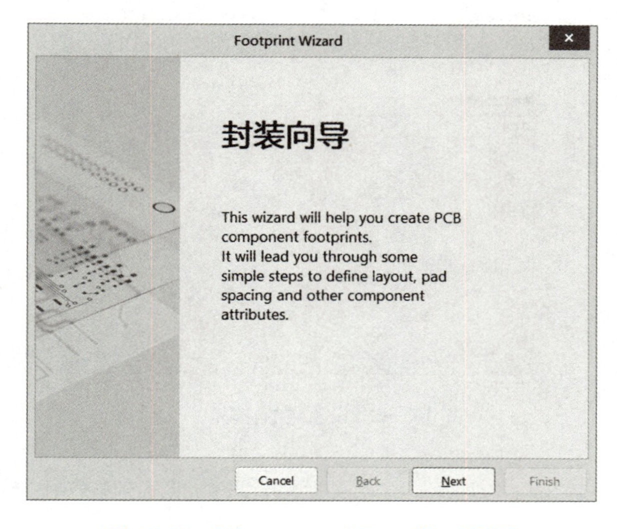

图 14-30 “Component Wizard”对话框

3）单击“Next”按钮，在弹出的选择封装类型界面中选择用户需要的封装类型，如 DIP 或 BGA 封装。IC1114 采用 Quad Packs 封装，如图 14-31 所示，然后单击“Next”按钮。接下来的几步均采用系统默认设置。

4）在系统弹出图 14-32 所示的对话框中设置焊盘数，每条边的引脚数为 12。单击“Next”按钮，在系统弹出的命名封装界面中为器件命名，如图 14-33 所示。最后单击“Finish”按钮，完成 IC1114 封装形式的设计。结果显示在布局区域，如图 14-34 所示。

5）返回 PCB 编辑环境，单击“Components”面板中的 ≡ 按钮，选择“File-based Libraries Preferences”选项，打开“可用的基于文件的库”对话框，将设计的库文件添加到可用库中，如图 14-35 所示。单击“关闭”按钮，关闭该对话框。

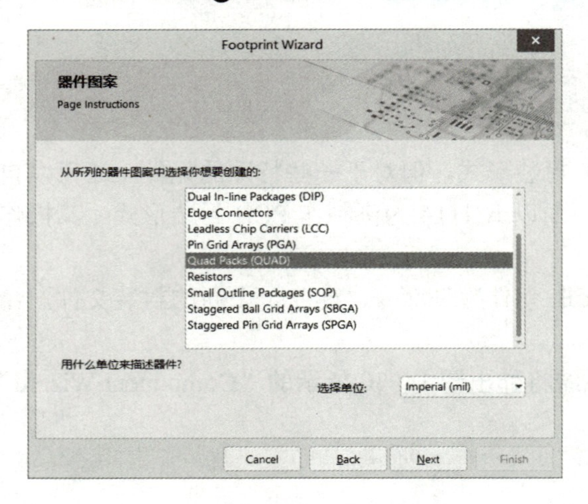

图 14-31　选择封装类型界面

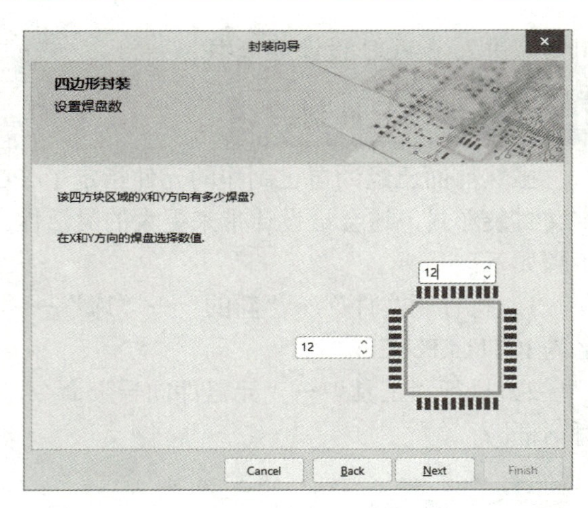

图 14-32　设置引脚数

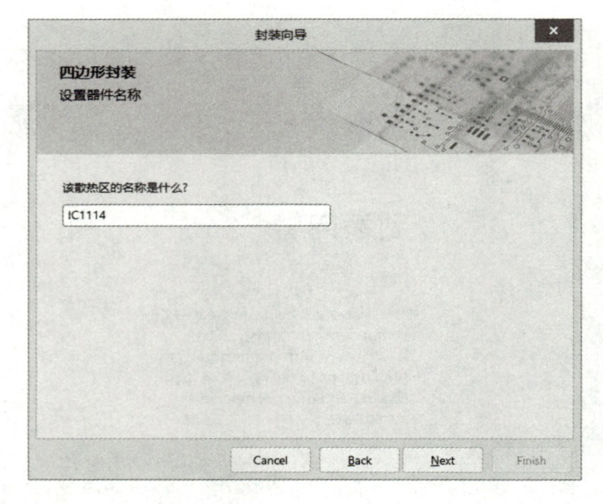

图 14-33　设置器件名称

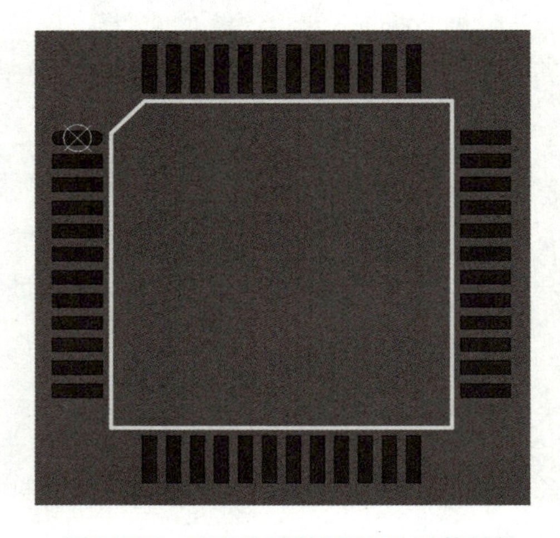

图 14-34　设计完成的 IC1114 元件封装

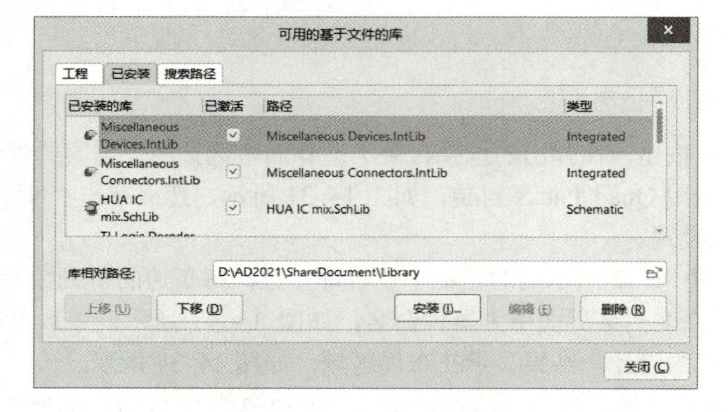

图 14-35　将用户设计的库文件添加到可用库中

6）返回原理图编辑环境，双击 IC1114 元件，系统弹出“Component”属性面板。在该面板的“Parameters”选项组中选择“Footprints”，按步骤把绘制的 IC1114 封装形式导入。其步骤与连接系统自带的封装形式的导入步骤相同，导入封装后的“Component”属性面板如图 14-36 所示。具体见前面的介绍，在此不再赘述。

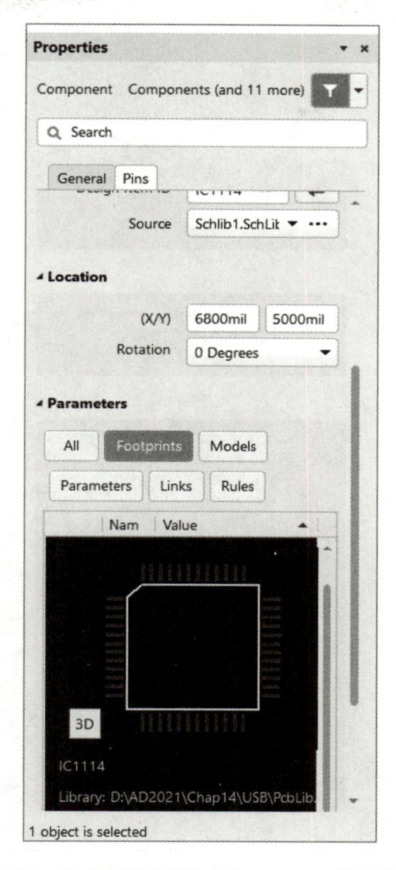

图 14-36　导入封装后的“Component”属性面板

14.5.3 绘制 PCB

对于一些特殊情况，如缺少电路原理图时，绘制 PCB 需要全部依靠手工完成。由于元件比较少，这里将采用手动方式完成 PCB 的绘制，其操作步骤如下。

1）手动放置元件。在 PCB 编辑环境中，执行“放置”→“器件”命令，或单击布线工具栏中的“放置元件”按钮，系统弹出“Components”面板。单击 ≡ 按钮，在下拉菜单中选择“File-based Libraries Search…”选项，如图 14-37 所示。系统弹出“基于文件的库搜索”对话框，在该对话框中查找封装库，如图 14-38 所示，类似于在原理图中查找元件的方法。

2）找到所需元件封装后，在“Components”面板中会显示查找结果。单击“放置”按钮，把元件封装放入到 PCB 中。放置元件封装后的 PCB 如图 14-39 所示。

3）根据 PCB 的结构，手动调整元件封装的放置位置。手动布局后的 PCB 如图 14-40 所示。

4）单击布线工具栏中的按钮，根据原理图手动完成 PCB 导线连接。在连接导线前，需要设置好布线规则，一旦出现错误，系统会提示出错信息。手动布线后的 PCB 如图 14-41 所示。至此，U 盘的 PCB 就绘制完成了。

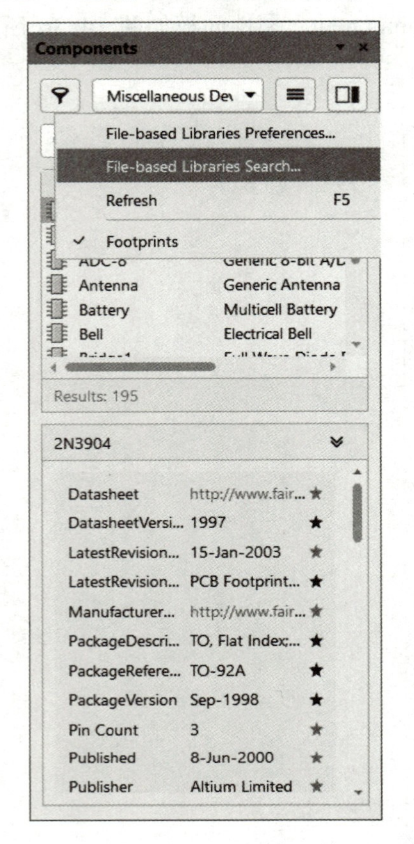

图 14-37 “Components”面板

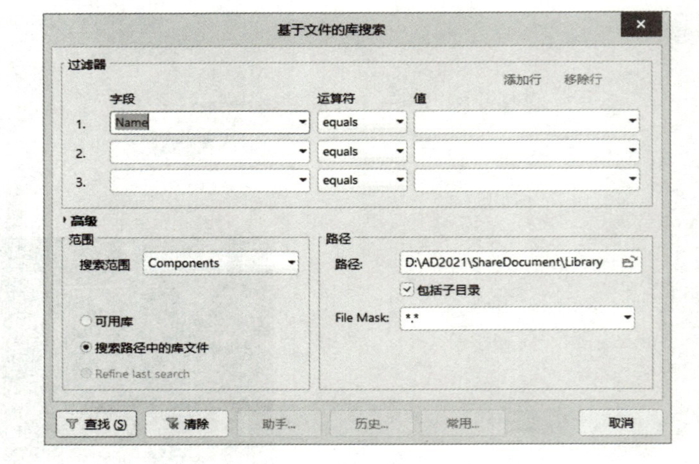

图 14-38 “基于文件的库搜索”对话框

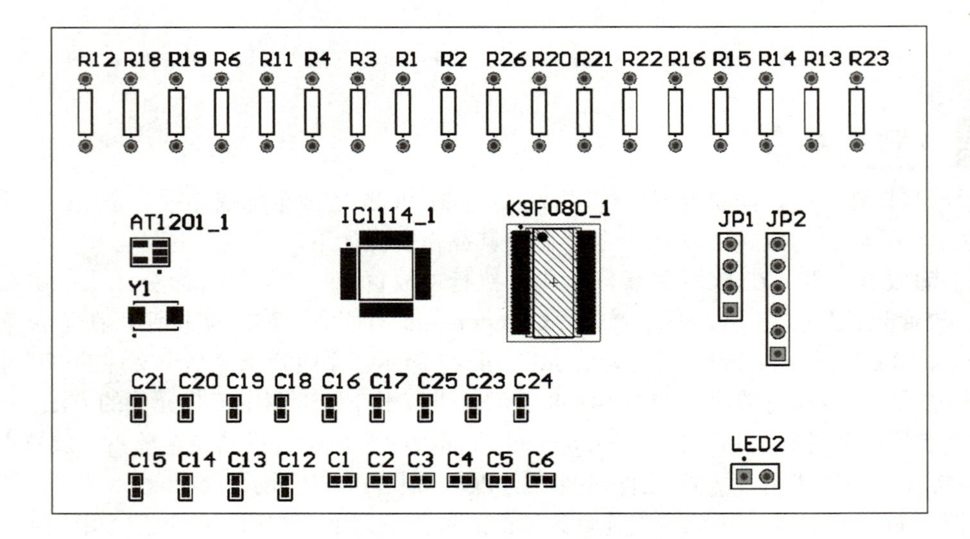

图 14-39 放置元件封装后的 PCB

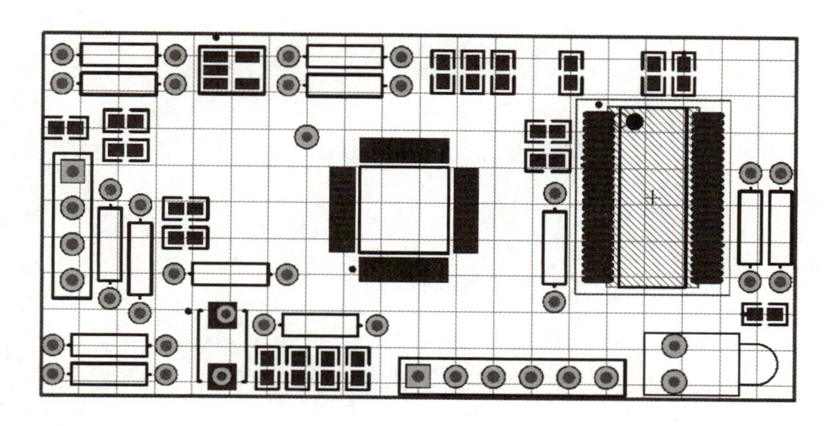

图 14-40　手动布局后的 PCB

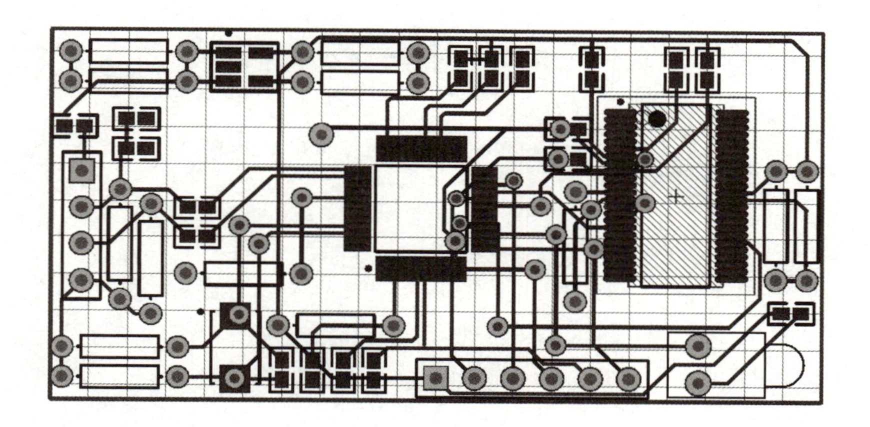

图 14-41　手动布线后的 PCB

14.6　思考与练习

1. 概念题

1）简述硬件电路的设计流程。

2）U 盘电路主要由哪些电路构成？

2. 操作题

1）动手绘制一张 U 盘的原理图。

2）动手绘制一张 U 盘的 PCB。